CHANYE ZHUANLI
FENXI BAOGAO

产业专利分析报告

(第79册)——群体智能技术

国家知识产权局学术委员会◎组织编写

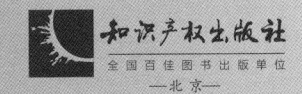

知识产权出版社
全国百佳图书出版单位
—北京—

图书在版编目（CIP）数据

产业专利分析报告．第79册，群体智能技术/国家知识产权局学术委员会组织编写．—北京：知识产权出版社，2021.8
ISBN 978-7-5130-7621-0

Ⅰ.①产… Ⅱ.①国… Ⅲ.①专利—研究报告—世界②人工智能—专利—研究报告—世界 Ⅳ.①G306.71②TP18

中国版本图书馆CIP数据核字（2021）第143389号

内容提要

本书是群体智能行业专利分析报告。报告从该行业的专利（国内、国外）申请、授权、申请人的专利状态、其他先进国家的专利状况、同领域领先企业的专利壁垒等方面入手，充分结合相关数据，展开分析，并得出分析结果。本书是了解该行业技术发展现状并预测未来走向，帮助企业做好专利预警的必备工具书。

责任编辑：卢海鹰　王瑞璞	责任校对：王　岩
执行编辑：崔思琪	责任印制：刘译文

产业专利分析报告（第79册）
——群体智能技术
国家知识产权局学术委员会　组织编写

出版发行：知识产权出版社有限责任公司	网　　址：http://www.ipph.cn
社　　址：北京市海淀区气象路50号院	邮　　编：100081
责编电话：010-82000860转8116	责编邮箱：wangruipu@cnipr.com
发行电话：010-82000860转8101/8102	发行传真：010-82000893/82005070/82000270
印　　刷：天津嘉恒印务有限公司	经　　销：各大网上书店、新华书店及相关专业书店
开　　本：787mm×1092mm　1/16	印　　张：22
版　　次：2021年8月第1版	印　　次：2021年8月第1次印刷
字　　数：490千字	定　　价：99.00元
ISBN 978-7-5130-7621-0	

出版权专有　侵权必究
如有印装质量问题，本社负责调换。

排名	全部年份	2000年至今	2005年至今	2010年至今	2015年至今
1	IBM	IBM	IBM	IBM	IBM
2	微软	微软	微软	微软	国家电网
3	谷歌	谷歌	谷歌	谷歌	微软
4	英特尔	国家电网	国家电网	国家电网	亚马逊
5	国家电网	亚马逊	亚马逊	亚马逊	谷歌
6	亚马逊	英特尔	中国科学院	中国科学院	中国科学院
7	丰田	丰田	丰田	北京航空航天大学	百度
8	日产	中国科学院	通用	百度	华南理工大学
9	通用	通用	英特尔	高通	北京航空航天大学
10	中国科学院	日产	北京航空航天大学	英特尔	哈尔滨工业大学
11	本田	波音	波音	丰田	中国电子科技集团
12	福特	北京航空航天大学	高通	中国电子科技集团	合肥工业大学
13	波音	福特	清华大学	通用汽车	南京邮电大学
14	北京航空航天大学	清华大学	百度	清华大学	思科系统
15	博世	高通	上海交通大学	南京邮电大学	南京航空航天大学
16	清华大学	本田	中国电子科技集团	北京邮电大学	西安电子科技大学
17	高通	上海交通大学	南京邮电大学	上海交通大学	浙江工业大学
18	上海交通大学	百度	日产	腾讯	浙江大学
19	百度	中国电子科技集团	福特	波音	重庆邮电大学
20	诺基亚	南京邮电大学	北京邮电大学	华南理工大学	上海交通大学

图2-12-1 群体智能重要技术的创新主体的竞争格局迁移

（正文说明见第54~55页）

注：每种颜色代表一个国家，橙色代表美国，蓝色代表中国，灰色代表日本，绿色代表德国。

图2-13-1 群体智能全球创新主体申请量排名

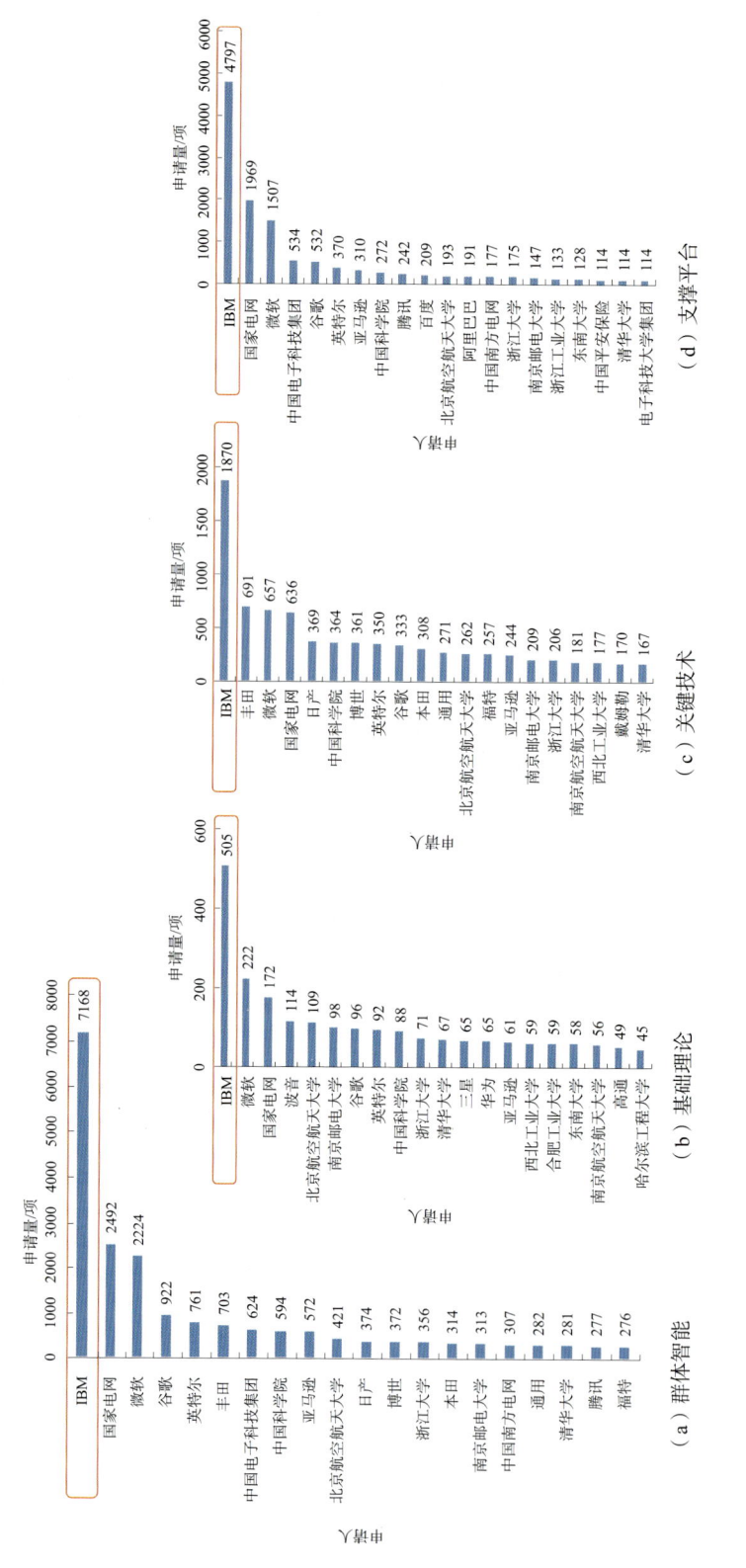

（正文说明见第55页）

(a) 群体智能

申请人	申请量/项
IBM	7168
国家电网	2492
微软	2224
谷歌	922
英特尔	761
丰田	703
中国电子科技集团	624
中国科学院	594
亚马逊	572
北京邮电大学	421
南京邮电大学	374
日产	372
博世	356
浙江大学	314
本田	313
南京邮电大学	307
中国南方电网	282
通用	281
清华大学	277
腾讯	276
福特	

(b) 基础理论

申请人	申请量/项
IBM	505
微软	222
国家电网	172
波音	114
北京航空航天大学	109
南京邮电大学	98
谷歌	96
英特尔	92
中国科学院	88
浙江大学	71
清华大学	67
三星	65
华为	65
亚马逊	61
西北工业大学	59
合肥工业大学	59
东南大学	58
南京航空航天大学	56
高通	49
哈尔滨工程大学	45

(c) 关键技术

申请人	申请量/项
IBM	1870
丰田	691
微软	657
国家电网	636
日产	369
中国科学院	364
博世	361
英特尔	350
谷歌	333
本田	308
通用	271
北京航空航天大学	262
福特	257
亚马逊	244
南京邮电大学	209
浙江大学	206
南京航空航天大学	181
西北工业大学	177
戴姆勒	170
清华大学	167

(d) 支撑平台

申请人	申请量/项
IBM	4797
国家电网	1969
微软	1507
中国电子科技集团	534
谷歌	532
英特尔	370
亚马逊	310
中国科学院	272
腾讯	242
百度	209
阿里巴巴	193
北京航空航天大学	191
中国南方电网	177
浙江大学	175
南京邮电大学	147
浙江工业大学	133
东南大学	128
中国平安保险	114
清华大学	114
电子科技大学集团	114

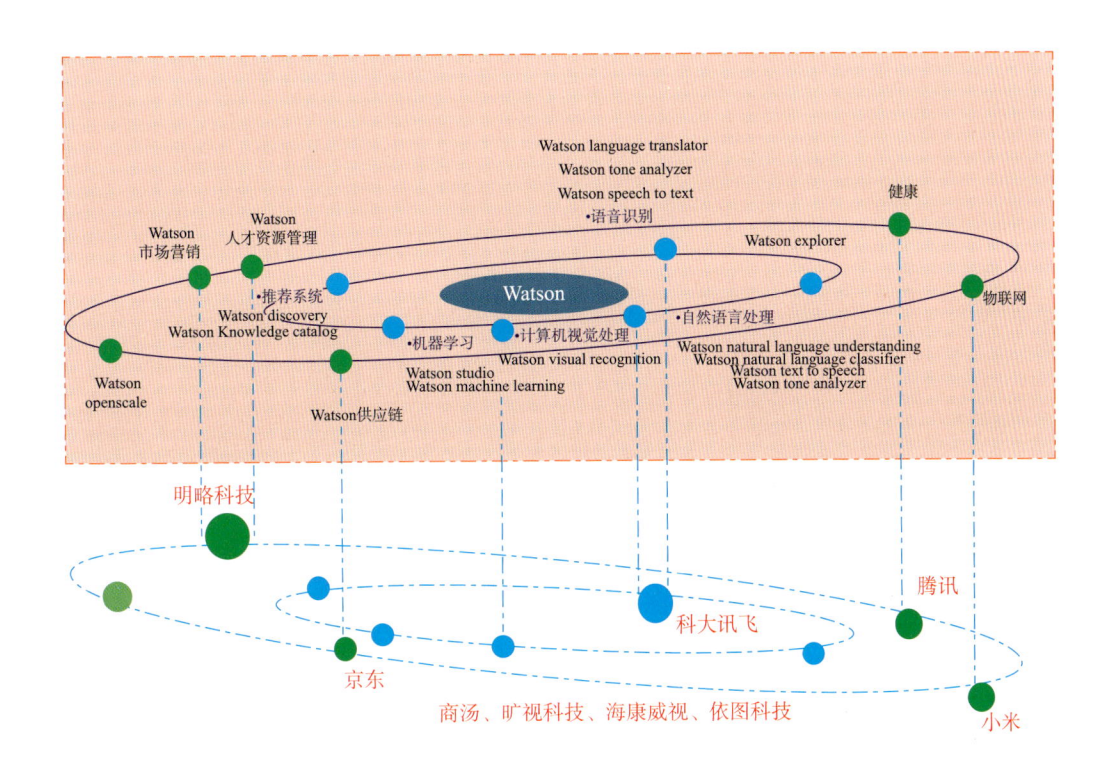

图2-13-2　Watson与我国新一代人工智能开放创新平台的技术、行业对照

（正文说明见第55页）

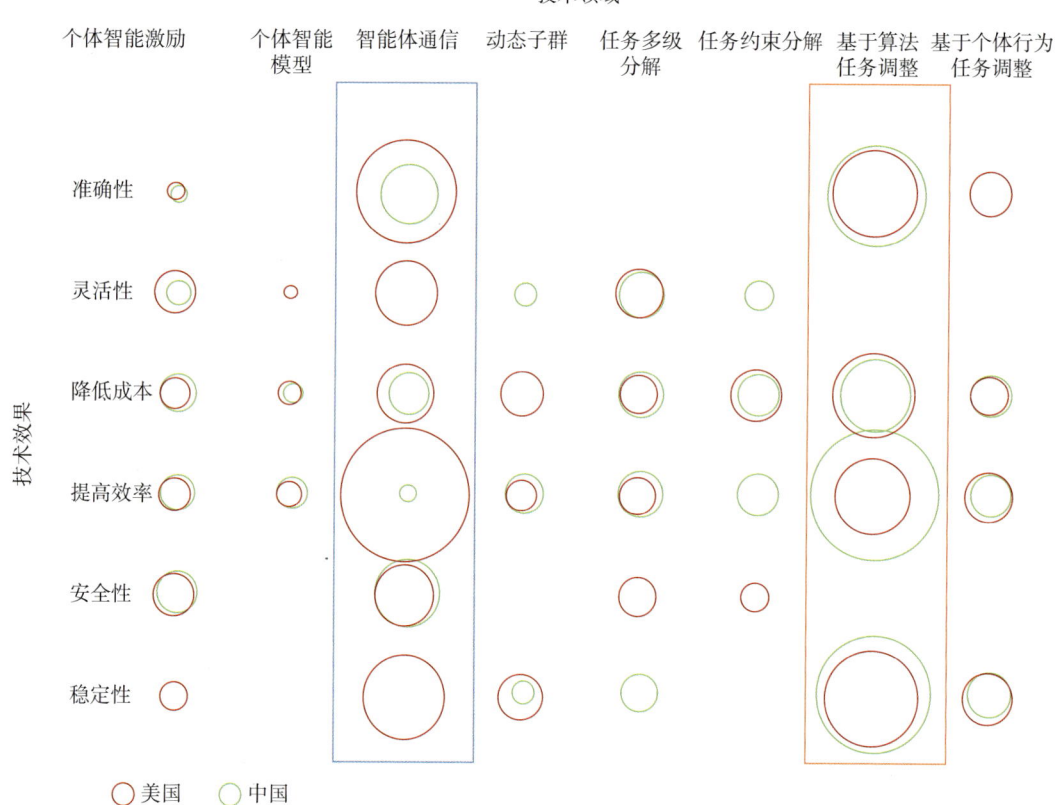

图6-2-15 群体智能任务的匹配分支功效矩阵

（正文说明见第251页）

注：圆圈大小代表申请量多少。
　　蓝色框表示中国相较于美国的技术薄弱点。
　　红色框表示中、美共同的研究热点。

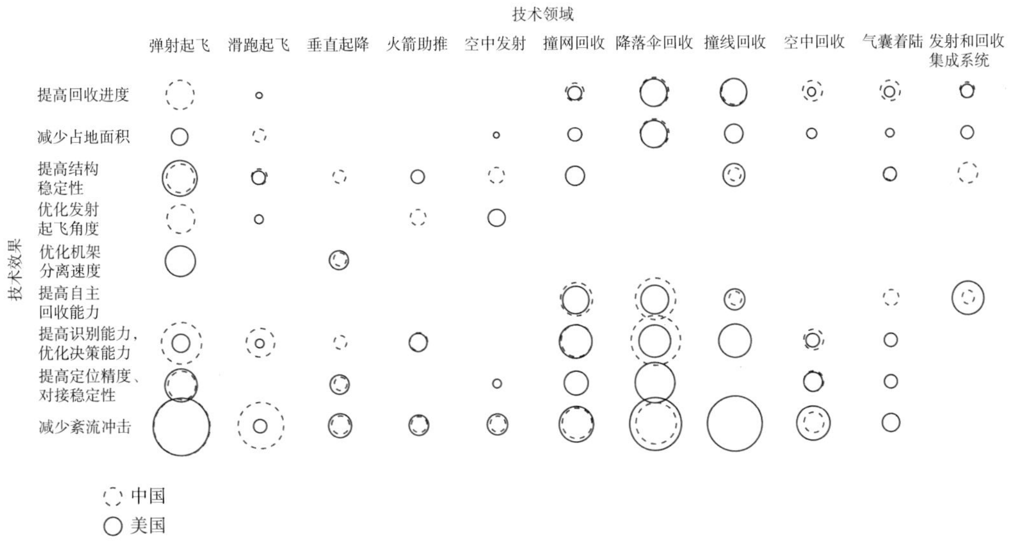

图6-2-23　中美无人机群功效分析

（正文说明见第255页）

注：圆圈大小代表申请量多少。

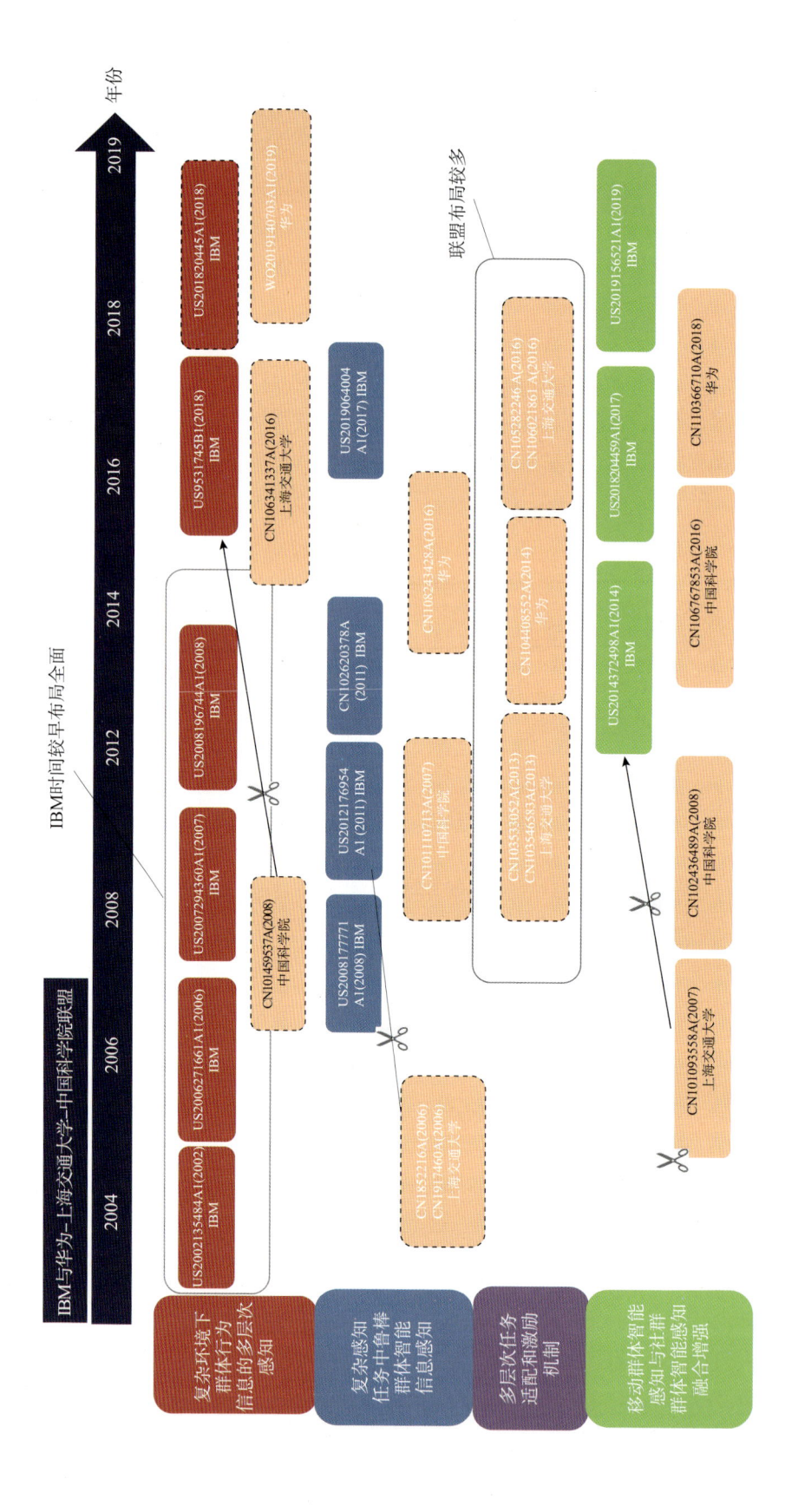

图6-3-9 IBM和联盟主动发现与感知技术分支技术路线对比
（正文说明见第273—274页）

注：无框表示IBM专利，虚线框表示联盟方专利。

编委会

主　任：廖　涛

副主任：胡文辉　魏保志

编　委：雷春海　吴红秀　刘　彬　田　虹

　　　　李秀琴　张小凤　孙　琨

前　言

为深入学习贯彻习近平新时代中国特色社会主义思想，深入领会习近平总书记在中央政治局第二十五次集体学习时的重要讲话精神，特别是"要加强关键领域自主知识产权创造和储备"的重要指示精神，国家知识产权局学术委员会紧紧围绕国家重点产业和关键领域创新发展的新形势、新需求，进一步强化专利分析运用与关键核心技术保护的协同效应，每年组织开展一批重大专利分析课题研究，取得了一批有广度、有高度、有深度、有应用、有效益的优秀课题成果，出版了一批《产业专利分析报告》，为促进创新起点提高、创新效益提升、创新决策科学有效提供了有力指引，充分发挥了专利情报对加强自主知识产权保护、提升产业竞争优势的智力支撑作用。

2020 年，国家知识产权局学术委员会按照"源于产业、依靠产业、推动产业"的原则，在广泛调研产业需求基础上，重点围绕高端医疗器械、生物医药、新一代信息技术、关键基础材料、资源循环再利用等 5 个重大产业方向，确定 12 项专利课题研究，组织 20 余家企事业单位近 180 名研究人员，圆满完成了各项课题研究任务，形成一批凸显行业特色的研究成果。按照课题成果的示范性和价值度，选取其中 5 项成果集结成册，继续以《产业专利分析报告》（第 79～83 册）系列丛书的形式出版，所涉及的产业方向包括群体智能技术，生活垃圾、医疗垃圾处理与利用，应用于即时检测关键技术，基因治疗药物，高性能吸附分离树脂及应用等。课题成果的顺利出版离不开社会各界一如既往的支持帮助，各省市知识产权局、行业协会、科研院所等为课题的顺利开展贡献巨大力量，来自近百名行业和技术专家参与课题指导工作。

　　《产业专利分析报告》（第 79～83 册）凝聚着社会各界的智慧，希望各方能够充分吸收，积极利用专利分析成果助力关键核心技术自主知识产权创造和储备。由于报告中专利文献的数据采集范围和专利分析工具的限制，加之研究人员水平有限，因此报告的数据、结论和建议仅供社会各界借鉴研究。

《产业专利分析报告》丛书编委会

2021 年 7 月

群体智能技术产业专利分析课题研究团队

一、项目管理

国家知识产权局专利局： 张小凤　孙　琨

二、课题组

承 担 单 位： 国家知识产权局专利局专利审查协作北京中心

课题负责人： 刘　彬

课题组组长： 陈玉华

统 稿 人： 陈玉华　沈敏洁

主要执笔人： 刘　彬　王　晶　沈敏洁　姜　峰　郭翠霞　马丽莉
　　　　　　　曹　鹏　成慧明　丛　磊

课题组成员： 刘　彬　陈玉华　沈敏洁　王　晶　姜　峰　郭翠霞
　　　　　　　马丽莉　丛　磊　唐　娜　曹　鹏　成慧明　刘　芳
　　　　　　　范玉雪

三、研究分工

数据检索： 姜　峰　郭翠霞　马丽莉　丛　磊　唐　娜　曹　鹏
　　　　　　成慧明　刘　芳　范玉雪

数据清理： 姜　峰　郭翠霞　马丽莉　丛　磊　唐　娜　曹　鹏
　　　　　　成慧明　刘　芳　范玉雪

数据标引： 姜　峰　郭翠霞　马丽莉　丛　磊　唐　娜　曹　鹏
　　　　　　成慧明　刘　芳　范玉雪

图表制作： 姜　峰　郭翠霞　马丽莉　丛　磊　唐　娜　曹　鹏
　　　　　　成慧明　刘　芳　范玉雪

报告执笔： 刘　彬　沈敏洁　王　晶　姜　峰　郭翠霞　马丽莉
　　　　　　丛　磊　唐　娜　曹　鹏　成慧明　刘　芳　范玉雪

报告统稿： 陈玉华　沈敏洁

报告编辑： 沈敏洁　王　晶　姜　峰　郭翠霞　马丽莉　丛　磊

唐　娜　曹　鹏　成慧明　刘　芳　范玉雪

报告审校： 刘　彬　陈玉华　沈敏洁　王　晶

四、报告撰稿

刘　彬：主要执笔第 1 章，第 8 章

姜　峰：主要执笔第 2 章第 2.9~2.13 节

丛　磊：主要执笔第 3 章第 3.1~3.3 节，第 6 章第 6.1 节

曹　鹏：主要执笔第 3 章第 3.4~3.5 节，第 6 章第 6.2.1~6.2.3 节

郭翠霞：主要执笔第 4 章第 4.4~4.5 节，第 6 章第 6.2.4~6.2.6 节

马丽莉：主要执笔第 4 章第 4.2~4.3 节、第 4.7 节，第 6 章第 6.3 节

成慧明：主要执笔第 4 章第 4.6 节、第 4.8~4.9 节，第 6 章第 6.4.2.2~6.4.2.3 节

唐　娜：主要执笔第 5 章第 5.1.2 节、第 5.1.4~5.1.6 节、第 5.2~5.4 节，第 6 章第 6.4.1 节、第 6.4.2.1 节、第 6.4.3~6.4.4 节

刘　芳：主要执笔第 5 章第 5.1.1 节、第 5.1.3 节、第 5.5~5.7 节

沈敏洁：主要执笔第 4 章第 4.1 节，第 5 章第 5.8 节

王　晶：主要执笔第 2 章第 2.1~2.2 节

范玉雪：主要执笔第 7 章，第 2 章第 2.3~2.8 节

五、指导专家

行业专家

王春光　腾讯科技（北京）有限公司

技术专家

郑　锦　北京航空航天大学计算机学院

刘以成　国家知识产权局专利局专利审查协作北京中心光电技术发明审查部

专利分析专家

孙瑞丰　北京国知专利预警咨询有限公司

张珍丽　国家知识产权局专利局专利审查协作北京中心专利服务部

目 录

第 1 章　群体智能概述与产业分析 / 1
  1.1　概　述 / 1
    1.1.1　从人工智能到群体智能 / 1
    1.1.2　群体智能 / 5
    1.1.3　课题研究的目的、思路和主要内容 / 10
    1.1.4　相关事项说明 / 11
  1.2　产业发展现状 / 16
    1.2.1　产业概况 / 17
    1.2.2　国外产业发展现状 / 22
    1.2.3　中国产业发展现状 / 24
  1.3　产业发展趋势与问题 / 29
    1.3.1　产业发展趋势 / 29
    1.3.2　产业发展问题 / 34
  1.4　小　结 / 35

第 2 章　群体智能技术专利状况分析 / 37
  2.1　技术分解表及基本检索情况说明 / 37
  2.2　全球/中国申请和授权态势分析 / 38
  2.3　主要国家/地区申请量和授权量占比分析 / 39
  2.4　全球/中国主要申请人分析 / 40
  2.5　全球布局区域分析 / 41
  2.6　全球/中国主要技术分支分析 / 42
  2.7　全球/中国主要申请人布局重点分析 / 43
  2.8　全球原创区域迁移分析 / 48
  2.9　中美人才结构分析 / 49
  2.10　全球重点专利迁移分析 / 50
  2.11　海外专利布局分析 / 52
  2.12　重要技术创新主体迁移分析 / 54
  2.13　中美重要创新平台对比分析 / 55

第3章 基础理论技术专利状况分析 / 58

3.1 基础理论专利状况分析 / 58
3.1.1 全球/中国申请和授权态势分析 / 58
3.1.2 主要国家/地区申请量和授权量占比分析 / 59
3.1.3 全球/中国主要申请人分析 / 60
3.1.4 全球布局区域分析 / 62
3.1.5 全球/中国主要技术分支分析 / 62
3.1.6 全球/中国主要申请人布局重点分析 / 63

3.2 结构理论与组织方法专利状况分析 / 68
3.2.1 全球/中国申请和授权态势分析 / 68
3.2.2 主要国家/地区申请量和授权量占比分析 / 69
3.2.3 全球/中国主要申请人分析 / 70
3.2.4 全球布局区域分析 / 72
3.2.5 全球/中国主要申请人布局重点分析 / 72

3.3 激励机制与涌现原理专利状况分析 / 75
3.3.1 全球/中国申请和授权态势分析 / 75
3.3.2 主要国家/地区申请量和授权量占比分析 / 77
3.3.3 全球/中国主要申请人分析 / 77
3.3.4 全球布局区域分析 / 79
3.3.5 全球/中国主要申请人布局重点分析 / 80

3.4 学习理论与方法专利状况分析 / 83
3.4.1 全球/中国申请和授权态势分析 / 83
3.4.2 主要国家/地区申请量和授权量占比分析 / 85
3.4.3 全球/中国主要申请人分析 / 85
3.4.4 全球布局区域分析 / 87
3.4.5 全球/中国主要申请人布局重点分析 / 88

3.5 通用计算范式与模型技术专利状况分析 / 92
3.5.1 全球/中国申请和授权态势分析 / 92
3.5.2 主要国家/地区申请量和授权量占比分析 / 93
3.5.3 全球/中国主要申请人分析 / 94
3.5.4 全球布局区域分析 / 96
3.5.5 全球/中国主要申请人布局重点分析 / 96

第4章 关键技术专利状况分析 / 101

4.1 关键技术专利状况分析 / 101
4.1.1 全球/中国申请和授权态势分析 / 101
4.1.2 主要国家/地区申请量和授权量占比分析 / 102
4.1.3 全球/中国主要申请人分析 / 103

4.1.4 全球布局区域分析 / 104
4.1.5 全球/中国主要技术分支分析 / 105
4.1.6 关键技术全球/中国主要申请人布局重点分析 / 106
4.2 主动感知与发现专利状况分析 / 113
4.2.1 全球/中国申请和授权态势分析 / 113
4.2.2 主要国家/地区申请量和授权量占比分析 / 113
4.2.3 全球/中国主要申请人分析 / 114
4.2.4 全球布局区域分析 / 115
4.2.5 全球/中国主要申请人布局重点分析 / 115
4.3 知识获取与生成专利状况分析 / 119
4.3.1 全球/中国申请和授权态势分析 / 119
4.3.2 主要国家/地区申请量和授权量占比分析 / 119
4.3.3 全球/中国主要申请人分析 / 120
4.3.4 全球布局区域分析 / 121
4.3.5 主要申请人布局重点分析 / 122
4.4 协同与共享技术专利状况分析 / 126
4.4.1 全球/中国申请和授权态势分析 / 126
4.4.2 主要国家/地区申请量和授权量占比分析 / 127
4.4.3 全球/中国主要申请人分析 / 128
4.4.4 全球布局区域分析 / 129
4.4.5 全球/中国主要申请人布局重点分析 / 130
4.5 评估与演化专利状况分析 / 134
4.5.1 全球/中国申请和授权态势分析 / 134
4.5.2 主要国家/地区申请量和授权量占比分析 / 135
4.5.3 全球/中国主要申请人分析 / 135
4.5.4 全球布局区域分析 / 136
4.5.5 全球/中国主要申请人布局重点分析 / 137
4.6 群体智能空间的服务体系结构专利状况分析 / 141
4.6.1 全球/中国申请和授权态势分析 / 141
4.6.2 主要国家/地区申请量和授权量分析 / 142
4.6.3 全球/中国主要申请人分析 / 143
4.6.4 全球布局区域分析 / 144
4.6.5 全球/中国主要申请人布局重点分析 / 145
4.7 人机融合与增强专利状况分析 / 149
4.7.1 全球/中国申请和授权态势分析 / 149
4.7.2 主要国家/地区申请量和授权量占比分析 / 149
4.7.3 全球/中国主要申请人分析 / 150

4.7.4　全球布局区域分析 / 151
4.7.5　全球/中国主要申请人布局重点分析 / 152
4.8　自我维持和安全交互专利状况分析 / 156
4.8.1　全球/中国申请和授权态势分析 / 156
4.8.2　主要国家/地区申请量和授权量占比分析 / 157
4.8.3　全球/中国主要申请人分析 / 158
4.8.4　全球布局区域分析 / 159
4.8.5　全球/中国主要申请人布局重点分析 / 160
4.9　多移动体群体智能协同控制专利状况分析 / 164
4.9.1　全球/中国申请和授权态势分析 / 164
4.9.2　主要国家/地区申请量和授权量占比分析 / 165
4.9.3　全球/中国主要申请人分析 / 166
4.9.4　全球布局区域分析 / 167
4.9.5　全球/中国主要申请人布局重点分析 / 168

第 5 章　支撑平台专利状况分析 / 172

5.1　专利状况分析 / 172
5.1.1　全球/中国申请和授权态势分析 / 172
5.1.2　主要国家/地区申请量和授权量占比分析 / 173
5.1.3　全球/中国主要申请人分析 / 174
5.1.4　全球布局区域分析 / 175
5.1.5　全球/中国主要技术分支分析 / 176
5.1.6　全球/中国主要申请人布局重点分析 / 176
5.2　众创计算支撑平台专利状况分析 / 182
5.2.1　全球/中国申请和授权态势分析 / 182
5.2.2　主要国家/地区申请量和授权量占比分析 / 183
5.2.3　全球/中国主要申请人分析 / 183
5.2.4　全球布局区域分析 / 184
5.2.5　全球/中国主要申请人布局重点分析 / 185
5.3　科技众创服务系统专利状况分析 / 189
5.3.1　全球/中国申请和授权态势分析 / 189
5.3.2　主要国家/地区申请量和授权量占比分析 / 190
5.3.3　全球/中国主要申请人分析 / 190
5.3.4　全球布局区域分析 / 192
5.3.5　全球/中国主要申请人布局重点分析 / 192
5.4　开放环境的群体智能决策系统专利状况分析 / 196
5.4.1　全球/中国申请和授权态势分析 / 196
5.4.2　主要国家/地区申请量和授权量占比分析 / 197

5.4.3 全球/中国主要申请人分析 / 197
5.4.4 全球布局区域分析 / 199
5.4.5 全球/中国主要申请人布局重点分析 / 199
5.5 群体智能软件学习与创新系统专利状况分析 / 203
5.5.1 全球/中国申请和授权态势分析 / 203
5.5.2 主要国家/地区申请量和授权量占比分析 / 204
5.5.3 全球/中国主要申请人分析 / 204
5.5.4 全球布局区域分析 / 206
5.5.5 全球/中国主要申请人布局重点分析 / 207
5.6 群体智能软件开发与验证自动生产系统专利状况分析 / 211
5.6.1 全球/中国申请和授权态势分析 / 211
5.6.2 主要国家/地区申请量和授权量占比分析 / 212
5.6.3 全球/中国主要申请人分析 / 212
5.6.4 全球布局区域分析 / 214
5.6.5 全球/中国主要申请人布局重点分析 / 215
5.7 群体智能共享经济服务系统专利状况分析 / 219
5.7.1 全球/中国申请和授权态势分析 / 219
5.7.2 主要国家/地区申请量和授权量占比分析 / 220
5.7.3 全球/中国主要申请人分析 / 221
5.7.4 全球布局区域分析 / 222
5.7.5 全球/中国主要申请人布局重点分析 / 223
5.8 小 结 / 227

第6章 重点技术分支 / 228
6.1 基础理论之算法专题 / 228
6.1.1 优化算法概述 / 228
6.1.2 粒子群优化算法 / 231
6.1.3 蚁群优化算法 / 235
6.1.4 典型申请人 / 237
6.1.5 小 结 / 239
6.2 面向群体智能的协同与共享技术专题 / 240
6.2.1 基本构成 / 240
6.2.2 技术发展现状 / 241
6.2.3 全球竞争格局 / 242
6.2.4 中美专利比较 / 246
6.2.5 国内研发现状分析 / 255
6.2.6 小 结 / 257
6.3 主动感知与发现技术分支 / 257

6.3.1 技术概述 / 257
6.3.2 专利申请分支热点分析 / 258
6.3.3 全球主要申请人及技术路线 / 259
6.3.4 联盟对抗策略的研究 / 264
6.4 群体智能众创计算支撑平台技术分支 / 275
6.4.1 技术发展状况 / 275
6.4.2 产业状况分析及重要创新主体 / 276
6.4.3 国内重要创新主体风险及预警 / 292
6.4.4 百度应对策略及启示 / 294

第7章 基于神经网络的专利价值评估模型 / 296
7.1 专利价值及其评估方法 / 296
7.1.1 专利价值的概念和特点 / 296
7.1.2 专利价值的评估方法 / 297
7.1.3 基于神经网络的专利价值评估方法 / 299
7.2 基于神经网络的专利价值评估模型 / 300
7.2.1 专利价值模型评估指标 / 301
7.2.2 基于BP神经网络的专利评估模型 / 302
7.3 基于BP神经网络模型的专利价值评估实践 / 303
7.4 小 结 / 305

第8章 主要结论及措施建议 / 306
8.1 概 述 / 306
8.2 专利态势分析主要结论 / 306
8.3 基础理论分支专利态势分析主要结论 / 308
8.4 关键技术分支专利态势分析主要结论 / 308
8.5 支撑平台分支专利态势分析主要结论 / 309
8.6 重要技术分支专利技术分析结论 / 309
8.7 面向行业的措施建议 / 312
8.8 小 结 / 314

参考文献 / 315
图 索 引 / 316
表 索 引 / 324

第1章 群体智能概述与产业分析

1.1 概　　述

1.1.1 从人工智能到群体智能

1.1.1.1 人工智能

人工智能（Artificial Intelligence，AI）自从诞生以来，已经经过60多年的发展。在人工智能诞生之初，对于人工智能的概念是：让机器人像人那样理解、思考和学习，并且逐渐发展出符号主义、连接主义和行为主义三大学派。总体上，如图1-1-1所示，人工智能发展大致经历了三次发展浪潮。

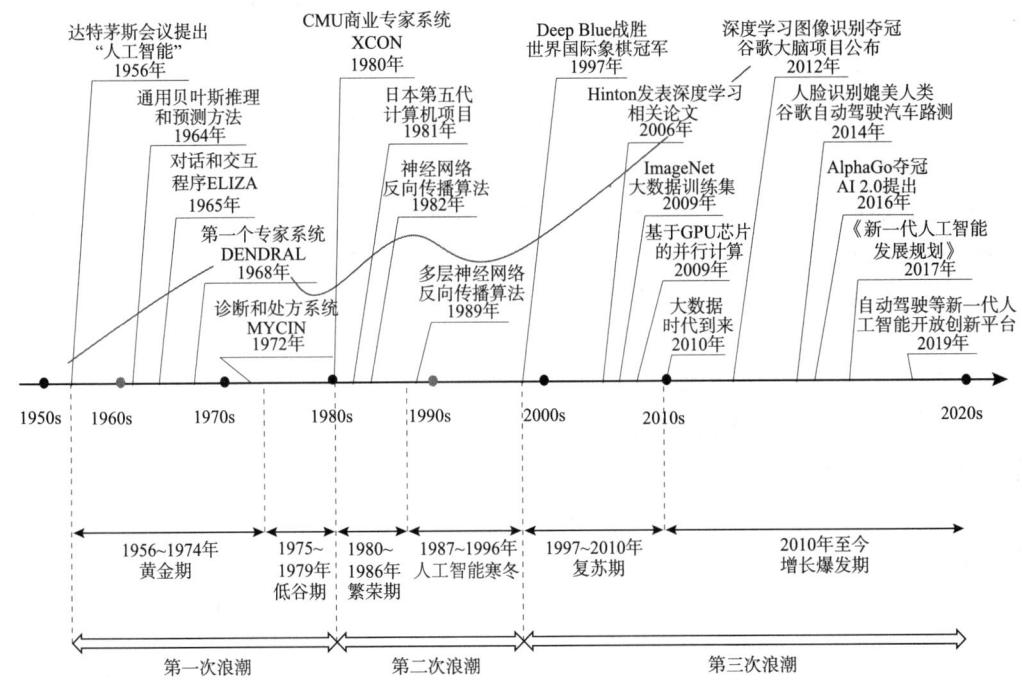

图1-1-1 人工智能发展历程

（1）第一次浪潮（1956~1979年）

1956年的达特茅斯会议成为人工智能诞生的标志。达特茅斯会议之后，美国国防部高级研究计划局（DARPA）给麻省理工学院、卡内基·梅隆大学的人工智能研究组投入大量经费，人工智能的研究迎来第一次发展的高峰时期。

虽然这一阶段有一定的成果，但由于最开始的期望过高，没有客观地看待事物发展的基础和规律，最终没有实现最初的预想。当承诺无法兑现时，对人工智能的资助就缩减或者取消了，由此，人工智能发展也迎来第一次由盛转衰。

（2）第二次浪潮（1980~1996 年）

人工智能再次回暖是在专家系统盛行的时期，这一阶段的人工智能转向实用。1980 年，卡内基·梅隆大学为数字设备公司设计了一个名为 XCON 的专家系统，这套系统在 1986 年之前每年能为数字设备公司节省 4000 万美元。有了商业模式，相关企业自然应运而生，比如 Symbolics、Lisp Machines 等硬件公司和 IntelliCorp、Aion 等软件公司。这个时期，仅专家系统产业的价值就有 5 亿美元。1981 年，日本经济产业省拨款 8.5 亿美元支持第五代计算机项目，目标是制造出能够与人对话、翻译语言、解释图像，并且能像人一样推理的机器。但是专家系统的发展并不顺利，台式机性能的瓶颈，以及专家系统数据积累和植入的困难，让专家系统的热度渐渐消失。人们对人工智能逐渐失望，甚至于提出人工智能寒冬的说法，投资大量减少，人工智能研究再次遭遇发展的低谷。

但在这一阶段，仍然出现了一个影响巨大的基础成果，那就是在 1982 年，物理学家约翰·霍普菲尔德证明使用神经网络可以让计算机以崭新的方式学习并处理信息。在几乎同一时间，戴维·鲁梅哈特等人推广了反向传播算法（BP 算法），使大规模神经网络训练成为可能。至今，这种多层感知器的误差反向传播算法还是非常有价值的基础算法，现在的深度网络模型基本上都是在 BP 算法的基础上发展出来的。

（3）第三次浪潮（1997 年至今）

人工智能前两次的低谷没有阻止人们对它的研究，在人工智能第二次遇冷后，里程碑式的研发成果仍一一出现。1997 年，IBM 研发的深蓝（Deep Blue）击败了人类国际象棋冠军卡斯帕罗夫，这场人机大战让人工智能再次回归人们的视线。各种人工智能领域的成果随后问世，其中对于新一代人工智能来说最为关键的论文出现在 2006 年。2006 年，辛顿和他的学生在《科学》杂志上发表 Learning Multiple Layers of Representation，重新激活了神经网络的研究，开启了深度神经网络的新时代。根据他们的构想，可以开发出多层神经网络，这种网络包括自上而下的连接点，生成感官数据训练系统，指引新一代人工智能走向深度学习。这种思路在当时受到一些专家的悲观论点影响，并不被看好，深度学习还需要一个机会证明自己。

在时间相近的阶段，2009 年，李飞飞和她的团队发表了 ImageNet 数据集的论文，在当时并不被大众所关注，因为那时的人工智能并没有意识到大数据的作用。但是后来，ImageNet 大规模视觉识别挑战赛逐渐成为业界公认的标杆，这说明大数据在新一代人工智能中的地位越来越重要。

2009 年 6 月，斯坦福大学的 Rajat Raina 和吴恩达合作发表论文 Large - scale Deep Unsupervised Learning Using Graphic Processors，这一论文提出采用 GPU 芯片代替 CPU 芯片实现大规模的深度无监督学习。传统的 CPU 的架构，关注点不在于并行处理。而 GPU 诞生以来的主要任务就是在最短时间内显示更多的像素，它的核心特点就是同时并行处理海量的数据,因此在芯片设计时进行了专门优化用于处理大规模并行计算,这与神经网络的计算工作不谋而合。

至此,新一代人工智能的三大要素都已经聚齐:作为核心推动力的算法、用于支持算法进化迭代的大数据和支撑高效运算的硬件芯片。人工智能迎来了第三次的快速新发展,新的突破和思想更加迅速地展示在人们面前。

2012年,辛顿的学生Alex Krizhevsky构建的深度学习模型AlexNet在ImageNet图像识别比赛中一举夺冠,并且大幅度超越传统方法的分类性能,证明了深度学习的潜力。2012年6月,《纽约时报》披露了Google Brain项目,引起了公众的广泛关注。这个项目由著名的斯坦福大学的机器学习教授吴恩达和在大规模计算机系统方面的世界顶尖专家杰夫·迪恩共同主导,用16000个CPU Core的并行计算平台去训练含有10亿个节点的深度神经网络(Deep Neural Networks,DNN),使其能够自我训练,对2万个不同物体的1400万张图片进行辨识。

2014年3月,基于深度学习方法,Facebook的DeepFace项目使得人脸识别技术的识别率已经达到了97.25%,只比人类识别97.5%的正确率略低,准确率几乎可媲美人类。

2016年3月的人工智能围棋比赛,位于英国伦敦的谷歌旗下公司DeepMind开发的AlphaGo战胜了世界围棋冠军、职业九段选手李世石,并以4∶1的总比分获胜。2016年末至2017年初,AlphaGo在两个公开围棋网站上与中国、日本、韩国的数十位围棋高手进行快棋对决,连胜60局无一败绩,包括对当今世界围棋第一人柯洁连胜三局。2017年2月,卡内基·梅隆大学的人工智能系统Libratus在长达20天的得州扑克大赛中,打败4名世界顶级得州扑克高手,赢得177万美元的筹码。

除了上述软件方面的进展,应用硬件方面也有极大的进展。谷歌从2009年开始秘密研发自动驾驶汽车,2014年在内华达州通过了驾驶测试。近几年,自动驾驶汽车在部分国家/地区已经可以上路行驶。2013年,以美国波士顿动力公司为主开发的Atlas机器人也公开亮相。此后,波士顿动力公司还推出了多种机器人,能够完成双足行走、自动开关门等动作。自此,人工智能真正地进入了大众视野,成为全球追逐的热点。

1.1.1.2 新一代人工智能

随着互联网的普及、传感网的渗透、大数据的涌现、信息社区的崛起,以及数据和信息在人类社会、物理空间和信息空间之间的交叉融合与相互作用,当今人工智能发展所处的信息环境和数据基础已经发生了深刻变化,人工智能的目标和理念正面临重要调整,人工智能的科学基础和实现载体也面临新的突破,人工智能正进入一个新的阶段。

2016年,潘云鹤院士在《人工智能走向2.0》一文中指出,在新的外部环境下,已出现若干新的技术变化,并表现在近几年来的人工智能技术前沿中。新一代人工智能"人工智能2.0"的初步定义[1]是:基于重大变化的新的信息环境和新的发展目标的新一代人工智能。新的信息环境包括互联网、移动终端、网络社区、传感器网络和大数据。新的目标是指智能城市、智能经济、智能制造、智能医疗、智能家居、智能驾驶等从宏观到微观的社会需求。

人工智能2.0的研究内容不仅包括人工智能基础理论、发展支撑体系，还包括大数据智能、跨媒体智能、群体智能、自主智能系统和混合增强智能五大技术方向，这些技术可广泛应用在制造、医疗、城市、农业等具体领域，如图1-1-2所示。

图1-1-2　人工智能2.0研究内容概况

随着新一代信息科学技术水平的快速发展，在硬件计算能力、大数据存储和处理能力以及处理速度方面都有了长足的进步，深度学习算法实现突破之后，大数据的价值得以展现。与早期传统机器学习的基于推理逻辑的人工智能不同，新一代人工智能是由大数据驱动的。知识驱动的人工智能需要提供数据、特征和模型，而大数据驱动下的新一代人工智能只需要提供数据和自动特征学习模型，通过给定的学习框架，不断根据当前设置及环境信息修改、更新参数，从数据中学习各层次的特征，具有极大的潜力。但以深度学习为主的大数据驱动算法与知识驱动的人工智能相比，具有不可解释性的缺点。

随着智能终端的大量普及，交互式社交网络飞速发展，短文本社交网络、照片与视频分享网站的兴起和普及，使多媒体数据呈现爆炸式增长，并以网络为载体在用户之间实时、动态传播，数据之间具有极大的关联性，文本、图像、语音、视频等信息突破了各自属性的局限，不同平台的不同类型的信息紧密混合在一起，形成了一种新的知识，也就是跨媒体的媒体表现形式。跨媒体信息能够表现出综合性的知识，未来人工智能逐步向人类智能靠近，通过利用跨媒体知识，能够模仿人类综合的利用视觉、语言、听觉等多种感知信息，实现对人类信息的识别、理解，并进一步做到类似人类的推理、设计、创作、预测等功能。

自主智能系统（智能无人系统）源于机器人发展的第三阶段，即智能机器人阶段。

目前智能机器人已经得到了广泛的应用，工业机器人、扫地机器人等均已经是目前常用的机器人。随着无人机、自动驾驶汽车、水下无人潜航器、医疗机器人、服务机器人等类型的智能机器人的出现，自主智能系统已经不再是传统意义上的工业机器人，被赋予了更广泛的内涵。目前，工业机器人的自动化已经解决了自动控制的问题，但还没有解决智能自主控制的问题。当前，随着生产制造智能化改造升级需求的日益凸显，通过嵌入智能系统对现有的机械设备进行改造升级成为更加务实的选择，也是多国工业发展战略的核心举措。在此引导下，自主智能系统正成为人工智能的重要发展及应用方向。例如，沈阳机床以 i5 智能机床为核心，打造了若干智能工厂，实现了"设备互联、数据互换、过程互动、产业互融"的智能制造模式。

混合智能是人机协同混合智能的简称，混合智能将人的作用或者认知模型引入到人工智能系统中，提升人工智能系统的性能，使人工智能成为人类智能的自然延伸和拓展，通过人机协同更加高效地解决复杂问题。通过将人类智慧和机器智慧结合在一起，能够实现增强型的混合智能，两者能够共同促进，进一步提高人类智力活动能力，陪伴人类完成更多复杂的任务。

群体智能作为本课题的研究对象，具体内涵在下一节进一步详细介绍。

1.1.2 群体智能

早期的群体智能是大量的简单个体按照一定规则进行活动，从而表达出了超越个体智能限制的集体智慧。这个时期侧重于研究群体生物行为，通常是对群体生物的觅食、筑巢等行为进行建模并提出算法，从而得出针对实际问题的解决思路，取得的成果有蚁群优化算法、蚂蚁聚类算法、粒子群优化算法等。群体智能能够对个体智能形成增强或放大作用，在群体层次上的智能远超每一个单一的个体。

新一代人工智能定义下的群体智能，是基于互联网的组织结构下被激励进行计算任务的大量独立个体共同作用下所产生的超越个体智能局限性的智能形态。互联网技术的出现打破了物理时空对于大规模人类群体协同的限制，促进了基于互联网的人类群体的出现，利用互联网，任何地域分布的人类都能够组合成一个具有联系的组织群体。因而，面向人类群体的群体智能通常被称为 crowd intelligence 或 collective intelligence。互联网促使人类的信息总量、信息传播的速度和广度都在飞速地增长，这构成了基于互联网的群体智能技术的基础。互联网的发展促成了基于网络的群体智能现象，其涉及的领域包括知识收集、文本识别、产品设计、科学研究和软件开发等。

1.1.2.1 群体智能技术内容

群体智能的论述具体包括群体智能的基础理论、群体智能的关键性技术以及群体智能支撑平台三部分。

（1）群体智能的基础理论

群体智能的基础理论包括群体智能的结构理论与组织方法、群体智能的激励机制和涌现原理、群体智能的学习理论与方法、群体智能的通用计算范式与模型等内容，以解决群体智能组织的有效性、群体智能涌现的不确定性、群体智能汇聚的质量保障、群体智能交互的可计算性等科学问题。基于互联网的群体智能理论和方法是新一代人工智能的核心研究领域之一，对人工智能的其他研究领域有着基础性和支撑性作用。

群体智能的结构理论与组织方法是群体智能研究的基础。群体智能关注的是大规模自主参与者在互联网和网络大数据的支持下如何高效协同和量化评估在群体智能空间实现超越个体智力的、可度量且可持续的群体智能涌现。为此，群体智能如何量化评价、参与群体如何组织与协作、群体智能空间如何构建与运行，从而实现大规模群体的连接与群体智能的释放，是关于群体智能的结构与组织的需要深入研究的基础性问题。

群体智能的激励机制和涌现原理是群体智能基础理论的研究核心。群体智能的涌现过程中参与者具有高度自治性和多样性，涌现的时间、强度和代价都呈现强不确定，并且基于互联网的群体存在多种协作模式，因而需要针对这些群体自主参与者设计通用激励机制和多模式的激励方法，通过激励的作用和传播，最终促进群体智能的涌现、汇聚和增强。

群体智能的学习理论与方法对大规模群体智能系统的实现和发展起到了关键性作用。面向互联网群体智能空间开放动态的特性，突破高效可扩展的鲁棒学习理论和面向全局目标的多智能体演进机制，形成一系列适于开放动态环境下的群体智能学习理论与方法。针对群体智能学习面临的新环境，从理论基础、机制设计、开放环境、意图引导、学习平台五个方面进行系统研究，实现群体智能空间善感、能知、可引导的群体智能能力。

面向领域的群体智能任务涉及感知、决策、实施等诸多环节，需要构造相应的群体智能通用计算范式与模型，并对群体智能计算的复杂性、时空成本与代价以及目标优化的近似计算方法进行研究。为实现群体智能通用计算范式与模型的构建，首先研究面向群体智能计算的计算复杂性理论对问题难度进行界定，然后针对其中的难解问题，研究群体智能计算的近似计算理论与方法，最后基于计算复杂性理论和近似计算理论与方法，进而具体研究时空约束的群体智能分配理论与方法、群体智能融合的质量控制理论与方法以及群体智能行为的延迟控制理论与方法。

（2）群体智能的关键性技术

群体智能的关键性技术包括群体智能的主动感知与发现、知识获取与生成、协同与共享、评估与演化、人机整合与增强、自我维持与安全交互、科技众创、服务系统以及多移动体群体智能协同控制等内容，以支撑形成群智数据—知识—决策自动化的完整技术链条。

由于群体中每个个体所处环境和状态存在差异，有效实现个体的多层次感知是充分获取互联网群体行为数据的关键环节，为基于互联网的群体智能提供必需的支撑技术，是融合群体智慧以优化系统资源配置和服务的关键。群体智能的主动感知与发现具体包括实现多源低质异构数据的融合挖掘方法，分析挖掘群体交互特征和规律，建立任务驱动的需求发现与激励机制，支持群体智能高效和安全协同以及形成全方位多角度的互联网群体感知能力。

群体智能知识获取，一方面是指系统通过发挥互联网群体智能的聚合优势，使群体智能参与者遵循群体智能空间的结构方式，相互作用、相互补充和相互制约，激发新的知识的涌现，并采用基于群体智能的真相发现技术，为知识库及知识图谱的构建等提供质量保障，最终解决人工智能中知识获取与生成等难题；另一方面，由众包工人参与任务产生的特定数据，这些数据都成了知识获取和生成的重要来源。如何对群体智能产生的数据进行知识获取也是一项重要的研究课题。

大规模自主个体的参与是群体智能释放的基础，而群体的高效协作是实现超越个体的群体智能释放的关键。如何提高群体协作的效率和质量，实现基于群体智能的复杂任务的高效解决，是需要深入研究的关键问题。

群体协作的可信评估和持续演化是实现群体智能汇聚和收敛的关键。不同于智能设备，人类群体具有极大的自主性和差异性。因此，如何确保群体智能向预期方向演化，解决群体智能任务，实现预期目标，是群体智能面临的关键挑战。为此，需要深入研究针对群体智能的可行性评估与持续性演化技术，为构建"群体智能空间"、实现群体智能释放提供技术支撑。

群体智能空间中融合了人、机、物等多种智能资源，因而对这些资源进行高效统一管理，并基于此为群体智能应用的构建与运行提供一体化服务支撑环境，是实现群体智能的重要问题之一。针对科技众创、群体智能软件、共享经济和群体智能决策等应用需求，以应用体系结构和系统体系结构为依据，研究群体智能空间服务体系结构，具有重要意义。

人机融合带来了人类智慧和机器智能的相互促进与相互增强。一方面，机器智能利用人类智慧贡献的知识状态和结构提高智能技术的智慧水平；另一方面，人类群体也可以利用机器智能汇聚整合的知识资源，更加有效地学习，进而提高自身的认知水平。

群体智能的可自我维持性是群体智能空间开展持续性服务的前提，群体智能间的安全可信交互是群体智能空间演化、迭代的基础。为此，需要研究群体智能的自我维持技术、群体智能间的安全交互技术，重构群体智能点对点直接交互的信任模式，为群体智能空间提供永续式的可信运行基础环境。

多移动体群体智能协同控制是指将群体智能技术用于交通控制、机器人群、无人机群等多个移动体的协同控制。多移动体群体智能协同控制的研究内容主要包括针对群体智能在复杂环境下的广泛应用需求，研究基于网络环境下的多车辆集群感知、群体决策与协同控制理论与技术。

（3）群体智能支撑平台

群体智能支撑平台包括群体智能众创计算支撑平台、科技众创服务系统、开放环境的群体智能决策系统、群体智能软件学习与创新系统、群体智能软件开发与验证自动化系统、群体智能共享经济服务系统等内容，打造面向科技创新的群体智能科技众创服务系统，推动群体智能服务平台在制造、城市、农业、医疗等重要领域广泛应用，形成群体智能驱动的创新应用系统和创新生态,占据全球价值链高端。

未来的人工智能研究焦点,也会从过去单纯地用计算机模拟人类、打造单个智能体,向打造多智能体协同的群体智能转变。群体智能在需要形象思维或者不确定性的知识的处理方面,具有更大的优势。在互联网环境下,海量的人类智慧与机器智能相互赋能增效,形成人机物融合的"群体智能空间",以充分展现群体智能。因此,群体智能的研究不仅能推动人工智能的理论技术创新,同时能对整个信息社会的应用创新、体制创新、管理创新、商业创新等提供核心驱动力。

1.1.2.2 国内外技术发展现状

放眼世界,广阔的应用前景和重要的战略意义,让人工智能越来越成为社会各界的关注焦点。基础理论创新和关键技术不断突破,产生了丰硕的成果。群体智能作为人工智能这一大概念的细分领域,分享着这些基础、关键的技术,呈现出共同的发展特点。在这一发展过程中,中国不断追赶世界潮流,在一些方面,目前亦可占有一席之地,但也有自己的不足之处,需加以正视。本节就相关内容加以概括。

(1)国外基础理论研究中学科交叉广泛,基础算法成果显著

国外群体智能的研究覆盖范围非常广。一方面,理论研究集中在生物学、昆虫科学、大众行为学和经济管理学等领域,同时结合自然和社会科学等跨学科的相关知识;另一方面,在实际的预测、管理、组织和决策等研究中也有广泛的应用。随着计算机网络科学的兴起和发展,与计算机学科结合的相关研究更加深入,通过观察自然界中群居性生物协作表现出的宏观智能行为特征,将它们之间的简单合作交流通过连接人脑和计算机来相互作用,并借助 Web 2.0 等社会网络软件的普及,越来越多地用于社交服务、众包、分享、评论和推荐中。群体智能的理论研究在 2010 年以后出现了比较明显的飞跃,研究重点主要侧重于与信息计算技术紧密结合的算法模型理论方面,数量多且成果集中,先后出现蚁群优化算法、粒子群优化算法、菌群算法、蛙跳算法、人工蜂群算法、蝙蝠算法、狼群算法等经典算法。

(2)国内基础理论研究成果可期

中国在相关的基础算法、基础构架的核心的论文与工作(如基础的感知平台、知识平台以及知识图谱等的构建)中一直处于跟随和追赶的状态。随着国家对人工智能相关研究的重视以及相关应用的大规模发展,在我国庞大的数据基础以及产业基础之上,我国也迎来了相关技术蓬勃发展的时机。近几年我国在群体智能学习方面的热度提高,在基础算法方面也有了一定的基础,提出了狼群算法、烟花算法等。

(3)国内局部技术引领,国外开始追赶

国外方面,由于美国此前一直重视专用短程通信(DSRC)技术,而中国选择的则是蜂窝车联网(C-V2X)技术。V2X 通信有两大技术路线,一是基于蜂窝网络进行通信的 C-V2X 技术,二是基于 Wi-Fi 改进的 DSRC 技术。前者覆盖面广,通信距离远,无须额外组网即可通信,适合于移动群体智能应用场景,而后者仅可在短距离进行通信,并不适合于移动群体智能应用场景。2020 年 7 月 3 日,在第三代合作伙伴计划(3GPP)树替换文法(TSG)第 88 次会议上,5G R16 标准宣布冻结,5G 第一个演进

版本标准正式完成。这也标志着 5G 标准已经确定，其中，中国企业作出了重要贡献，仅中国三大运营商提交的文稿占到全球运营商的四成。根据德国专利机构公布的数据显示，华为在 5G 领域的技术贡献为 5855 件，而美国企业的总和仅有 2958 件，仅有华为的一半。因此在基于移动群体智能的 V2X 领域，美国处于对中国的追逐态势。但最近美国也开始调整其 V2X 路线，2019 年年初，福特、戴姆勒、大众和英特尔等巨头对美国部署 C-V2X 技术行政许可向美国联邦通信委员会提出了请求。2019 年年底，美国联邦通信委员会一致投票通过提案，将重新分配 5.9 GHz 频段的 75MHz 频谱，其中一部分将用于 C-V2X 技术。此事被业界称之为车联网标准之战的重大转折，说明美国或转向 C-V2X 技术路线。福特则计划 2022 年在美国销售的每一辆新车和卡车上都添置 C-V2X 技术，C-V2X 可以与驾驶员辅助装置集成，通过配置 V2X 发射器，车辆能够检测到彼此的存在，并避免碰撞。福特采用的 C-V2X 技术基于 5G 技术，区别于 DSRC 技术的竞争性设置，基于 5G 技术的 C-V2X 技术利用电信公司的 5G 基站和天线上，无须单独的政府投资。

（4）国内移动群体智能技术发展迅速

阿里巴巴试图以"车路协同+单车智能"的方式，来解决自动驾驶现有方案的研发困境和成本高等问题。在阿里巴巴人工智能实验室的构想中，不仅有聪明的车，还要有聪明的路，其实现的路径，就是"自动驾驶车+路侧感知基站+云控平台"，从而实现云端、路端、车端一体化的智能。所谓的智能感知基站，就是阿里巴巴把车的传感单元装到了路上，使其能够感知到交通场景里所有的信息，并发送给车。同时，该智能感知基站还包括了多模态融合算法，并开发出了基于网络的感知算法等，因此其在精度、实时性以及可靠性上都达到了很高的要求。而通过将车与感知基站的融合，阿里巴巴形成了一个高效统一的协同智能系统。基于此，阿里巴巴实现了即使车在时速 30 公里的速度下突然出现一个人，也能 100% 的成功避让的概率。结合阿里巴巴的商业模式来看，"单车智能+车路协同"的模式，无疑加快了 L4 级无人驾驶的落地。

腾讯则在车路协同领域再次发挥连接优势，搭建基于边缘计算的 5G 车路协同开源平台，并以腾讯自研的车路协同平台为核心建立一系列能力体系，聚合产业链上下游参与者的优势，做好联通智慧出行产业的连接器。腾讯车路协同 PaaS 平台（5G 车路协同开源平台）针对边缘计算、车路协同业务本身特点提供了一系列模块，涵盖将路侧边缘计算平台、软件系统与 5G 网络对接的流量控制，以 C-V2X 消息集为核心的数据处理功能等。除此之外，该平台向上、向下分别延伸。向上可支撑服务于交通行业相关的道路管理、交通管控等，向下可对接 V2X 等基础设施建设，上下两个部分可与合作伙伴充分协作。

百度 Apollo 发布了车路协同开放平台，发布智能交通解决方案，助力多地打造 ACE 王牌城市。"车+路"双剑合璧，是具有"中国特色"的自动驾驶发展路径。这时，马路不再只是交通出行中的配角，而是从"被迫营业"转换为"主动"参与到智能交通中来，"车+路"是助力自动驾驶加速发展的最佳搭档。Apollo 全新发布车路协同开放平台由一个边缘智能底座、一个基础云端服务和六大可应用场景组成。可应用场景包含智能信控、智能公交、自动驾驶、智能停车、智能货运、智能车联等,支持外部的开发者和合作伙伴在一个底座上研发孵化自己海量的城市管理、交通出行应用场景。

华为也推出了自己的车路协同解决方案。在城市封闭或半开放道路的区域范围内,演示车路协同的典型应用场景,如信号灯车速引导、行人闯入预警、交通拥堵提醒等。华为云提供智能网联的功能测试及准入的基础环境,满足车企车路协同测试需求:①道路服务,车路协同平台与智能交通系统协同,为公众提供安全告警和道路信息,提高出行效率;②道路测试,车路协同平台为车企提供网联式自动驾驶车辆测试服务,满足车企智能网联汽车开发和测试需求。在高速公路范围内,结合车路协同技术,实现合流匝道预警、二次事故预警、动态限速等场景。华为云提供车路协同平台(V2X Server)和智能感知节点,满足当前示范测试与未来商用需求:①减少交通事故,提供车路协同平台和智能感知算法,将事故预警、天气信息等实时发送给车辆,提高行车安全性;②助力自动驾驶,车路协同平台为自动驾驶车辆提供高速道路和环境信息,解决复杂路况和极端天气条件下单车的智能感知问题,让自动驾驶车辆更安全。

1.1.3 课题研究的目的、思路和主要内容

1.1.3.1 研究目的

发展新一代人工智能已经成为国家重要发展战略之一,随着国家对该领域关注和投入的持续加大,基于以上我国面临的问题,有必要从专利技术的角度对新一代人工智能群体智能的内涵、技术分支和技术边界进行清楚的确定,明确我国在发展群体智能中面临的机遇以及潜在风险,提出抓住机遇、抵御风险的方法,解决产业问题,为国内企业等创新主体的技术发展和保护提出建议。

1.1.3.2 研究思路

课题组以《新一代人工智能发展规划》为指导,以发现问题—解决问题的思想出发确立课题的研究思路。本课题按照以下思路展开研究:

① 通过产业和政策调研,厘清全球群体智能技术产业、政策现状,明晰我国在发展群体智能中面临的问题。

② 从专利角度确定新一代人工智能群体智能的技术内涵、技术分支和技术边界。

③ 通过关键字组合等方法为新一代人工智能群体智能精准画像,从技术分支入手进行检索式构建和检索,确定群体智能专利技术范围。

④ 对群体智能的专利进行原创技术、专利布局等态势分析,结合主要申请人和重点技术分支梳理,明晰我国在全球群体智能中的位置,找出我国群体智能技术发展的机遇和风险。

⑤ 针对上述我国面对的机遇以及风险,结合对一级、二级技术分支概况的全面分析,以及对重点二级技术分支以及三级技术分支的重点分析,点、面结合,提出抓住机遇、抵御风险的具体举措。

⑥ 创新分析工具，提高点、面结合的研究效率，为快速数据分析提供工具支撑。

1.1.3.3 主要研究内容

课题组通过多方情报收集，整理研究政策规范类文件6份、行业报告类文件29份、课题报告类文件20份、技术资料类文件165份，详细研究了解行业技术要点和行业、政策现状后，采取电话或者邮件的方式与产业和政策专家进行了交流，修正了课题组初步拟定的技术分解表。调研中对群体智能行业与政策的特点、技术分解、技术难点等进行了了解或确认，之后通过数据清洗、分析等工作，最终形成本报告。

本报告包括以下主要内容：

从专利的视角出发，基于群体智能可望升级的新技术及其主要技术特点，将群体智能划分为3个一级分支、18个二级分支、73个三级分支。在此基础上，课题组全面检索了各一级分支相关专利，并深入检索了所有的二级和三级分支，从整体发展状况的层面上分析了这些专利所反映出的专利申请态势、竞争区域、重点技术分支、申请人状况等我国群体智能的发展整体情况；其中，群体智能所有分支下的专利数量全球为59149项，中国为33890件。

在产业调研和专利整体发展状况分析的基础上，选出关键技术分支的"面向群体智能的协同与共享""群体智能的主动感知和发现"以及支撑平台分支的"群体智能众创计算支撑平台"3个重点二级技术分支。按照点面结合的原则，对3个一级分支、18个二级分支进行了态势分析和总结，并在此之上深入研究了上述3个重点二级分支。

在课题研究中，通常需要对重点分支或者重点申请人的重要专利进行筛选。在之前的课题中用过的专利评估方法，如单因素排序法、综合评价法等，通常具有一定的局限性。虽然在学术研究中也有使用机器学习方法的，但目前缺乏实际应用。专利评估的难点在于影响因素多、影响程度难以辨别、各因素之间存在复杂相关性，而通过调研发现BP神经网络在解决上述问题的时候具有一定的优势，所以本课题就采用了基于BP神经网络的专利价值评估方法，能够全面、客观、高效地对大量的专利进行价值评估。

1.1.4 相关事项说明

本节对本报告中反复出现的各种专利术语或现象，一并给出解释。

专利同族：同一项发明创造在多个国家/地区申请专利而产生的一组内容相同或基本相同的专利文献出版物，称为1个专利族或同族专利。从技术角度来看，属于同一专利族的多件专利申请可视为同一项技术。在本报告中，针对技术和专利技术首次申请国分析时对同族专利进行了合并统计，针对专利在国家/地区的公开情况进行分析时各件专利进行了单独统计。

项：同一项发明可能在多个国家/地区提出专利申请，德温特数据库（DWPI）将这些相关的多件申请作为一条记录收录。在进行专利申请数量统计时，对于数据库中以一族（此处"族"指的是同族专利中的"族"）数据的形式出现的一系列专利文献，计算为"1项"。一般情况下，专利申请的项数对应于技术的数目。

件：在进行专利申请数据量统计时，例如为了分析申请人在不同国家/地区/组织所提出的专利申请的分布情况，将同族专利申请分开进行统计，所得到的结果对应于申请的件数。1项专利申请可能对应1件或多件专利申请。

在本报告中，对部分申请人表述进行了约定，一是由于中文翻译的原因，同一申请人的表述在不同中国专利申请中会有所差异；二是为了方便申请人统计，将不同子公司的专利申请进行合并，详见表1-1-1。

表1-1-1　申请人统一名称表

约定名称	对应申请人名称	申请人类型
三星	三星电子株式会社	国外公司
	北京三星通信技术研究有限公司	
	深圳三星通信技术研究有限公司	
	三星显示有限公司	
	三星SDI株式会社	
	三星电机株式会社	
	三星SDS株式会社	
	三星电子（中国）研发中心	
浙江大学	浙江大学	国内高校
	浙江大学城市学院	
	浙江大学台州研究院	
	浙江大学宁波理工学院	
	浙江大学宁波工业技术研究院	
	浙江大学苏州工业技术研究院	
	浙江大学常州工业技术研究院	
	浙江大学滨海工业技术研究院	
	浙江大学包头工业技术研究院	
	浙江大学华南工业技术研究院	
	浙江大学山东工业技术研究院	
清华大学	清华大学	国内高校
	深圳清华大学研究院	
	清华大学深圳研究生院	
	清华大学苏州汽车研究院（吴江）	

续表

约定名称	对应申请人名称	申请人类型
清华大学	清华大学天津高端装备研究院	国内高校
	清华四川能源互联网研究院	
	东莞深圳清华大学研究院创新中心	
中兴	中兴通讯股份有限公司	国内公司
	深圳市中兴移动通信有限公司	
	上海中兴通讯技术有限责任公司	
	南京中兴技术软件有限公司	
浪潮	浪潮（北京）电子信息产业有限公司	国内公司
	浪潮（山东）电子信息有限公司	
	浪潮电子信息产业股份有限公司	
	浪潮乐金信息系统有限公司	
	浪潮齐鲁软件产业有限公司	
	浪潮软件股份有限公司	
	浪潮集团有限公司	
	浪潮软件集团有限公司	
	浪潮通信信息系统有限公司	
	浪潮集团山东通用软件有限公司	
鸿海集团	鸿海精密	国内公司
	鸿富锦精密	
腾讯	腾讯科技	国内公司
	腾讯计算机系统有限公司	
	腾讯数码	
	深圳市腾讯计算机系统有限公司	
	腾讯科技（深圳）有限公司	
	腾讯科技（北京）有限公司	
	腾讯科技（成都）有限公司	
	腾讯云计算（北京）有限责任公司	
	深圳市腾讯网络信息技术有限公司	
奇虎	北京奇虎科技有限公司	国内公司
	奇智软件（北京）有限公司	

续表

约定名称	对应申请人名称	申请人类型
华为	华为技术有限公司	国内公司
	杭州华为数字技术有限公司	
	华为数字技术（苏州）有限公司	
	华为软件技术有限公司	
	华为数字技术（成都）有限公司	
	成都市华为赛门铁克科技有限公司	
	杭州华三通信技术有限公司	
	华为终端有限公司	
	上海华为技术有限公司	
	华为终端（东莞）有限公司	
	华为终端（深圳）有限公司	
	华为技术服务有限公司	
	成都华为技术有限公司	
百度	百度在线网络技术（北京）有限公司	国内公司
	北京百度网讯科技有限公司	
	百度（美国）有限责任公司	
联想	北京联想软件有限公司	国内公司
	联想（北京）有限公司	
	联想（新加坡）私人有限公司	
	联想企业解决方案（新加坡）有限公司	
本田	本田技研工业株式会社	国外公司
	本田汽车公司	
博世	罗伯特·博世有限公司	国外公司
	博世电动工具（中国）有限公司	
	博世汽车部件（长沙）有限公司	
	博世热力技术（上海）有限公司	
丰田	丰田车体株式会社	国外公司
	丰田自动车株式会社	
	丰田纺织株式会社	
	丰田互联公司	
	丰田合成株式会社	

续表

约定名称	对应申请人名称	申请人类型
丰田	丰田自动车工程及制造北美公司	国外公司
	株式会社丰田自动织机	
	丰田自动车欧洲公司	
派诺特	Parrot Drones	国外公司
	鹦鹉无人机股份有限公司	
道通	深圳市道通智能航空技术有限公司	国内公司
	AUTEL ROBOTICS USA LLC	
	AUTEL ROBOTICS CO.，LTD	
昊翔	昊翔电能运动科技昆山有限公司	国内公司
	YUNEEC TECHNOLOGY CO.，LIMITED	
中国科学院	中国科学院自动化研究所	国内科研院所
	中国科学院计算技术研究所	
	中国科学院软件研究所	
	中国科学院声学研究所	
	中国科学院信息工程研究所	
	中国科学院心理研究所	
	中国科学院微电子研究所	
	中国科学院地理科学与资源研究所	
	中国科学院半导体研究所	
	中国科学院遥感与数字地球研究所	
	中国科学院过程工程研究所	
	中国科学院电子学研究所	
	中国科学院电工研究所	
	中国科学院生态环境研究中心	
	中国科学院国有资产经营有限责任公司	
	中国科学院北京基因组研究所	
索尼	SONY Semiconductor Solutions Corporation	国外公司
	SONY CORPORATION	
	SONY Interactive Entertainment Inc	
	SONY Mobile Communications Inc	
	SONY Mobile Communications AB	

续表

约定名称	对应申请人名称	申请人类型
索尼	SONY Interactive Entertainment Europe Limited	国外公司
	SONY Interactive Entertainment America	
	索尼移动通讯有限公司	
	SONY Computer Entertainment Inc	
	SONY Deutschland GMBH	
	索尼电脑娱乐公司	
	索尼公司	
	美国索尼公司	
	索尼互动娱乐股份有限公司	
	索尼电脑娱乐美国公司	
	索尼株式会社	
	美国索尼电脑娱乐有限责任公司	
	索尼电影娱乐公司	
北京大学	北京大学	国内高校
	北京大学深圳医院	
	北京大学深圳研究生院	
	北京大学口腔医学院	
	北京大学（天津滨海）新一代信息技术研究院	
	北京大学人民医院	
	北京大学第一医院	
	北京大学包头创新研究院	
	北京大学第三医院	

1.2 产业发展现状

2017 年，《新一代人工智能发展规划》明确提出群体智能的研究方向，对于推动新一代人工智能发展意义重大。当前，以互联网和移动通信为纽带，人类群体、大数据、物联网已经实现了广泛和深度的互联，使人类群体智能在万物互联的信息环境中日益发挥越来越重要的作用，由此深刻地改变了人工智能领域。群体智能作为人工智能的重要研究方向，带动了群体智能技术产业的飞速发展。

1.2.1 产业概况

1.2.1.1 产业简介

群体智能是人们受自然界生物群体所表现出的通过分工合作、相互协调来完成个体不能解决的复杂任务这种智能现象的启发而提出的一种人工智能模式，是"无智能或简单智能的主体通过协作而表现出智能行为的特性"，具有高度的自组织和自适应性，并表现出非线性、涌现的系统特征。自组织和自适应性指的是群体的各个个体能够根据相应的原则在适当的时候自动改变自身的行为，通过协作来实现整个群体的行为目标。

相应地，群体智能技术产业主要是指围绕群体智能技术及衍生出的主要应用形成的具有一定需求规模、商业模式较为清晰可行的行业集合。与新一代人工智能产业组成相同，其也包括两个基本组成部分：主要由基础层（包括大数据、云计算、芯片和智能传感器在内的基础技术）构成的核心产业部门和由技术层（人工智能核心技术）研发和生产企业构成融合产业部门。

1.2.1.2 产业历史

群体智能利用群体优势，在没有集中控制、不提供全局模型的前提下，为寻找复杂问题解决方案提供了新的思路。群体智能是对生物群体的一种软仿生，即有别于传统的对生物个体结构的仿生。可以将个体看成是非常简单和单一的，也可以让它们拥有学习的能力，来解决具体的问题。而实现方法一般可以通过算法来实现，因此群体智能技术发展中较为重要的是算法、理论。因此在产业发展上将算法和理论应用于不同的领域。

表 1-2-1 概括了群体智能发展过程中出现的几个较为常见的算法。

表 1-2-1 群智算法发展现状

年份	提出者	算法名称
1992	Marco Dorigo	蚁群优化算法（ACO）
1995	Jame S Kenney、Russell Eberhart	粒子群优化算法（PSO）
2002	Li Xiaolei	人工鱼群算法（AFSA）
2002	Passino	细菌觅食优化算法（BFOA）
2006	Shu'an Chu	猫群算法（CSO）
2008	Cheng Le	蟑螂群优化算法（CSO）
2009	Xin Sheyang	萤火虫算法（FA）
2009	Xin Sheyang、Suash Deb	布谷鸟搜索算法（CS）
2010	Xin Sheyang	蝙蝠算法（BA）
2010	谭营	烟花算法（FWA）
2014	Jagdish Chand Bansal	蜘蛛猴优化算法（SMO）

其中，蚁群优化算法（AntColony Optimization，ACO）和粒子群优化算法（Particle Swarm Optimization，PSO）在很多领域应用比较广泛，在没有集中控制的情况下，依靠群体之间的信息共享来求解复杂问题，为组合优化、知识发现、NP 问题等复杂问题的求解方案提供了充分的依据，为认知科学和人工智能等领域的理论研究提供了新的思路，具有重要的研究意义。蚁群优化算法在电信网络的路由问题（ACR）上的应用已经比较成熟，HP、英国电信公司都在 20 世纪 90 年代后期就开展了这方面的研究。另外，美国太平洋西南航空公司还采用了一种源于蚂蚁行为研究成果的运输管理软件，每年至少节约上千万美元的开支。英国联合利华、美国通用、法国液化空气公司、荷兰公路交通部和美国一些移民事务机构也都先后采用类似技术以改善其运转的机能。

群体智能算法经过多年的研究与发展，已经成为重要的优化和复杂问题求解工具，并得到了广泛应用。欧盟未来新兴技术（FET）Swarmanoid 项目，在探究群体智能基础理论的同时，设计了一种异构的动态连接的分布式机器人系统，由人眼机器人、机器人手、足机器人等 60 多种小型自治机器人网络组成，试图产生更大范围的群工程应用的柔性仿真引擎等。由于群机器人和群体智能系统中 Robot 个体交互、通信、协调机制、自组织性和容错性、建模方法和仿真平台不断改进，结合无人机空气动力学模型和空战态势函数，设计人工势场引导下的群体智能蚁狮空战动态规划策略，以提高无人机机动决策的高动态、实时性。

国内的科研和技术团队在群体智能的理论研究和应用方面也取得了一定的成绩。在理论研究方面，李未院士及其团队，在群体智能结合协同计算方面，针对微博平台，对社交网络情绪传播进行分析，取得的成果引起国际高度关注并纳入多科教材；在软件开发方面，提出了群体软件工程的研究，并且针对这一研究课题，国家自然科学基金委员会、科学技术部等先后立项了多个群体智能化软件开发方法的重大/重点项目。此外，在群体智能结合大数据、协同计算方面，清华大学的刘云浩提出群体智能感知计算。在众包数据管理方面，清华大学的李国良及其团队构建了众包任务处理平台 ChinaCrowd，北京航空航天大学的童咏昕及其团队在众包系统时空数据管理方面取得了一系列研究成果。

在应用方面，华为以智能路由器为核心打造了 HiLink 智能家居生态，与多家顶级家居硬件厂商合作，致力于构建一个协调各种家居智能行为的平台；阿里巴巴研究团队提出了一个多智能体双向协调网络 BicNet，多智能体可以通过该网络进行交流以达到协同工作的目的，研究中使用暴雪娱乐公司的一款知名战略游戏，模拟游戏中各种单位之间的协同合作；京东宣布完成全球第一个无人配送而且可以自提的物流站点，该站点能实现全程无人配送中转，无人机将货物送到无人智慧配送站顶部，并自动卸下货物后离开，从入库、包装到分拣、装车、配送，全程由机器人进行操作。

1.2.1.3 产业特点

群体智能作为新一代人工智能的重要方向，正在受到学术界和产业界越来越多的关注和研究。群体智能的多学科交叉模型、多群协同的群体智能方法、嵌入式群体智能的高性能硬件并行实现及其实际工程应用是重要的发展方向。在人工智能大发展时代，群体智能在航空航天测控、无人机智能测控等领域都有着重要应用。在各国政府的大力推动下，全球各大科技巨头纷纷加强了技术储备与技术分布以强化其产业地位。下面对产业特点和国外、国内主要的主要群体智能厂商的企业特点进行介绍。

（1）产业特点

人工智能产业链包括三层：基础层、技术层和应用层。其中，基础层是人工智能产业的基础，为人工智能提供数据及算力支撑；技术层是人工智能产业的核心；应用层是人工智能产业的延伸，面向特定应用场景需求而形成软硬件产品或解决方案。

目前群体智能的产业链中，投资格局上（多集中于从创业投资领域角度来说），面向全产业投资，投资领域遍及基础层、技术层和应用层，而群体智能由于更多是对应用场景的研究，因此接受融资的企业主要集中于应用层。处于产业链中的大公司普遍产业链布局广，创业公司专业性强。中国不乏优秀的人工智能公司，大部分专业性较强，专注于某一细分领域的技术和应用研究。但是，各应用场景之间的人工智能技术相关度存在一定的差异。根据中美企业特点可以看出，美国的公司在芯片等基础层技术布局更广、更精，领先于中国。群体智能算法对于芯片的要求较高，我国存在技术层薄弱、投资少、投资方向与产业链的发展方向不一致等问题。

越来越多的智能设备参与到人类日常生产活动中，影响着人们生活的方方面面。随着"万物互联"概念的提出，大量的智能设备被联接起来，形成一个智能设备网络，实现信息共享、统一控制。物联网协同感知技术、5G通信技术的发展将实现多个智能体之间的协同——机器彼此合作、相互竞争共同完成目标任务。多智能体协同带来的群体智能将进一步放大智能系统的价值：大规模智能交通灯调度将实现动态实时调整，仓储机器人协作完成货物分拣的高效协作，无人驾驶车可以感知全局路况，群体无人机协同将高效打通最后一公里配送。

在大规模智能设备网络中，机器与机器之间的交流与协作将十分重要。这种协作将优化整体的长期目标，涌现群体智能，从而进一步将智能系统的价值规模化放大。以城市级别的交通灯控制任务为例，它关注长期城市交通的车辆通行顺畅度。现实环境中，一个城市级别的交通灯控制规模巨大，不同时期又有不同的控制策略，每个路口红绿灯的控制策略取决于实时车流信息及邻近范围内其他路口的交通控制策略。这种要求动态实时调整的大规模智能网络，使用原有的基于规则的方法很难实现。而基于多智能体强化学习的大规模交通控制技术可以解决这一难题。

未来5年，多智能体协作将在城市生活的方方面面落地发展，仓储机器人的高效协作能完成货物的快速分拣，提升物流效率，降低存储和运输成本；道路上的无人车能够决定并道时是否让其他车先行，提升无人驾驶的安全性和交通效率；交通灯根据当前路口和邻近路口的实时交通情况来决定调度信号，真正盘活整个城市高峰时期的交通；网约车平台会根据城市不同地点各个时间的打车需求来优化给每辆车的派单，降低用户等车时间，提升司机收入。

多智能体协同及群体智能这样全新的人工智能范式的发展和普及将会带来整个经

济社会的升级，让人工智能不再只是单个的工具，而是协调整个人类工作生活网络的核心系统。

(2) 企业特点

1) 谷歌

谷歌以突出的技术创新与业务积累在技术水平与商业落地两方面均领先于其他美国厂商。谷歌拥有世界顶尖的科学家团队，较高的顶会论文量也显示出其对于基础科学研究的绝对重视，技术储备优势较大，拥有深度学习领军级别科学家，且在基础科学研究方面领先全球。谷歌在技术布局上领衔全球，特别是在自然语言处理与计算机视觉模型、机器学习框架领域，由于一直坚持基础科学的研究，因此较强的创新能力使得其在技术布局上也处于全球领先的地位。

2) 微软

微软凭借最多的人工智能专利储备及领先的语音识别、计算机视觉等技术实力处于领先地位。微软拥有庞大的人工智能团队与专利储备，人工智能部门超过 8000 人，专利储备全球第一。在人工智能技术布局的不同方向均有领先，在语音识别与计算机视觉等方向都率先达到类人水平。

3) 百度

百度凭借扎实的人工智能技术储备，全面布局人工智能技术，打造软硬一体的人工智能大生产平台，是中国人工智能技术领域的先行者，综合技术实力排名第一。并且，百度拥有较高的专利申请量与实力雄厚的人工智能技术团队，为其持续进行产品创新研发奠定基础。在机器学习平台、计算机视觉、自然语言处理、语音识别等人工智能核心技术方面，百度成为中国人工智能行业的领导者。

4) 华为

华为注重研发投入，其在信息通信技术（ICT）领域的技术研发实力使其人工智能发展具有一定的潜力。华为的人工智能技术布局以芯片为核心，芯片实力是华为在人工智能领域的核心竞争力之一，其昇腾 910 的算力目前业界最强。并且，华为的人才资源、研发实力为其人工智能技术储备提供潜在发展基础。

人工智能产业核心技术掌握在巨头企业手里，巨头企业在产业中的资源和布局，都是创业公司无法比拟的。国外大公司如前面介绍的谷歌、微软等，依靠其强大的综合实力投入越来越多的资源抢占人工智能市场，甚至整体转型为人工智能驱动的公司。国内的团队，也借助国家政策，积极布局人工智能领域。但是人工智能开发平台和产业生态尚未形成，缺乏支持行业发展的试验平台以及数据集，且对于群体智能技术基础层的芯片技术尚需很大提升空间。

1.2.1.4 产业问题

(1) 人工智能底层核心要素算力提升、数据处理方式优化

未来人工智能芯片将从通用向专用芯片发展，数据处理方式继续优化，由人机协作向全面机器化演变，处理更为高效。通过科技厂商所发布的典型芯片对比，专用集成电路（ASIC）芯片在运算能力方面相对领先于其他种类芯片，但由于 GPU 发展时间

早，应用普遍，软件生态较为成熟，目前使用最成熟的人工智能芯片为 GPU。ASIC 芯片具有体积更小、能耗更低、保密性更强的优势，且量产后可大幅降低成本。未来伴随数据量的激增以及各应用场景差异性所带来的专用性需求的增加，针对专门任务进行优化的 ASIC 芯片的表现将更为突出。

未来，数据处理将从"人工+机器"模式逐渐转变为"数据智能"模式。更多企业、政府将会选择"数据智能"模式实现数据快速处理，统一数据生产、计算、应用等步骤，促进非结构化和半结构化数据转化为完整的数据资产。例如百度与平安、太平洋保险、TCL 等各领域知名企业合作；阿里巴巴与浙江省人民政府携手，实现了政府数据处理高效化，驱动行业数据资源使用效率大幅增加。而群体智能技术的算法对于芯片要求更高，因此亟须提高人工智能底层核心的技术能力。

（2）人才成本较大，存在较大的需求缺口

技术方面，以深度学习为代表的机器学习算法研究是广泛的基础能力，但目前国内在此领域的人才供应相对紧缺，流通性较弱，因此也导致了高端研究人才的超高成本，同时有部分公司选择在美国建立研究院或实验室。这说明，作为知识密集型产业的典型代表，人工智能产业存在较大的需求缺口，而群体智能技术作为新一代人工智能的重要发展方向，也存在上述问题，人才缺口导致基础研究拓展困难。

（3）资本流向不均衡

从创业投资领域的角度来说，资本面向全产业投资，投资领域遍及基础层、技术层和应用层，而群体智能由于应用场景的研究更多，因此接受融资的企业主要集中于应用层。我国融资占比排名前三的是计算机视觉与图像、自然语音处理以及自动驾驶/辅助驾驶。融资额越高代表投资者越是看好该领域，因此如何引导群体智能的投资仍是一个重要问题。

（4）产品成熟度不同

在人工智能技术向各行各业渗透的过程中，不同产品由于使用场景复杂度的不同、技术发展水平的不同，其成熟度也不同。群体智能应用场景的多元化，也导致其在各应用场景中产品成熟度不同。比如，教育和音响行业的核心环节已有成熟产品，技术成熟度和用户心理接受度都较高；个人助理和医疗行业在核心环节已出现试验性的初步成熟产品，但由于场景复杂，涉及个人隐私和生命健康问题，当前用户心理接受度较低；自动驾驶和咨询行业在核心环节则尚未出现成熟产品，无论是技术方面还是用户心理接受度方面都还没有达到足够成熟的程度。群体智能技术较多地应用于交通领域，应用到拥堵分析、路线优化、车辆调度、驾驶辅助等场景，有效改善交通问题如智化调度决策，提升平台运营效率，这一领域成熟度也较高。

（5）要实现多智能体协作需要技术突破

需要建立关于群体智能的完整理论和技术体系，突破大规模群体智能空间构造、运行、协同和演化等关键核心技术，但是其中涉及的关键性技术还有很多，例如：如何理解群体智能中群体智能行为和群体智能涌现的作用机理，形成具有普适性的可解释理论；如何解决群体智能系统的鲁棒性问题，形成具有强稳定性的无人自主进化平台；如何提高群体之间的通信、导航以及数据处理能力，形成高效率、高精度的集群组网系统等问题。

1.2.2 国外产业发展现状

国外群体智能技术产业发展早，产业领域丰富，研究人员利用此技术来升级改造一些领域，如机器人、飞行器、数据挖掘、医学和区块链等。

1.2.2.1 国外产业发展现状

（1）国外群体智能技术产业简介

对于国外的群体智能技术产业，主要参与者方面，第一集团为美国、第二集团为日韩和欧洲。根据中国信息通信研究院数据研究中心的全球 ICT 监测平台实时监测的数据，截至 2018 年上半年，在全球范围内共监测到 4998 家人工智能企业。其中，美国人工智能企业数量 2039 家，位列全球第一，其次依次是中国 1040 家、英国 392 家、加拿大 287 家、印度 152 家。除此之外，以色列、法国和德国人工智能企业的数量也超过了 100 家。关于产品，美国在基础层、技术层和应用层三层全面开花，都有世界级的著名企业，而欧洲和日韩则各有所侧重，可见，美国在群体智能技术产业的地位非同一般。

从全球范围来看，全球人工智能企业主要集中在人工智能+、大数据和数据服务、视觉、智能机器人领域。其中人工智能+企业主要集中在商业、医疗健康、金融领域。具体来看，各垂直领域的企业同样集中。在各类垂直行业中，人工智能渗透较多的包括医疗健康、商业、金融、教育和网络安全等领域。其中商业领域占比最大，达到11%；其次是医疗健康和金融领域，占比分别达到9%和5%。

（2）国外群体智能技术产业历史

从全球群体智能技术产业发展上来看，最先开始于美国，美国于 1990 年开始发展人工智能产业，全球关于群体智能的发展基本始于 2010 年以后，中国则是在 2015 年以后才开始逐步发展。

从城市维度看，全球人工智能企业数量排名前 20 的城市中，美国占 9 个，中国占 4 个，加拿大占 3 个，英国、德国、法国和以色列各占 1 个。其中北京成为全球人工智能企业数量最多的城市，有 412 家企业。其次是旧金山和伦敦，分别有 289 家和 275 家人工智能企业。[1]

从企业成立时间看，全球人工智能企业的创业潮集中在 2014～2016 年，其中不论是全球范围内还是中国，2015 年新增人工智能企业数量都是最多的。2015 年，全球新成立人工智能企业数量达 847 家，其中中国 238 家。从 2016 年开始，全球创业企业的新增数量开始减少，创业步伐有所放缓，全球新增初创企业 738 家，到 2017 年这一数字下降到 324 家。

---

[1] 李佩娟. 2018 年全球人工智能企业分析 AI + 企业占据半壁江山 [RB/OL]. (2018 - 09 - 30) [2021 - 04 - 25]. https：//www.qianzhan.com/analyst/detail/220/180927 - c7e5b0c4.html.

(3) 国外群体智能技术产业特点

自动驾驶在近几年吸引了大量投资，但是仍然未广泛使用。大量的技术障碍、漫长的应用落地、现实的盈利难题等因素导致该行业近期由热转冷。但不可忽视的是，自动驾驶技术其实早已在零售、仓储、园区、通勤等特定场景中得到应用。

福布斯列出的相关公司并非全是自动驾驶汽车技术开发商，而是更多涉及特定场景的自动驾驶应用，可以说是对上述趋势的呼应。例如：仓储与零售机器人技术开发商 Bossa Nova Robotics、清洁机器人等自动驾驶设备软件系统开发商 Brain Corp.、自动驾驶通勤车队技术开发商 May Mobility 等。

1.2.2.2 国外产业重要主体

(1) 基础层：硬件霸主——ARM

英国 ARM 是全球领先的半导体知识产权提供商，全世界超过 95% 的智能手机和平板电脑都采用 ARM 架构。ARM 通过出售芯片技术授权，建立起新型的微处理器设计、生产和销售商业模式。ARM 将其技术授权给世界上许多著名的半导体、软件和 OEM 厂商，每个厂商得到的都是一套独一无二的 ARM 相关技术及服务。利用这种合伙关系，ARM 很快成为许多全球性精简指令集计算机（RISC）标准的缔造者。

其与群体智能技术的相关点主要在于芯片，因为对人工智能计算能力需求的不断增加，对于芯片的要求也越来越高，芯片设计得越复杂，则人工智能的算法一般来说要求越低，通过简单的设计算法即可实现人工智能的计算，因此，ARM 生产的人工智能芯片越来越多地应用于群体智能技术。

(2) 技术层：巨头——谷歌

在引入人工智能技术之前，业界惯用清理不良内容的方法是人工举报、人工审核以及策略和传统算法的结合。

基于人工智能的内容安全解决方案是不完美的，但企业也必须承认人工智能的高效率、远超关键词过滤的精准度，以及未来的潜力。那么，采用人工智能技术来维护在线交流氛围是必须考虑的选项。同时，人工智能的精准度取决于足够多的高质量输入数据，由于国内外的网络环境、政策具有差异性，网民对相同言论的感觉和容忍度也有所不同，国内用户应当采用积累足够多国内特征库的服务商提供的技术方案，并积极提供包含新特征的数据，让人工智能算法与时俱进，以应对不断升级的攻击。

(3) 应用层：巨头——微软

近年来，微软亚洲研究院在图像识别、机器翻译、语音识别和机器阅读理解等领域都获得了极大的技术突破。这些人工智能技术也在微软完成了从研究到产品的转化，进入到了拥有强大计算能力的微软智能云 Microsoft Azure 平台，或是作为人工智能系统训练基础的大型数据集，以及开发和改进人工智能算法的深度学习等方法，助力人工智能开发者创新与组织数字化转型升级。

Microsoft Azure 为客户提供的不仅仅是数据存储中心，它强大的计算能力与微软人工智能服务的紧密结合，能为物流、制造、餐饮、零售、金融等各行各业的企业带来更多前所未有的全新可能。运行于微软智能云上的智能企业应用平台 Dynamics 365，全面整合客户关系管理（CRM）和企业资源计划（ERP），提供现代化的细分功能模块，可为企业业务的快速创新注入人工智能、商业智能、混合现实、社交及移动应用。

在工厂与仓库，人工智能通过利用计算机视觉扫描视频，帮助客户发现潜在风险，以预防事故的发生。在客户服务中心，Dynamics 365 AI 中的新工具能够自动为客户解答常见问题，让客户服务人员可以集中精力解决更复杂的问题。在绿茵场上，得益于 Microsoft Azure 和其他微软工具的配合，西雅图海鹰队能够近乎实时地跟踪球员在赛场上的表现。

微软还将最前沿的技术突破转化入 Azure 认知服务、Azure 机器人服务等产品和工具，让开发者能够将这些人工智能功能融入自己的产品与服务，为开发者带来更多创新的动能。现在，通过 Azure 机器学习服务中的新功能自动化机器学习功能，人工智能能帮用户自动选择、测试和调整机器学习模型，让开发者与数据科学家更轻松、快速地搭建人工智能系统和应用。

微软正在用领先的人工智能技术从教育、社会、环境、地球和自然等维度打造无障碍的世界，改善社会福祉，推动人与自然的可持续发展。

微软看到了人工智能的巨大力量，也认识到人工智能系统一旦被滥用的危险。我们必须现实地考虑人工智能带来的这些挑战。随着人工智能系统愈加复杂，并在人们的生活中发挥着越来越大的作用，我们认为企业与组织必须制定并采取明确的原则，来指导人工智能系统的构建和应用。

1.2.3　中国产业发展现状

中国科学院大数据挖掘与知识管理重点实验室发布的《2019 人工智能发展白皮书》中披露全球人工智能企业前 20 的榜单，排名前十的企业中，中国企业有百度、大疆、旷视科技、科大讯飞。群体智能技术是人工智能的科技高峰，不止中国，世界上各个科技强国均在群体智能技术领域进行角逐和积极布局。本节将梳理中国群体智能技术的发展历史、产业规模和产业特点，从中获取中国企业的竞争格局，以总结国内群体智能技术的发展经验，分析国内群体智能技术产业存在的问题并展望未来群体智能的发展趋势，以期稳步实现群体智能技术早日超过世界人工智能强国的目标，实现中华民族的伟大复兴。

本节通过分析国内群体智能技术产业的发展历史、产业规模梳理出群体智能在产业链上所形成的竞争格局，并根据上述信息分析出国内群体智能技术产业所呈现的特点。

1.2.3.1　中国产业概况

（1）群体智能国内发展历史

2017 年《新一代人工智能发展规划》[8] 中明确提出群体智能的研究方向，对于推动新一代人工智能发展意义重大。当前，以互联网和移动通信为纽带，人类群体、大数据、物联网已经实现了广泛和深度的互联，使人类群体智能在万物互联的信息环境中发挥越来越重要的作用，由此深刻地改变了人工智能领域。例如：基于群体编辑的维基百科、基于群体开发的开源软件、基于众问众答的知识共享、基于众筹众智的万众创新、基于众包众享的共享经济等。[9]这些趋势昭示着人工智能已经迈入了新的发展阶段,新的研究方向和新范式已经逐步显现出来,从强调专家的个人智能模拟走向群体智能,智能的构造方法从逻辑和单调走向开放和涌现,智能计算模式从"以机器为中心"的模式走向"群体在计算回路",智能系统开发方法从封闭和计划走向开放和竞争。因此,我们必须依托良性的互联网科技创新生态环境实现跨时空的汇聚群体智能、高效率地重组群体智能、更广泛而精准地释放群体智能。

受到智能算法、计算速度、存储水平等多方面因素的影响,群体智能技术和应用发展经历了技术积累(2006年以前)、应用落地(2006~2009年)、资本追捧(2010~2015年)、政策出台(2016~2017年)以及现阶段遭遇经济周期热度趋缓(2018年至今),资本回归理性。2006年以来,以深度学习为代表的机器学习算法在机器视觉和语音识别等领域取得了极大的成功,识别准确性大幅提升,使群体智能技术得到飞速提升。云计算、大数据等技术在提升运算速度,降低计算成本的同时,也为群体智能发展提供了丰富的数据资源,协助训练出更加智能化的算法模型。早期以蚁群优化算法、粒子群优化算法为代表的单体智能已无法满足大规模智能设备的实时感知、决策的要求,随着物联网协同感知技术、5G的发展,多个智能体之间的协同使得机器彼此合作、相互竞争共同完成目标任务已成为可能,促使群体智能的发展模式从过去追求"用计算机模拟群体智能"的单智能体优化提升,逐步转向用机器、人、网络结合成新的群体智能系统,以及用机器、人、网络和物结合成的更加复杂的智能系统。目前,国内群体智能发展已具备一定的技术和产业基础,在芯片、数据、平台、应用等领域集聚了一批群体智能企业,在部分方向取得阶段性成果并向市场化发展。例如,群体智能在金融、安防、客服等行业领域已实现应用,在特定任务中语义识别、语音识别、人脸识别、图像识别技术的精度和效率已远超人工。尤其是交通运输领域中的应用,如自动驾驶和航空航天电子设备的应用最为广泛。

群体智能作为人工智能的重要分支,其市场规模占据人工智能中相当大的比例。群体智能典型应用场景包括:知乎等问答社区、京东仓储机器人、地图导航、无人机集群系统、类脑系统、自动驾驶、智联网(AIoT)等。其中AIoT,是人工智能和物联网的结合。AIoT是应用人工智能、物联网等技术,以大数据、云计算为基础支撑,以半导体为算法载体,以网络安全技术作为实施保障,以5G为催化剂,对数据、知识和智能进行集成。我们以AIoT为例,研究国内群体智能技术产业规模。

受益于多年来物联网技术的积累与人工智能的快速发展,AIoT赛道颇受资本关注。根据艾瑞咨询数据,2015~2019年11月,AIoT领域共发生1718起投融资事件,总融资额达1919亿元。从融资轮次上看,新兴企业占9成。从2015~2018年的投资增速来看,投资事件数复合增速近14%,融资额增速高达73%,资本在追加热度,新创企业在抢滩布局,AIoT成为创投风口。从获投企业角度来看,技术的商业化应用至关重要,统计显示,成熟项目中单笔最大融资额前五明星企业仅单笔融资就合计占五年市场总融资金额的10%。

群体智能中的众多应用场景构成了庞大的资本标的。在国内，据不完全统计，2017年运营的群体智能公司接近400家，行业巨头百度、腾讯、阿里巴巴等都不断在群体智能领域发力。从数量、投资额等角度来看，自然语言处理、机器人、计算机视觉成为群体智能最为热门的三个产业方向。而在人工智能的技术发展上，中国的眼光不光局限于国内，也在积极规划和引导中国企业走出去。中国的科技巨头如百度、京东也在对海外包括美国的人工智能公司进行投资。百度和京东投资了美国金融科技公司 ZestFinance，腾讯投资了位于纽约的人工智能公司 ObEN。明码生物科技和 Pony.ai 等初创公司在中美两国都开展了业务，进一步缩小了两国之间的竞争差距。

1.2.3.2　中国产业竞争格局

（1）群体智能企业竞争格局

本节将根据产业链从基础层、技术层、应用层三个维度分析比较国内群体智能企业之间的竞争格局。

1）基础层

群体智能技术的落地离不开基础数据、基础硬件和协议的支持，基础层的大数据、机器人以及标准等，是群体智能技术的基石。从2015年的"互联网+"、2018年"数字经济"，至2020年的"新基建"，在国家政策和企业发展方向上，都将群智基础放在了非常重要的位置。在硬件上，国内的大疆成为无人机领域的王者，优必选凭借其低成本机器人异军突起。

2）技术层

为了基础层的数据和硬件能够解决实际应用，需要技术层各种算法的突破以及开源平台的支持。国内在这方面的布局很早，并形成了一定的技术积累和优势。涌现了非常优秀的产品，如百度的智能云、百度大脑、飞桨深度学习平台，明略科技的开源群体智能平台，中国电子科学院的大学习中心、视觉大数据开放创新平台和群体智能开放创新平台三大平台，以及计算机视觉的四小龙——旷视科技、商汤、依图和云从。

3）应用层

群体智能技术与行业领域的深度融合已经深刻改变甚至重新塑造了传统行业，形成了自动驾驶、智慧城市、智能医疗、智能语音、智能视觉、智慧教育、智能零售、智能制造、智能家居、智能金融、智能交通、智能安防、智能物流等。国内的企业从智能革命时代中看到了商机，找到各自擅长的领域进行深耕细作，不断推动成果进行和退出产品面世。在自动驾驶方面，有无人驾驶货车的赢彻科技的自动驾驶货运物流以及无人共享汽车的百度 Apollo、小马智行 PonyPilot、文远知行 WeRide Go、AutoX 与高德地图合作的 Robotaxi 等。在智慧城市方面，包括智慧社区的零壹移动互联智能社区、智联网的触景无限城市物联网和各家公司构建的城市大脑。其中，华为云城市截至2018年已经为全球40多个国家/地区的120多个城市提供智慧城市解决方案，腾讯超级大脑已经与150多个城市进行合作进行智慧场景的落地，阿里云 ET 城市大脑截至2019年已经被引入全国20多个城市，百度大脑截至2019年已升级为5.0，讯飞超脑覆盖100多家企业、10大方言区。智能医疗方面，腾讯觅影6s就能运算完成一个超过

500张图片的单个检查。智能语音方面,科大讯飞的灵犀语音助手是国内市场占率第一的中文语音助手,3.0版本的讯飞翻译机支持59个语种,覆盖200多个国家/地区。智能视觉方面,有商汤智能视觉、旷视河图、SanKoBot机器人视觉导航等。智慧教育方面,松鼠AI智适应教育作为乂学教育的明星产品上过湖南卫视的《我是未来》、央视的《机智过人》,已经有超过2000家学校加盟。智能零售方面,2017年首个天猫无人超市在杭州落地。

(2)群体智能技术产业发展特点

群体智能的发展和重视是近十年左右的事情。2006年,辛顿和他的学生提出深度学习为群体智能带来了划时代的改变。但是在2010年以前群体智能都处于默默无闻的状态。随着大数据时代的到来,运算能力及机器学习算法的提高,事情从2010年开始出现了质的改变,人工智能进入爆发式发展阶段。2011年,IBM Waston在综艺节目《危险边缘》中战胜了最高奖金得主和连胜纪录保持者。2016年,谷歌AlphaGo机器人在围棋比赛中击败了世界冠军李世石。随后各国都逐渐意识到新一代人工智能中群体智能的重要性,纷纷出台相应的政策为其成长提供助力。中国紧随美、英、法之后,在2017年提出《新一代人工智能发展规划》,积极布局群体智能重要方向。2010年至2017年是群体智能技术的蓬勃发展时期。

2018年后,随着全球经济周期的触底,处于风口的群体智能开始"下降"或"关闭"。资本层面遇冷,智能群体产业发展阶段步入冷静发展期。有数据显示,自2018年第二季度以来,全球人工智能领域投资热度逐渐下降。2020年5月份,中国信息通信研究院数据中心发布了《全球人工智能产业数据报告(2019Q1)》,该报告显示,2019年第一季度,全球人工智能融资规模126亿美元,环比下降7.3%,融资笔数达310笔,在全球融资总额中占比达29.7%。2019年第二季度以来,国内人工智能投融资数量和金额都呈现下降趋势,仅完成30起融资,同比下降45.5%,融资总额50亿元,不足去年同期的40%。从目前已经公开的融资信息看,国内宣布获得融资的人工智能企业包括人工智能芯片公司地平线,大数据与人工智能独角兽公司明略数据、旷视科技、特斯联等公司,无一不是细分领域内的领先者,投资已经向头部企业靠拢,显示出群体智能领域逐渐形成马太效应,形成"强者恒强"的局面,标志着群体智能技术产业领域将逐渐进入淘汰赛阶段。

1.2.3.3 中国产业重要主体

本节从基础层、技术层、应用层三个维度,介绍国内企业中的龙头企业、快速增长的新兴企业及其核心产品以及相对应的竞品。其中,基础层中介绍智能机器人的龙头大疆以及以低成本机器人异军突起的新兴高增长企业优必选,技术层介绍技术平台中国电力科学研究院,应用层介绍比较成熟的"车联网三巨头"——百度、阿里巴巴、腾讯。

(1)基础层:大疆、优必选

大疆无人机享誉全球,被视为全球创新典范,是新经济浪潮下最耀眼的一颗明星。大疆也不再局限消费级无人机,其人工智能技术应用在无人机上走在行业前列,在农业、建筑、公共安全等垂直行业得到广泛应用。其发布的植保无人飞机，强大的硬件协同人工智能智能引擎技术及三维作业规划功能，将植保作业效率提升至新高度。在消费级无人机市场上，大疆无人机已占据大约70%的世界市场份额。

优必选率先攻克了机器人的成本问题。旗下产品Alpha1售价2999元、Alpha2售价7999元。而且在低成本机器人的基础上，优必选容用户通过PC端和移动端进行编程控制，为用户开放开放平台和SDK，供第三方开发者和用户开发APP。

（2）技术层：群体智能平台——中国电力科学研究院

中国电力科学研究院新一代人工智能专项行动计划："X + AI"。新一代人工智能专项行动以"三三三"为发展思路，即工程应用"领跑"、技术创新"并跑"到"领跑"、基础研究"跟跑"到"并跑"三大策略，数据智能、机器智能、群体智能三大方向，大学习中心、视觉大数据开放创新平台和群体智能开放创新平台三大平台。

面向智能制造，中国电力科学研究院研制了搬运、仓储、分拣、泊车等多款面向智能制造领域的应用化工业机器人，装配机器视觉智能装备，结合深度神经网络模型，使机器具备感知和自主判断能力，从而提高仓储管理、生产制造的柔性和自动化程度。

面向核"芯"需求，中国电力科学研究院布局开发支持深度学习算法，具备异构计算、神经网络的高性能、低功耗、易编程计算机视觉通用智能芯片，可满足视频监控、人脸门禁、机器视觉等领域的智能应用需求，能极大带动传统产业转型升级，抢占人工智能专用芯片领域高地。

（3）应用层：车联网三巨头——百度、阿里巴巴、腾讯

百度是国内较早布局群体智能技术的企业，2010年就积极布局人工智能，在2013年成立百度深度学习研究院，经过多年的研发积累，于2015年、2016年先后推出百度智能云、百度大脑、飞桨平台、Apollo自动驾驶平台。

2017年，百度正式发布了包含自动驾驶业务、车联网业务、智能交通业务的Apollo自动驾驶平台，以自动驾驶为切入点，全面布局车联网行业。并且，推出了整体打包式车联网系统解决方案百度DuerOS车机系统，该系统含有支付系统、人工智能语言助手、增强现实（AR）导航等功能，整体来说，融合了百度旗下的各种应用软件。

同样布局车联网的企业还有阿里巴巴和腾讯，它们的侧重点在于整车打包方案的解决。阿里巴巴2015年与上汽成立斑马网络，并于次年推出全球首款以车联网技术为卖点的互联网汽车上汽荣威RX5。RX5所采用的斑马智能车联网系统的技术底座就是AliOS操作系统。而阿里巴巴于2010年就已经开始研发属于自己的操作系统，2014年正式将其命名为AliOS。简单来说，阿里巴巴在车联网行业的工作重点是，以AliOS为基础，采用斑马智能车联网系统作为汽车产品整体打包式的车联网产品，目前AliOS和斑马智能车联网系统已经在多家汽车品牌的车型上搭载。腾讯也对自动驾驶领域有所研究，早就取得了北京和深圳的智能网联汽车道路测试牌子，并积累了超过百万公里的道路测试数据。

1.3 产业发展趋势与问题

1.3.1 产业发展趋势

下面从产业组成的三个维度介绍国内外群体智能技术的产业发展趋势。

1.3.1.1 群体智能基础层产业趋势

（1）智能传感器：全球处于产业扩张阶段，我国由产业萌芽阶段步入培育阶段

规模化行业应用需求推动全球市场扩张，涌现出一批跨国巨头企业。围绕着消费电子、工业电子、汽车电子、医疗电子等应用领域，指纹传感器、环境传感器、运动传感器、创新型产品市场逐渐呈现规模化。

我国行业创新较为活跃，围绕核心产品逐渐破局。国内知名高校和科研机构为我国智能传感器产业创新发展作出了重要贡献，例如中国科学院上海微系统与信息技术研究所和中国科学院电子所申请智能传感器的专利数量不断攀新高。高德红外、美新半导体、中航电测等骨干企业逐渐在核心产品设计、制造、封测、系统和应用等重点环节实现破局，开始进入全球竞争市场。但受限于研发起步时间和生产工艺水平，国产智能传感器仍多用于中低端市场且产业规模较小。基于此，我国智能传感器产业正在从技术研发逐步发展为以技术应用为主导，由产业萌芽阶段迈入培育阶段。

（2）智能芯片：全球由产业培育阶段步入扩张阶段，我国由产业萌芽阶段步入培育阶段

定制化芯片的蓝海市场加速全球产业爆发，资本市场较为活跃。智能芯片的技术架构由通用类芯片发展为全定制化芯片，技术创新带来的蓝海市场吸引了大量的巨头和初创企业进入产业。谷歌、英特尔、英伟达等巨头通过并购研发团队抢占技术制高点，仅2017年并购事件完成28起。同时，智能芯片的初创企业备受资本市场关注，基于此，全球智能芯片产业正从技术应用发展为以市场应用为主导，由产业培育阶段步入扩张阶段。

科研机构助力我国产业的发展，围绕多样化应用场景布局。中国科学院计算技术研究所、清华大学及国家"千人计划"特聘专家等致力于产学研成果的转化，其参与和培育的企业正在逐步成为全球智能芯片领域的独角兽企业，推动和加速了我国智能芯片产业的发展。我国智能芯片企业聚焦多样化的应用场景，围绕智能手机、安防监控、无人机、可穿戴设备以及智能驾驶等领域，构建更为定制化、低功耗、低成本的嵌入式产品和解决方案，市场竞争生态更加多样化。差异化的核心技术吸引了国内外投资机构的关注。基于此，我国智能芯片产业正从技术研发发展为以技术应用为主导，由产业萌芽阶段步入培育阶段。

（3）算法模型：全球处于产业扩张阶段，我国处于产业培育阶段

开源化和生态化促使全球产业呈现垄断竞争态势，技术创新能力持续提高。为应对新一代人工智能基础架构复杂和共性技术种类繁多的特点，算法模型的开源化和生

态化打通不同算法框架间的壁垒，逐渐成为产业趋势。海量数据源的获取使得算法模型进入壁垒较高，具备优势的企业基本均为知名的科技巨头，呈现垄断竞争态势。算法模型的开源化协助专注单一框架的开发者在不同算法模型中无缝迁移，技术创新层出不穷，基于此，全球算法模型产业正处于以市场应用为主导的扩张阶段。

龙头企业聚焦差异化应用领域布局，吸引一批创业企业涌入构建我国算法模型的原创能力。为进一步推动我国算法模型产业发展，避免竞争资源的浪费，我国龙头企业围绕各自优势应用领域构建算法模型的开源平台，百度致力于自动驾驶应用，阿里巴巴致力于城市大脑智能交通，腾讯围绕医疗读片、医疗影像资料处理，科大讯飞聚焦语音识别应用。优质而易用的开源算法模型底层框架，为创业企业大大提高了创造新算法的机会，促使我国在搜索推荐、图像分类、情感分析等领域申请专利数量持续增加。基于此，我国算法模型产业正处于以技术应用为主导的培育阶段。

1.3.1.2 群体智能技术层产业趋势

（1）语音识别：全球处于产业扩张阶段，我国由产业培育阶段步入扩张阶段，较高的技术成熟度促进全球产业规模持续增长，传统语音企业和科技巨头企业并存

语音识别的技术成熟度已达到 95% 的准确度，技术门槛较低吸引大量企业涌入以占位人工智能的感知流量入口。传统语音企业 Nuance 掌握着全球最多的语音技术专利，占全球市场份额的 1/3 以上，而苹果、谷歌、Facebook 等科技巨头陆续通过收购成熟的优势技术初创企业，建立自主的语音识别引擎。基于此，全球语音识别产业正处于以市场应用为主导的扩张阶段。

多样化应用推动我国产业发展，行业已出现领航者。语音助手、语音输入、语音搜索是我国语音识别行业的主要应用方式，随着个人消费层面的社交娱乐需求持续增长，语音助手使用比例从 2013 年的 30% 左右快速攀升至 2017 年的 80% 以上，推动我国语音识别市场规模的增长。受益于长期垂直面向教育、电信、客服、政府等行业输出语音合成和识别技术，科大讯飞通过行业级应用和服务的积累，目前占据我国语音识别市场接近 50% 的市场份额。语音识别对交互方式的变革，吸引了国内科技巨头和初创企业通过构筑独立的技术链条，围绕语音识别平台、前端硬件等差异化的产品方向持续争夺市场份额。基于此，我国语音识别产业正从技术应用发展为以市场应用为主导，从产业培育阶段步入扩张阶段。

（2）自然语言处理：全球和我国均处于产业培育阶段

应用场景的不断探索推动全球市场持续增长，资本热度高居不下。搜索引擎是自然语言技术成功应用的场景之一，围绕搜索引擎延伸出来的推荐系统、广告系统、机器翻译等应用场景的持续扩展和探索，为全球自然语言处理产业提供巨大的市场空间。充分的发展空间持续使得自然语言处理在创业热度、融资频次和融资总金额方面都处于新一代人工智能产业的前三位。基于此，全球自然语言处理产业正处于以技术应用为主导的培育阶段。

我国聚焦研发创新，持续突破技术壁垒，围绕垂直领域率先落地且初具规模。针对自然语言处理技术难度较大、应用场景相对复杂的现状，我国重点关注行业的技术

创新以提高产业的国际竞争力,中国科技大学、中国科学院自动化研究所和声学研究所组建国家重点实验室,不断储备研究成果。目前,我国拥有自然语言处理的专利申请突破4000件,占全球该领域专利申请数量的一半以上。智能家居、智能车载、智能客服、智能驾驶、虚拟助理等垂直领域得益于应用场景较为单一,产品和解决方案率先落地。基于此,我国自然语言处理产业也正处于以技术应用为主导的培育阶段。

(3)计算机视觉:全球和我国均处于产业扩张阶段

全球市场经过爆发后进入稳定增长期,持续聚焦底层技术研发构建开源生态。美、欧、日等发达国家/地区的计算机视觉产业发展较早,技术的快速迭代推动产业在2007~2014年进入了爆发式增长,年均增长率为18%。随着主要应用领域工业检测与测量逐渐趋于饱和,新的应用场景尚在探索,全球市场在2017年进入稳定增长期。为快速拓展巨大的消费级应用市场,苹果、亚马逊、谷歌等科技巨头持续收购成熟的技术团队完善技术体系,并陆续推出开源计算机视觉开发平台,吸引初创企业协作开发面向不同场景的解决方案,共同推动产业的发展。基于此,全球计算机视觉产业正处于以市场应用为主导的扩张阶段。

人脸识别引爆我国市场增长,围绕企业级提供服务的竞争已趋于同质化。人脸识别在我国计算机视觉领域起步最早,主要用于对风控要求高的金融、安防、交通等行业,推动我国计算机视觉市场规模的不断扩大。以人脸识别技术为核心的商汤早在2017年获就得4.1亿美元的B轮融资,创造了全球新一代人工智能领域单轮融资最高纪录。市场的爆发和资本的助推吸引我国初创企业纷纷涌入,我国新增计算机视觉企业逐渐增加,占据全球新增企业的50%以上。初创企业围绕人脸识别、图像识别面向企业提供软硬件一体化解决方案,产品和业务模式较为同质化。基于此,我国计算机视觉产业也正处于以市场应用为主导的扩张阶段。

1.3.1.3 群体智能技术产业层产业趋势

新一代人工智能应用层产业聚焦智能机器人、智能驾驶、智能医疗、智能金融、智能教育、智能安防和智能内容推荐七个领域,实现了人工智能技术在各产业场景的应用,为加速传统产业智能化转型奠定了基础。

(1)智能机器人:全球处于产业培育阶段,我国由产业培育阶段步入扩张阶段

智能工业机器人市场规模持续稳定增长,应用场景多元拓展带来产业发展新机遇。随着智能工业机器人性能的不断提升,在汽车、电子、五金、化工、食品、医药等行业得到了日益广泛的应用,仅仅2013~2017年五年间,全球智能工业机器人的市场规模年均增速为12.1%,占全球智能机器人市场规模的56%,是推动全球智能机器人产业稳步发展的主要力量。同时,物流、清洁、手术、康复、陪护、勘探、救援等智能机器人应用场景的不断拓展,为产业带来了新的发展机遇,基于此,全球智能机器人产业正处于以技术应用为主导的培育阶段。

我国着力提升核心技术水平,创新产品大量涌现。我国将突破核心关键技术作为产业发展的战略重点,中国科学院沈阳自动化研究所、哈尔滨工业大学机器人技术与系统国家重点实验室等科研机构持续加速研发创新,典型企业加速核心零部件国产化

进程，持续攻克技术难题，2017年我国专利申请数量占全球智能机器人专利申请数量的36%。随着技术水平的进一步提升，工业领域、服务领域和专业领域的市场需求快速扩大，2013年以来新增智能机器人企业共503家，接近全球新增数量的50%，产品已广泛分布到医疗、教育、烹饪、深海工作、反恐排爆等各个领域，2017年融资规模高达23亿美元，创新型应用场景和服务模式层出不穷。基于此，我国智能机器人产业正从技术应用发展为以市场应用为主导，由产业培育阶段加速迈入扩张阶段。

（2）智能驾驶：全球和我国均处于产业培育阶段

全球产业链布局逐步完整，传统车企和科技巨头围绕各自优势争夺市场份额。得益于全球汽车产业的技术积累和人机交互技术的进一步成熟，全球智能驾驶产业链上游零部件实现智能化，产业链中游搭建高级辅助驾驶系统，下游推出整车和智能驾驶解决方案，产业生态布局逐渐完整。美国德尔福和德国博世等传统车企围绕产业链上游和中游对智能驾驶技术持续研发和投入，特斯拉、谷歌等科技巨头凭借人工智能技术的优势推出整车产品争夺市场份额。2017年全球智能驾驶产业融资规模突破46亿美元，助推产业快速发展。基于此，全球智能驾驶产业正处于以技术应用为主导的培育阶段。

运营用车成为我国市场应用落地首选，其行业参与者众多，市场呈现充分竞争态势。相较于私人乘用车，运营用车的道路环境相对单一，其庞大的用车需求市场有助于前期投入大量资本研发的智能驾驶企业尽快回收成本，我国智能驾驶产业率先在运营乘用车、运营商用车等领域得到落地应用。截至2017年，我国智能驾驶运营用车渗透率已经达到了30%，智能化等级也在持续提升。与全球市场不同，我国整车制造企业虽然在行业有较高的产业积累，但目前并不是主要的解决方案研发者，科技巨头和智能驾驶创业企业拥有更高的技术实力，更加积极地推动智能驾驶的产品落地。2017年我国新增智能驾驶初创企业25家，我国市场有望迎来爆发并占据市场先机。基于此，我国智能驾驶产业正处于以技术应用为主导的培育阶段。

（3）智能医疗：全球和我国均处于产业培育阶段

人类对医疗进步的需求推动全球市场发展，智能医疗硬件发展势头最为迅速。全球健康意识的高度觉醒使得人类对提升医疗技术、延长人类寿命、增强健康的需求也更加急迫，智能医疗结合了行业数据和人工智能技术的高效性和准确性，逐渐满足精准医疗和个性化诊疗的要求。2013～2017年，人工智能技术在医疗各领域的渗透率增速达30%，全球智能医疗产业逐步兴起。行业数据的分散和缺失使得手术机器人、康复机器人、智能健康监控产品等智能医疗硬件成为数据采集入口，最先具备发展规模。基于此，全球智能医疗产业正处于以技术应用为主导的培育阶段。

行业数据壁垒是我国市场发展的较大障碍，初创企业持续涌入围绕数据资源激烈竞争。我国智能医疗领域的图像识别和自然语言处理技术已基本满足行业需求，但由于我国长期存在的医院信息化管理和企业与医院信息的流通效率不佳，医学影像、电子病历等行业大数据较难获取，成为我国智能医疗市场发展的较大壁垒。基于数据的稀缺性，与医疗机构有大量渠道的创业公司，积极建立医疗数据库构筑行业大数据壁垒，截至2017年，我国共104家智能医疗企业获得融资，融资总额共计11.6亿美元。基于此，我国智能医疗产业正处于以技术应用为主导的培育阶段。

（4）智能金融：全球处于产业培育阶段，我国由产业培育阶段步入扩张阶段

全球商业银行巨头是全球市场发展的主要驱动力，专用场景的应用出现行业龙头。摩根大通集团、富国银行等全球商业银行巨头在金融领域的行业数据积累、数据流转、数据存储和数据更新都为其快速发展智能金融提供了良好的基础，在智能营销、智能客服等通用应用场景率先落地，推动全球智能金融市场的兴起和发展。在解决金融问题的智能风控、智能投顾、智能投研等专用应用场景领域，由金融机构或投资顾问机构转型而来的企业围绕专用场景的大数据积累，已逐步实现信贷、支付兑换、投资顾问等功能，美国的 ZestFinance、Alphasense 及 Kensho 等行业龙头出现，并形成"平台黑洞"优势。基于此，全球智能金融产业正处于以技术应用为主导的培育阶段。

银行与互联网金融巨头合作推动我国市场的发展，广泛的应用场景吸引资本持续投入。我国四大银行不仅自身发力各自成立智能金融的独立事业部，开展智能营销、智能客服、智能风控等业务，同时与京东、阿里巴巴、百度、腾讯等互联网金融巨头合作，积极共建普惠金融、消费金融等更广泛的业务领域，大力推动了我国智能金融市场的应用领域。通用应用场景和专用应用场景的市场逐步拓展，为初创企业提供了大量的机会，2014~2015年是我国智能金融创业发展的高峰期，两年内新增智能金融公司72家，截至2017年，我国共有125家智能金融企业获得融资，融资总金额已突破20亿美元。基于此，我国智能金融产业正从技术应用发展为市场应用为主导，由产业培育阶段迈入扩张阶段。

（5）智能教育：全球由产业培育阶段步入扩张阶段，我国处于产业扩张阶段

科研机构推动全球市场的发展，教育企业和科技巨头均从学生端应用开始布局。斯坦福大学、麻省理工学院等高校的科研机构和人工智能实验室聚焦适应性学习产品、定制化学习平台、在线教育平台、语言评测等领域，孵化出一批优秀的初创企业，如美国的 ScootPad、英国的 I-Ready 等，为智能教育产业提供源源不断的创新力量，智能教育产业共计获得20亿美元的资本支持。美国的 McGraw-Hill Education 等全球教育企业巨头和谷歌、Facebook 等科技巨头专注学生学习的数据、行为和特点，不断推出基于学生端的个性化学习产品，快速构筑围绕学生端体系的大数据，为教育机构提供教学依据，推动智能教育逐渐渗透入教学端，进一步扩大全球市场的规模。基于此，全球智能教育产业正从技术应用发展为以市场应用为主导，由产业培育阶段迈入扩张阶段。

行业集中度较低使得我国进入产业企业持续增多，融资阶段呈现向中期发展的趋势。我国的教育市场呈现出需求多样化、行业格局长尾化的特征，人工智能技术可以应用到多样化的细分领域，行业集中度短期内不会明显提升，为进入产业企业提供了充分的差异化竞争和区域化竞争的空间和时间，2013~2017年我国新增智能教育企业达到13%。随着产业内企业逐渐找准行业定位，产业和商业模式逐渐成熟，融资轮次逐渐呈现出从种子轮、天使轮的早期阶段向A轮、B轮中期阶段发展的趋势，2017年

我国共完成融资 39 起,其中中期阶段的融资事件占比 46%。基于此,我国智能教育产业正处于以市场应用为主导的扩张阶段。

(6) 智能安防:全球处于产业扩张阶段,我国处于产业成熟阶段

公共安全需求升级推动全球市场稳步增长,各区域市场基于安保现状多形态发展。近年来,恐怖袭击事件频发,推动各国政府和民众对公共安全需求的升级,2017 年全球智能安防市场规模达到 2567 亿美元。北美作为全球最大的智能安防市场,极为看重安防产品质量,多以安防领域跨国生产制造商参与市场竞争。南美注重智能安防产品价格,本地制造商较少,依赖从欧美和亚洲市场的进口产品满足区域市场需求。东盟围绕城市监管、交通运输与边境安防布局视频监控,产品多从亚洲国家进口。欧洲各国以自己的市场为中心,几乎没有连锁经营的企业,以单一市场竞争为主。基于此,全球智能安防产业正处于以市场应用为主导的扩张阶段。

在我国,海康威视、大华股份双寡头全球崛起,我国市场集中度进一步提升。凭借近年来持续的高增长,海康威视和大华股份分别占据全球智能安防企业的第一名和第四名。海康威视以监控设备切入市场,持续升级前端智能化服务程度。随着安防龙头企业快速崛起,大型企业与中小型企业之间的差距逐渐拉大,再加上产业链延伸、横向跨界、行业深耕方面的优势,强者越强、赢者通吃的趋势已经显现。我国智能安防产业竞争加剧,资源向龙头企业集中的趋势愈发明显,基于此,我国智能安防产业已处于以产业链为主导的成熟阶段。

(7) 智能内容推荐:全球处于产业培育阶段,我国由产业培育阶段步入扩张阶段

算法和智能搜索方式的完善成为全球市场关注的焦点,专注技术迭代的初创企业吸引大量融资。为满足语音、图像、文本等多样化的搜索方式,全球智能内容推荐产业持续完善推荐算法和搜索方式的技术创新和技术完善,致力于不断提升搜索方式精准度的技术创新企业吸引了科技巨头和投融资机构的持续关注。科技巨头则在基础层算法模型积累的技术优势上,通过开源算法底层技术框架,吸引初创企业共同持续完善推荐算法。基于此,全球智能内容推荐产业正处于以技术应用为主导的培育阶段。

多元化内容推荐场景和需求是我国市场发展的驱动力,垂直类领域逐步涌现出明星企业。我国移动互联网产业的爆发和普及,使得用户对更为个性化内容的需求逐渐强烈,娱乐、购物、阅读、出行等丰富的内容推荐场景持续推动我国智能内容推荐产业的发展。围绕着多元化的内容需求场景,垂直类领域的内容推荐产品率先落地并初具规模,随着对用户服务的持续升级和技术的不断完善,各领域逐步涌现出明星企业,如娱乐领域的网易云、购物领域的京东和阿里巴巴、阅读领域的今日头条、出行领域的百度和高德等。基于此,我国智能内容推荐产业正从技术应用发展为市场应用为主导,由产业培育阶段迈入扩张阶段。

1.3.2 产业发展问题

群体智能技术提高了生产效率,促进了社会进步,极大地为人民生活提供了便利。但与此同时出现的一些发展中不可避免的安全/伦理问题以及政策、法律和标准问题,

也逐渐引起了业界的关注。

（1）隐私和安全问题需要进一步完善，以保障公共利益

与传统的公共安全（例如核技术）需要强大的基础设施作为支撑不同，群体智能以计算机和互联网为依托，无需昂贵的基础设施就能造成安全威胁。掌握相关技术的人员可以在任何时间、地点且没有昂贵基础设施的情况下做出智能产品。现有群体智能的程序运行并非公开可追踪的，其扩散途径和速度也难以精确控制。在无法利用已有传统管制技术的条件下，对现有群体智能技术的管制必须另辟蹊径。换言之，管制者必须考虑更为深层的伦理问题，保证人工智能技术及其应用均应符合伦理要求，才能真正实现保障公共安全的目的。

由于智能技术的目标实现受其初始设定的影响，因此必须保障群体智能设计的目标与大多数人类的利益和伦理道德一致，即使在决策过程中面对不同的环境，智能技术也能作出相对安全的决定。从群体智能的技术应用方面看，要充分考虑智能技术开发和部署过程中的责任和过错问题，通过为智能技术开发者、产品生产者或者服务提供者、最终使用者设定权利和义务的具体内容，来达到落实安全保障要求的目的。建立一个令智能技术造福于社会、保护公众利益的政策、法律和标准化环境，是群体智能技术持续、健康发展的重要前提。

（2）统一的标准体系需要建立，以助力群体智能技术产业发展

群体智能涉及众多领域，虽然某些领域已具备一定的标准化基础，但是这些分散的标准化工作并不足以完全支撑整个群体智能领域。另外，群体智能属于新兴领域，发展方兴未艾，从世界范围来看，标准化工作仍在起步过程中，尚未形成完善的标准体系，我国基本与国外处于同一起跑线，存在快速突破的机会窗口。因此，迫切需要把握机遇，加快对群体智能技术及产业发展的研究，系统梳理、加快研制群体智能各领域的标准体系，明确标准之间的依存性与制约关系，建立统一完善的标准体系，以标准的手段促进我国群体智能技术、产业蓬勃发展。

（3）相关法律需要完善，为技术发展保驾护航

以自动驾驶为例，监管部门打算制定完善、周全的政策，必然会阻止相关技术的发展。只有减少对技术的监管，才能真正吸引想发展对应技术的公司投入进来。在自动驾驶方面，这样例子在美国很多，特别是亚利桑那州和佛罗里达州，它们在允许无人驾驶汽车上路方面，走在了前面，而其他城市/地区则在等待与观察。

1.4 小　　结

① 人工智能自 1956 年提出以来，经历了三个阶段，我国潘云鹤院士于 2016 年提出人工智能 2.0 的概念，后替换为新一代人工智能。全球人工智能市场将在未来几年经历现象级的增长，其中制造、通信、传媒以及服务等传统市场规模较大的领域将继续领跑，同时也在不断拓展新应用技术领域。未来几年人工智能将不断推动如金融、医疗、教育、无人驾驶、数字政府、零售、制造、智慧城市等产业升级。

② 新一代人工智能产业链包括基础层、技术层和应用层，其中基础层是人工智能产业的基础，技术层是人工智能产业的核心，应用层是人工智能产业的延伸，为了抢占新一轮科技和产业革命的制高点，全球各国政府均在围绕新一代人工智能发展制定各项战略措施，根据各自不同的基础和愿景，分别以保持领先优势、维持竞争均势、培育特色优势为不同战略目标。

③ 群体智能技术产业规模虽然逐渐扩大，但是投资格局不均衡，机器间大规模协作可能成为未来产业的重要方向。群体智能技术存在的问题是人工智能底层核心要素算力需要提升、数据处理方式需要优化、人才成本较大、存在较大的需求缺口（然而人才的引入是技术发展的基本条件）以及资本流向不均衡，由于群体智能多涉及应用场景的应用，投资方向多为应用层方向，因此很多应用层的产品成熟度相对较好，更利于开拓新的市场，多智能体协作是未来技术发展方向，然而需要克服的关键技术很多。

④ 中国积极筹划在人工智能，特别是群体智能方向的弯道超车，出台了一系列的政策和意见，引导国内冲击群体智能研发和应用高地。目前诞生了一批群体智能初创企业和平台，如计算机视觉四小龙（商汤、旷视科技、依图、云从）、人工智能企业服务公司明略科技和智能城市大脑（讯飞超脑、百度大脑、腾讯超级大脑、阿里云 ET 大脑以及华为云 EI 智能体）、提供开源服务的群智开发平台（百度飞桨深度学习平台）等。现阶段投资界和企业界对群体智能的投融资更加理性。经过行业的一轮优胜劣汰后，底层技术创业公司以及落地性强的领域如医疗、教育、无人驾驶等创业项目继续受到领先机构的青睐。随着 5G 的推广应用、万物互联网络的成熟以及新基建的应用落地，未来群体智能技术将延伸至更多的领域，科技赋能、群体智能的基础理论也将在产业应用的推动下不断突破关键技术难关，为群体智能的发展提供源源不断的动力。

⑤ 全球群体智能领域的竞争中，不论从人才、资金还是基础技术角度看，美国仍然是最为突出的。在美国的创新主体中，巨头频出，且在世界中占有重要地位，尤其是谷歌、微软和 IBM 三大巨头，同时新的创新主体也不断涌现，群体智能领域的研发、投资都欣欣向荣。在技术细节方面，美国认为让独立的简单智能个体如何协调统一，发挥更大的智能才是群体智能中遇到最大的困难。

第 2 章 群体智能技术专利状况分析

随着当今信息环境和数据基础的深刻变化，人工智能正进入一个新的阶段，群体智能是新一代人工智能的典型特征。本章以全球和中国范围内的专利数据为数据源，对群体智能专利进行总体分析，并将其分为基础理论、关键技术和支撑平台三个分支进行分析。

2.1 技术分解表及基本检索情况说明

本节对关于群体智能技术的专利申请总体情况进行研究。

本课题对国内外专利文献进行了初步检索，了解了技术和产业相关信息，结合全球和中国专利文献的初步检索状况，确定了技术分解表。如图 2-1-1 所示，群体智能技术分为基础理论、关键技术和支撑平台三个一级分支和 18 个二级分支，其中仅列出了重点二级分支下的三级技术分支。

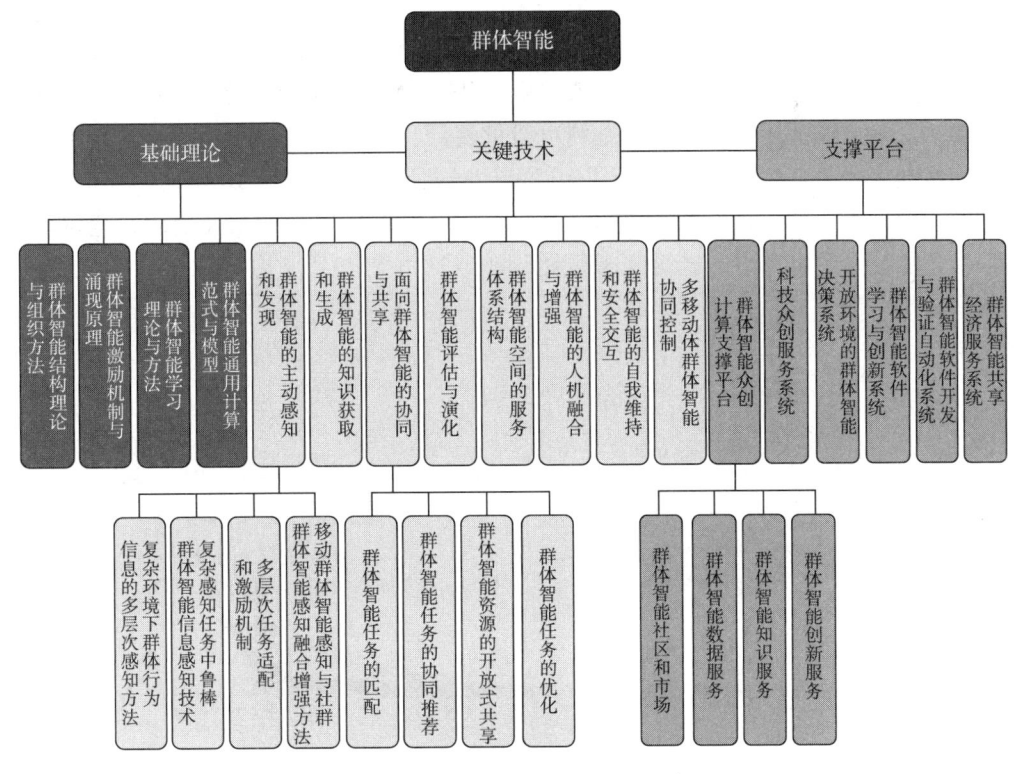

图 2-1-1　群体智能技术分解表

(1) 检索策略

本次检索工作基于专利检索与服务系统（Patent Search and Service System）中的多个数据库展开。其中，中文主要基于 CNABS，全球数据主要基于 DWPI 数据库。转库后，中国数据统计主要基于 CNABS 数据库进行，全球数据统计在 DWPI 数据库进行。

(2) 检索情况说明

群体智能领域主要技术方向专利经过检索后中国 33890 件，全球 59149 项。后面的统计分析基于上述筛选得到的中国专利情况和全球专利情况进行分析。检索日期截至 2020 年 6 月 30 日。

表 2-1-1 中体现各技术分支的专利申请数量情况。有些专利文献由于涉及数种技术，在表中可能被重复分类。

表 2-1-1 群体智能领域专利申请数量

主要技术分支	中国/件	全球/项
基础理论	4791	8880
共性关键技术	14796	30587
支撑平台	17944	30260
群体智能整体	33890	59149

2.2 全球/中国申请和授权态势分析

从图 2-2-1 中显示的群体智能技术全球/中国专利申请态势来看，20 世纪 90 年代之前，全球群体智能技术的整体专利申请量较低，90 年代之后申请量缓慢增加，且增长速度加快，一直到 2008 年经历了短暂的停滞期后迅猛增长。2014 年之后，随着大数据时代的到来、计算机计算能力的飞速提升以及互联网技术的快速发展，全球和中国群体智能技术的专利申请量均呈现爆发式增长。

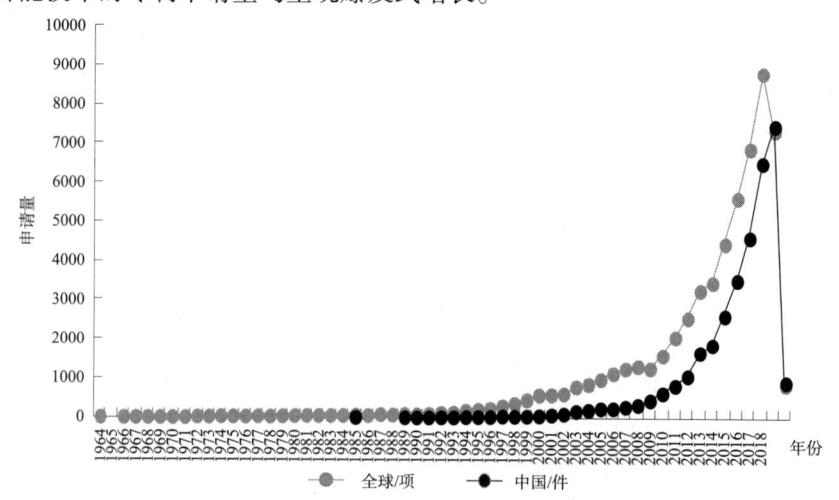

图 2-2-1 群体智能技术全球/中国专利申请态势

从图 2-2-1 显示的申请态势还可见,中国对于群体智能技术的研究稍晚于全球。20 世纪 90 年代,伴随着全球申请量的增加,中国也逐渐开始了群体智能技术的专利申请。且 2008 年之后专利申请量增速变快,2014 年之后增长迅猛。可以预计,之后的一段时间内有关群体智能技术的专利申请量还会继续大幅增加。

从图 2-2-2 显示的群体智能技术主要国家/地区专利授权量态势可以看出,美国在群体智能技术领域的授权量从 1990 年开始缓慢增长,2009 年之后增长趋势明显,其领先地位愈加彰显。中国在群体智能领域虽然起步较晚,但从 2006 年开始每年的授权量迅猛增长,授权量仅次于美国,在五国/地区中位列第二。欧洲、日本和韩国在群体智能领域的发展相对缓慢,在授权高峰年份也没有超过 200 件。由此可以看出,未来在群体智能领域,很有可能主要是中美两方的对抗。

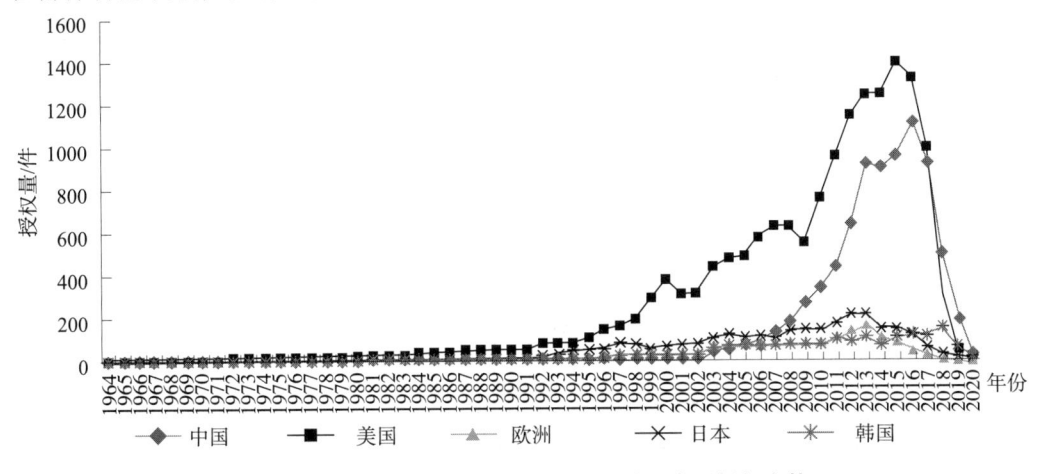

图 2-2-2 群体智能技术主要国家/地区专利授权态势

2.3 主要国家/地区申请量和授权量占比分析

从图 2-3-1 所示的群体智能技术主要国家/地区专利申请量和授权量的对比可以

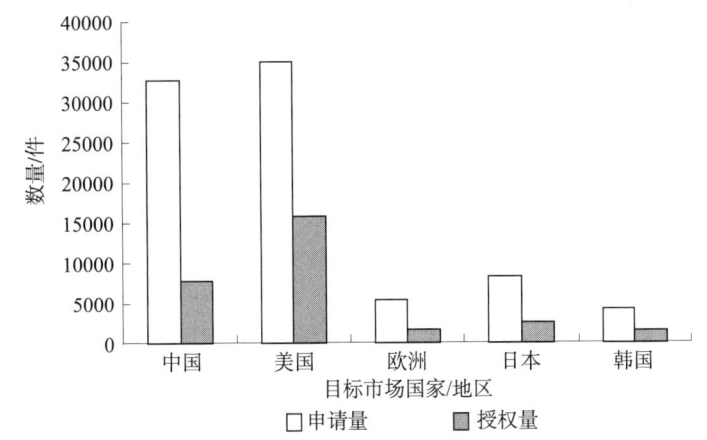

图 2-3-1 群体智能技术主要国家/地区专利申请量和授权量

看出，中国的申请量与美国相差不大，但是授权量不足美国授权量的一半。美国的申请量和授权量相对较高。欧洲、日本、韩国的申请量和授权量相比而言偏少。可以看出在群体智能领域，中国、美国基本是该领域技术发展驱动力的核心，日本、欧洲、韩国已经处于落后地位。

2.4 全球/中国主要申请人分析

在群体智能技术领域，全球专利申请量排名前 20 位的申请人，分别来自美国、中国、日本和德国。如图 2-4-1 所示，美国有 7 位申请人进入了前 20，按照申请量排序依次是 IBM、微软、谷歌、英特尔、亚马逊、通用和福特。其中，排名第一的 IBM 的申请量遥遥领先，是该领域的技术领先者，也拥有着众多细分领域的核心技术。近年来，微软在图像识别、机器翻译、语音识别和机器阅读理解等领域都获得了极大的技术突破，相关人工智能技术也在微软完成了从研究到产品的转化。近些年，群体智能技术在自动驾驶领域的研究越来越深入，相关应用也越来越广泛，多家汽车企业开始向群体智能与汽车技术结合的方向发展。美国的通用和福特，日本的日产、丰田和本田，德国的博世，在群体智能技术以及汽车应用方面均提交了大量的专利申请。

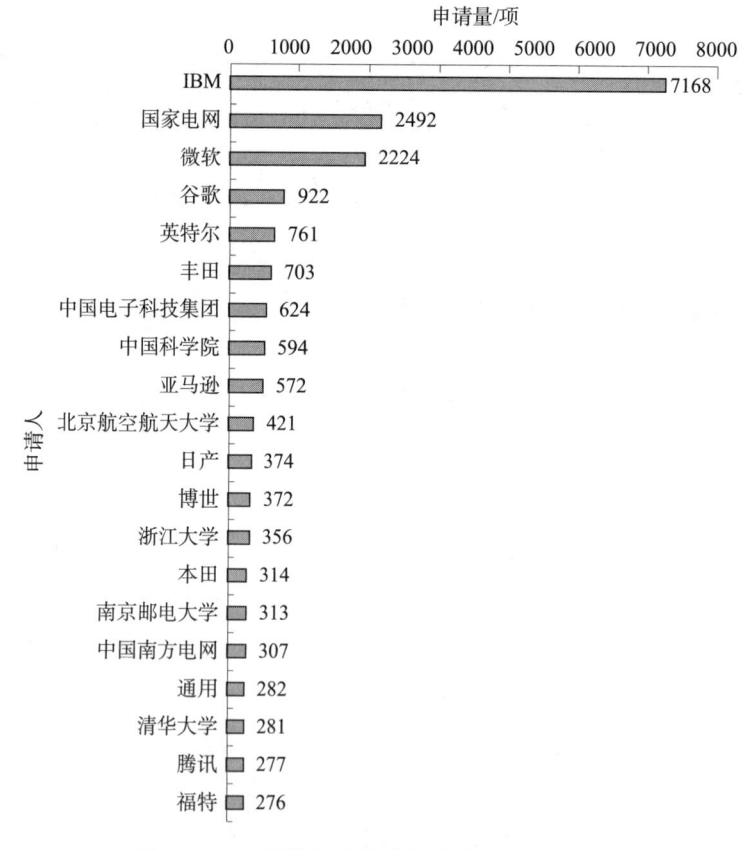

申请人	申请量/项
IBM	7168
国家电网	2492
微软	2224
谷歌	922
英特尔	761
丰田	703
中国电子科技集团	624
中国科学院	594
亚马逊	572
北京航空航天大学	421
日产	374
博世	372
浙江大学	356
本田	314
南京邮电大学	313
中国南方电网	307
通用	282
清华大学	281
腾讯	277
福特	276

图 2-4-1 群体智能技术全球主要申请人排名

中国也有 8 位申请人进入了前 20，但主要是高校和科研院所。国家电网作为大型国有企业，非常重视群体智能技术在领域中的应用，特别是将群体智能算法应用于电力传输网络的优化中。中国科学院与北京航空航天大学共同负责"中国人工智能 2.0 发展战略研究"重大咨询研究项目群体智能子项目，在群体智能领域实力较强。

从图 2-4-2 显示的群体智能技术中国专利主要申请人排名可以看出，前 20 位申请人主要以国内申请人为主，共占 17 个席位，其中 11 家高校和科研院所，6 家企业。除了排名第一的国家电网，中国电子科技集团和中国科学院也拥有较大的申请量。从 2018 年国家自然科学基金-人工智能项目资助单位可以看出，中国科学院、清华大学、华南理工大学、浙江大学、东南大学、北京航空航天大学等中国主要申请人均是基金的主要受资助单位，这也促进了各申请人在重要技术领域的研究。3 家国外申请人分别是微软、IBM 和英特尔，均来自美国，这反映了美国企业对中国市场比较重视。

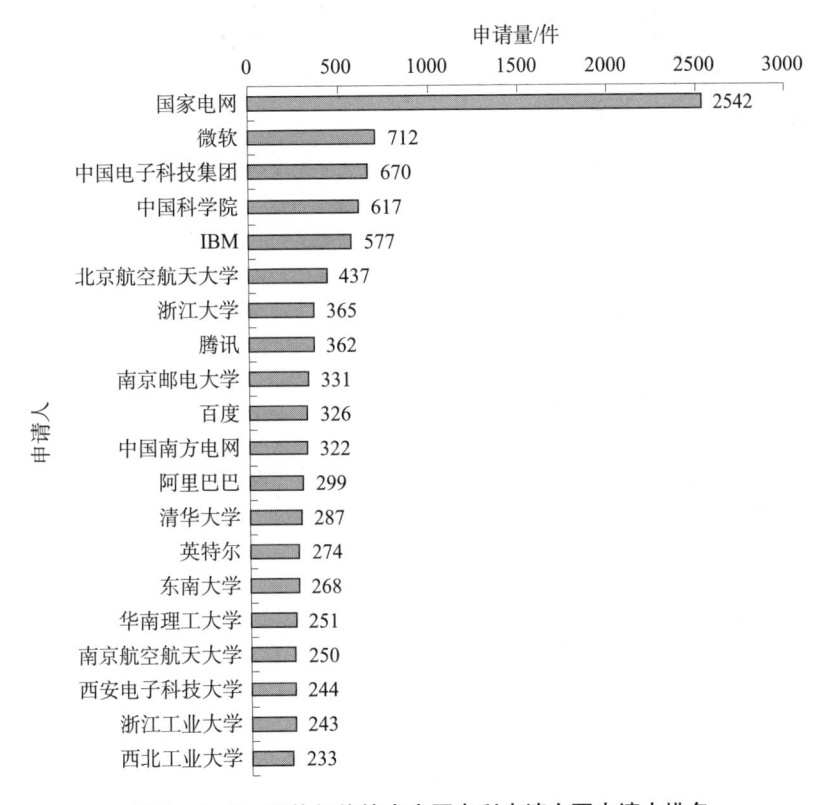

申请人	申请量/件
国家电网	2542
微软	712
中国电子科技集团	670
中国科学院	617
IBM	577
北京航空航天大学	437
浙江大学	365
腾讯	362
南京邮电大学	331
百度	326
中国南方电网	322
阿里巴巴	299
清华大学	287
英特尔	274
东南大学	268
华南理工大学	251
南京航空航天大学	250
西安电子科技大学	244
浙江工业大学	243
西北工业大学	233

图 2-4-2　群体智能技术中国专利申请主要申请人排名

2.5　全球布局区域分析

从图 2-5-1 中群体智能技术全球目标市场占比可以看出，中国排名仅次于美国，二者占比近总量的 2/3。由此可见，美国和中国是主要目标市场国，各企业都非常重视在美国和中国的专利申请。中国不但拥有着强大的消费能力，还非常注重人工智能领域的投入，吸引着全球创新主体的注意力。日本、欧洲位于第二梯队，德国作为目标市场也在全球占有一席之地。

从图2-5-2显示的群体智能技术全球原创国/地区占比可以看出，中国原创技术占比达到47%。大量中国创新主体在该领域投入研发力量，特别是众多高校及科研院所在国家基金的支持下，在该领域开展了广泛的研究。占比34%的美国是另一个重要的创新驱动力，具有如IBM、微软、谷歌等全球重要的申请人，企业力量突出。日本、德国、韩国、欧洲分别位列第三、第四、第五、第六位。

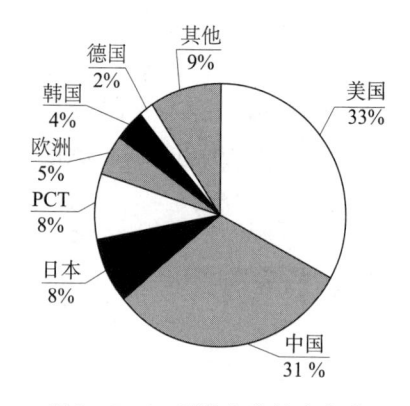

图2-5-1　群体智能技术全球目标市场占比

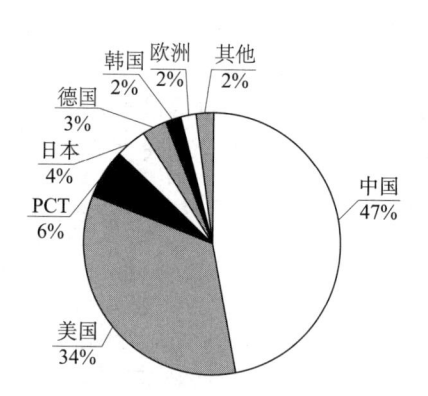

图2-5-2　群体智能技术全球原创国/地区占比

2.6　全球/中国主要技术分支分析

图2-6-1反映了群体智能技术在全球和中国的主要技术分支申请量情况，其中在全球和中国与群体智能基础理论相关的专利申请偏少，关键技术和支撑平台相关的专利申请量比较多。

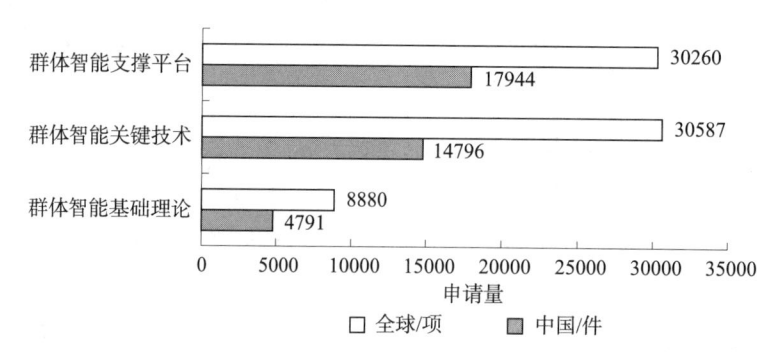

技术分支	全球/项	中国/件
群体智能支撑平台	30260	17944
群体智能关键技术	30587	14796
群体智能基础理论	8880	4791

图2-6-1　群体智能技术全球/中国主要技术分支申请量

2.7 全球/中国主要申请人布局重点分析

从表 2-7-1 群体智能技术全球主要申请人申请量年度分布来看，国外主要申请人从技术发展早期已经开始布局相关专利申请，早于全球其他申请人，并持续引领技术的发展。国内申请人中，中国科学院最早于 20 世纪 90 年代末开始申请相关技术专利，表明其在国内的先发地位。

表 2-7-1 群体智能技术全球主要申请人申请量年度分布　　　　　单位：项

年份	IBM	国家电网	微软	谷歌	英特尔	丰田	中国电子科技集团	中国科学院	亚马逊	北京航空航天大学	日产	博世	浙江大学	本田	南京邮电大学	中国南方电网	通用	清华大学	腾讯	福特
1964	1																			
1968	1																			
1971	3																			
1972	4										1	1								1
1973	3					1						1					2			1
1974	2													1						
1975	3					1											4			
1976	2										1									
1977	2																1			
1978											7						1			
1979	5				1						1									1
1980						1					3	2					3			
1981	1					1					2									1
1982	1				1						1	2					2			2
1983	6					2					4	1								
1984	6					1					2	1		2						1
1985	3					3					1	1								
1986	6					1					2	3		1			1			
1987	2					1					1	3		3			2			1
1988	11					1					4	1		1			1			
1989	10					2					5	5		2			1			1
1990	19				1	1					2	4					1			3
1991	13					2						3		2			1			3
1992	24		2		2							6		3			3			3
1993	14		5		2	5					2	7		1						1

续表

年份	申请人																	
	IBM	国家电网	微软	谷歌	英特尔	丰田	中国电子科技集团	中国科学院	亚马逊	北京航空航天大学	日产	博世	浙江大学	本田	南京邮电大学	中国南方电网	通用	清华大学	腾讯	福特
1994	18		3		3	6					9	2		5			1			3
1995	31		5		6	5					11	5		7						4
1996	20		11		9	6					12	7		6			3			4
1997	57		17		4	8					10	3		8						1
1998	50		19		16	18		1	3		12	3		10						
1999	97		26	1	11	10		3	2		7	5		11			2			1
2000	110		56	1	19	10			2		8	5		9			2			7
2001	106		30	2	21	5		3	1		13	6		6					1	5
2002	95		52		21	13			1		10	12		7			1	1		8
2003	189		84	1	25	26		4	3		19	5		5			2	1		2
2004	169		98	14	25	22		1	2		18	9		7			8	3		8
2005	166		98	14	22	33	3	2	7		17	18	2	8	1		7	5		13
2006	175	2	117	36	25	29	1	2	6		11	13	4	12	2		9	3	1	3
2007	216	2	113	27	30	4	9	8	6		6	24	2	8	3		12	4	3	10
2008	257	4	108	24	3	51	2	7	5	7	16	20	9	17	5		19	5	5	10
2009	190	14	82	24	9	42	9	12	10	14	17	16	3	19	4	2	23	5	6	2
2010	221	37	167	50	9	33	5	15	43	10	11	15	3	14	7	2	24	6	4	10
2011	265	33	163	123	37	42	4	21	40	9	11	18	9	24	7	2	22	4	25	7
2012	365	92	110	171	31	50	19	34	62	8	27	16	10	15	5	8	25	14	33	15
2013	477	164	143	127	46	39	32	39	70	23	25	22	31	17	16	15	16	10	27	24
2014	514	193	151	99	37	25	52	40	86	28	12	12	13	17	16	15	16	21	20
2015	786	271	113	53	64	26	55	36	101	25	14	12	16	5	25	14	9	16	20	14
2016	828	308	161	54	70	49	71	52	71	23	14	25	9	26	22	19	19	25
2017	918	320	164	54	107	46	85	77	25	50	11	24	50	23	40	37	26	32	15	33
2018	637	469	117	37	72	56	135	104	17	122	15	28	90	25	64	68	12	59	27	29
2019	32	549	5	9	47	1	140	122	3	84		79	4	81	113	1	61	60	1
2020	37	34	4		1	1	7	10	6	12		11		10	8	1	16	9	

  从表2-7-2显示的群体智能技术中国主要申请人申请量年度分布来看，最早在20世纪80年代末，IBM的专利申请首先进入中国，之后英特尔和微软的专利申请陆续进入中国。国内申请人中，中国科学院作为国内重点科研院所，起步较早，从1998年开始持续跟进技术发展，清华大学紧随其后。而其他一些高校，得益于国家自然科学

基金的资助在群体智能技术方面展开了研究，但起步略晚，普遍从 2005 年以后才开始跟进群体智能技术的相关研究。

表 2-7-2 群体智能技术中国专利主要申请人申请量年度分布　　　单位：件

年份	国家电网	微软	中国电子科技集团	中国科学院	IBM	北京航空航天大学	浙江大学	腾讯	南京邮电大学	百度	中国南方电网	阿里巴巴	清华大学	英特尔	东南大学	华南理工大学	南京航空航天大学	西安电子科技大学	浙江工业大学	西北工业大学
1989					1															
1991					1															
1992					2															
1994					1										1					
1995					2															
1996		1			2									2						
1997					8															
1998				1	5									1						
1999		1		3	8															
2000					6									5						
2001		3		3	7								1	3						
2002		3			20								1	5						
2003		27		4	39								1	13						
2004		42		1	35								3	10						
2005		32	3	2	55		2	1	1			1	4	5		1			2	
2006	2	26	1	2	33	1	4	2	2	1			3	8		1			2	
2007	2	15	4	9	21	6	2	4	3				4	5	2	1		2		
2008	4	25	2	9	18	8	9	6	5				6	3	2	2	1			1
2009	14	13	9	12	26	15	3	7	2		2	3	2	12	3	2	2	1	1	1
2010	37	85	6	15	22	11	4	5	9	14	2	6	2	10	2	2		7	1	1
2011	35	55	5	20	43	11	9	28	8	6	2	6	2	25	8	3	6	8	5	4
2012	93	37	19	34	60	9	10	45	6	19	8	2	4	14	19	4	2	9	6	2
2013	164	76	34	40	46	24	32	37	8	20	14	5	35	8	18	11	5	13	9	7
2014	197	85	55	44	11	27	12	25	17	14	17	31	8	21	13	8	8	22	16	8
2015	274	57	57	39	27	26	17	24	25	37	14	41	17	26	19	19	6	22	19	14
2016	312	67	75	53	8	23	27	27	26	29	25	39	18	16	24	21	21	15	27	16
2017	327	56	95	79	31	51	51	23	43	37	38	32	34	33	35	33	49	37	30	40
2018	480	6	149	108	40	127	92	39	66	68	72	57	61	16	53	69	55	46	55	50
2019	563		148	129		85	80	77	86	65	119	70	63		71	65	85	57	64	80
2020	38		8	10		13	11	12	12	16	9	8	16		14	11	9	5	6	9

从图2-7-1中群体智能技术全球主要申请人布局国家/地区分布可以看出，每个申请人在本国/地区的申请量是最大的。国外申请人均在全球范围内广泛布局，并拥有多件PCT申请，而中国申请人则多以本国为布局重点，特别是国内的高校及科研院所，在海外进行专利布局的意识普遍不强。从目标国家/地区来看，美国公司例如IBM、微软、英特尔等普遍更注重在中国的布局，随后是欧洲和日本。日本公司普遍更注重在美国的布局，随后是中国和欧洲。

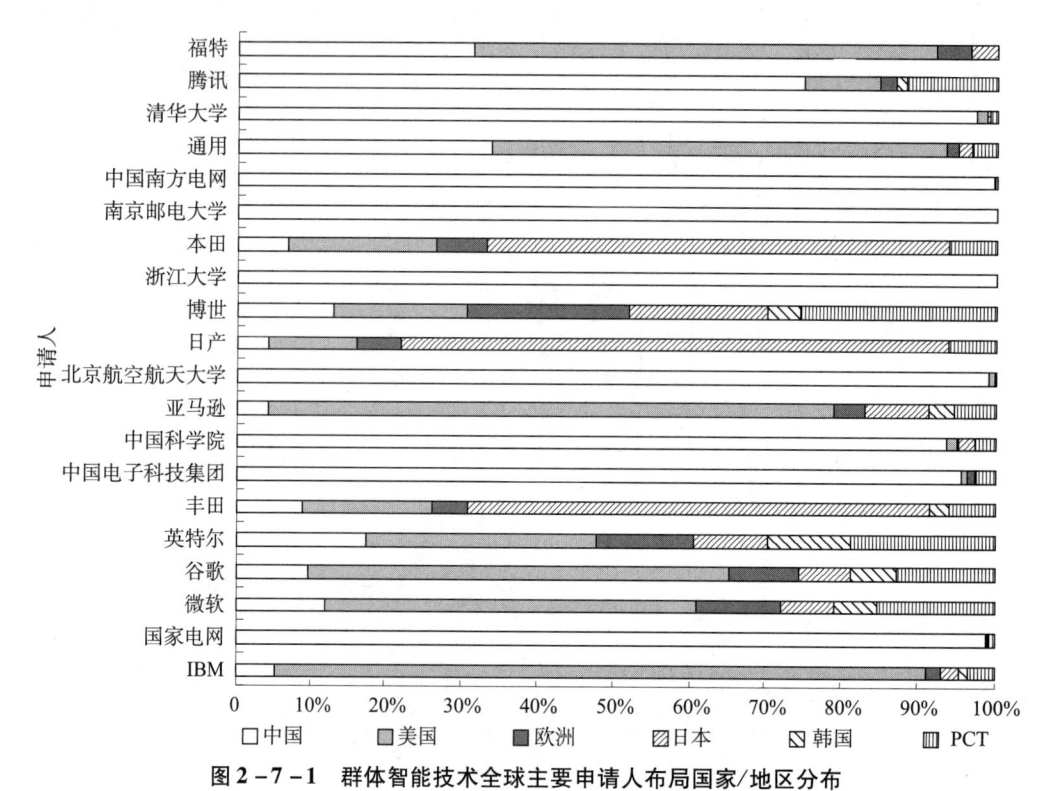

图2-7-1 群体智能技术全球主要申请人布局国家/地区分布

从图2-7-2中群体智能技术中国专利主要申请人布局国家/地区分布来看，以国家电网为代表的国内申请人，仅在海外进行了少量的布局甚至没有专利布局。相比于国内的高校和科研院所，国内企业申请人，如阿里巴巴、百度和腾讯，相对比较重视海外的布局，但是数量也不大。中国申请人的PCT申请数量也非常少，可见我国申请人海外专利布局数量少且布局区域不平衡，缺乏全球性布局意识。

从图2-7-3中群体智能领域三个技术分支全球主要申请人的技术分布来看，相对于关键技术和支撑平台，群体智能的基础理论的专利申请量较少，这与新理论的提出具有较高难度有一定关系。汽车企业比较重视群体智能关键技术，该技术分支的申请量所占比重非常大，而其他企业在群体智能的支撑平台方面的专利申请量相对较大。高校和科研院所，在群体智能的关键技术和支撑平台各分支中的申请量相差不大。

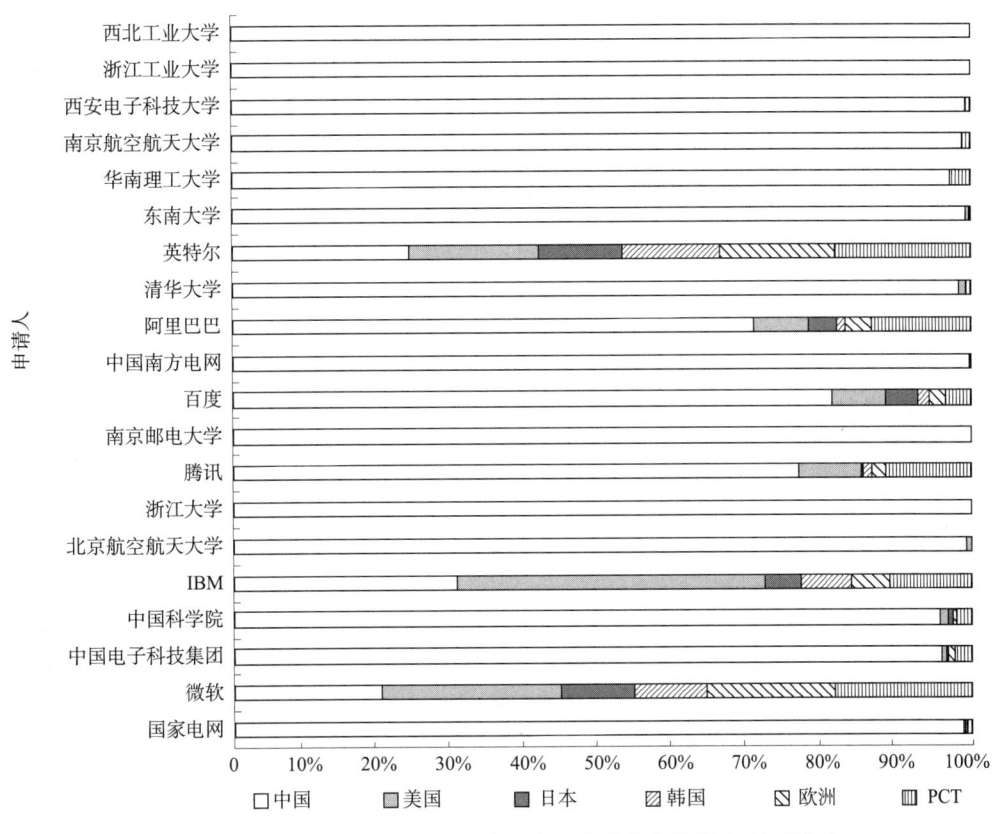

图 2-7-2 群体智能技术中国专利主要申请人布局国家/地区分布

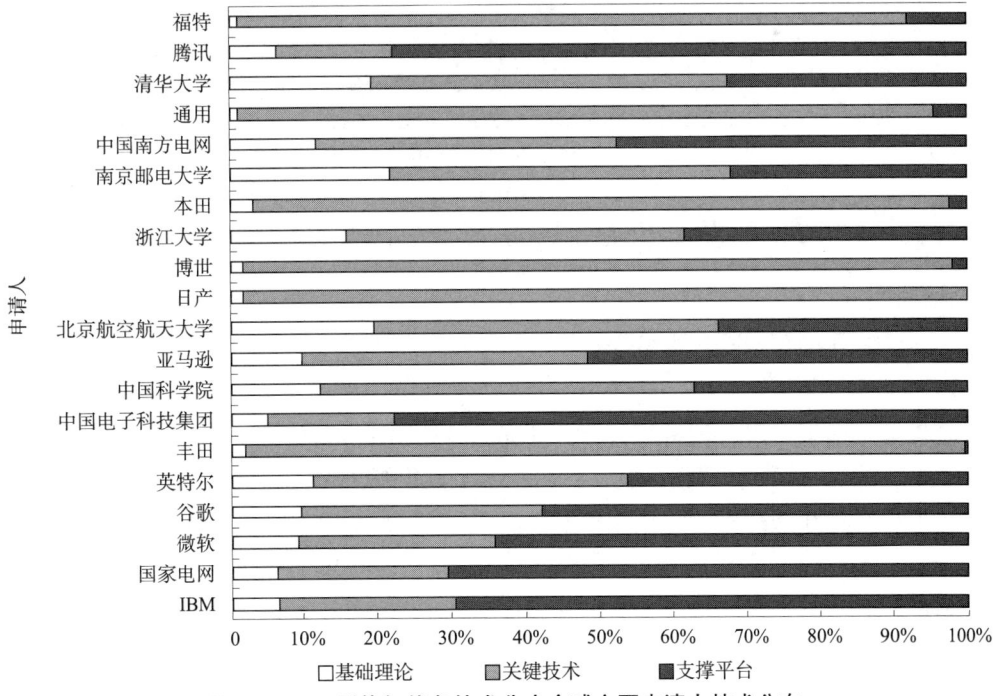

图 2-7-3 群体智能各技术分支全球主要申请人技术分布

从图 2-7-4 中群体智能领域三个技术分支中国专利主要申请人的技术分布来看，以高校和科研院所为主要研发力量的国内申请人，在所有技术分支都有所涉猎，相对来说也比较重视基础理论的研究和投入。阿里巴巴、百度、腾讯这些国内企业和 IBM、微软都在群体智能的支撑平台上的投入比重较大，而英特尔在群体智能关键技术的投入比重较大。从各分支的情况和申请总量来看，中国科学院和国家电网的申请总量多，而且在各分支都排名在先，可见其不仅整体上研发实力较强，且分布均匀。

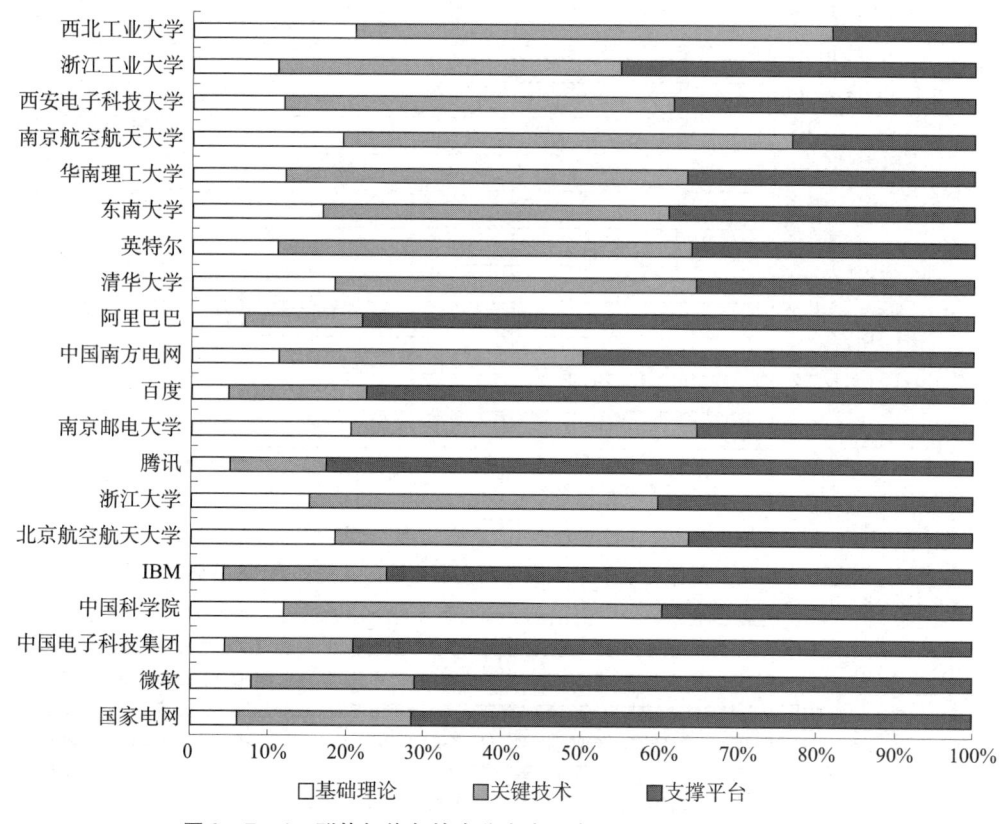

图 2-7-4 群体智能各技术分支中国专利主要申请人技术分布

2.8 全球原创区域迁移分析

从图 2-8-1 可以看出群体智能技术的原创技术核心区域。美国作为长期的技术原创核心国家，保持了长期的创新活力。中国在 2004 年以后，随着经济的蓬勃发展，迎来了群体智能相关技术的快速发展，而由于 2017 年《新一代人工智能发展规划》的出台，中国在群体智能领域迎来新的爆发式增长。在 2009 年之后，已逐渐形成美国和中国分庭抗礼的局面。

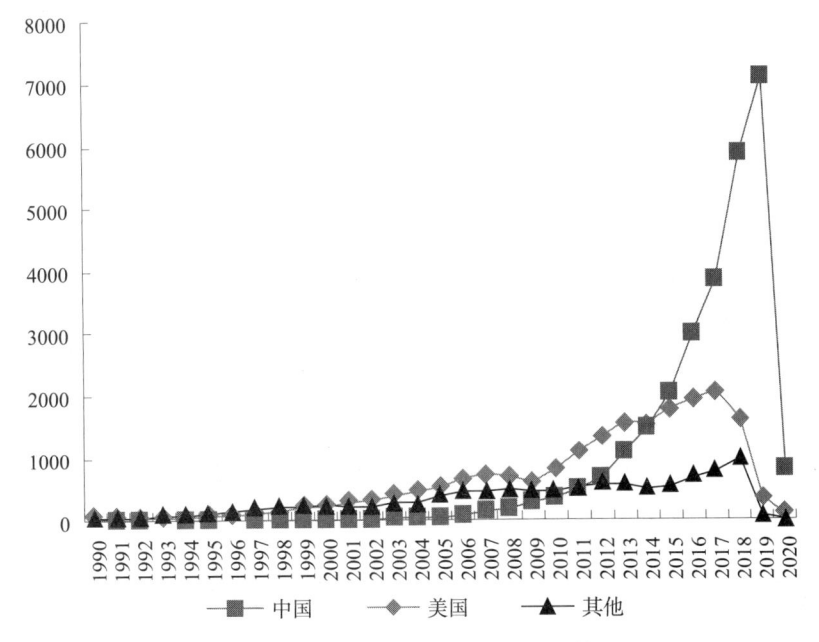

图 2-8-1 群体智能原创技术迁移情况

注：因1990年之前申请量较少，故未列出。

2.9 中美人才结构分析

从图 2-9-1 所示的中美人才结构对比来看，虽然中国总从业人数是美国的 1.6 倍，但中国人才结构失衡，从业 15 年以上的人数中国是美国的 1/10，从业 10~14 年的人才中国是美国的 1/2，高层次人才稀缺。

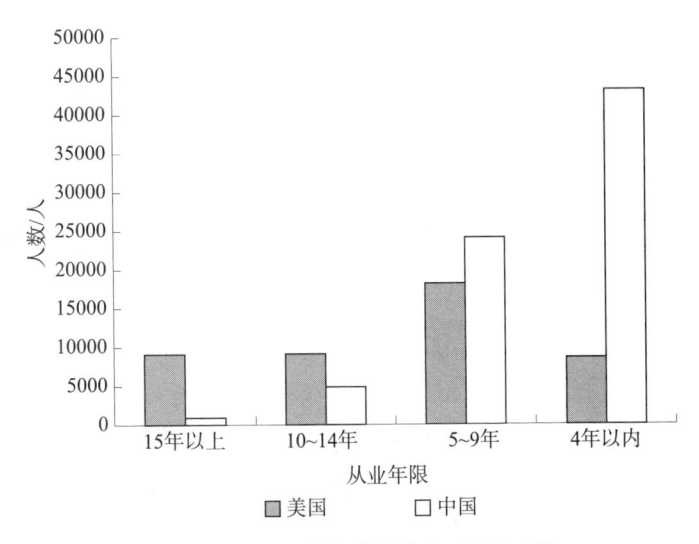

图 2-9-1 群体智能中美人才结构对比

但可喜的是，中国从业 5~9 年的人数超过美国，且在申请数量为代表的创新活力对比中，在 4 年内仍处活跃期的中国发明人数量是美国的近 5 倍，4 年内仍处活跃期的发明人在不同申请量的人数也同时全面超越美国（如图 2-9-2 所示）。

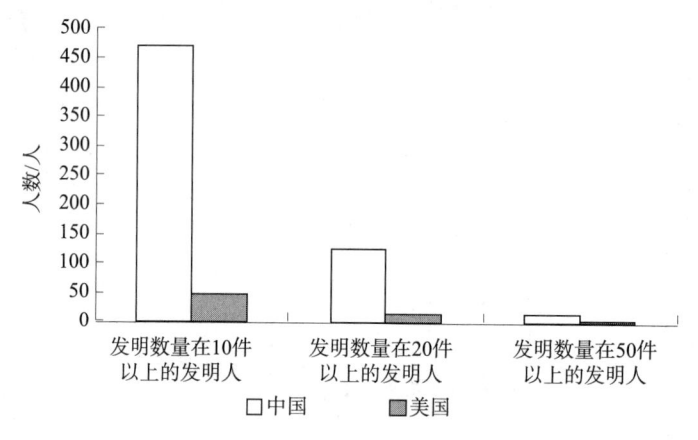

图 2-9-2　中美人才 4 年内创新活力对比

2.10　全球重点专利迁移分析

如图 2-10-1、图 2-10-2、图 2-10-3、图 2-10-4 所示，通过对重要专利拥有量进行分析，可以看出，基于长时间的发展和高层次人才优势，美国在三个技术分支长期处于领跑地位，掌握了大量重要专利技术。而中国重要技术的总量虽然与美国仍有差距，但我们欣喜地发现，基于新兴人才的成长，中国的重点专利拥有量从 2003 年左右开始实现了快速增长，在 2006 年达到 40 项，超过了日本，并在 2014 年达到 293 项，与美国同等水平，并与美国保持同步增长。

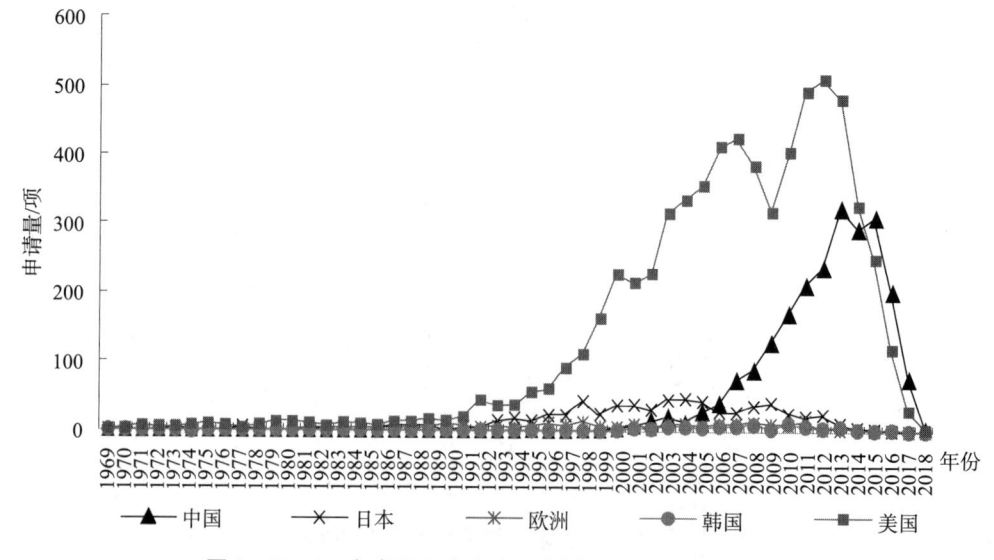

图 2-10-1　各主要国家或地区群体智能重点专利拥有量

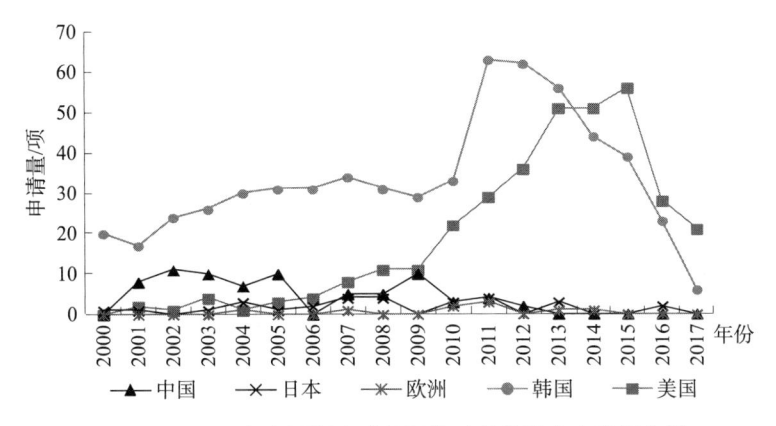

图 2-10-2　各主要国家或地区基础理论重点专利拥有量

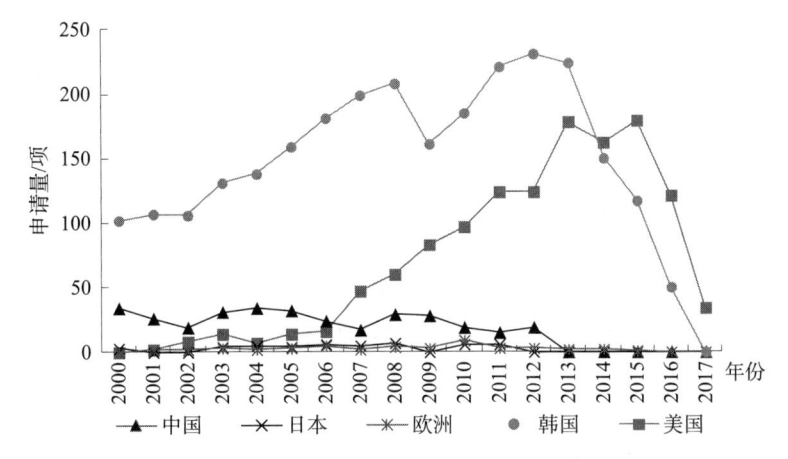

图 2-10-3　各主要国家或地区关键技术重点专利拥有量

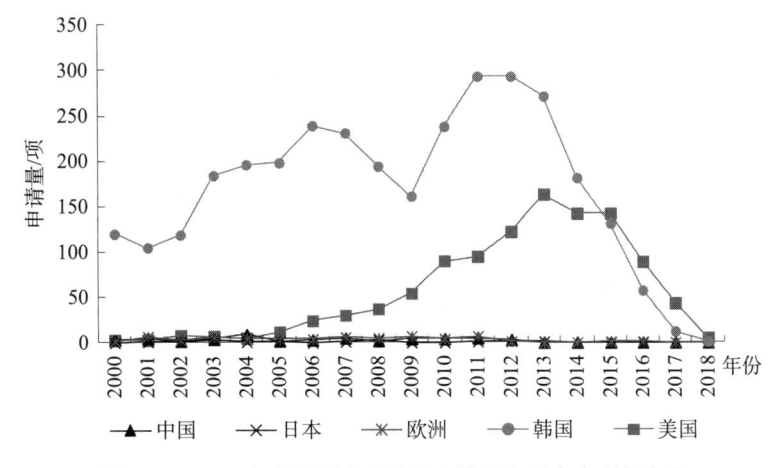

图 2-10-4　各主要国家或地区支撑平台重点专利拥有量

2.11 海外专利布局分析

在这种背景下,中国创新主体也积极地布局海外市场。从图 2-11-1 示出的群体智能技术的 PCT 申请趋势来看,中国在 2016 年超过日本,成为仅次于美国的第二大申请国,并且在 PCT 申请的专利权利要求项数、技术特征数以及同族国家数这些反映布局质量的指标方面,也在不断缩小与美国的差距,参见图 2-11-2、图 2-11-3、图 2-11-4。

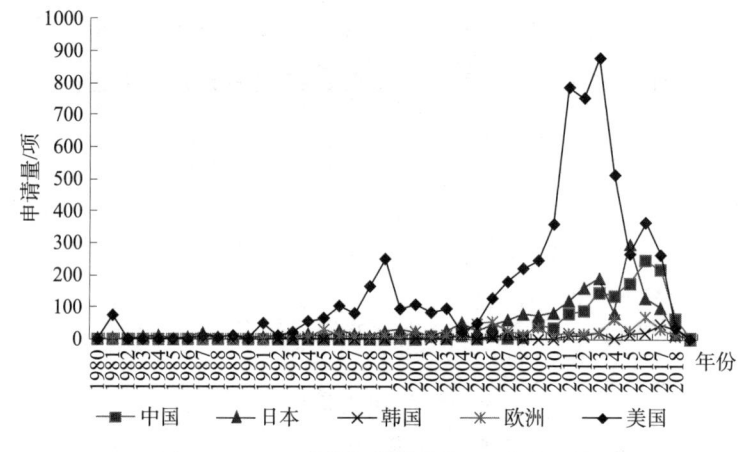

图 2-11-1 群体智能技术 PCT 申请趋势

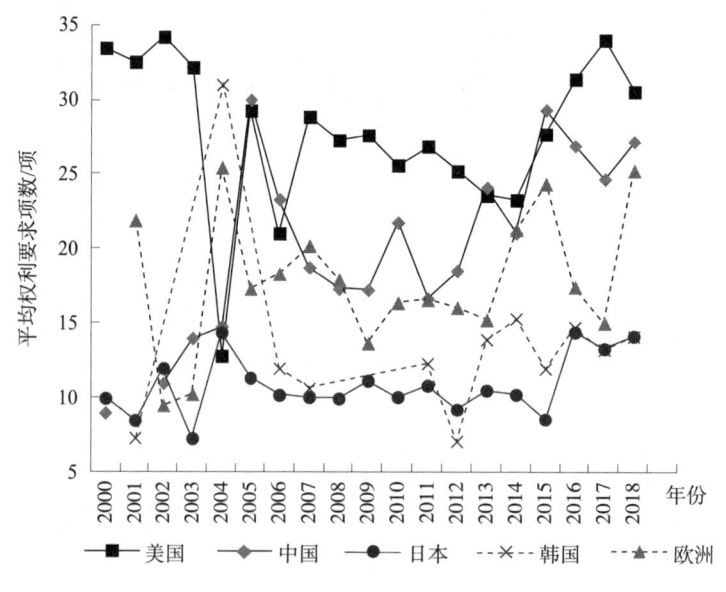

图 2-11-2 群体智能技术的 PCT 申请平均权利要求项数

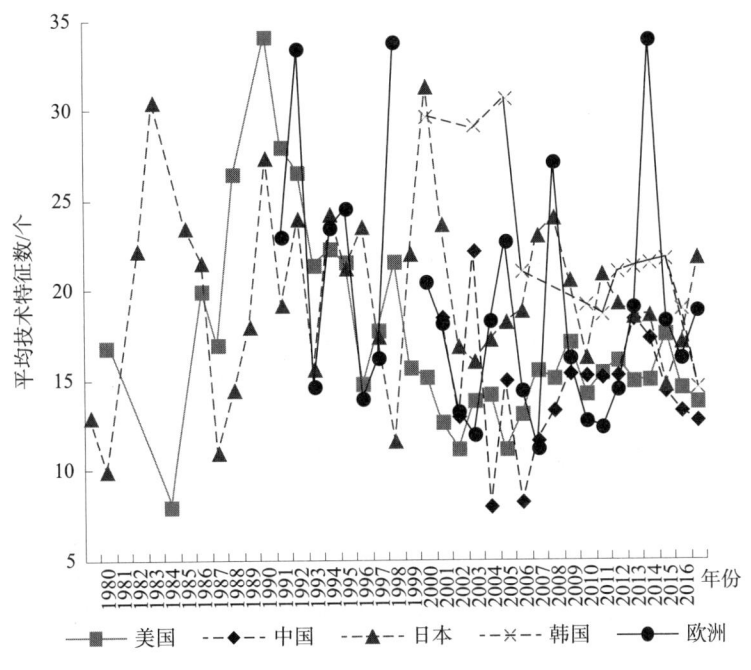

图 2-11-3 群体智能技术的 PCT 申请平均技术特征数

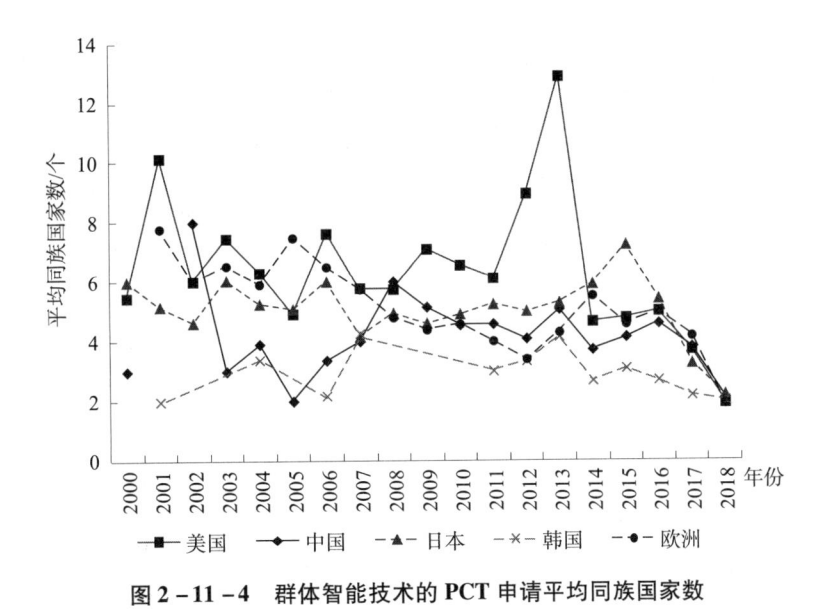

图 2-11-4 群体智能技术的 PCT 申请平均同族国家数

如表 2-11-1、表 2-11-2 所示,在提高海外专利布局质量方面,我国创新主体在重点关注美国市场之外,还可以参考美国的 PCT 布局策略,追踪美国最新布局动态,根据实际需要对美国近期的布局新兴热点欧洲、巴西、墨西哥等国家/地区进行适当专利布局。

表2-11-1 群体智能技术美国海外布局 单位：件

国家/地区	2000	2001	2002	2003	2004	2005	2006	2007	2008	2009	2010	2011	2012	2013	2014	2015	2016	2017	2018	2019
中国	8	17	37	81	103	111	102	113	91	123	209	291	385	397	317	299	360	421	180	4
欧洲	23	46	65	75	105	97	95	120	89	96	154	237	277	360	290	293	315	352	76	4
日本	42	59	93	100	138	87	107	138	111	137	151	270	251	264	181	192	150	75	50	3
韩国	11	17	42	89	103	76	63	82	81	123	90	198	204	210	119	106	78	73	25	3
加拿大	14	12	21	32	40	37	37	51	48	37	62	72	80	96	76	66	78	79	44	
澳大利亚	43	15	57	25	30	19	21	29	15	22	47	55	86	82	52	55	62	60	25	
德国	7	15	17	11	17	23	13	18	25	26	29	56	74	48	52	56	93	120	60	2
英国	10	22	11	10	12	14	16	12	7	26	28	62	30	27	31	47	66	104	9	
俄罗斯		2	4	17	25	15	21	15	20	17	21	52	46	46	54	32	16	14	1	
巴西		6	1	16	18	15	21	13	15	15	23	46	26	46	31	20	26	16	2	
墨西哥	3	4	2	12	18	8	13	9	6	5	14	42	42	34	30	29	39	13		
新加坡	2	1	1	2	5	1	2	2	7	6	12	10	9	20	13	12	19	18	1	
意大利	1	10	3	6	6	4	9	7	4	6	8	5	4	22	8	16	13	11		

表2-11-2 群体智能技术中国海外布局 单位：件

国家/地区	2000	2001	2002	2003	2004	2005	2006	2007	2008	2009	2010	2011	2012	2013	2014	2015	2016	2017	2018	2019
美国	1		7	2	8	7	8	13	8	19	30	39	50	58	68	60	76	90	40	9
欧洲			1		1		2		2	7	6	12	12	29	26	27	28	51	10	4
日本			2		4		1		1	8	7	9	9	15	8	31	27	16	9	3
韩国					2				1	2	4	4	5	10	9	12	15	1	4	
加拿大					2				1	2		1		1	3	7	2	2		
澳大利亚		1		2						1	1		2		1	7	6	3	1	
德国			1		1		1				1	1		1		3		1		
英国												2		2	2	4	3	2		
俄罗斯										2	2	1	2	4	4					
巴西									1		1	2	1	2		5	6			
墨西哥									1				2	3	2	1				
新加坡									1	1		1	1	1	1	5	8	2	1	
意大利																				

2.12 重要技术创新主体迁移分析

如图2-12-1（见文前彩色插图第1页）所示，从重要技术的创新主体的竞争格局上看，过去20年，美国拥有IBM、微软、谷歌等众多传统领先企业，活跃度持续较高，且经过长期的发展，重要技术逐渐向头部企业汇聚，行业寡头初现；日本企业前期强劲基础扎实，从2005年之后创新活跃度走弱，欧洲已跌出竞争行列。

而近期中国新兴活跃企业和高校创新主体不断涌现，专利申请活跃度紧追美国，活跃的主体数量超过美国，说明中国在群体智能技术方面未来可期，参见图2-12-2。

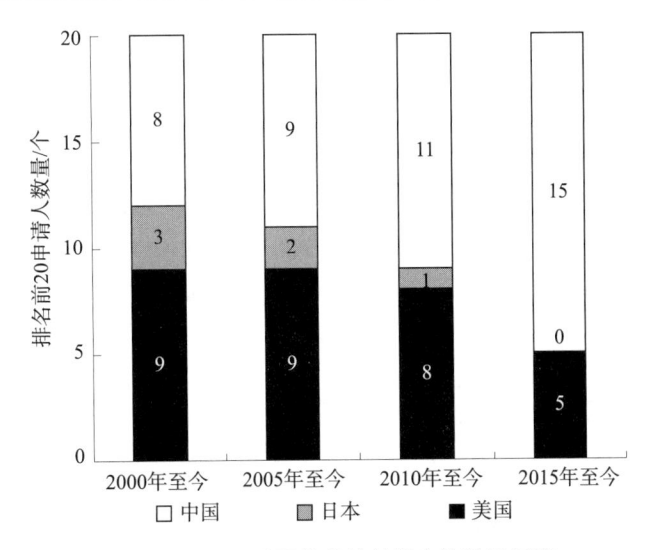

图2-12-2 重要技术的创新主体数量迁移

2.13 中美重要创新平台对比分析

但从全球创新主体的表现来看，在群体智能的基础理论、关键技术以及支撑平台三个分支中，相较美国IBM的全面领先，微软、谷歌的全面布局，中国这些新兴申请人目前仍处于劣势，无法与国外寡头相抗衡，参见图2-13-1（见文前彩色插图第2页）。

以IBM为例，其认知计算平台Watson作为其第四次转型的核心业务，汇聚了IBM在新一代人工智能领域的最新人工智能技术成果，其中广泛涉及了群体智能的感知、知识获取、评估、数据服务等重要技术。

对照Watson的技术结构与赋能行业可以发现，我国目前已发布的15个新一代人工智能开放创新平台，与Watson的技术、行业高度重合，参见图2-13-2（见文前彩色插图第3页）。

但进一步对比在群体智能方面的专利技术基础，中国的各创新平台全面落后，技术实力的巨大差距，仅通过各创新平台自身的技术发展已经很难在短期内弥补，参见表2-13-1。

表 2-13-1　Watson 与我国新一代人工智能开放创新平台的群体智能技术申请量对比

申请量排名	申请人	总申请量/项
1	IBM	7168
19	腾讯	277
21	百度	271
24	阿里巴巴	243
32	华为	206
47	平安科技	146
116	明略科技	57
132	京东	48
165	360	35
337	旷视科技	14
406	小米	12
424	科大讯飞	11
516	商汤	9

通过进一步分析发现，我国高校在群体智能技术中具有一定研究基础，特别是与 IBM 在 2016~2020 年的近期技术相比，具有一定的竞争力，可以在多方面为我国的创新平台提供技术支撑，进而使我国的创新主体可以通过联盟的方式与国外寡头企业相抗衡，参见表 2-13-2。

表 2-13-2　我国高校、科研院所和企业在群体智能技术中与 Watson 的技术对比

技术对比	2010 年以前			2011~2015 年			2016~2020 年		
	基础理论	关键技术	支撑平台	基础理论	关键技术	支撑平台	基础理论	关键技术	支撑平台
领先 IBM	美国 2	美国 57 中国 3 （深圳大学，重庆大学）	美国 231 中国 5 （浙江大学、深圳大学、重庆大学）欧洲 5 韩国 3	美国 18 欧洲 1 中国 1 （华为）	美国 140 中国 2 （中国科学院、华为）	美国 502、印度 6、欧洲 3 中国 45（中国科学院、中国电子科技集团、北京大学、北京奇虎科技、北京科技大学、浙江大学、上海大学、北京航空航天大学等）	美国 28、印度 3 中国 6（南京邮电大学、哈尔滨工程大学机器人（合肥）国际创新研究院、山东大学）	美国 149 中国 12（同济大学、上海大学、华北电力大学、南京航空航天大学、江南大学等）	美国 368 中国 31（中国科学院、浙江大学、电子科技大学、中国电子科技、南京邮电大学、北京大学等）

续表

技术对比	2010年以前			2011~2015年			2016~2020年		
	基础理论	关键技术	支撑平台	基础理论	关键技术	支撑平台	基础理论	关键技术	支撑平台
滞后IBM	美国1韩国1	中国31（重庆交通大学、浙江大学、北京工业大学、武汉大学等）美国209	中国102（中国电子科技集团、浙江工业大学、中国科学院、北京航空航天大学、浙江大学、重庆邮电大学、北京工业大学等）美国582、欧洲10、印度7、韩国6	中国1（科大讯飞）美国17	中国16（北京交通大学、浙江大学、郑州大学、合肥工业大学等）美国139	中国112（中国电子科技集团、中国科学院、北京理工大学、中山大学、华为、电子科技大学、北京航空航天大学等）美国390、印度10、欧洲5	中国7（北京航空航天大学、青岛理工大学、哈尔滨工程大学等）美国13、英国1、印度1	中国16（北京航空航天大学、重庆交通大学、哈尔滨工业大学等）美国63	中国45（中山大学、中国电子科技集团、中国科学院、北京信息科技大学、北京航空航天大学、清华大学等）美国131

注：表中数字表示专利申请量，单位为项。

第3章 基础理论技术专利状况分析

在群体智能领域下,基础理论主要的目标是在各个场景下建立理论基础,其常见的理论为如何实现群体智能空间的构建、如何在群体间成员间进行交互、如何激励个体有良好的成果的产出,以及如何计算激励值、成果值等。从技术分支角度看,基础理论主要包括结构理论与组织方法、激励机制与涌现原理、学习理论与方法、通用计算范式与模型四个技术分支。

3.1 基础理论专利状况分析

3.1.1 全球/中国申请和授权态势分析

图3-1-1示出了基础理论技术全球/中国申请态。2000年以前,由于人工智能处于计算机软件以及算法层面难以攻克的瓶颈期,因此全球的申请量一直处于低位,直到2000年申请量才开始迅速增加,而后呈现缓慢增长的平稳局面。2006年随着深度学习理论产生,大数据时代到来,计算机计算能力飞速提升,互联网技术快速普及,人工智能进入了增长爆发期。而群体智能中,机器是通过人类活动行为产生的大数据分析产生智能结果之后返回给人类并影响人类活动的,人类在此基础上进一步地形成反馈、修正以及优化机器智能,从而达到大规模个体智能的融合与增强,实现群体智能的释放。因此群体智能是在互联网和大数据支持下实现高效协同的。所以在进入互联网和大数据的时代之后,作为对人工智能的其他研究领域有基础性和支撑性作用的群体智能基础理论也得到了全球申请人的关注。群体智能基础理论在2010年之后申请量开始迅猛增加,并在2014年之后爆发式增长。从中国的基础理论技术申请态势可见,

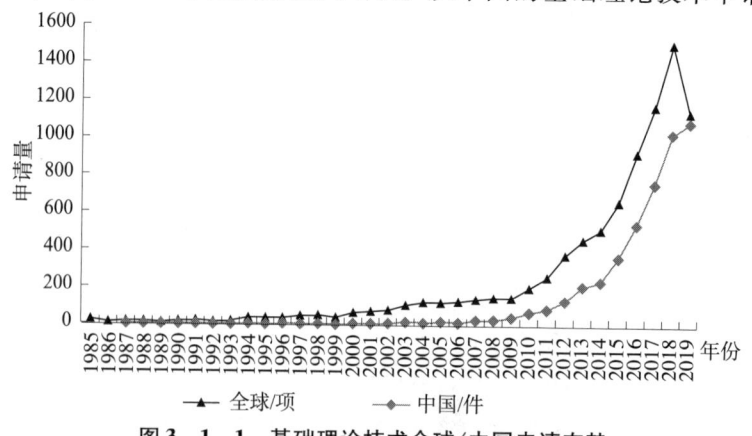

图3-1-1 基础理论技术全球/中国申请态势

中国在基础理论技术的发展趋势与全球基本相同。

从图3-1-2显示的基础理论主要国家/地区授权量态势可以看出，随着基础理论技术的发展，美国基础理论领域授权量从2009年开始快速增长，从各个主要国家/地区中脱颖而出，并在很长一段时间内均处于领先地位，远超其他国家/地区，具有先发优势。欧洲、日本、韩国均一直发展缓慢。而随着中国政策的引导作用，中国近几年申请量增长势头强劲，创新主体保持了较高的研发热情，专利授权量自2010年以来呈现快速增长趋势，并且在2016年专利授权数量达到197件，数量几乎是2010年数量的近5倍。截止到2020年6月30日，在基础理论领域，美国的专利申请授权总量居于第一位，为1670件；中国位居第二，专利申请授权量为1147件。可见，在该领域，逐渐出现了美国领先、中国紧随其后的局面。

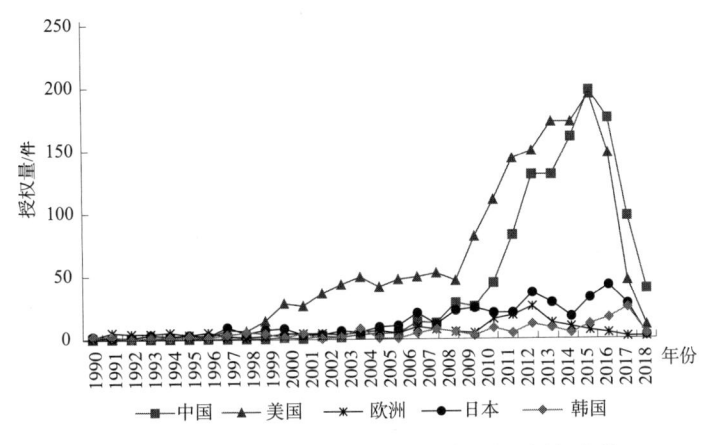

图3-1-2 基础理论技术主要国家/地区授权态势

3.1.2 主要国家/地区申请量和授权量占比分析

从图3-1-3显示的基础理论主要国家/地区申请量和授权量的对比可以看出，美

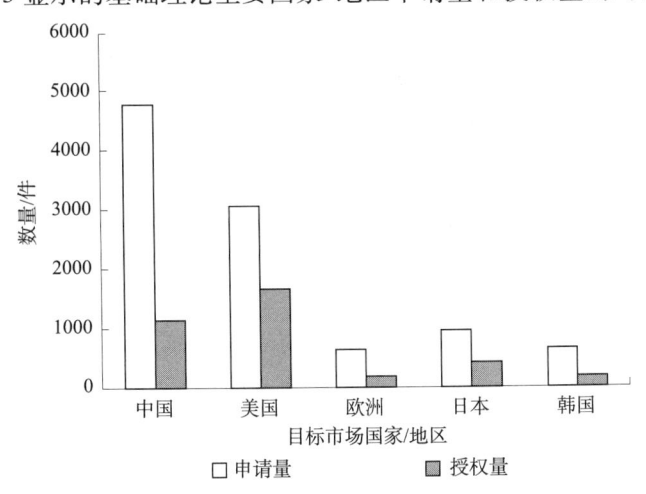

图3-1-3 基础理论主要国家/地区申请量和授权量

国和日本的授权率最高,分别为54%和44%,其次是,欧洲和韩国,分别达到28%和27%,中国的授权率较低,为23%。从申请量以及授权量的绝对值可以看出,中国、美国保持着较高的数量,说明两国都重视该领域的技术研发,尤其中国还存在较多待审申请,后发优势足,日本、欧洲、韩国申请总量不高,授权量同样偏低,即在基础理论分支中,中美两强格局已现,中国同时存在后续力量。

3.1.3 全球/中国主要申请人分析

从图3-1-4显示的基础理论全球申请人排名可以看出,在基础理论领域,全球专利申请量排名前20位的申请人,主要来自美国、中国和韩国。进入了前20的美国申请人包括IBM、微软、波音、谷歌、英特尔、亚马逊、戴尔、高通。其中,IBM排在第一,并且申请数量远高于其他申请人,IBM作为该领域的技术领先者,拥有着众多细分领域的核心技术。微软、谷歌、英特尔作为引领人工智能技术的创新主体,在群体智能基础理论领域的结构与组织、激励机制、质量保障、计算范式方面具有较为深

申请人	申请量/项
IBM	505
微软	222
国家电网	172
波音	114
北京航空航天大学	109
南京邮电大学	98
谷歌	96
英特尔	92
中国科学院	88
浙江大学	71
清华大学	67
合肥工业大学	62
亚马逊	61
南京航空航天大学	61
西北工业大学	61
东南大学	58
三星	56
戴尔	51
高通	47
浪潮	46

图3-1-4 基础理论全球主要申请人排名

入的实践与创新,这一定程度上反映出美国在群体智能基础理论方面的领先地位,并且基本以企业为主导。波音作为一家企业,主要涉及在群体智能基础理论与实际场景的结合。进入了前20位的中国申请人中,大部分是高校和科研院所,仅有2家企业即国家电网和浪潮,且具有一定的特定产业背景。中国科学院在众多研究院所的支持下,对群体智能基础理论的各个分支均有所涉及。此外,韩国三星作为唯一一家进入前20排行榜的韩国企业,成为唯一一股非中美力量,同时基于其在其他领域的布局,也可以看出三星在全产业上的广泛布局。

从上述分析可以看出,与美国相比,中国在基础理论中研究热情高,但主要集中在高校和科研院所,实际投入生产、形成产业的能力相对较弱。同时中国企业也相对单薄,因此可以考虑与科研成果丰硕的高校和科研院所联合,积极引进人才或培养技术人员,并与产业结合,利用自身的资金和资源,加速技术落地,最终提高企业综合实力。

从图3-1-5显示的基础理论中国专利主要申请人排名可以看出,北京航空航天大学在该领域具有较强的研究实力,国家电网基于对电网能量的均衡分配和调度的需求,在群体智能基础理论领域具有较为广泛的研究。而国外申请人IBM与其在全球排名中的位置相同,在中国也占据明显优势。

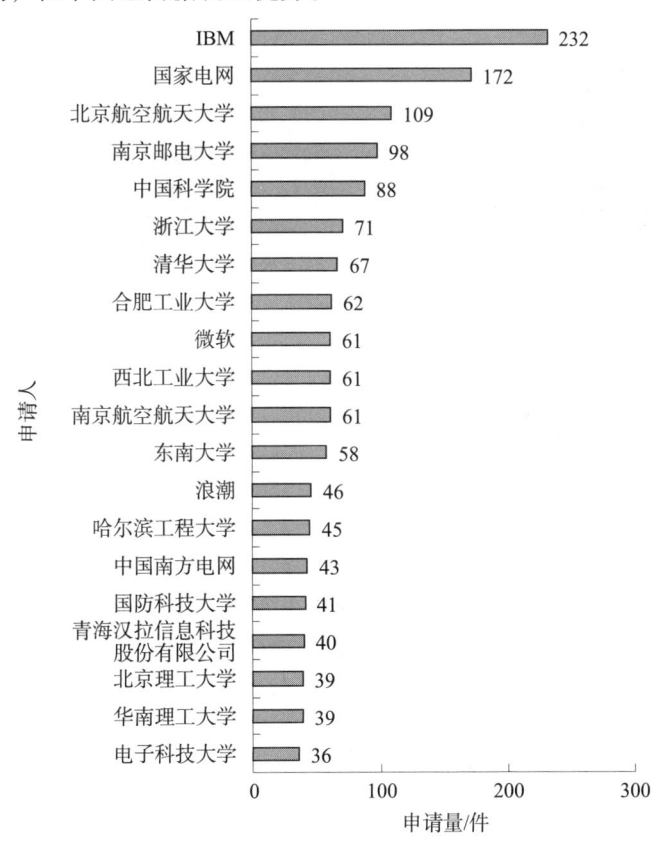

申请人	申请量/件
IBM	232
国家电网	172
北京航空航天大学	109
南京邮电大学	98
中国科学院	88
浙江大学	71
清华大学	67
合肥工业大学	62
微软	61
西北工业大学	61
南京航空航天大学	61
东南大学	58
浪潮	46
哈尔滨工程大学	45
中国南方电网	43
国防科技大学	41
青海汉拉信息科技股份有限公司	40
北京理工大学	39
华南理工大学	39
电子科技大学	36

图3-1-5 基础理论中国专利主要申请人排名

3.1.4 全球布局区域分析

从图3-1-6显示的基础理论全球国家/地区目标市场占比可以看出，中国、美国分别是全球第一、第二大目标市场，全球市场占比分别为33%、30%，吸引着全球创新主体的注意，同时基于中国、美国申请人的大量投入，产出较多。日本虽然位列第三，但全球市场占比不到10%。韩国和欧洲的占比更少，仅为日本的2/3左右。

从图3-1-7显示的基础理论全球原创国/地区占比可以看出，中国原创技术占比达到49%，美国原创技术占比达到33%，可见，中美是全球主要的创新主体。与图3-1-6中的目标市场相比，这更凸显了中美在此领域的两强格局，两国的原创专利已经占据全球82%的比例，两国的原创专利向其他国家/地区转移的趋势相对明显。美国一直是群体智能基础理论领域的强国，该领域下的企业如IBM、微软、谷歌等申请人，研究实力也十分强大。结合前面的申请趋势可以看出，中国近几年突飞猛进，原创申请的数量占比迅速提高，快速超越美国，而欧洲、日本、韩国发展明显落后，这也体现了群体智能基础理论部分越来越趋向于两强竞争格局。

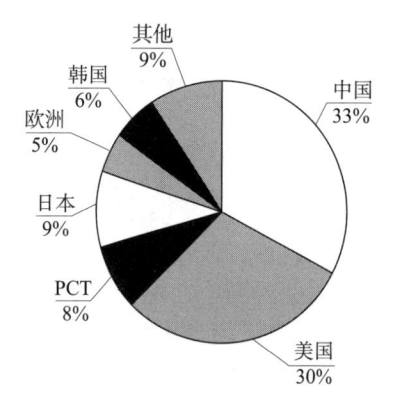

图3-1-6 基础理论全球国家/地区目标市场占比

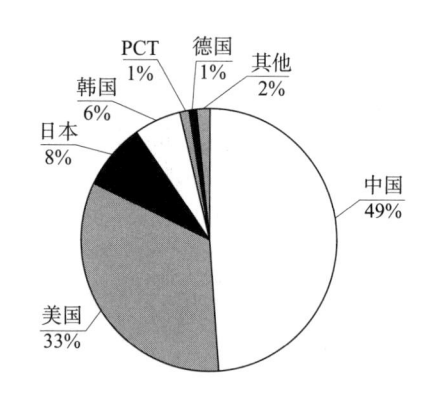

图3-1-7 基础理论全球原创国家/地区占比

3.1.5 全球/中国主要技术分支分析

图3-1-8所示的是群体智能基础理论在全球和中国的主要技术分支申请量情况。可以看出，在各分支中，激励机制分支全球申请量相较于其他分支更为突出，这与近年的激励机制的多样化有较大关系，其已经由原先金钱激励发展出了多种社区激励形式，并且激励机制的成功与否与群体智能的自我涌现有较大关系，这决定了最终群体智能结果的质量。而其他三个分支的数据量相似，不具有明显特征。

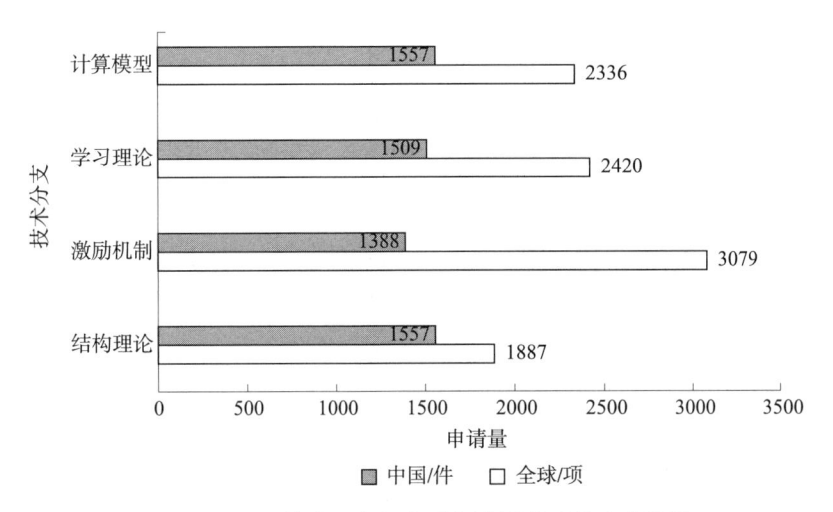

计算模型 1557 / 2336
学习理论 1509 / 2420
激励机制 1388 / 3079
结构理论 1557 / 1887

图 3-1-8 基础理论全球/中国主要技术分支申请量

3.1.6 全球/中国主要申请人布局重点分析

从表 3-1-1 显示的全球主要申请人申请量年度分布来看，美国主要申请人如 IBM、微软、波音、亚马逊的相关专利申请从技术发展早期已经开始布局，早于全球其他申请人，表明其具备敏锐的观察力，能够更早确定未来的技术方向。而以中国科学院等高校和科研院所为代表的主要中国申请人，在 2010 年后才开始加速专利布局，引领了中国在该领域的专利申请。韩国主要申请人三星的相关专利申请从 2003 年开始提出，此后均保持一定的申请量。

从表 3-1-2 显示的中国主要申请人申请量年度分布来看，IBM 最先在中国提出相关领域的专利申请，这说明美国申请人很早就开始关注中国市场。我国最早提出的相关申请则是合肥工业大学和浪潮，而清华大学于 2004 年开始提出该领域相关申请，并于 2018 年达到峰值，中国科学院于 2005 年开始提出在该领域的相关申请，并于 2019 年达到峰值。其他高校对于该领域的研究在上述高校和科研院所的带动下也陆续开展，并在 2012 年左右开始加速，并且近期多呈现为申请量增加的趋势，这说明中国申请人近期保持着较高的研发热情。

从图 3-1-9 显示的全球主要申请人目标市场分布来看，各个企业都是在本土布局最多的专利申请，国外申请人如 IBM、谷歌、微软等十分注重海外布局，在中国、日本、韩国等均有专利布局，而中国申请人则较少进行海外布局。从目标市场来看，美国和中国是最受欢迎的市场，创新主体十分重视在两国的专利布局，这与前文的目标市场的结论是相一致的，也就是说，创新巨头成为决定目标市场的中坚力量。

表3-1-1 基础理论全球主要申请人申请量年度分布

单位：项

申请人	2000	2001	2002	2003	2004	2005	2006	2007	2008	2009	2010	2011	2012	2013	2014	2015	2016	2017	2018	2019
IBM	6	8	2	11	9	8	10	11	23	11	13	10	28	38	31	65	73	79	36	25
微软	1	3	3	2	7	9	8	9	8	5	8	8	8	10	18	23	33	28	21	2
国家电网											2	3	4	19	12	17	15	26	38	36
波音	1	2	1	1	1	2	5	2	2	3	5	9	10	10	10	12	13	11	12	2
北京航空航天大学							1	4		3	2	5	4	6	8	7	7	5	30	27
南京邮电大学	1		1		1			1	1	1	1	2		3	7	6	9	21	20	26
谷歌						2		2		2		5	11	5	5	10	11	10	15	10
英特尔							1	1		1		1	5	10	12	15	2	31	2	10
中国科学院						1	2	2	2	2	1	4	6	8	11	6	5	12	12	15
浙江大学									1	1		1	1	15	3	1	2	10	20	11
清华大学					1	2	2		2	1	1	4	4	4	4	3	1	6	20	15
合肥工业大学			2	10	2		1				2	2	2	8	8	10	2	8	9	3
南京航空航天大学	1						1	1	3		3	1	6	7	21	18	24	13	7	5
西北工业大学									3	4	5	7	8	5	7	9	9	10	5	7
东南大学						1	1		1	2	2	1	2	2	1	6	5	9	9	25
三星				2	5	3	2	5	10	8	4	2	5	4	5	5	5	12	10	10
戴尔	1	1			2	1	5	1	1	2	4	6	6	3	5	15	16	14	35	29
高通	1			2		1	1	5	1	1	5	5	2	2	2	2	4	7	4	1
浪潮			2	1	1	1	4	1	1	1	4	1	1	1	1	10	3	5	7	2

年份

第3章 基础理论技术专利状况分析

表3-1-2 基础理论中国专利主要申请人申请量年度分布

单位：件

申请人	2001	2002	2003	2004	2005	2006	2007	2008	2009	2010	2011	2012	2013	2014	2015	2016	2017	2018	2019
IBM	5	2	2	4	2	5	5	10	5	5	5	15	15	20	26	35	40	30	15
国家电网										2	3	4	19	12	17	15	26	38	36
北京航空航天大学						1	4		3	2	5	4	6	8	7	7	5	30	27
南京邮电大学					1		1	1	1	1	2		3	7	6	9	21	20	26
中国科学院						1	1	2	2	1	4	6	8	11	6	5	12	12	15
浙江大学						2	2	2	1	1	1	1	15	3	1	2	10	20	11
清华大学				1	2	2		1	1	1	4	4	4	4	3	1	6	20	15
合肥工业大学		2	10	2	1	1		2		2	2	2	8	8	10	2	8	9	3
微软					2		2	2	2	3	2	2	3	10	12	11	10	20	
西北工业大学								3	2	2	1	2	2	1	6	5	9	9	25
南京航空航天大学						1	1	3	4	5	7	8	5	7	9	9	10	5	7
东南大学								1	2	1	2	5	4	5	5	5	12	10	10
浪潮	2		1		1	4	1	1	1	4	1	1	1	1	10	3	5	7	2
哈尔滨工程大学										3	1	2	2	2	2	6	6	11	13
中国南方电网						2	1	1	1		1	2	1	5	5	5	6	5	10
国防科技大学							1										2	11	28
青海汉拉信息科技股份有限公司															8	10	8	8	5
北京理工大学											1	3	3	1	2	5	8	7	8
华南理工大学													1	2	2	5	3	13	13
电子科技大学							1		1		1	1	2	3	2	5	6	5	10

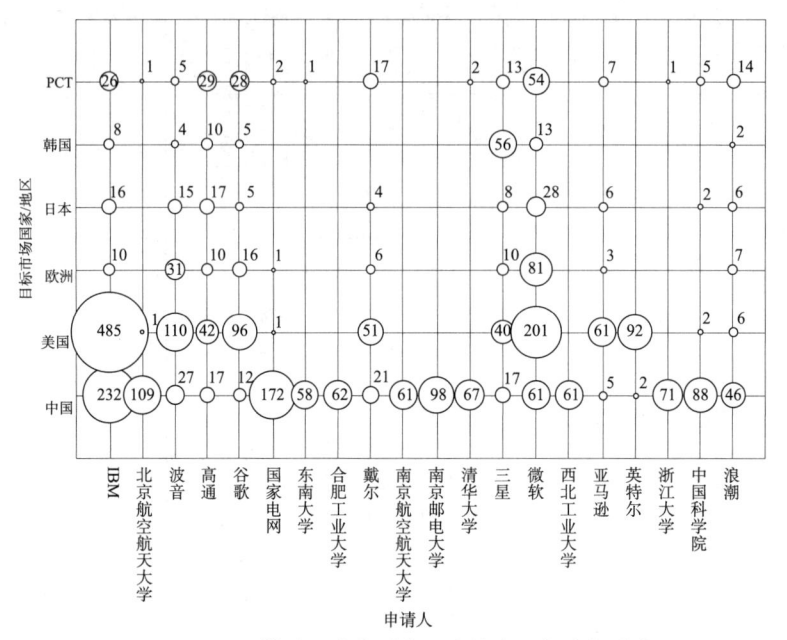

图 3-1-9 基础理论全球主要申请人目标市场分布

注：图中数字表示申请量，单位为项。

从图 3-1-10 显示的中国专利主要申请人目标市场分布可以看出，中国申请人以国内为布局重点，较少在海外布局，北京航空航天大学、南京邮电大学、中国科学院等

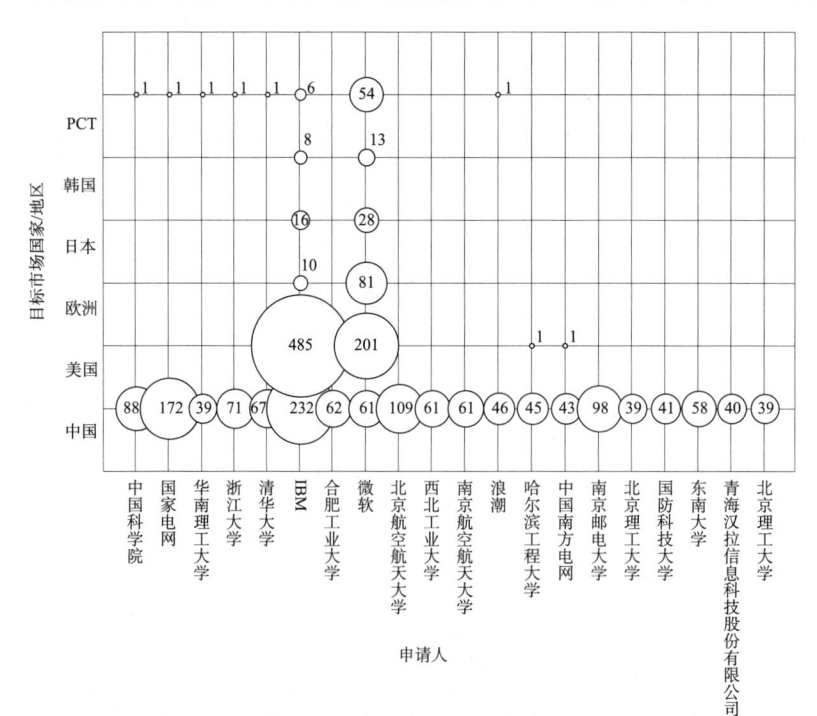

图 3-1-10 基础理论中国专利主要申请人目标市场分布

注：图中数字表示申请量，单位为件。

高校和科研院所作为我国在基础理论领域的主要申请人,全球专利布局仍较为稀少,而诸如美国的 IBM 和微软等公司布局全面,往往利用 PCT 途径进行全球布局。

从图 3-1-11 显示的基础理论全球主要申请人技术分布可以看出,全球主要申请人在各技术分支均有专利分布,表明其在各技术分支均投入了一定研发力量。其中作为人工智能知名企业的 IBM 在该领域数量排名第一,在结构理论与组织方法、激励机制与涌现原理、学习理论与方法、通用计算范式与模型四个分支均占有绝对的优势。专利数量排名第二的微软,其学习理论与方法分支是四个分支中占比最大的,该分支数量仅仅低于 IBM。而群体智能的学习理论与方法分支确实是主要申请人的申请量中最多的,这说明该分支属于创新主体的关注重点,而计算范式与模型由于涉及计算机理与优化,在任务分配、延迟控制、质量控制的计算过程中具有指引作用,因此也是创新主体关注的重点分支,其申请量排名第二。激励机制与涌现原理分支中,国外申请人如英特尔、波音、亚马逊、谷歌申请量较少,说明上述公司对于该技术分支并不重视,但值得注意的是,三星在该分支的申请量则相对较多。而国内申请人南京邮电大学、中国科学院等对于该技术分支较为重视,且在所有申请人中激励机制与涌现原理分支申请量较高,因此激励机制与涌现原理分支研究广泛,但并非重点申请人的关注热点。结构理论与组织方法是四个分支中,全球主要申请人申请量最少的分支,国内高校申请人均保持着一定的申请量。国内申请人中,北京航天航空大学、清华大学、南京航空航天大学在该分支申请量较高,这主要与结构理论偏理论,与实际应用场景较远有关。

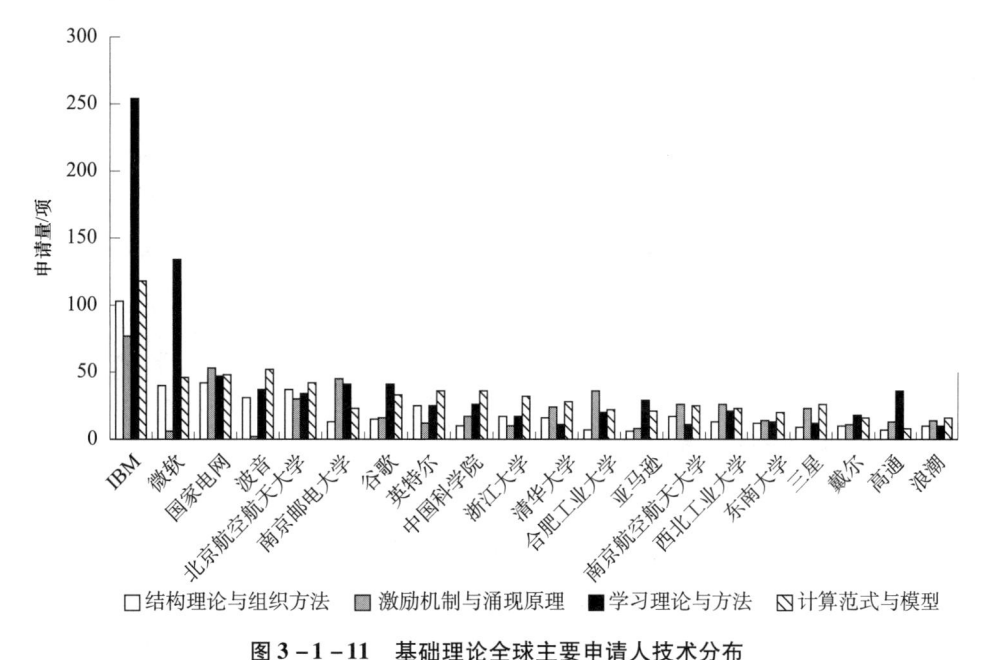

图 3-1-11 基础理论全球主要申请人技术分布

从图 3-1-12 基础理论中国专利主要申请人技术分布来看,计算范式与模型占比最高,一共有 550 件相关申请,其次是激励机制与涌现,为 432 件,最少的依然是结构理论与组织方法分支。

□ 结构理论与组织方法　■ 激励机制与涌现原理　■ 学习理论与方法　▨ 计算范式与模型

图3–1–12　基础理论中国专利主要申请人技术分布

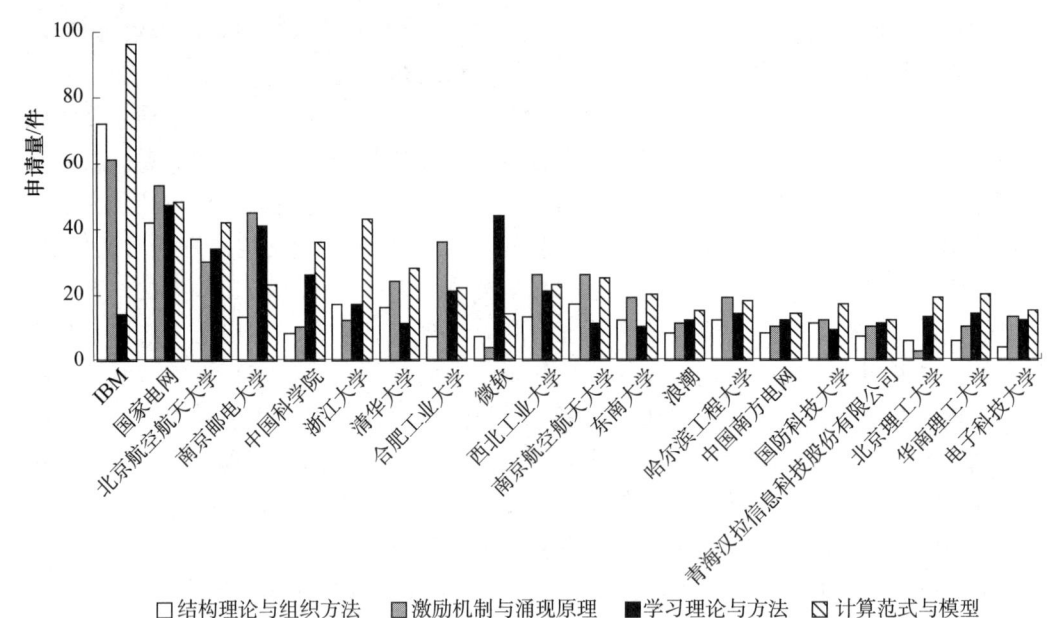

从申请人来看，依然是以中国的高校和科研院所为主要申请人，占据前20申请人总申请量的80%左右，而美国仅凭两大申请人就占据前20申请人中20%左右的申请量，也就是说美国的两大巨头在中国这一目标市场中具有较大影响力，而中国缺少类似的巨头。

3.2　结构理论与组织方法专利状况分析

群体智能结构理论与组织方法主要包含了群体智能的结构理论，即群体内个体的组成原理，以及它们之间的组织方法等基础理论。群体智能结构理论的技术内容主要包括：①对于群体智能的量化评价模型和方法；②群体智能的内部结构和交互理论；③群空间与外界的交互与反馈。

3.2.1　全球/中国申请和授权态势分析

群体智能的结构理论与组织方法作为群体智能的理论基础，并未在总量上表现突出，这和各个技术领域中的基础理论在专利的数量上表现低迷属于共性的现象。这主要源于任何学科的基础理论往往最先以非专利文献进行发表，而非以专利形式进行保护。这一方面由于最先进的基础理论需要以更快的速度通过非专利文献进行传播，另一方面，基础理论进行专利保护还在各国存在一定的客体保护问题。因此，任一领域的基础理论专利数量和此领域其他分支专利数量相比，整体占比较低。

通过图3–2–1中可以观察到，结构理论与组织方法的世界专利自1992年才开始崭露头角，而相关的非专利文献实际上在20世纪八九十年代就已经处于迸发状态。中国则更晚于世界的步伐，1995年才开始有相关的申请。综上，在基础理论之结构理论与组织方法中，非专利文献最早诞生相关思想，紧接着在全球的专利格局中有所表现，尤其是美国最先于1972年就开始了相关的专利布局，而中国的起步落后世界20年左右，但值得关注的是近10年中国的整体增长趋势与世界格局同步。

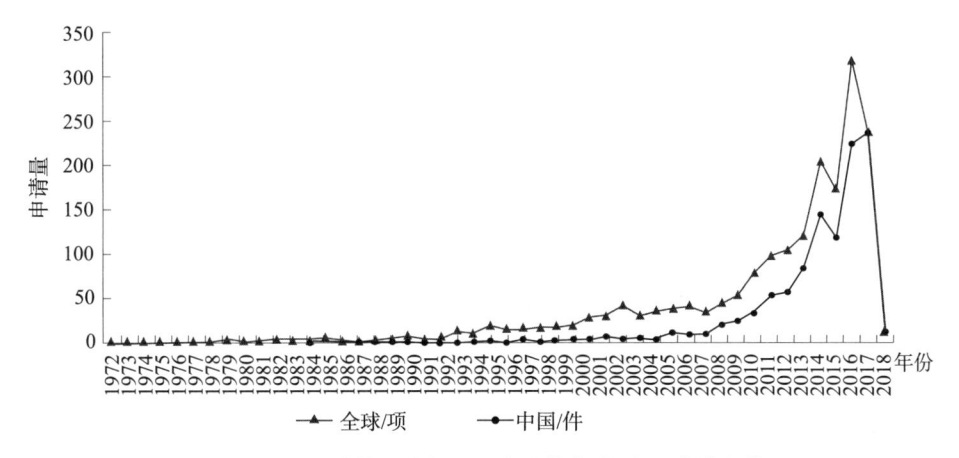

图3-2-1 结构理论与组织方法的全球/中国申请态势

具体到专利的法律状态来看，具体可参见图3-2-2，中国在2008年授权量反超欧洲、韩国、日本等国家/地区，出现了蓬勃发展的势头，而其他国家除了美国，授权量都有走低的趋势。可见，在结构理论与组织方法中，授权量的增长趋势并未紧紧跟随申请量的增长，一方面，由于与基础理论相关的专利申请审查速度相对较慢，另一方面，授权率也在近几年有下降趋势。

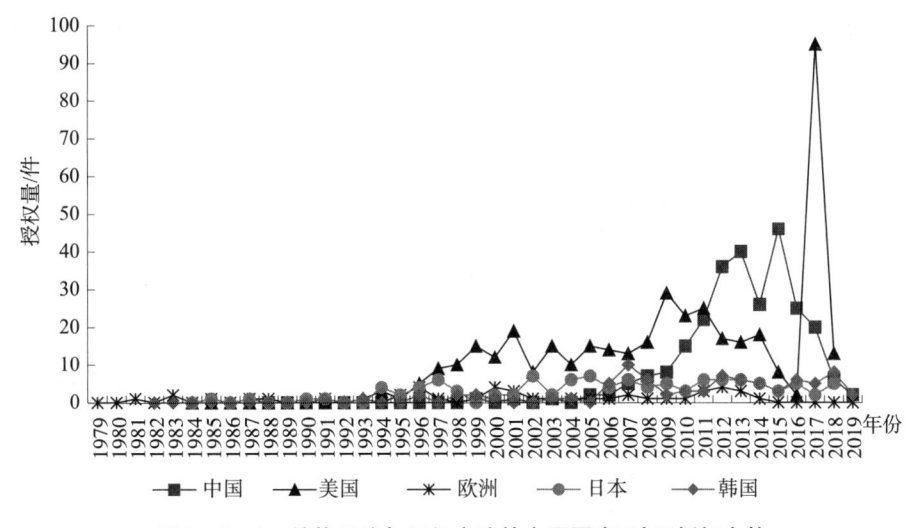

图3-2-2 结构理论与组织方法的主要国家/地区授权态势

3.2.2 主要国家/地区申请量和授权量占比分析

中国近年申请量骤增，这与高校在此基础领域的发力有较大的关系，中国的申请量已经突破了1000件，但是授权比例仍然不高，约在30%，而美国的授权率已经超过了60%，值得注意的是欧洲的授权率更低，其优先权为2015年之后的申请还未有获得授权的情况发生，这与欧洲漫长的审查流程有较大的关系。

而韩国和日本授权率分别在63%和41%左右，而日本的授权率相对偏低，且集中在1994～2007年。

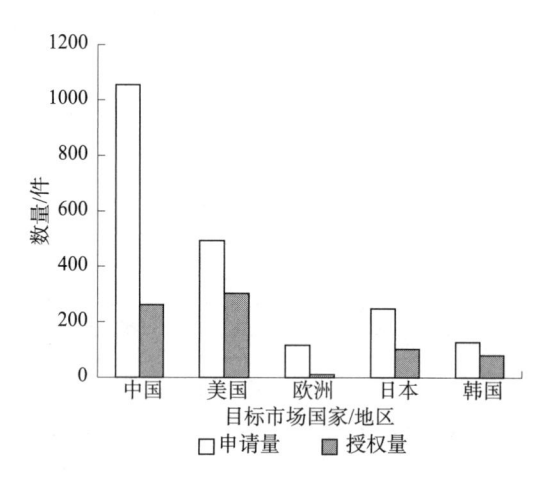

图3-2-3 结构理论与组织方法主要国家/地区申请量和授权量

3.2.3 全球/中国主要申请人分析

如图3-2-4所示，从全球申请人情况来看，出现了以企业为头部申请人，以高校为多数申请人的情况，即以IBM、国家电网和微软为头部申请人，在全球总共1099位申请人中，中国申请人占据了400余位，但是平均申请件数较低，而国内高校的平均申请量普遍更低。

全球重要申请人中诸如IBM和微软等国际申请人关于结构理论与组织方法的申请主要集中于各自业务的应用场景之中，这是知名国际申请人的共性。

例如，微软的申请CN106462818A，其发明名称为"评估众包环境中的工作者"，其为了防止众包环境下，个体为了收益角度而提供大量的低质量的工作成果，因此需要评估每个个体的工作成果，其用特征向量来记录每个个体的过往历史提交记录，从而判别出群体中的"害群之马"，以保证群体的良性运行，这就是典型的群体智能的评估与控制。且微软在说明书中记载了其方案可以应用于翻译工作、软件开发、错误校正等与自身业务领域紧密相关的应用场景之中。

图3-2-5进一步可以说明上述中国高校申请的广泛性，在中国总共431个申请人中，中国的高校申请人就占据了300余位，但是每个国内高校平均仅有2.3件的专利申请，表明了虽然高校具有广泛参与性，但也开始出现集中趋势的现象，这是从量变引起质变的一个必经过程。例如前五名高校申请总量在所有高校的申请总量中就占据了14%的份额，虽然，这并非是绝对垄断地位，但从近几年的申请趋势来看，这种情况更加明显，整个国内的申请趋势已经向着强者恒强的趋势发展。

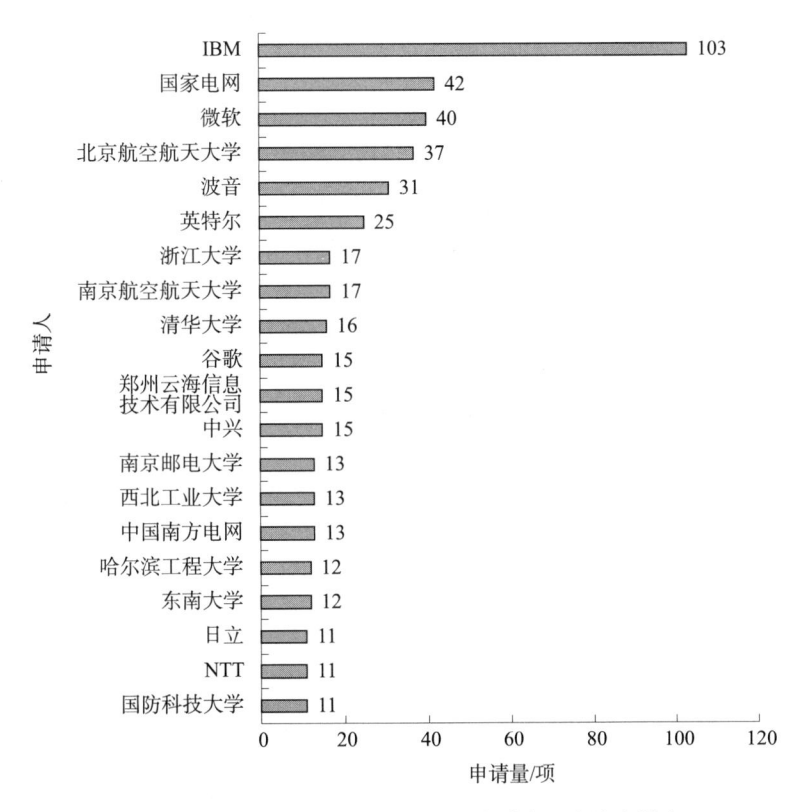

图3-2-4 结构理论与组织方法全球主要申请人排名

申请人	申请量/项
IBM	103
国家电网	42
微软	40
北京航空航天大学	37
波音	31
英特尔	25
浙江大学	17
南京航空航天大学	17
清华大学	16
谷歌	15
郑州云海信息技术有限公司	15
中兴	15
南京邮电大学	13
西北工业大学	13
中国南方电网	13
哈尔滨工程大学	12
东南大学	12
日立	11
NTT	11
国防科技大学	11

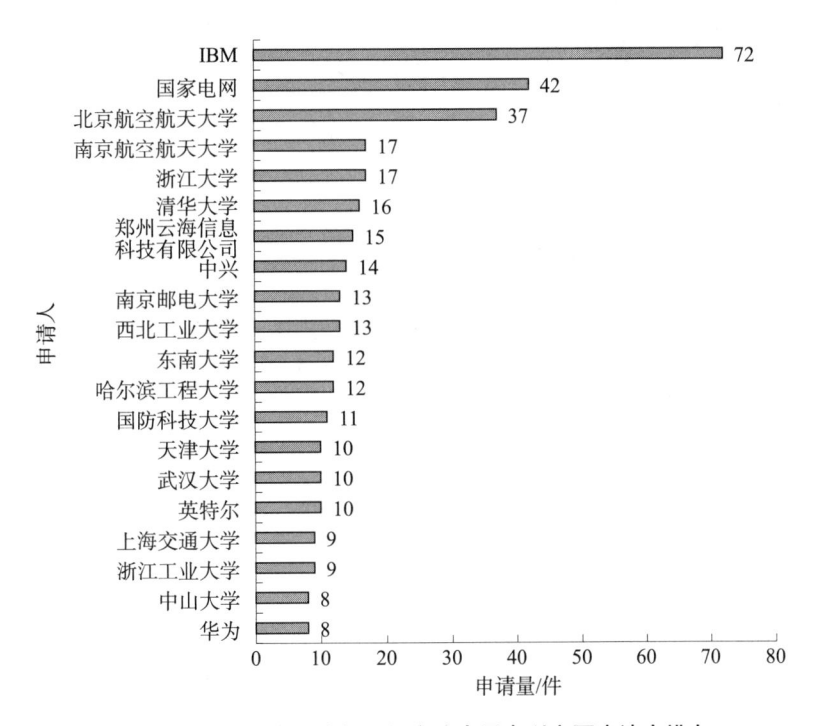

图3-2-5 结构理论与组织方法中国专利主要申请人排名

申请人	申请量/件
IBM	72
国家电网	42
北京航空航天大学	37
南京航空航天大学	17
浙江大学	17
清华大学	16
郑州云海信息技术有限公司	15
中兴	14
南京邮电大学	13
西北工业大学	13
东南大学	12
哈尔滨工程大学	12
国防科技大学	11
天津大学	10
武汉大学	10
英特尔	10
上海交通大学	9
浙江工业大学	9
中山大学	8
华为	8

3.2.4 全球布局区域分析

图3-2-6中,中国为最大的目标市场国,这与中国专利申请在全球的申请比重较高有关,由图进一步可以说明上述中国高校申请的广泛性。而结合图3-2-7可以看出,中国的原创结构理论与组织方法申请量较大,但是在进行全球布局中,更多的申请人在全球进行了广泛的布局,例如欧洲、韩国、日本等,都达到100多件以上,因此在这些重要的目标市场都进行布局是申请人的广泛共识。

例如,IBM就群体之间的交互协作的技术方案同时向日本、美国、韩国、欧洲等8个目标国家/地区进行了申请,且申请日期在1996年,其通过个人计算机将用户之间的文档与图像等进行传递,多个用户都可以对文档、图像等进行标引与标准,并能够交换信息,从而达到了人与人、人与机器之间的各种交互协作,最终能够实现产品的快速开发,客户也能够实时地浏览产品的开发进度和观看产品现状,其开创了用户的高效协同合作。

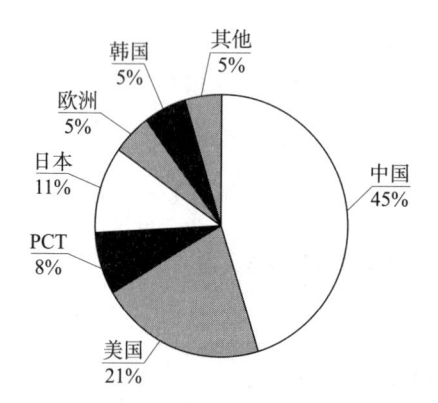

图3-2-6 结构理论与组织方法全球目标市场占比

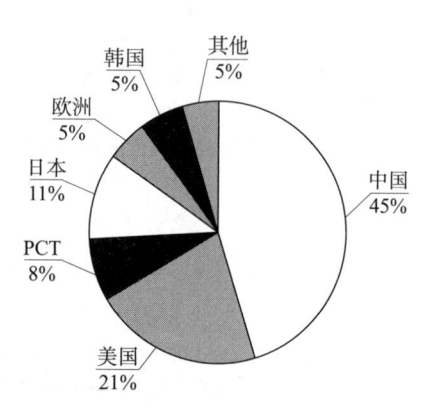

图3-2-7 结构理论与组织方法全球原创国家/地区占比

3.2.5 全球/中国主要申请人布局重点分析

从表3-2-1和表3-2-2中可以看出,中国国内的申请日期普遍晚于全球,其自2003年起开始申请,更聚焦地看,中国的高校占据了中国申请人前20名的15名,由此可见,高校是申请相关基础理论的主力军,而且所有的高校基本都是在2005年后开始相关基础理论的申请工作,尤其是近5年,许多高校自2015年后开始了密集的申请,在群体智能基础理论的研究中发挥了重要的作用。

从图3-2-8中,可以看出以下几点:①主要国家/地区的申请人仍以本国/地区作为最主要的申请目标,但是来自美国、日本的企业都进行了全球化的布局;②前20名的中国申请人中,高校申请人全部仅在中国进行了专利布局,即使实力最强的北京航天航空大学、清华大学等也未向全球其他国家/地区进行布局;③前20名中,中国有全球布局的申请人是国家电网和中兴。

第3章 基础理论技术专利状况分析

表3-2-1 结构理论与组织方法全球主要申请人申请量年度分布

单位：项

申请人	1990	1991	1992	1993	1994	1995	1996	1997	1998	1999	2000	2001	2002	2003	2004	2005	2006	2007	2008	2009	2010	2011	2012	2013	2014	2015	2016	2017	2018	2019
IBM		1		1			1	1			2	5		4	4	4	2	6	9	6	2	2	7	4	10	7	10	4	7	
国家电网																						1		1	4	9	2	7	11	7
微软								1			4		2		1		2	1	4	3	1	2		1	3	2	5	3	4	
北京航空航天大学																	2	2	1		1		1	2	4		1	2	15	7
波音												1	5	3		1	4		1		1		5	2	3	5	1	1		
英特尔					1	1					1			1			3					1	2	2	1		2	1	4	
浙江大学																						1		4	2		4	4	4	3
南京航空航天大学																							1	1	1		1	3	4	6
清华大学															1				1		1	2				1	2	2	4	3
谷歌																							6	6				1	1	
郑州云海信息技术有限公司																						1		2	2		1	3	3	2
中兴															1		1		2		1			2		2	1	1	2	2
南京邮电大学																							2	1			3	2	2	3
西北工业大学																2			1		1		1		2		2	2	2	1
中国南方电网																								2				1	1	
哈尔滨工程大学																2											2	3	3	4
东南大学																				1					2		3	2	2	5
日立					1			1				2								1								2		
NTT															1							2				3			2	
国防科技大学																			2							2		3	3	1

表 3-2-2 结构理论与组织方法中国专利主要申请人申请量年度分布

单位：件

申请人	2001	2002	2003	2004	2005	2006	2007	2008	2009	2010	2011	2012	2013	2014	2015	2016	2017	2018	2019
国家电网											1		1	4	9	2	7	11	7
北京航空航天大学						2	2			1		1	2	4		1	2	15	7
南京航空航天大学												1	1	1		1	3	4	6
浙江大学											1		4	2		1	3	4	6
郑州云海信息科技有限公司																5	4	3	3
中兴		1				1				1		1	1	1	2	2	2	1	1
清华大学					1			1		1	2	2			1		2	4	3
南京邮电大学									2			2	1	1	2	3	2	2	
西北工业大学										1		1		2		2	2	2	3
东南大学																3	2	2	5
哈尔滨工程大学																2	3	3	4
国防科技大学												2			2		3	3	1
天津大学													3	1		2	2	2	
武汉大学														3	1	1	2	1	2
英特尔											1			1	2	2	2	3	1
上海交通大学															2		3	4	
浙江工业大学																	1	2	2
中山大学																	2	2	4
华为												1			1		4	2	
广东工业大学																2	3	1	2

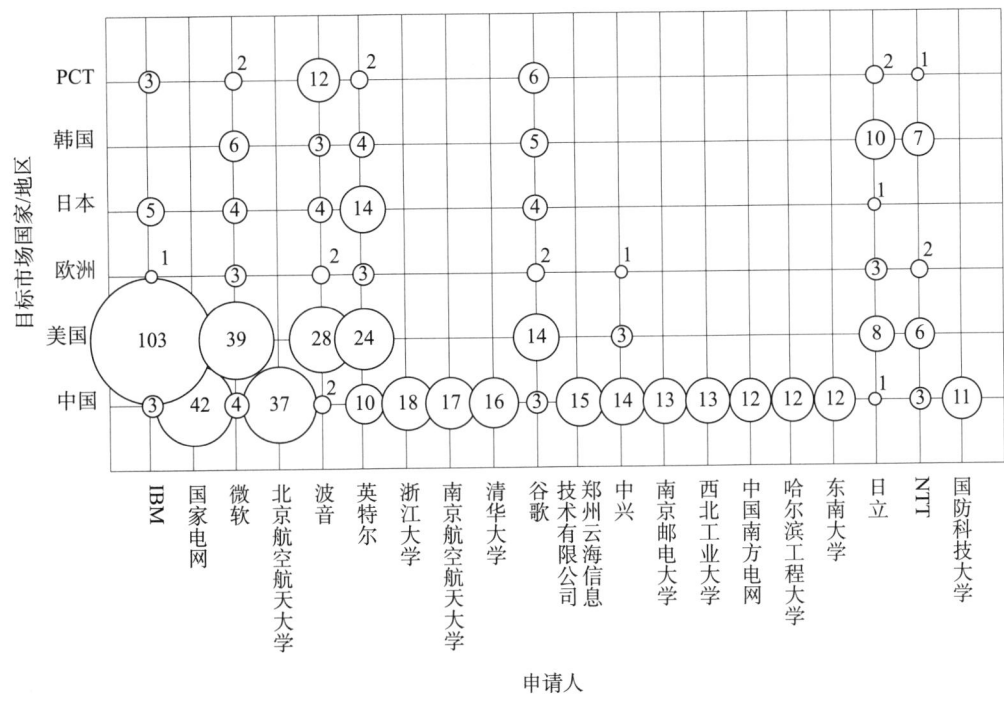

图 3-2-8 结构理论与组织方法全球主要申请人申请量地区分布

注：图中数字表示申请量，单位为件。

综上，中国申请人在群体智能的全球化布局中仍然处于初级阶段，这与中国专利的整体全球化布局程度不高有一定的关系，同时与申请人的全球化布局的利益和目标性不强也有一定关系，但是如果中国的企业或高校尤其是中国的龙头企业和起到先锋带头作用的知名实力高校想要占领行业制高点，那么全球国际化的道路应该尽早开始。

3.3 激励机制与涌现原理专利状况分析

群体智能激励机制与涌现原理主要包括如何通过激励机制与涌现原理，让个体能有更好结果的产生，从而使得群体的整体结果达到全局最优。这一分支的技术内容则主要包括：①激励理论；②最优配置理论；③多模态激励机制；④群体智能的激发与涌现；⑤群体行为分析与模型。

3.3.1 全球/中国申请和授权态势分析

激励机制与涌现原理是一个有着悠久历史的理论，因为人类社会一直通过各种激励手段来提高个体的效率，激发其创造的热情，从而实现整个人类社会的进步，所以人类社会的发展史就是一个更为宏观层面的群体智能的演化史。如图 3-3-1 所示，全球关于激励机制与涌现原理的专利早在 1968 年就已经开始产生，处于摸索的阶段；激励机制与涌现原理一直发展到 1990 年，进入了一个新阶段，其申请量一直维持在两位数以上；而到了 2000 年以后，更是迈上了一个新台阶；自 2010 年以后，申请量的增长率平均达到了 30% 以上，进入了快速发展期，也就是说，激励机制与涌现原理基本在全球格局中十年是一个阶段，都会有着比较显著的变化。

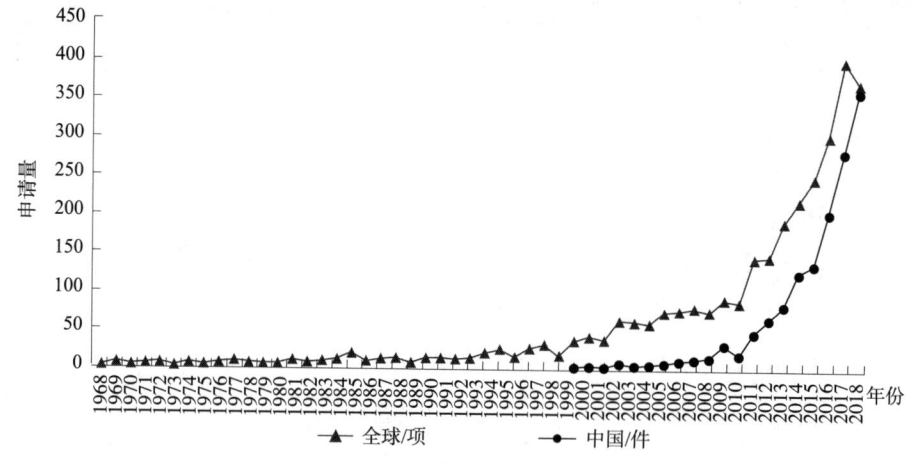

图 3-3-1　激励机制与涌现原理全球/中国申请态势

中国则是自 2000 年起才开始有关于激励机制与涌现原理的专利申请，其起步晚于全球 30 多年。而具体看中国的相关申请，将激励机制与涌现原理应用于具体的场景中是主要的申请内容，关于激励机制的基础理论申请数量较为稀少，有别于全球申请人的申请内容构成。

如图 3-3-2 所示，关于激励机制与涌现原理的法律状态方面，呈现出美国持续发力，中国近几年突飞猛进的态势，尤其自 2013 年起，中国授权量骤增。而值得注意的是，欧洲却处于不断下降的通道之中，日本也维持在低量震荡的环境之中，也就是说，激励机制与涌现原理分支和整个基础理论的趋势非常相似，中美呈两级态势，而其他区域都处于衰退和低量阶段，可以看出，在全球的激励机制与涌现原理分支中，中美逐渐成了最后的对手和玩家。

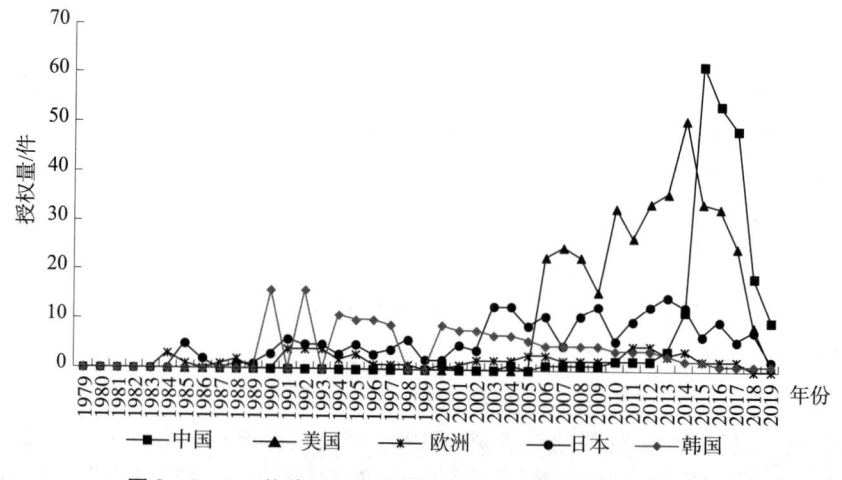

图 3-3-2　激励机制与涌现原理主要国家/地区授权态势

3.3.2 主要国家/地区申请量和授权量占比分析

图3-3-3显示了激励机制与涌现原理主要国家/地区申请量和授权量。从图中可见，中国的申请量排名第一，美国第二，日本第三，韩国第四，欧洲最少，这表明中国、美国在该领域保持着很高的研发热情。然而中国的授权率是主要国家/地区中最低的，且不到美国的1/2，说明中国申请质量不高，而美国不仅拥有广泛的研发意愿，且其取得的成果具有较高的创新性，申请质量较高。韩国虽然申请量不高，但是授权率排名第一，日本授权率排名第三，说明其申请质量也较高，欧洲的授权比例紧随其后。但是欧洲、日本和韩国的总体申请量并不是太多，表明这些国家/地区总体研发热情并不是太高。

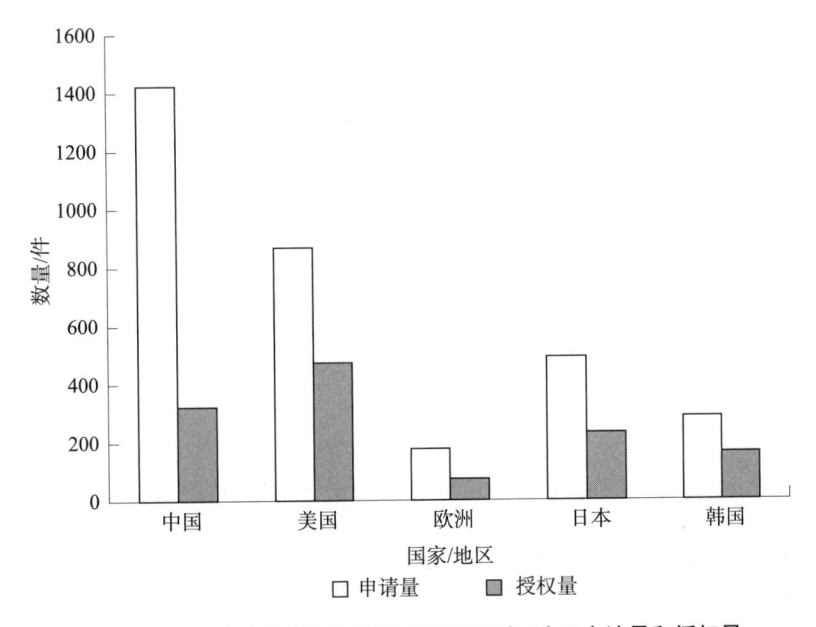

图3-3-3 激励机制与涌现原理主要国家/地区申请量和授权量

3.3.3 全球/中国主要申请人分析

如图3-3-4所示，激励机制与涌现原理这一三级分支的全球主要申请人中，企业占比较大，且前20名申请人中囊括了美国主要申请人IBM、运通、惠普，日本主要申请人NEC、安川、日立、NTT、富士通，韩国主要申请人三星、现代，中国主要申请人国家电网、南京邮电大学、合肥工业大学、北京航空航天大学、南京航空航天大学、西北工业大学、清华大学、哈尔滨工程大学、郑州云海信息技术有限公司和华为。由此可知，全球主要申请人中的外国申请人都是企业，而中国申请人中虽然有10位申请人位于前20名，但是仅有3家企业，其他全是高校。这说明在创新主体构成上，中国申请人与外国申请人有很大区别，中国企业对该领域的技术研发相对薄弱，而外国企业却已经进行了大量专利申请布局，这势必会导致中国企业在该领域的后期发展遇到一定的专利壁垒。

申请人

申请人	申请量/项
IBM	77
国家电网	53
南京邮电大学	45
合肥工业大学	36
北京航空航天大学	30
NEC	29
南京航空航天大学	26
西北工业大学	26
安川	26
清华大学	24
三星	23
日立	21
NTT	21
运通	20
富士通	20
华为	20
郑州云海信息技术有限公司	20
惠普	19
现代	19
哈尔滨工程大学	19

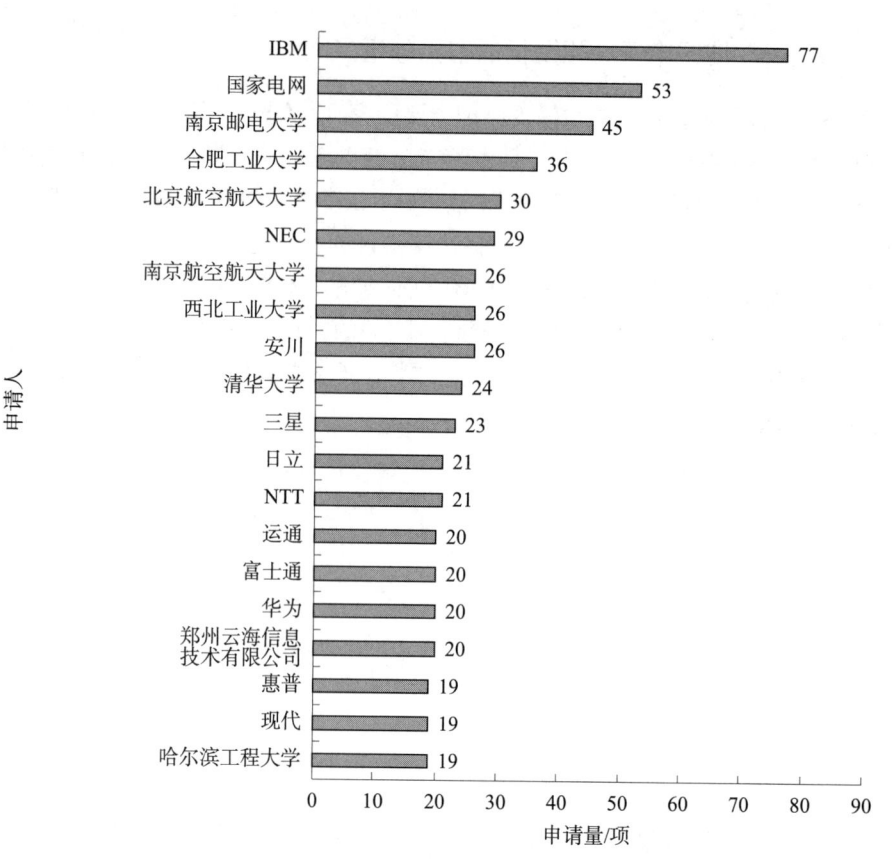

图 3-3-4 激励机制与涌现原理全球主要申请人排名

对这个分支进行观察，排名第一的 IBM 仍旧针对其主要的业务领域（即商业领域）进行了广泛的布局，例如 US2014180779A1，其希望在众包的工作中，能够提供非常有效的激励措施，但是现有技术中对于激励的量化评估不够精准，因此激励效果往往是低下的，因此，该申请考虑了历史数据、最小激励、中等激励、最大激励和各类激励下的激励完成时间，通过设置一个特定的激励公式，将上述因素考虑进去后得到了一个量化的激励值。通过此文献可以看出，在激励机制与涌现原理分支中，各个申请人都追求最优的激励量，但是这个量的最优化程度却一直并未能够得到很好的定量化分析。而 IBM 就众包等场景下的激励机制与涌现原理的申请数量已多达几十件，这与其分布在全球几十个国家的上万名员工，以及遍布五大洲的客户息息相关，希望通过众包以及良好的激励机制，将散布在全球各地的个体智能集中汇聚起来，使得 IBM 成为一家一体化的群体智能公司，发挥其最大的功效。

图 3-3-5 所示为激励机制与涌现原理中国专利主要申请人排名。在前 20 名中并无国外申请人，这可能是由于国外申请人尚未关注中国市场。而前 20 名的中国申请人中仅仅包含 3 家企业即国家电网、郑州云海信息技术有限公司、华为，其他均为国内科研院所和高校。可见，中国的研发力量主要集中在高校和科研院所，或者是大型企业。

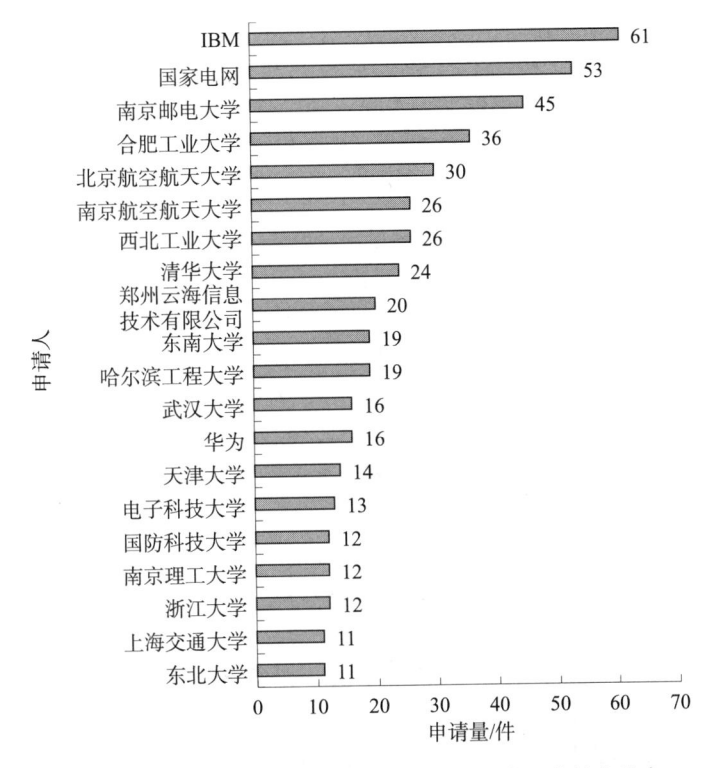

图3-3-5 激励机制与涌现原理中国专利主要申请人排名

申请人申请量（件）：
- IBM：61
- 国家电网：53
- 南京邮电大学：45
- 合肥工业大学：36
- 北京航空航天大学：30
- 南京航空航天大学：26
- 西北工业大学：26
- 清华大学：24
- 郑州云海信息技术有限公司：20
- 东南大学：19
- 哈尔滨工程大学：19
- 武汉大学：16
- 华为：16
- 天津大学：14
- 电子科技大学：13
- 国防科技大学：12
- 南京理工大学：12
- 浙江大学：12
- 上海交通大学：11
- 东北大学：11

3.3.4 全球布局区域分析

图3-3-6显示了激励机制与涌现原理全球目标市场占比，从中可以看出，中国和美国是最大的目标市场，两者占据了全球市场的一半以上，这与国家宏观政策引导和支持是密切相关的。日本是第三大目标市场，但是其占比仅仅为12%，韩国、欧洲市场等占比均不到10%，这说明该技术领域地域集中性较强。另外，还有8%的专利是PCT专利，表明这些专利申请在申请之初，就以进入多个国家/地区作为目标。

激励机制与涌现原理全球目标市场占比：
- 中国：35%
- 美国：21%
- PCT：8%
- 日本：12%
- 欧洲：4%
- 韩国：7%
- 其他：13%

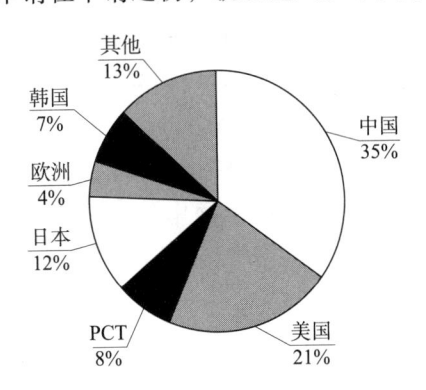

图3-3-6 激励机制与涌现原理全球目标市场占比

从图 3-3-7 激励机制与涌现原理全球原创国家/地区占比中可以看到，中国作为原创国家，占据了 44% 的申请量，是位于第二的美国的申请量的 2 倍，这既与中国内部国家政策引导下创新主体的积极研发相关，也与国外申请人对于中国市场的重视相关，一些国外公司在中国成立分公司，其研发成果使得中国成为原创国。原创国家/地区中排名第三的是日本，随后是韩国。由上述分析可知，在目标市场和原创国家/地区中，排名前两位的均是中国、美国，可见在该技术领域，中、美两国占据绝对优势。

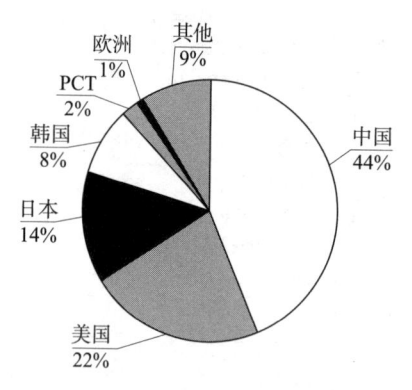

图 3-3-7 激励机制与涌现原理全球原创国家/地区占比

3.3.5 全球/中国主要申请人布局重点分析

从表 3-3-1 的激励机制与涌现原理全球主要申请人申请量年度分布来看，国外申请人如 IBM、富士通、NEC、安川、三星等在 20 世纪 90 年代就提出了该领域的专利申请，可见上述公司对于激励机制与涌现原理较早就进行了研究。如表 3-3-2 所示，中国申请人中，华为较早开始该领域的研究，其第一件专利申请是在 2003 年提出的，虽然此后在某些年份出现了申请量为零的情形，但是其研究一直在持续进行。随后是清华大学、北京航天航空大学等高校，这说明中国申请人对该领域的研发起步较晚。全球主要申请人中申请总量排名第一的是研发历史较长的 IBM，然而国家电网、南京邮电大学凭借近几年的积极研发，申请量已经跃居第二、第三。事实上由于近年来国家政策的引导、国内申请人持续的研发投入，很多国内申请人的申请量均在增长。

从图 3-3-8 全球主要申请人申请量区域分布来看，国外申请人如 IBM、富士通、NEC、安川、三星等除了本国进行专利布局外，还在多国家/地区进行了专利布局，其中三星比较重视日本的布局。而中国申请人只有华为进行了海外布局，华为比较重视美国、欧洲和 PCT 申请。其他中国申请人尚未进行海外布局。而从海外布局目标市场来看，美国仍然是创新主体较为关注的目标市场，中国申请人亟须及时开始专利布局。

第3章 基础理论技术专利状况分析

表3-3-1 激励机制与涌现原理全球主要申请人申请量年度分布

单位：项

申请人	1990	1991	1992	1993	1994	1995	1996	1997	1998	1999	2000	2001	2002	2003	2004	2005	2006	2007	2008	2009	2010	2011	2012	2013	2014	2015	2016	2017	2018	2019
IBM		1						1	1		3	1	2	4		3	1	3	3	1	5	3	6	1	11	5	10	5	4	2
国家电网																						2	3	4	4		4	8	16	11
南京邮电大学																					1	1		2	4	4	5	10	7	12
合肥工业大学																										1	3	10		21
北京航空航天大学																		2		1			1	3	2	3	1	1	5	9
NEC					1	3	3	2	1			1				1	1		1	1	1			2			4	3	3	
南京航空航天大学																									1	3	1	4	7	9
西北工业大学																						1				2		3	4	15
安川					1	1		3	2		1		3	3	2	2			3	1										
清华大学																	2			1	2	3	3	2	2	1			6	5
三星					1			2					1	1	2		1	1			3	2	2		3				1	
日立								1					1	1	4		2	2	1		2		1			2			2	
NTT							1						2	1						5				2	1	2	1	2	1	
运通																										11	4	3	2	
富士通	1				1	1										1		1	3						1				2	1
华为															1				2		2		2	3	3		2	2	3	1
郑州云海信息技术有限公司																						1			2	1	3	7	4	2
惠普															1		1			1				1	7	3	1		3	
现代								1			2		2	3		1	2	1				1	1		2		4		1	
哈尔滨工程大学																					2					1		3	6	5

81

表 3-3-2 激励机制与涌现原理中国主要申请人申请量年度分布

单位：件

申请人	年份																		
	2001	2002	2003	2004	2005	2006	2007	2008	2009	2010	2011	2012	2013	2014	2015	2016	2017	2018	2019
IBM		2	3		3	1	2	3	1	5	3	5	1	8	3	7	4	3	2
南京邮电大学											1		2	4	4	5	10	7	12
合肥工业大学										1	1				1	3	10	1	21
北京航空航天大学							2		1			1	3	2	3	1	1	5	9
南京航空航天大学													1	1	3	1	4	7	9
西北工业大学											1				2	1	3	4	15
清华大学						2			1			3	2	2	1	1	1	6	5
国家电网												3	4	4	3	4	8	16	11
东南大学											1		1	1	2	1	4	4	5
哈尔滨工程大学										2					1	2	3	6	5
武汉大学			1											1	1	2	3	3	6
华为				1				2		2		2	2	2				3	1
天津大学															1	1	2	7	3
电子科技大学															2	3	4	2	2
郑州云海信息技术有限公司													2	3	2	3	4	3	3
国防科技大学															1	2	2	3	4
南京理工大学														1	1	2	4	3	2
浙江大学																1	3	4	3
上海交通大学																1	3	4	3
东北大学																2	2	3	4

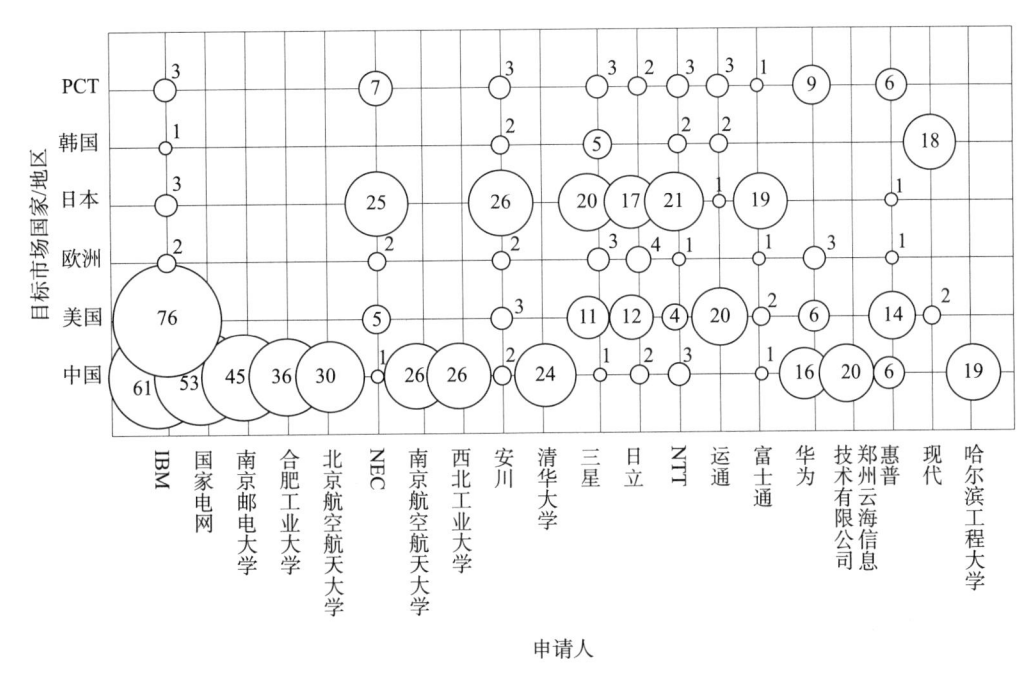

图 3-3-8　激励机制与涌现原理全球主要申请人申请量区域分布

注：图中数字表示申请量，单位为项。

3.4　学习理论与方法专利状况分析

本节从全球和中国范围的专利申请/授权态势、主要申请人、技术原创国家/地区、目标市场区域以及主要申请人的布局重点等多个角度对群体智能学习理论与方法的技术进行分析。

3.4.1　全球/中国申请和授权态势分析

从图 3-4-1 显示的群体智能学习理论与方法全球/中国申请态势来看，1996～2000 年，全球申请量处于低位，这段时间内，人工智能主要集中于如何突破软件以及算法的技术壁垒。从 2001 年开始，各国政府开始重视人工智能，推出了很多支持政策，促使研发主体对于人工智能投入前所未有的研究热情，使得作为人工智能重要基础的群体智能技术的全球申请量开始了缓慢增加。随着人工智能的核心领域——机器学习理论于 2006 年产生，人工智能逐步进入基于互联网的群体智能空间，依赖于大数据和计算机算法的群体智能技术，随着大数据处理能力以及计算机算法的提升，申请量逐步增加。2008 年开始，申请量进入了快速增长期。随着创新主体逐步认识到在基于互联网的群体智能空间中使用的群体智能学习总体框架变得更为复杂，为了使得具有全局目标导向的群体智能学习理论与方法实现在大规模群体智能系统的预定功能，更好地维护系统的稳定性与良性发展，全球创新主体对于群体智能的学习理论与方法研究从

2008年开始，申请量迅猛增加。

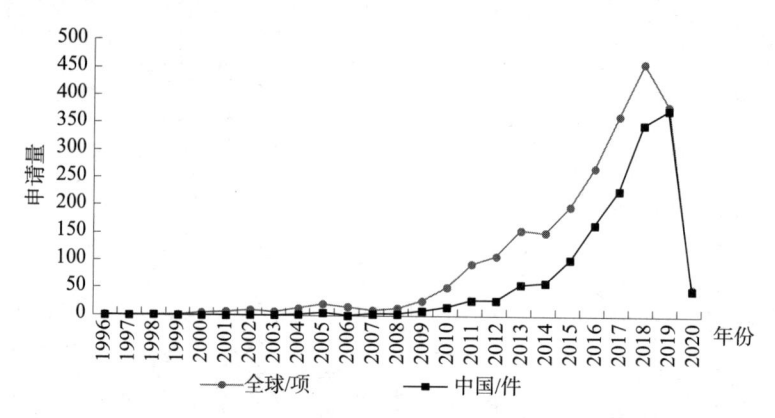

图 3-4-1　群体智能学习理论与方法全球/中国申请态势

从中国的申请态势来看，在2008年之前，中国在该领域的申请量很少，而且也未呈现出增长的趋势。2008年以后，申请量呈现上升趋势，这是因为国内外各大企业、研究机构纷纷开始认识到群体智能学习与经典机器学习的差异，开始研究适用于开放动态环境下的群体智能学习理论与方法，因此带动了申请量的增长，该领域的申请量在2019年到达顶峰，为375件。可见中国的群体智能学习理论与方法的研究发展趋势与全球相同，全球创新主体都非常关注在中国的专利布局。

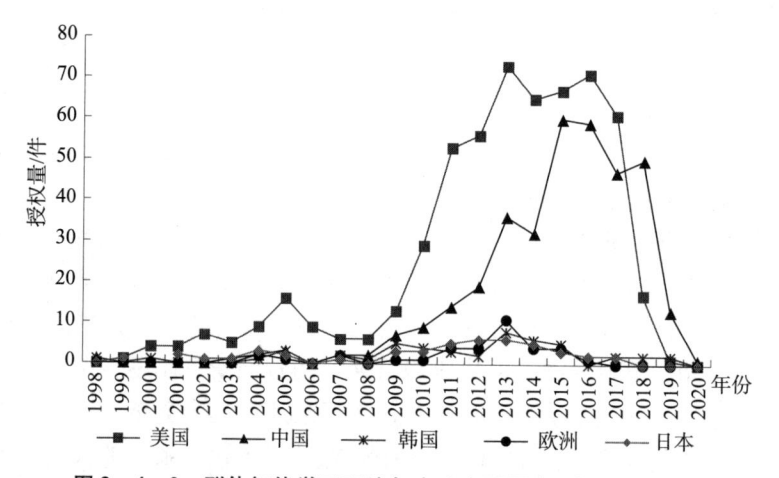

从图3-4-2显示的群体智能学习理论与方法主要国家/地区授权态势可以看出，美国和中国是该领域的重要国家。伴随着群体智能学习理论与方法技术的发展，美国的授权量在2018年前，一直处于领先地位，在2005年经历一个授权量的小高峰后，于2008年之后进入了快速增长期。中国授权量同样从2008年后开始快速增长，授权量一直处于美国之后，然而在2018年授权量达到50件，而当年美国授权量为17件，中国授权量几乎是当年美国授权量的3倍，首次超越美国成为当年授权量最多的国家。欧洲、日本、韩国的群体智能学习理论与方法均处于缓慢发展期，在2008~2016年呈现

图 3-4-2　群体智能学习理论与方法主要国家/地区授权态势

了相对较大的波动，这应该是因为深度学习理论的研发带动了群体智能学习总体框架的完善，从而引起了各国研究主体的注意。其中，2019~2020 年，授权量曲线尾部的回落是由专利文献延迟公开的特点造成的。

3.4.2 主要国家/地区申请量和授权量占比分析

图 3-4-3 示出了群体智能学习理论与方法在美国、中国、日本、韩国、欧洲主要国家/地区申请量和授权量情况。可以看出，美国、韩国作为第一梯队，授权率最高，均为 50% 以上，分别达到 57%、52%。其次是作为第二梯队的日本，授权率达到 45%。中国、欧洲作为第三梯队，授权率不及美国和韩国的一半，分别是 24%、22%。这说明作为该技术领域技术发展的驱动力核心，美国在该领域的专利质量较高，而我国在这一领域的申请人可能由于后期申请量较多，许多申请尚未进入结案，但是也同时说明我国申请人需要提高专利质量。

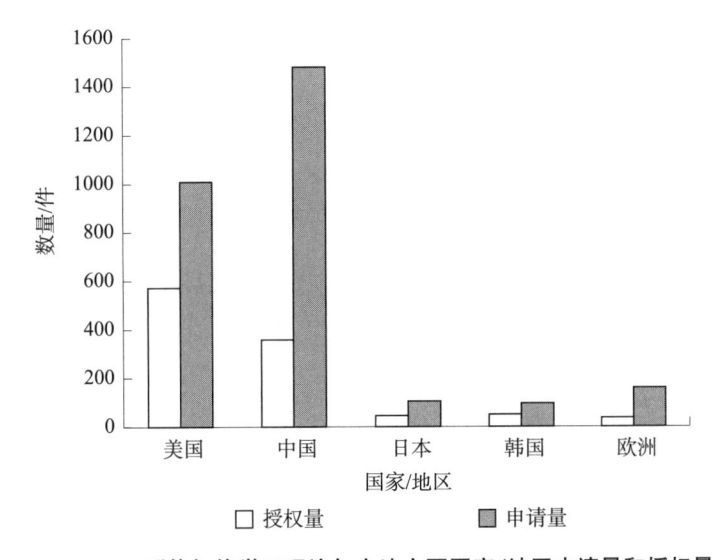

图 3-4-3 群体智能学习理论与方法主要国家/地区申请量和授权量

3.4.3 全球/中国主要申请人分析

如图 3-4-4 所示，从全球申请量排名前 20 位的申请人来看，中国和外国申请人均为 10 位，各占了 50%，但是中国申请人中企业仅占 1 家，其余全部为高校和科研院所，而国外申请人全部为企业。可见，中国与国外的研发主体有区别，国外的研发主体集中在企业上，而中国的研发主体集中在高校和科研院所。

全球申请人中排名第一、第二的分别是美国的 IBM、微软，这两家公司均属于人工智能领域的龙头企业，申请量均超过 100 项，且 IBM 申请量几乎接近微软的 2 倍，由此可见，在该领域，申请人的专利申请量差别较大。IBM 作为该领域的技术领先者，拥有着众多细分领域的核心技术，是该领域当之无愧的霸主。IBM 的申请主要涉及探索众包任务中新的数学工具以及数学算法研究。我国的国家电网虽然全球排名第三，但是其申请量却不及微软的1/2，国家电网的专利申请主要是对基于博弈理论的规划决策模型进行求解，得到最优的规划方案的学习理论与方法以及针对多智能体通信架构，应用群体智能算法如协同粒子群优化算法等搜索最优的机制设计。南京邮电大学、谷歌并列位于全球第四，南京邮电大学多涉及各种群体智能算法在深度学习中的应用，谷歌则多涉及深度学习框架在群体智能学习理论与方法中的完善。微软主要研究深度学习在群体智能中的应用。波音、高通、亚马逊作为人工智能厂商，在该领域也进行了一定的研究。中国申请人中如北京航空航天大学、中国科学院、西北工业大学、东南大学、浙江大学等中国高校和科研院所，作为国家自然科学基金-人工智能项目的主要受资助单位，在国家政策的引导以及基金的支持下，在该领域也有广泛的研究。

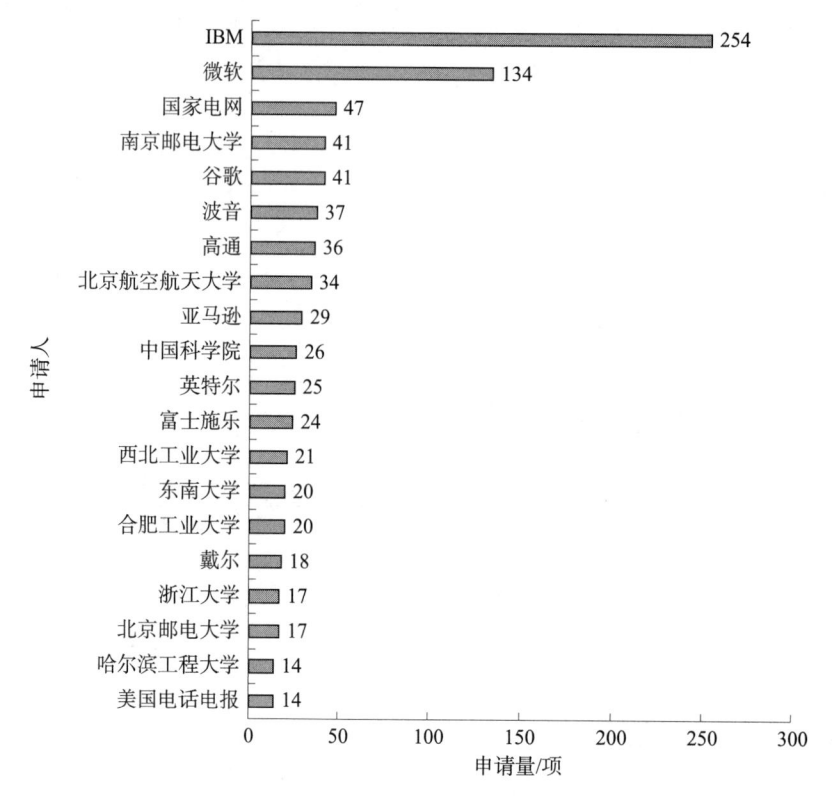

申请人	申请量/项
IBM	254
微软	134
国家电网	47
南京邮电大学	41
谷歌	41
波音	37
高通	36
北京航空航天大学	34
亚马逊	29
中国科学院	26
英特尔	25
富士施乐	24
西北工业大学	21
东南大学	20
合肥工业大学	20
戴尔	18
浙江大学	17
北京邮电大学	17
哈尔滨工程大学	14
美国电话电报	14

图3-4-4 群体智能学习理论与方法主要全球申请人排名

从图3-4-5显示的中国主要申请人排名可以看出，国家电网作为国有企业，在该领域开展了较为广泛的研究，申请量排名第一。微软、英特尔、高通、波音较为重视在中国的市场布局，也具有一定的申请量。中国科学院作为中国重要的科研院所，拥有庞大的研究专家团队，在该领域也有深入研究。从2018年国家自然科学基金-人工智能项目资助单位可以看出，北京航空航天大学、南京邮电大学、西北工业大学、北京邮电大学、合肥工业大学等中国主要申请人均是基金的主要受资助单位，这也促进了各申请人在群体智能学习理论与方法领域的研究。

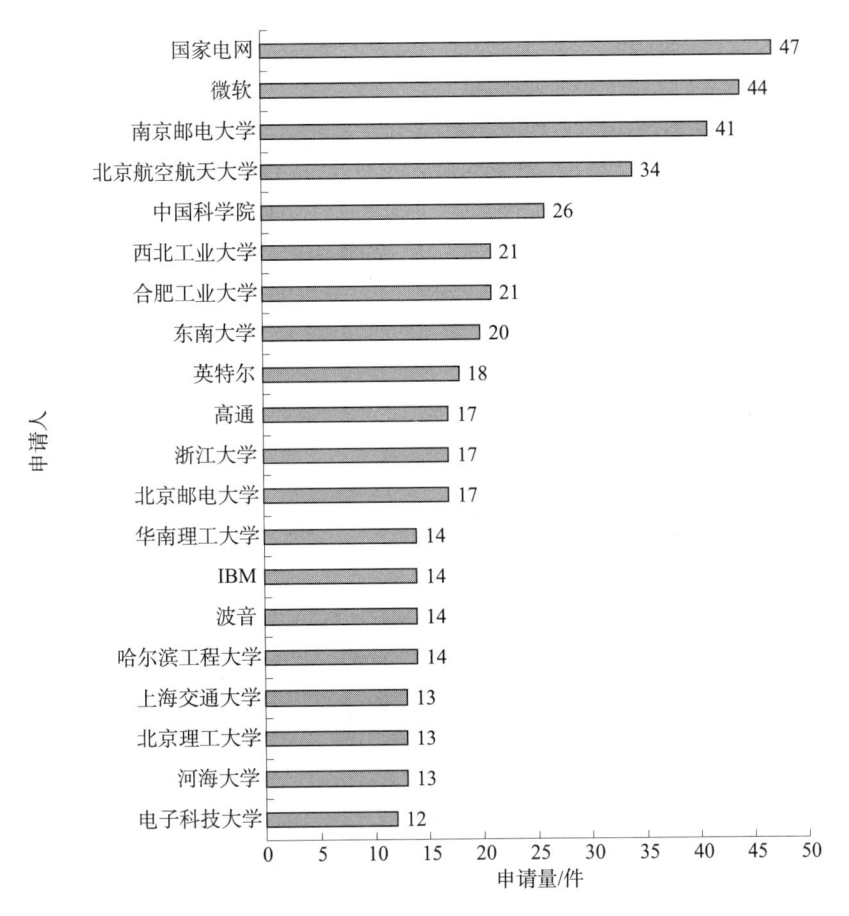

申请人	申请量/件
国家电网	47
微软	44
南京邮电大学	41
北京航空航天大学	34
中国科学院	26
西北工业大学	21
合肥工业大学	21
东南大学	20
英特尔	18
高通	17
浙江大学	17
北京邮电大学	17
华南理工大学	14
IBM	14
波音	14
哈尔滨工程大学	14
上海交通大学	13
北京理工大学	13
河海大学	13
电子科技大学	12

图 3-4-5 群体智能学习理论与方法中国专利主要申请人排名

3.4.4 全球布局区域分析

从图 3-4-6 显示的群体智能学习理论与方法全球目标市场占比可以看出，中国、美国仍然是最重要的目标市场，吸引着全球创新主体的注意力。欧洲作为占比 5% 的目标市场，其原创专利数量占比却极低。韩国、日本在该技术领域，目标市场占比以及原创国家/地区占比均相似，说明两国在技术输入和输出上基本相同。此外，有 8% 的专利申请选择了 PCT 申请，这说明一定数量的专利是以进入多个国家/地区为目标的。

从图 3-4-7 显示的群体智能学习理论与方法原创国家/地区占比可以看出，中国和美国属于原创产出最多的国家。其中中国原创技术占比高达 53%，是全球第一大创新群体，这与中国政策的引导相关，美国作为人工智能强国，也仍然是最重要的目标市场，原创技术占比为 38%。韩国、日本在该技术领域原创国家/地区占比均不高，说明在该领域，韩国、日本已经远远落后于美国和中国。

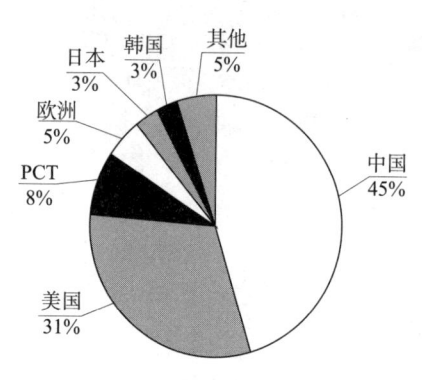

图3-4-6 群体智能学习理论与方法全球目标市场占比

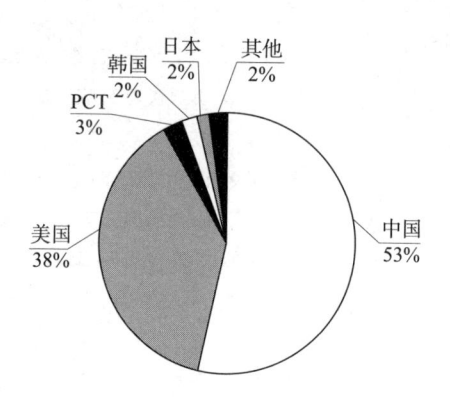

图3-4-7 群体智能学习理论与方法全球原创国家/地区占比

3.4.5 全球/中国主要申请人布局重点分析

从表3-4-1显示的群体智能学习理论与方法全球主要申请人申请量年度分布来看，IBM作为重要申请人，具有技术前瞻性，很早就开始了相关专利申请布局，并在该领域一直保持着的一定的研发力度。微软、波音、亚马逊、英特尔等外国申请人，在IBM之后也纷纷开始在该领域进行布局，其研发时间均早于国内申请人。以国家电网、中国科学院为代表的中国申请人，从2013年左右开始加速发展，引领了中国在该领域的专利申请。

从表3-4-2显示的中国主要申请人申请量年度分布来看，国家电网从2014年开始加速发展，基于其在产业上的优势，引领国内该领域的发展。中国科学院作为国内重点科研院所，其起步较早，而其他一些高校和科研院所，像北京航空航天大学、南京邮电大学、北京邮电大学、合肥工业大学、东南大学等中国主要申请人，得益于国家自然科学基金的资助，在群体智能学习理论与方法方面展开了研究，但起步略晚，普遍从2009年才开始跟进群体智能学习理论与方法相关研究，并持续跟进发展。

图3-4-8显示了群体智能学习理论与方法的全球主要申请人申请量区域分布，从图中可以看出，在列出的主要申请人中，国外申请人IBM、微软、英特尔、高通均在全球进行了专利布局，同时具备一定的PCT申请量，并且均十分重视美国市场和中国市场。中国申请人则主要是在本国进行申请，尚未进行全球布局。由此可知，美国申请人具有更强的专利布局意识，采用以进入多个市场为目标的专利布局策略，而中国申请人尚局限于国内申请，应该提早进行专利先行的布局策略，以方便企业走出去。

图3-4-9显示了群体智能学习理论与方法的中国专利主要申请人申请量区域分布。从图中可以看出，美国的老牌技术企业如IBM、微软、英特尔、高通均在全球进行了专利布局，同时具备一定的PCT申请量，并且均十分重视美国市场和中国市场，说明技术强国积极进行技术输出，而且中国是其比较重视的海外市场。而中国申请人大部分以国内为主进行布局，较少进行海外布局，仅中国科学院、北京航空航天大学、电子科技大学有为数不多的海外布局，可见，我国申请人海外专利数量少且布局区域不平衡，缺乏全球性布局意识。我国申请人海外布局成本高成为抑制我国申请人海外申请动机的重要原因，建议国家对一些重点企业的关键技术、高价值专利，提供经济上的支持，对企业在海外布局、提交PCT申请、进入外国国家阶段的过程提供资金资助及奖励支持。

表3-4-1 群体智能学习理论与方法全球主要申请人申请量年度分布

单位：项

申请人	1998~2000	2001	2002	2003	2004	2005	2006	2007	2008	2009	2010	2011	2012	2013	2014	2015	2016	2017	2018	2019	2020
IBM	3		2	2	3	3	5		3	4	9	7	18	14	17	33	42	63	26	1	1
微软	1		4		5	6	5	3	4	6	6	15	7	14	17	13	8	10	8		
国家电网											2	1		1	4	4	6	6	7	16	3
南京邮电大学										1				1	1	2	7	6	9	10	
谷歌								1				12	12	6	6				4		
波音		1				2			2		3	1	4	3	4	6	5	3	2		1
高通												2	6	10	3	2	2	6	5		3
北京航空航天大学											2		4		1	3	5	2	9	11	
亚马逊	1										1	1		3	7	4	5	1	2		2
中国科学院					1			1		1	2		2	1		2	1	6	8	3	
英特尔													5	8		1	5	4	5		
富士施乐												2			6	3					
西北工业大学														2	1	1	1	3	3	11	1
东南大学															1			2	6	7	
合肥工业大学													7	2	2	2				15	3
戴尔								1			1				2		6	1	1		
浙江大学														2		3	1	2	7	3	1
北京邮电大学															2	1	4	2	3	5	
哈尔滨工程大学											2		1					1	4	6	
美国电话电报										1		3		3				7			

表 3-4-2 群体智能学习理论与方法中国主要申请人申请量年度分布

单位：件

申请人	1998	2002	2003	2004	2005	2007	2008	2009	2010	2011	2012	2013	2014	2015	2016	2017	2018	2019	2020
国家电网									2	1		1	4	4	6	6	7	16	
微软		1			1	1	1		2	5	2	7	9	6	7	1			
南京邮电大学								2		1		1	1	2	5	6	9	10	3
北京航空航天大学								1					1	3	1	2	9	11	3
中国科学院								1	1	1		1		2	6	6	8	3	2
西北工业大学													1	3		3	3	11	
合肥工业大学														2				15	4
东南大学								2				2	1	1	1	2	6	7	1
英特尔				1					3			1	4		4		2		
高通						1				1	3	5	2	1	1	4			
浙江大学												2			1	2	7	3	1
北京邮电大学													2	1	4	2	3	5	
华南理工大学															3	1	6	3	1
IBM	2		1		3						4	1			1	1	1		
波音									2	1	2		1	1	2	3	1		
哈尔滨工程大学									2		1					1	4	6	
上海交通大学												1	2	5	1	1	1	2	
北京理工大学												1			3	2	3	4	
河海大学										2					2	2	2	5	
电子科技大学														1	2	1	1	5	2

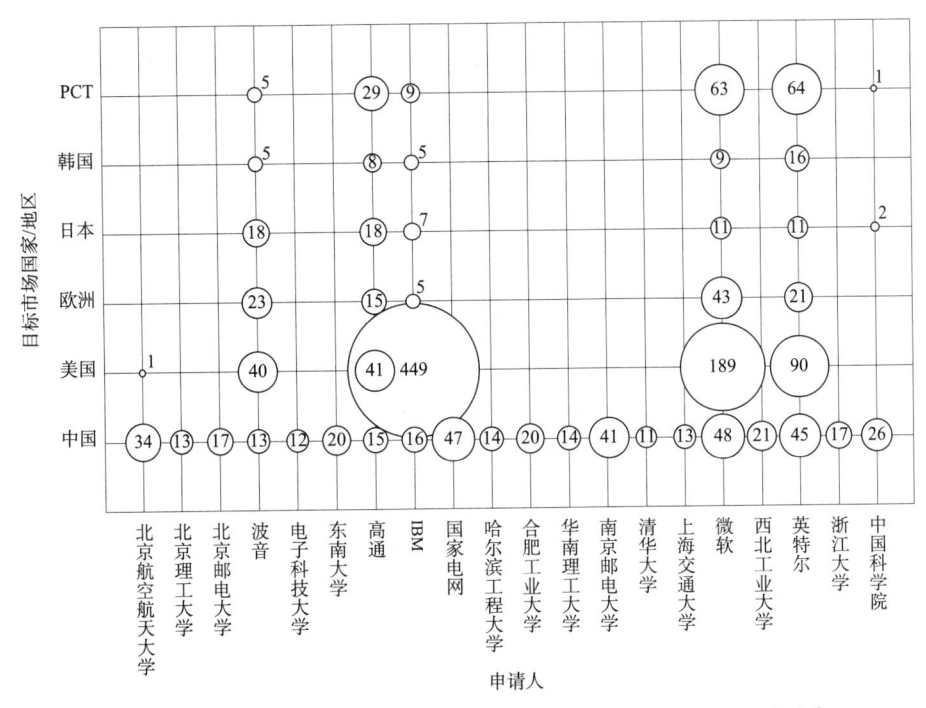

图 3-4-8 群体智能学习理论与方法全球主要申请人申请量区域分布

注：图中数字表示申请量，单位为项。

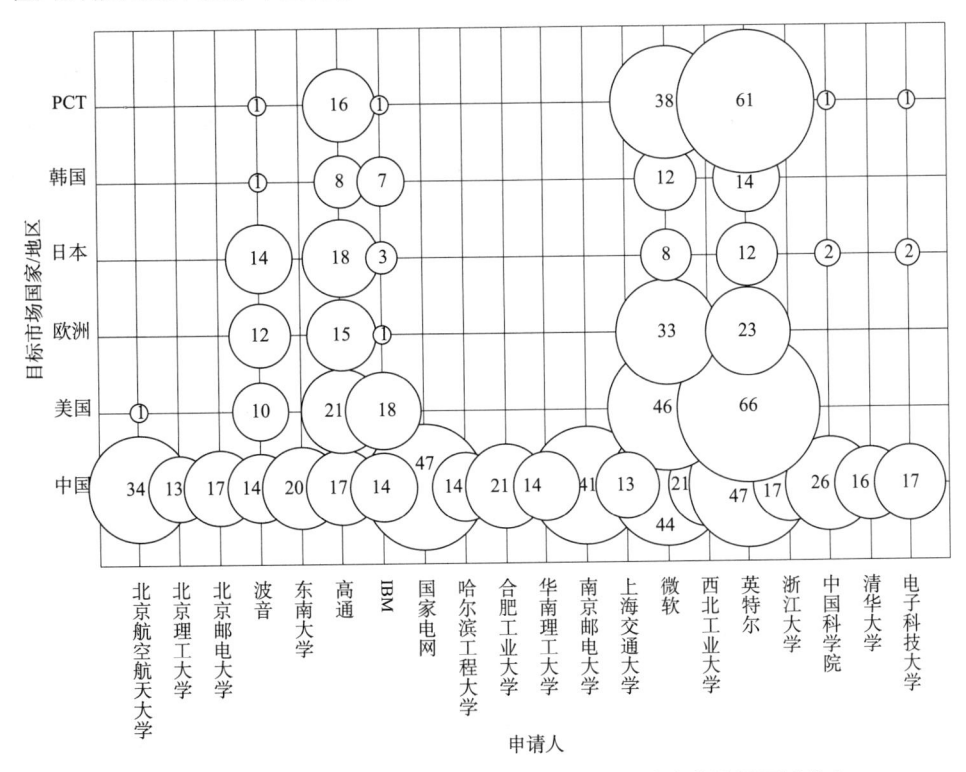

图 3-4-9 群体智能学习理论与方法中国主要申请人申请量区域分布

注：图中数字表示申请量，单位为件。

3.5 通用计算范式与模型技术专利状况分析

本节从全球和中国范围的专利申请/授权态势、主要申请人、技术原创国家/地区、目标市场区域以及主要申请人的布局重点等多个角度对群体智能通用计算范式与模型的技术进行分析。

3.5.1 全球/中国申请和授权态势分析

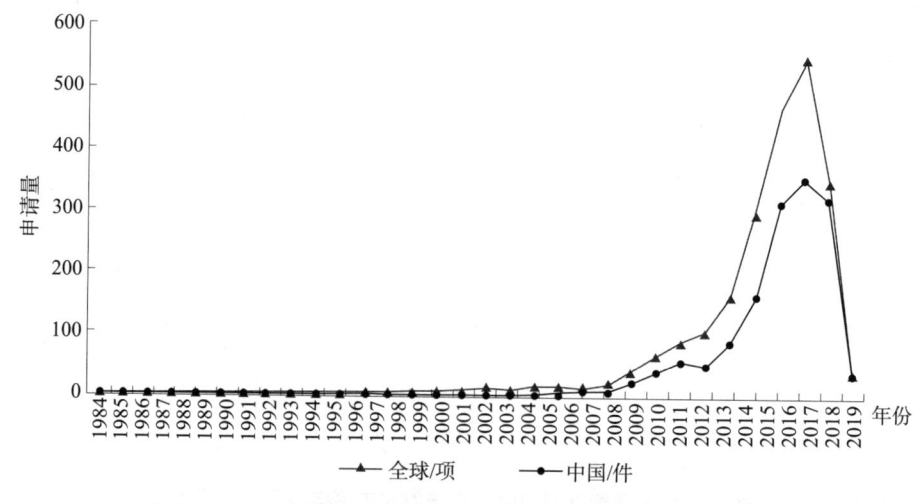

从图3-5-1中显示的群体智能通用计算范式与模型全球/中国申请态势来看，面对领域的群体任务涉及感知、决策、实施等诸多环节，创新主体纷纷构建了群体智能通用计算范式与模型，主要是用于对群体智能计算的复杂性、时空成本与代价以及目标优化的近似计算方法进行研究。虽然在20世纪90年代该领域已经有申请提出，然而由于群体智能的组织和实施往往面向多样性的群体智能任务、动态多变的群体成员和开放灵活的时空环境，需要动态地、适应性调整群体智能的交互方式和群体智能空间的运行状态，因此尽管其研究较早，也一直未呈现出较大的申请量的增加。进入21世纪后，随着互联网逐渐进入商用，业界开始关注群体智能通用计算范式与模型的构建如何更好地应对群体智能任务目标优化，因此从2000年开始，全球申请量逐步增加；2008年开始，业界开始研究如何构筑虚拟计算机环境和执行复杂的大规模计算处理，极大推动了群体智能通用计算范式与模型的快速增长。许多政府部门和著名跨国IT企业如IBM、微软等纷纷进军该领域，带动了该领域的申请量在2018年达到了峰值549项，可以看出该领域在全球范围内具有一定的吸引力。而从中国的申请态势来看，在2008年之前，中国在该领域的申请量很少，而且也未呈现出增长趋势。2008年以后，在国家战略的指引下，一批具有竞争力的龙头企业利用其规模和人才的优势在该技术领域的发展和研究中扮演了重要的角色，起到了引领行业发展的作用，申请量呈现上

图3-5-1 群体智能通用计算范式与模型全球/中国申请态势

升趋势，2018年到达顶峰，为351件。可见中国的群体智能通用计算范式与模型的发展趋势与全球相同，全球创新主体都非常关注在中国的专利布局。

图3-5-2示出了群体智能通用计算范式与模型专利申请在主要国家/地区的授权态势。群体智能通用计算范式与模型技术授权专利总量最高的是中国，数量为460件，美国为419件，欧洲、日本、韩国的授权专利总量远远低于中国和美国，这说明在该技术领域，中国和美国是绝对的领导者。中国的授权专利总量多于美国，主要源于2014年后申请量的大爆发，2016年专利授权量为104件，是美国当年授权量的2倍。其原因主要在于中国政府引导下的创新主体的关注以及在该领域的重要申请人如谷歌、微软等对于中国市场的重视。

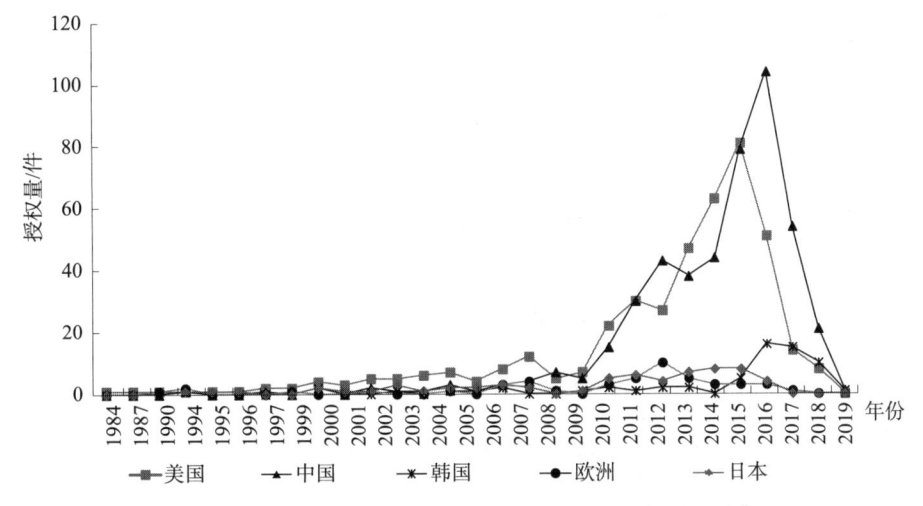

图3-5-2 群体智能通用计算范式与模型主要国家/地区授权态势

3.5.2 主要国家/地区申请量和授权量占比分析

图3-5-3示出了群体智能通用计算范式与模型在美国、中国、日本及韩国、欧

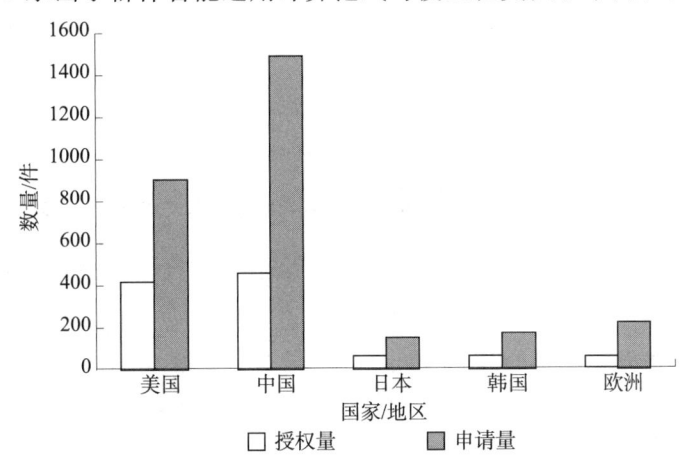

图3-5-3 群体智能通用计算范式与模型技术主要国家/地区申请量和授权量

洲主要国家/地区申请量和授权量情况。授权率最高的国家是美国和日本，分别是46%、43%，均达到40%以上，这说明两国的技术含量较高，核心技术占比较大，技术发展处于领先地位；其次是韩国，韩国授权率为36%，其实力也不容小觑；中国授权率位居第四，与上述国家相比还有一定的差距；欧洲授权率最低仅仅为21%。

3.5.3 全球/中国主要申请人分析

如图3-5-4所示，从全球申请量排名前20位的申请人来看，主要分布在中国和美国，仅有一家韩国企业三星。美国申请人主要包括IBM、波音、微软、英特尔、谷歌、亚马逊，全部为企业。中国申请人仅包括一家企业即国家电网，而其他申请人多为高校如北京航空航天大学、浙江大学、清华大学、南京航空航天大学等以及科研院所如中国科学院。可见，对于该领域的研究，中国创新主体尚集中于高校和科研院所，国外的创新主体集中在企业上。

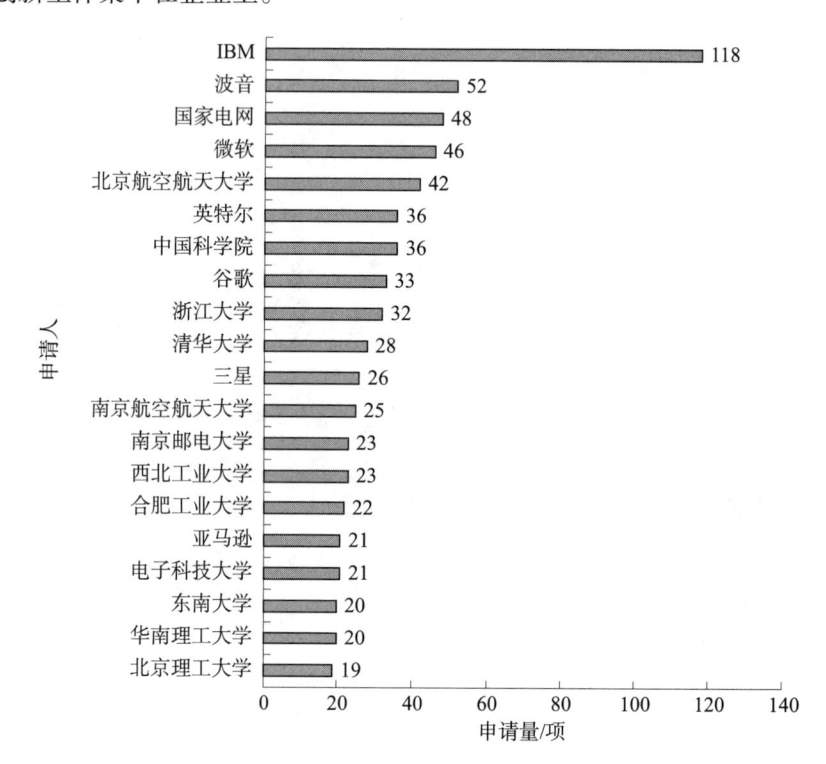

申请人	申请量/项
IBM	118
波音	52
国家电网	48
微软	46
北京航空航天大学	42
英特尔	36
中国科学院	36
谷歌	33
浙江大学	32
清华大学	28
三星	26
南京航空航天大学	25
南京邮电大学	23
西北工业大学	23
合肥工业大学	22
亚马逊	21
电子科技大学	21
东南大学	20
华南理工大学	20
北京理工大学	19

图3-5-4 群体智能通用计算范式与模型全球主要申请人排名

全球申请人中排名第一是美国的IBM，该公司是人工智能领域的龙头企业，全球申请量超过100项，且IBM的申请量是位于排名第二的波音公司申请量的2倍多，由此可知，IBM是该领域绝对的技术领先者。当然这与其建立的群体智能共享平台IBM Studio有关。IBM Studio通过大规模数据的收集、复制与共享，实现群体的跨越式进化。IBM主要研究方向涉及群体智能融合的质量控制理论与方法的研究以及计算复杂性理论的研究。波音主要涉及最优化机制在应用层的理论研究。而我国的国家电网虽然全球排名第三,但是其申请量却不及 IBM 的 1/2,国家电网的专利申请主要集中在研究基于时空约束的群体智能分配理论与方法以及针对多智能体通信架构、应用群体智能算法如协同粒子群优化算法等的优化设计。微软则多涉及深度学习框架中针对任务分配如何实现任务优化。谷歌、亚马逊作为重要的著名人工智能厂商,在该领域也具有一定的研究。而以高校的科研院所为代表的中国申请人,在国家政策的引导以及基金的支持下,在该领域也进行了广泛的研究,如北京航空航天大学、中国科学院等的研究主要涉及计算复杂性理论的群体智能计算、时空约束的群体智能分配理论与方法等。

从图 3-5-5 显示的中国专利主要申请人排名可以看出,北京航空航天大学、国家电网、中国科学院是该领域排名前三的申请人,其申请量相差不大。

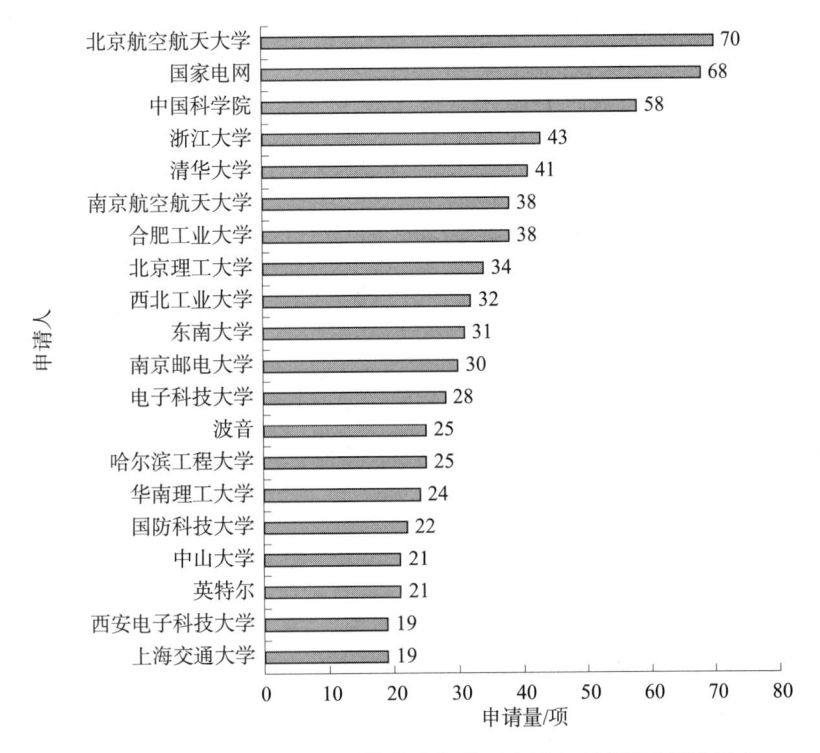

申请人	申请量/项
北京航空航天大学	70
国家电网	68
中国科学院	58
浙江大学	43
清华大学	41
南京航空航天大学	38
合肥工业大学	38
北京理工大学	34
西北工业大学	32
东南大学	31
南京邮电大学	30
电子科技大学	28
波音	25
哈尔滨工程大学	25
华南理工大学	24
国防科技大学	22
中山大学	21
英特尔	21
西安电子科技大学	19
上海交通大学	19

图 3-5-5 群体智能通用计算范式与模型中国专利主要申请人排名

波音、英特尔等国外申请人较为重视在中国的市场布局,也拥有一定的申请量。中国的申请人中绝大部分为高校,这一方面是源于国家政策对于高校的资金支持,另一方面也是因为该领域技术涉及计算理论如计算复杂性理论、近似计算理论,上述研究旨在建立群体计算的易解性理论等,或是计算机理如时空约束的群体智能分配理论、群体智能融合的质量控制理论等,上述研究旨在建立通用分配模型的理论基础等,尚未与产业技术很好地结合,因此企业关注较少,建议中国高校和科研院所加强与企业的合作,促使技术有效落地。

3.5.4 全球布局区域分析

全球目标市场占比反映了技术主体的战略意图,例如技术布局、市场占有率等。图3-5-6示出了群体智能通用计算范式与模型技术目标市场国家/地区占比。从图中可以看出,中美占比之和达到全球的67%,其中中国市场占比高达42%,这是由于中国既是市场大国也是专利强国,各企业都非常重视在中国的专利申请。图3-5-7示出了群体智能通用计算范式与模型技术全球原创国家/地区占比。与图3-5-7相比,目标市场国家/地区分布与技术原创国家/地区均大部分集中在美国和中国,说明群体智能通用计算范式与模型技术在全球市场地域相对集中。

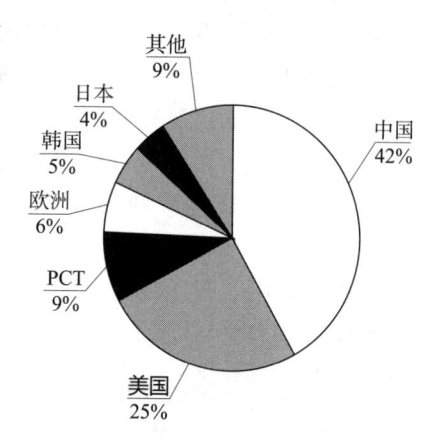

图 3-5-6 群体智能通用计算范式与模型技术目标市场国家/地区占比

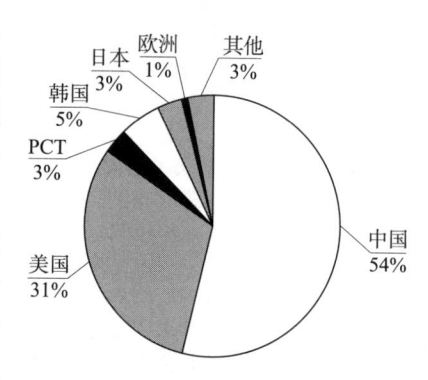

同时,世界主要国家也看重其未来市场发展,在这一领域PCT申请量同样较多,纷纷在重点国家进行重点专利的布局。我国企业也越来越重视专利的海外合理布局,以期在国际市场中打破专利技术的垄断地位,谋求更为长远的发展。

从图3-5-7显示的群体智能通用计算范式与模型技术全球原创国家/地区占比可以看出,中国在群体智能通用计算范式与模型原创专利申请占全球的54%,说明中国在该领域有一定的技术累积。紧随其后的是美国,占比为31%,这主要是因为美国有很多家实力强劲的企业,如IBM。

图 3-5-7 群体智能通用计算范式与模型全球原创国家/地区占比

另外,韩国、日本近几年来也极为重视该领域的技术发展。

3.5.5 全球/中国主要申请人布局重点分析

表3-5-1示出了群体智能通用计算范式与模型技术的全球主要申请人申请量年度分布,可以看出,美国排名靠前的申请人如IBM、波音、微软、英特尔在2002年之前就在群体智能通用计算范式与模型领域开始申请专利,这说明美国的研究起步较早,并且从研究初始就注重专利布局。而中国的申请人中,清华大学最早于2004年提出该领域的申请,随后西北工业大学、北京航空航天大学于2009年开始提出该领域的申请,其他中国申请人是普遍从2010年后才有一定数量的专利申请。由此可知,中国排名在前的申请人申请数量相对较少,起步较晚。

表3-5-2示出了群体智能通用计算范式与模型技术的中国专利主要申请人申请量年度分布,可以看出,除了清华大学在2004~2005年在该领域有少量申请外,其他

第3章 基础理论技术专利状况分析

表3-5-1 群体智能通用计算范式与模型全球主要申请人申请量年度分布

单位：项

申请人	1984~2000	2001	2002	2003	2004	2005	2006	2007	2008	2009	2010	2011	2012	2013	2014	2015	2016	2017	2018	2019	2020
IBM	4	2	1	3	4	1	1	3	1		1	3	4	3	8	16	21	21	19	1	1
波音	2	1						2	4	2	1	2	5	10	7	4	2	5	3		1
国家电网						1						1	2	9	1	4	4	7	7	10	3
微软			1			1	1		2		2			2	6	4	5	12	10		
北京航空航天大学										1			3	2	1	2	2	2	13	12	4
英特尔	1		1			2							1	1	2	7	3	8	7	4	1
中国科学院												1	2	1	5	3	1	8	7	7	
谷歌												1	5	6	1	3	4	13	5	1	
浙江大学												1	1		1	1	2	4	14	4	1
清华大学					1	1						1		3	2	1	3	3	8	7	
三星															1	1	6	7	11		
南京航空航天大学														2	1	1	2	9	1	7	2
西北工业大学										1						2	1	6	4	10	
南京邮电大学											1			1		1	1	6	8	5	1
合肥工业大学																	3	11	2	5	1
亚马逊												1	1	3	2	8	3	3			
电子科技大学												1		1	1			2	13	3	1
东南大学											1	1		1		2	1	2	5	6	
华南理工大学																	2	4	7	6	
北京理工大学													2	2	1	1	2	6	3	2	

97

表3-5-2 群体智能通用计算范式与模型中国主要申请人申请量年度分布

单位：件

申请人	1994~2000	2002	2003	2004	2005	2006	2007	2008	2009	2010	2011	2012	2013	2014	2015	2016	2017	2018	2019	2020
北京航空航天大学									2			6	5	1	3	4	4	20	20	5
国家电网											2	5	13	2	8	7	8	7	13	3
中国科学院											1	2	2	9	6	1	15	12	9	1
浙江大学											1	3	9		2		7	15	5	1
清华大学			2		2						1		4	2	2	1	5	11	10	1
南京航空航天大学													4	2	2	3	16	2	7	2
合肥工业大学																5	22	2	7	2
北京理工大学												4	4	2	2	4	11	5	2	
西北工业大学									2						4			6	10	
东南大学										2	2		2	2	3	2	4	6	8	1
南京邮电大学													2	2	2	1	10	9	5	
电子科技大学													2	2			2	15	5	2
波音	2							2		2	6	7	2	2	1	1	1	1		
哈尔滨工程大学												2			2	9	1	5	4	
华南理工大学													2			2	5	8	6	1
国防科技大学								1			4	2	2	2	2	2	3	4	9	
中山大学															2	3	1	6	5	1
英特尔		2							1					4	5		5	3		
西安电子科技大学													2	2	4		3	2	3	
上海交通大学									2	1			2	3	3	1		4	2	1

中国申请人均是从2008年以后才开始研究群体智能通用计算范式与模型技术，国家电网、中国科学院均是从2011年开始在该领域进行布局，并每年保持有一定的申请量，引领了国内群体智能通用计算范式与模型技术领域的专利申请。南京航空航天大学、合肥工业大学、北京理工大学自从在该领域提出专利申请后，每年也均保持一定申请量，这说明上述中国申请人一直持续关注该领域的技术发展。北京航空航天大学最早的专利申请是在2009年提出的，此后两年并未有专利申请，2012年开始持续在该领域持续进行专利布局；浙江大学于2011年提出该领域的专利申请后，此后虽然有两年未提出专利申请，但是其专利申请量在2018年达到峰值；西北工业大学于2009年首次提出该领域的专利申请后，直到2015年才再次提出相关专利申请，2017年开始加速，可见中国申请人均有近期布局加快的趋势。

图3-5-8示出群体智能通用计算范式与模型技术全球主要申请人申请量区域分布，从图中可以看出，美国主要申请人如IBM、波音、谷歌、微软布局较为全面，除了关注本国市场外，还关注中国、欧洲、韩国、日本等目标市场。而从目标国家或地区来看，美国、中国都是申请人较为重视的主要目标市场。中国申请人中除了中国科学院、北京航空航天大学有少量海外专利布局外，其他申请人均未进行海外布局，这说明我国申请人在该领域缺乏海外布局意识。而美国主要申请人均注重PCT申请布局，具有更强的专利布局意识，采用以进入多个市场为目标的专利布局策略。

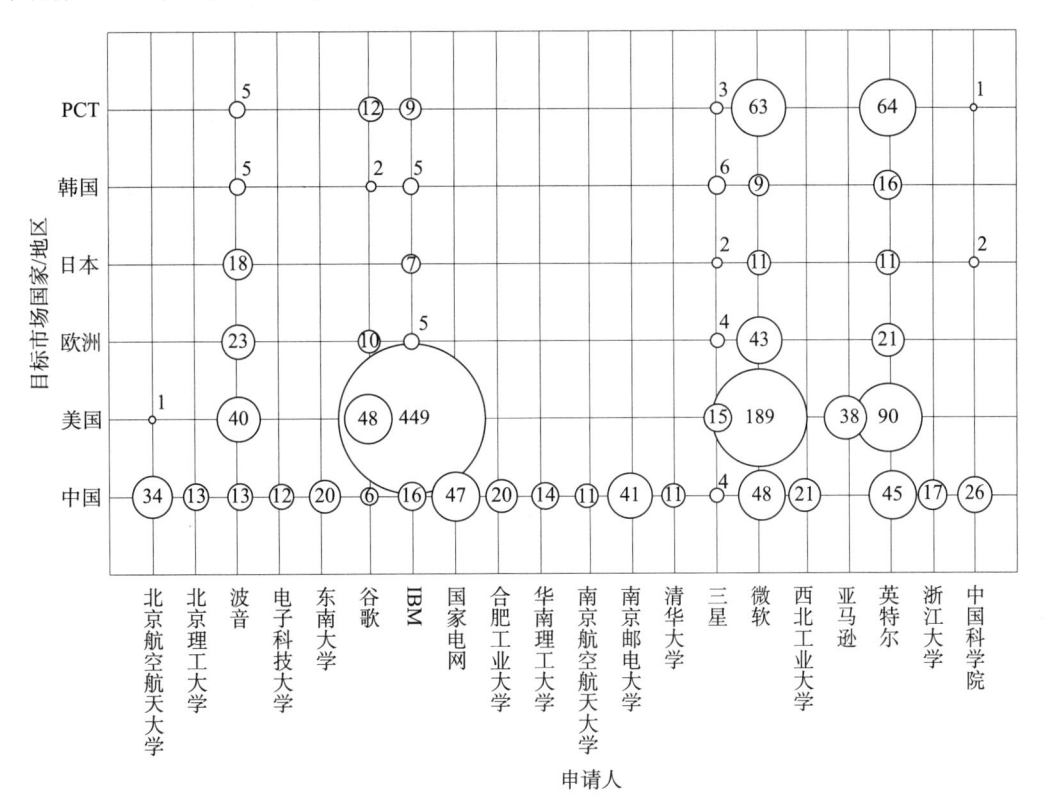

图3-5-8 群体智能通用计算范式与模型全球主要申请人申请量区域分布

注：图中数字表示申请量，单位为项。

从图3-5-9中国主要申请人申请量区域分布可以看出,中国国内申请人中除中国科学院、北京航空航天大学、合肥工业大学、国家电网等进行了少量海外布局外,其他国内申请人尚未进行海外布局。而外国申请人则在欧洲、韩国、日本均有专利布局,可见中国申请人亟须增强海外布局意识。

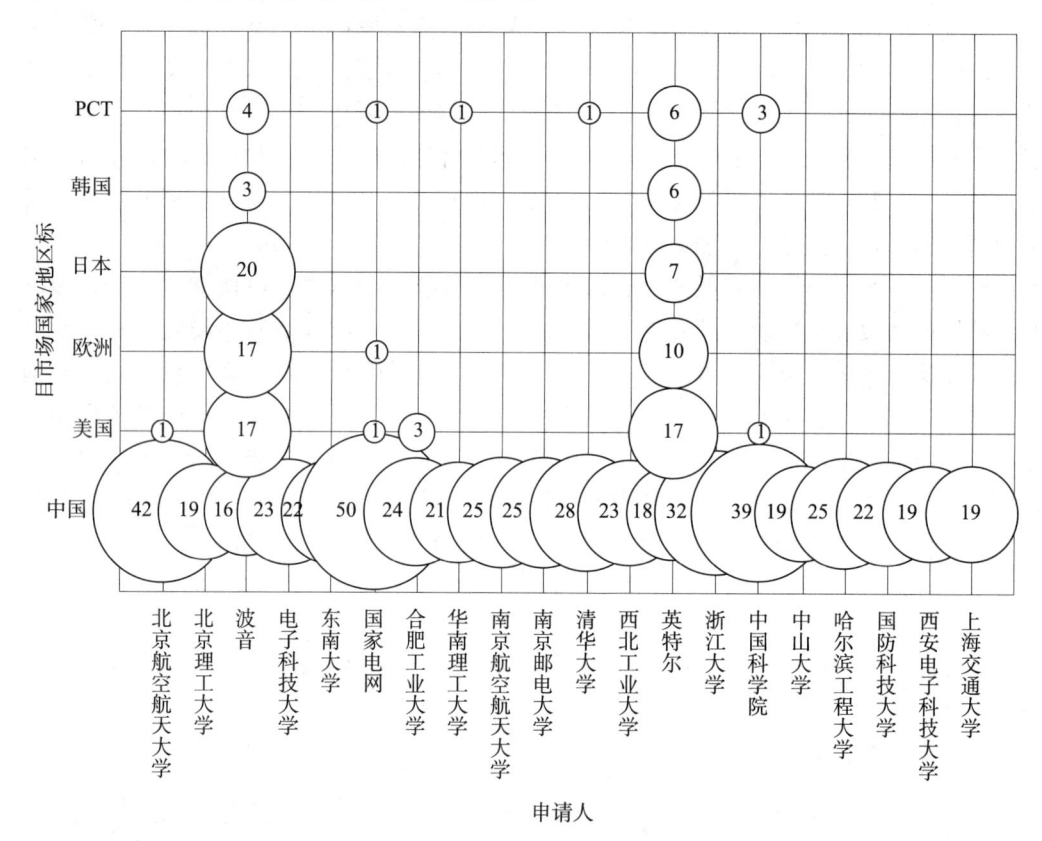

图3-5-9 群体智能通用计算范式与模型中国主要申请人申请量区域分布

注:图中数字表示申请量,单位为件。

第4章 关键技术专利状况分析

4.1 关键技术专利状况分析

本节对群体智能关键技术分支总体专利申请情况进行研究。

4.1.1 全球/中国申请和授权态势分析

从图4-1-1显示的关键技术全球/中国申请态势来看,20世纪90年代之前,群体智能关键技术全球整体申请量较低,90年代之后申请量缓慢增加,且增长速度加快,一直到2008年经历了短暂的停滞期后迅猛增长,2014年之后呈现出爆发式增长的态势。2010年之后申请量开始迅猛增加,直到2014年之后爆发式增长。这可能是计算机新算法的产生,配合2010年大数据时代的到来、计算机计算能力的飞速提升以及互联网技术的快速普及,使得人工智能进入了增长爆发期。从中国的申请态势可见,中国在群体智能关键技术方面的研究晚于全球,20世纪90年代,伴随着全球申请量的增加,中国也逐渐开始了零星的专利申请,2008年之后增速变快,2012年之后几乎没有任何停滞期的迅猛增长。这可能是由于我国在国家层面上重视人工智能,并制定了一系列相关政策。

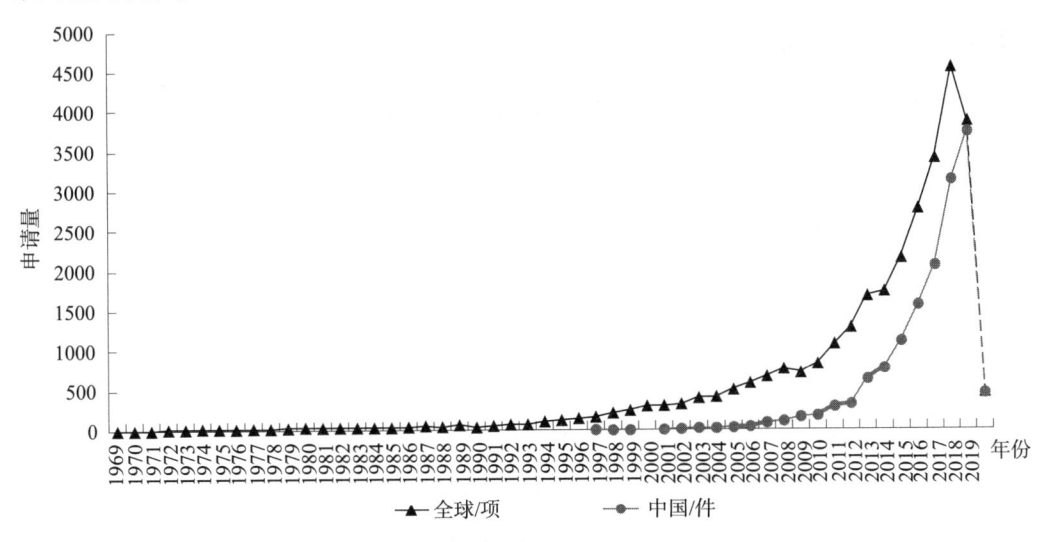

图4-1-1 关键技术全球/中国申请态势

从图4-1-2显示的关键技术主要国家/地区授权态势可以看出,随着群体智能技术的发展,美国在关键技术领域的授权量从1994年开始快速增长,从主要国家/地区中脱颖而出，并在很长一段时间内均处于领先地位，远超其他国家/地区，具有先发优势。欧洲、日本、韩国均一直发展缓慢。从中国授权量变化可以看出，中国虽然起步晚，但从2006年开始至2011年，授权量仅次于美国，位列第二，并且呈现出强劲的增长势头，在2012年追平美国，随后继续增长，次年超越美国，位居第一，2016~2017年专利授权数量达到了顶峰。但是由于中国起步较晚，在关键技术领域，美国的专利申请授权总量仍然居于第一位，中国位居第二。可见，在该领域，逐渐出现了美国领先、中国紧随其后的局面。

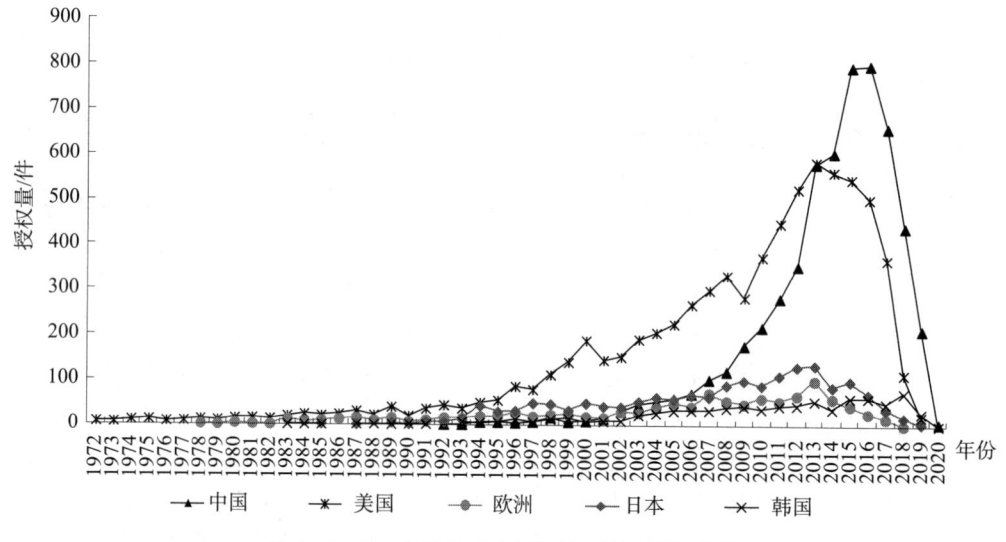

图4-1-2 关键技术主要国家/地区授权态势

4.1.2 主要国家/地区申请量和授权量占比分析

从图4-1-3示出的关键技术主要国家/地区申请量和授权量的对比可以看出，美

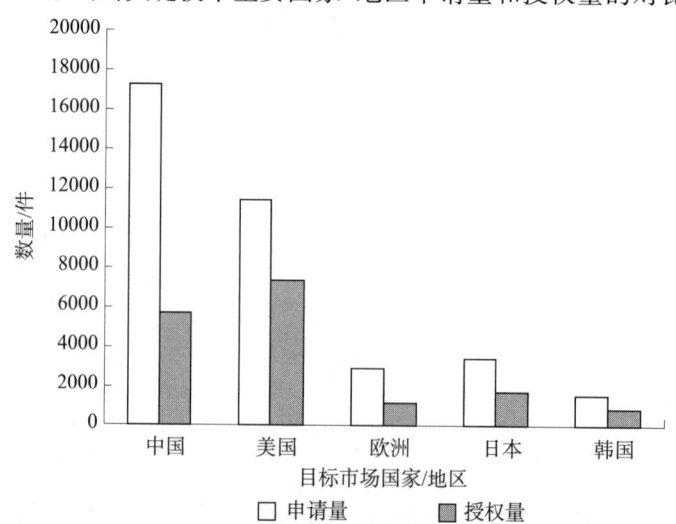

图4-1-3 关键技术主要国家/地区申请量和授权量

国的授权率和授权量均为最高,授权率随后依次为韩国、日本、欧洲和中国。由此可见,美国的专利申请整体技术含量高,核心技术占比大;中国在该领域核心技术专利申请量占比较低,专利整体质量有待进一步提高。从申请量以及授权量可以看出,中国、美国基本是该领域技术发展驱动力的核心,日本、欧洲、韩国已经处于落后地位。

4.1.3 全球/中国主要申请人分析

如图4-1-4所示,在关键技术领域,全球专利申请量排名前20位的申请人分别来自美国、中国、日本和德国。美国有7位申请人进入了前20,包括IBM、微软、英特尔、谷歌、通用、福特和亚马逊。其中,IBM排在第一,并且申请数量远高于其他申请人。IBM作为该领域的技术领先者,拥有众多细分领域的核心技术。谷歌作为机器学习引领的人工智能技术的新的创新主体,在模型构建、应用方面也具有较为深入的实践。美国同样有多个车企开始向群体智能与汽车技术结合的方向发展,这充分反映出美国在群体智能关键技术方面的领先地位,并且完全以企业为主导。中国也有8位申请人进入了前20,但大部分是高校和科研院所,仅有1家企业。国家电网作为大型国有企业,非常重视群体智能技术在电力领域中的应用。中国科学院与北京航空航天大学共同负责"中国人工智能2.0发展战略研究"重大咨询研究项目群体智能子项

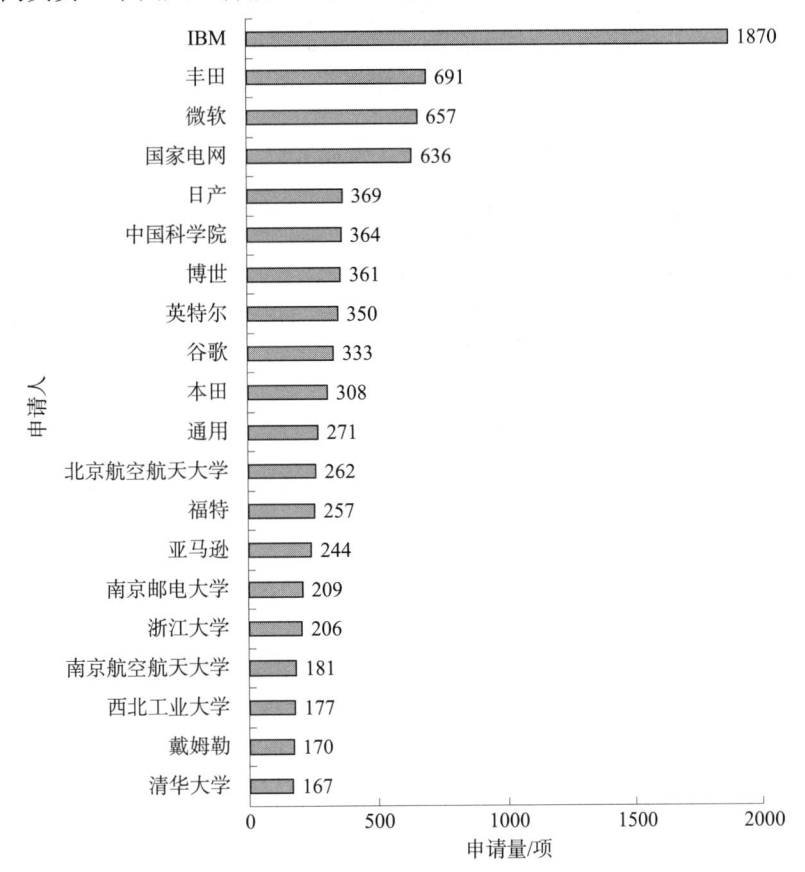

申请人	申请量/项
IBM	1870
丰田	691
微软	657
国家电网	636
日产	369
中国科学院	364
博世	361
英特尔	350
谷歌	333
本田	308
通用	271
北京航空航天大学	262
福特	257
亚马逊	244
南京邮电大学	209
浙江大学	206
南京航空航天大学	181
西北工业大学	177
戴姆勒	170
清华大学	167

图4-1-4 关键技术全球主要申请人排名

目，因此，在关键技术上也有众多产出。此外，日本和德国的主要申请人均是企业，主要是将汽车与智能交通技术结合在一起。从上述分析可以看出，与国外相比，中国在该领域的研究热情更高，但实际投入生产、形成产业的能力还较弱。

从图4-1-5显示的关键技术在中国申请专利的申请人排名可以看出，前20名申请人主要以国内申请人为主，共占15个席位，其中12家为高校或科研院所，3家为企业。其中国家电网作为国有企业，试图将群体智能应用于电力行业中，在关键技术领域具有较为广泛的研究；而华为作为国内的通信厂商，在机器人合作的通信方面有较多投入。中国科学院作为中国重要的科研院所，具有庞大的研究团队，在该领域拥有较多的申请量。从2018年国家自然科学基金－人工智能项目资助单位可以看出，中国科学院、清华大学、华南理工大学、浙江大学、东南大学、北京航空航天大学等中国主要申请人均是基金的主要受资助单位，这也促进了各申请人在关键技术领域的研究。其他5位分别来自美国和日本，表明了这两个国家对于中国市场的重视。其中，美国占据了4个席位，主要是人工智能领域的大型企业（微软、英特尔、IBM等）；日本则有1家汽车公司上榜，表明其在汽车智能化方面有着较多研究。

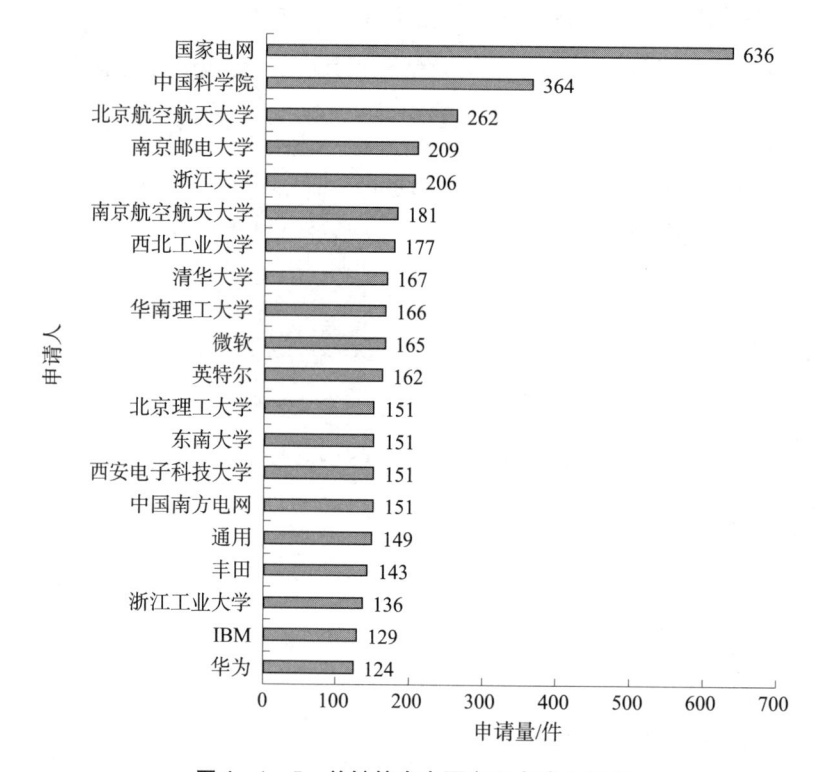

申请人	申请量/件
国家电网	636
中国科学院	364
北京航空航天大学	262
南京邮电大学	209
浙江大学	206
南京航空航天大学	181
西北工业大学	177
清华大学	167
华南理工大学	166
微软	165
英特尔	162
北京理工大学	151
东南大学	151
西安电子科技大学	151
中国南方电网	151
通用	149
丰田	143
浙江工业大学	136
IBM	129
华为	124

图4-1-5 关键技术中国主要申请人排名

4.1.4　全球布局区域分析

从图4-1-6显示的关键技术全球目标市场占比可以看出，中国是最重要的市场，吸引着全球创新主体的注意力。这可能与中国日益增强的消费能力相关，同时基于中国申请人的大量投入，产出也较多。美国排名第二位。可见，美国和中国是主要目标市场国，各企业都非常重视在美国和中国的专利申请，这与两国存在庞大的市场是相关的。日本、欧洲位于第二梯队。德国作为目标市场也在全球占有一席之地。此外，还有8%的专利申请选择了PCT申请，这说明一定数量的专利是以进入多个国家或地区为目标的。

从图4-1-7显示的关键技术原创国家/地区占比可以看出，中国原创技术占比达到51%，是全球第一大创新群体。基于中国近年来对于人工智能领域的政策引导和产业规划，大量中国创新主体在该领域投入研发力量，特别是众多高校及科研院所在国家基金的支持下，在该领域开展了广泛的研究。美国作为全球另一个重要的创新驱动力，占比32%，具有如IBM、微软、谷歌等全球重要申请人，企业力量突出。日本、德国、韩国分别位列第三、第四、第五位，而从欧洲专利局进行专利申请的数量仅占不足1%。目标市场与技术原创国/地区占比排名情况类似，均集中在上述几个国家，说明群体智能关键技术在全球市场地域相对集中。

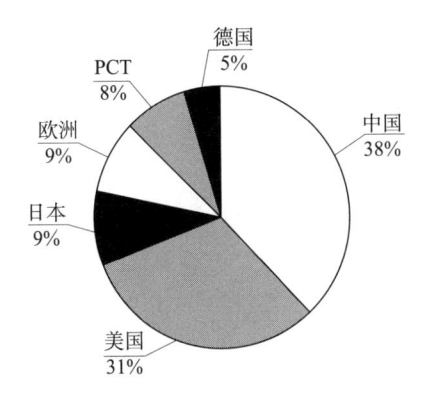

图4-1-6 关键技术全球目标市场占比

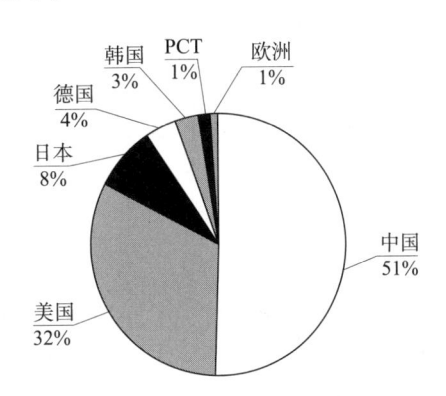

图4-1-7 关键技术全球原创国家/地区占比

4.1.5 全球/中国主要技术分支分析

如图4-1-8所示，本小节主要研究了关键技术主要技术分支在全球和中国的申请量占比情况。可以看出，在各分支中，中国申请量几乎都可以占到全球申请量的一半以上。这一方面可能是基于中国近年来对于人工智能领域的政策引导和产业规划，大量中国创新主体在该领域展开研究；另一方面，中国作为快速崛起的新兴经济体，人口众多，潜藏着巨大的商业机会，因此吸引了中外各创新主体的目光，使其更愿意在中国进行专利布局。

（a）全球

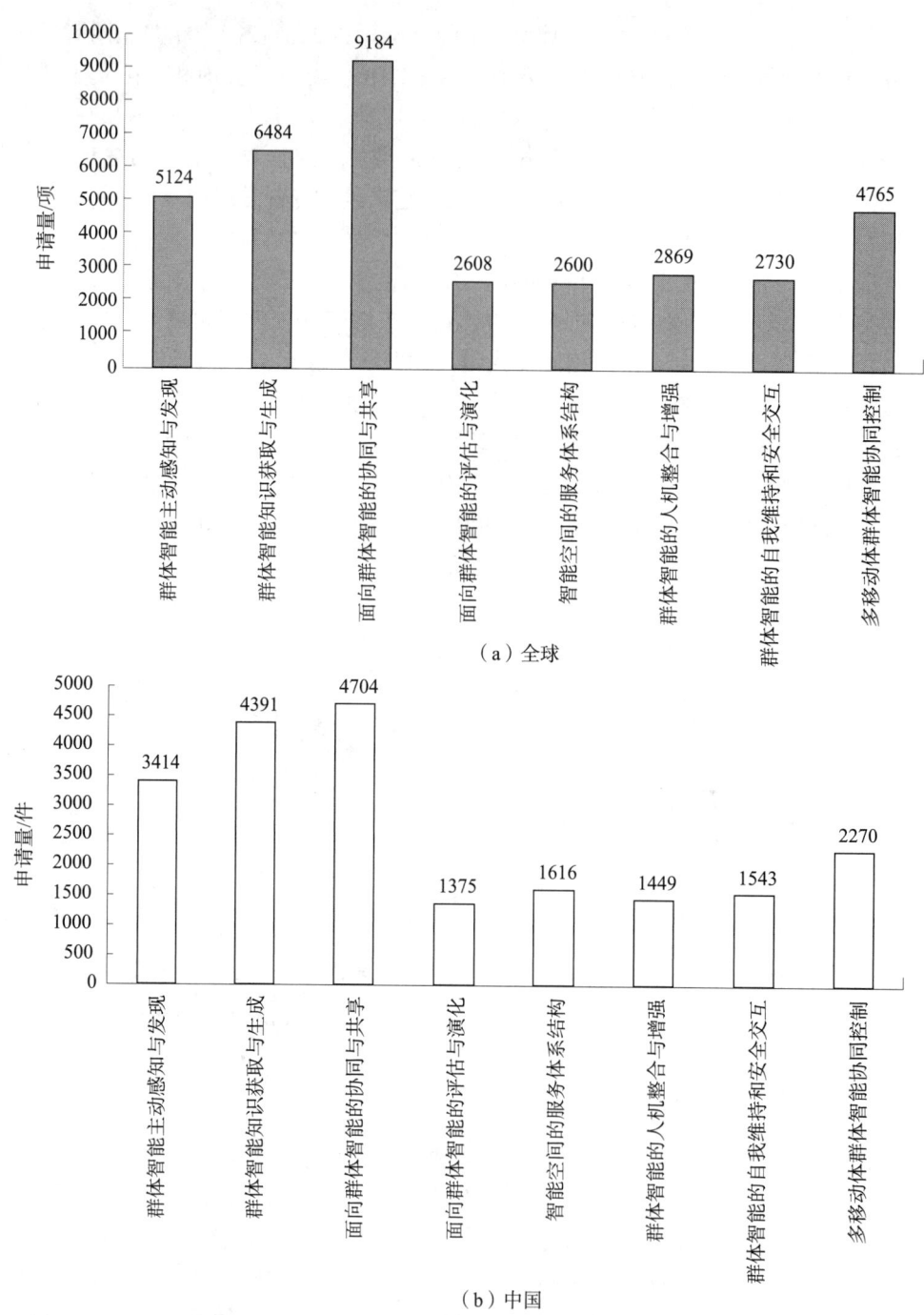

（b）中国

图 4-1-8 关键技术主要技术分支全球/中国申请量分布

4.1.6 关键技术全球/中国主要申请人布局重点分析

从表 4-1-1 显示的关键技术全球主要申请人申请量年度分布来看，IBM、丰田、博世等的相关专利申请从技术发展早期已经开始布局，早于全球其他申请人，并持续引领技术的发展,表明其具备敏锐的观察力,能够更早地确定未来的技术市场。国内申请人中最早开始进行相关技术专利申请的是中国科学院,表明其在国内的先发地位。国内多个申请人展开相关研究主要在2005年之后,且主要是科研院所和高校,表明我国的科研院所和高校走在技术研发的前列。

表4-1-1 关键技术全球主要申请人申请量年度分布　　　单位:项

年份	IBM	丰田	微软	国家电网	日产	中国科学院	博世	英特尔	谷歌	本田	通用	北京航空航天大学	福特	亚马逊	南京邮电大学	浙江大学	南京航空航天大学	西北工业大学	戴姆勒	清华大学
1971~1980	10	3		11		4	1		1	11	2								2	
1981~1990	27	13		22		21			9	8	9								6	
1991~2000	146	65	27	69	2	44	34	1	62	11	24		3						24	
2001	30	5	9	13	3	6	10	1	6		5								4	1
2002	32	13	13	10	2	12	10		6	1	8								5	1
2003	59	26	12	19	3	5	12	1	5	5	2								5	1
2004	38	22	24	18		9	13		7	8	8		1						8	1
2005	40	32	21	17	1	18	9	5	8	6	13	4		1	2	1			5	3
2006	48	28	30	11	2	13	15	14	11	9		3							4	1
2007	68	29	35	6	5	24	5	7	12	12	3	10	5	3	2					2
2008	88	50	38	16	6	20	1	4	17	19	5	10	3	4	6		1		8	1
2009	57	42	23	1	17	8	16	4	19	23	11	2	5	4		1			8	4
2010	64	33	43	7	11	11	15	5	17	14	23	9	10	18	4	2			6	4
2011	78	41	45	10	11	14	18	21	38	22	22	5	7	11	3	9	5	4	7	3
2012	106	48	30	14	27	22	16	12	66	15	25	6	15	17	8	11	1	2	5	14
2013	128	39	56	43	25	29	19	27	54	17	15	9	28	11	19	4	7		12	6
2014	141	25	53	37	12	25	16	16	26	13	14	14	16	36	11	8	5	7	12	6
2015	166	26	46	64	14	20	12	27	20	5	8	12	12	47	20	8	3	12	5	10
2016	166	49	56	73	14	32	24	30	22	9	18	14	23	34	12	9	12	12	10	12
2017	202	44	44	78	11	49	25	18	21	23	9	12		27	30	41	36		9	16
2018	154	56	48	137	11	59	28	27	19	25	11	68	26	9	40	51	41	37	6	32
2019	8	1	2	161		65		19	8	4	1	64	1	2	56	42	62	52	9	40
2020	11	1	2	11		8				1	9		5	6	7	5	6			6

从表4-1-2显示的关键技术在中国进行申请的主要申请人申请量布局年度分布来看,最早是在20世纪90年代中期,英特尔、IBM等科技企业首先进入中国。国内申请人中,中国科学院作为国内重点科研院所,其起步较早,从1998年开始持续跟进技术发展;华为从2003年开始持续在该领域进行布局;而其他一些高校,得益于国家自然科学基金的资助,在关键技术方面展开了研究,但起步略晚,普遍从2007年才开始跟进群体智能关键技术的相关研究。

表4-1-2 关键技术中国主要申请人申请量年度分布

单位：件

申请人	1995	1996	1997	1998	1999	2000	2001	2002	2003	2004	2005	2006	2007	2008	2009	2010	2011	2012	2013	2014	2015	2016	2017	2018	2019	2020
国家电网															1	7	10	14	42	37	64	73	80	139	162	15
中国科学院				1			3		3		1	2	5	6	8	11	13	21	28	24	20	32	49	60	65	8
北京航空航天大学													3	5	11	6	5	6	15	12	12	14	30	68	64	10
南京邮电大学											1	1	3	4	4	6	3	4	11	11	20	12	27	40	56	6
浙江大学											2	4	2	6	3	2	9	4	19	8	8	9	30	51	42	7
南京航空航天大学											1			1	1		5	1	4	5	3	12	42	41	62	7
西北工业大学												1	1	2	2	1	4	2	7	7	12	12	37	37	52	8
华南理工大学							1		1	1	2	1	2	1	4	3	3	14	6	6	14	16	19	46	45	6
清华大学									5	10	3	3	5	5		4	10	4	6	9	10	12	17	32	40	6
微软	1					2	1	3	7	7	3	6	2	2	10	6	16	11	27	24	21	23	9			
英特尔			1							1	1		1	1	2	1	4	6	25	13	17	7	17	5		
北京理工大学															3	2	5	1	6	9	8	20	18	29	38	7
东南大学													1						14	3	9	16	18	28	42	8
西安电子科技大学															3	3	2	6	10	15	16	13	22	26	34	4
中国南方电网															2	2		4	7	7	5	12	18	33	56	5
通用					1	2				4	4	3	5	9	7	17	20	15	8	10	6	15	17	13		
丰田					1						6	4	3	4	5	9	10	10	18	7	7	11	13	28		
浙江工业大学											1		2					3	5	11	10	16	21	24	34	3
IBM	1	1	1	3	1	2	2	5	9	11	15	5	7	4	4	4	10	9	7	2	4	1	8	13		
华为											2		2	2	1	1	2	6	10	9	11	18	35	16	2	

108

从图 4-1-9 显示的关键技术全球主要申请人布局分布可以看出，每个申请人在本国的申请量都是最多的。由于基本所有申请人都会采取这样的布局策略，因此申请量第二、第三位的地区更能说明每位申请人所侧重的国家和地区。国外申请人均在全球范围内广泛布局，并拥有多项 PCT 申请；而中国申请人则多以本国为布局重点，个别申请人有零星海外布局。从目标国家/地区来看，美国公司，例如 IBM、微软、英特尔等普遍更注重在中国的布局，随后是欧洲和日本，而谷歌则更注重在欧洲的布局；日本公司，如丰田、日产、本田，普遍更注重在美国的布局，随后是中国和欧洲。另外，英特尔和微软更注重 PCT 申请，采用以进入多个市场国为目标的专利布局策略。

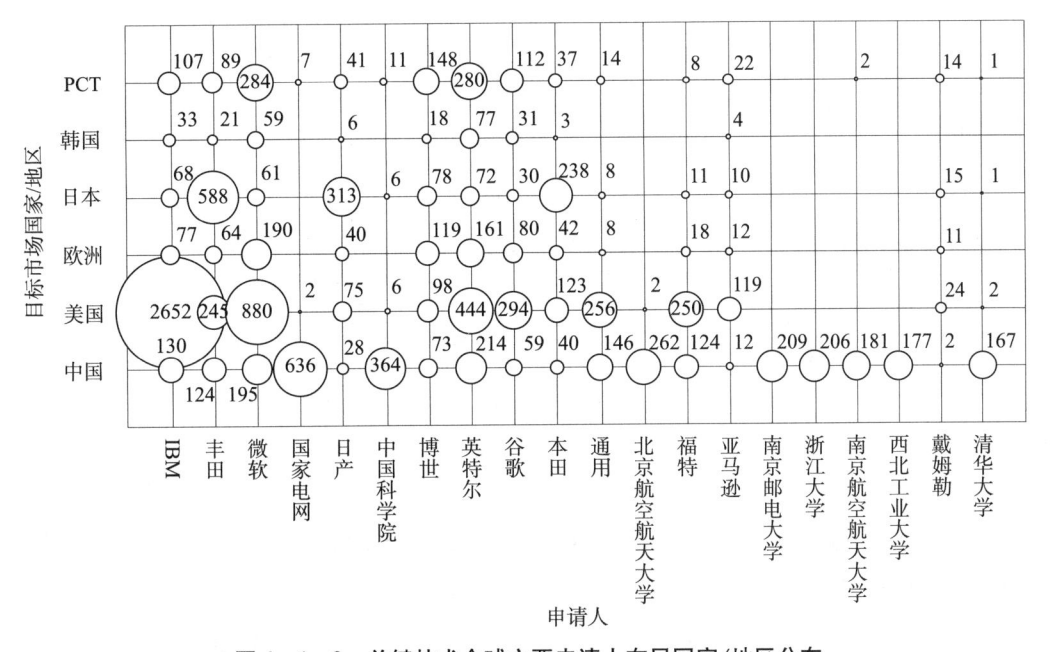

图 4-1-9 关键技术全球主要申请人布局国家/地区分布

注：图中数字表示申请量，单位为项。

从图 4-1-10 显示的关键技术在华申请主要申请人来源国家/地区分布来看，主要是美国和日本申请人展开在华布局。中国申请人中，华为作为专利布局意识较强的申请人进行了全面的海外布局，国家电网、中国科学院、北京航空航天大学和清华大学在美国进行了少量的布局。中国申请人的 PCT 申请数量较少。可见，我国申请人海外专利布局数量少且布局区域不平衡，缺乏全球性布局意识。

从图 4-1-11 显示的关键技术全球主要申请人技术分布来看，除车企外，其余申请人在各技术分支均有专利分布，表明在各技术分支均投入了一定研发力量。IBM 在面向群体智能的协同与共享、面向群体智能的评估与演化、群体智能主动感知与发现、智能空间的服务体系结构、群体智能的人机整合与增强、群体智能的自我维持和安全交互等 6 个分支占有绝对的优势，国家电网在群体智能知识获取与生成分支位列第一。其中面向群体智能的协同与共享在除车企外的申请人中均有较多申请量，可见其是群体智能关键技术的研究重点。群体智能的人机整合与增强领域各申请人的申请量均偏少，表明其不是各创新主体的关注重点。车企申请人的研发力量主要投入在多移动体群体智能协同控制、面向群体智能的协同与共享；除车企之外的其他申请人则在多移动体群体智能协同控制的研发力量投入较少，表明该技术分支不适合所有申请人重点投入。丰田在多移动体群体智能协同控制领域居于第一名。

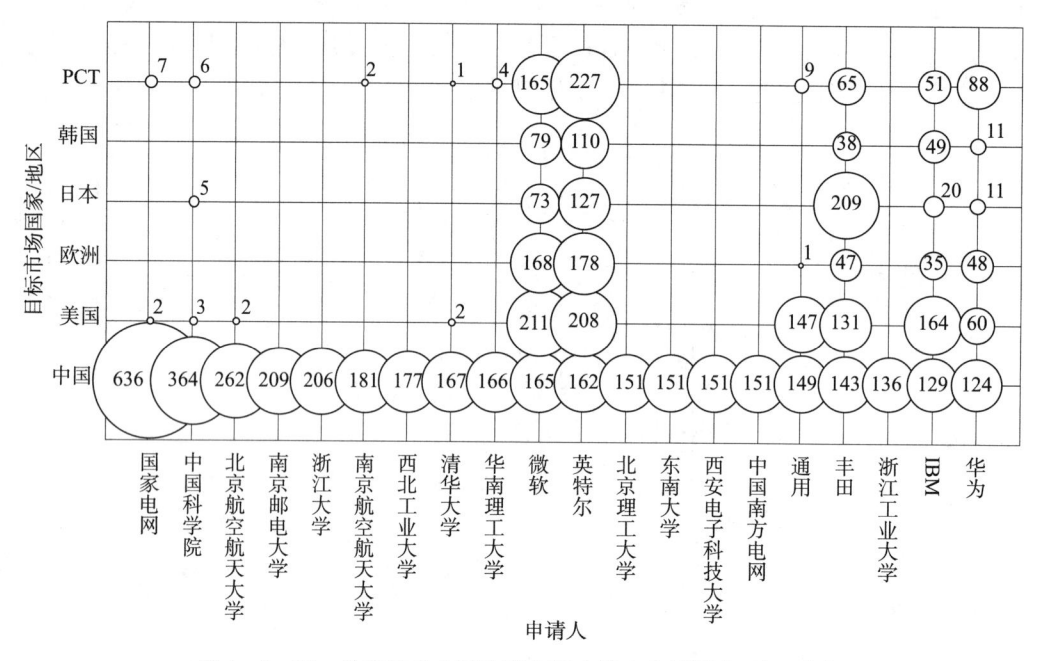

图 4-1-10　关键技术中国专利主要申请人布局国家/地区分布

注：图中数字表示申请量，单位为件。

从图 4-1-12 显示的关键技术中国专利主要申请人技术分布来看，大部分申请人对所有技术分支都有所涉猎，而车企的研发力量则主要集中在多移动体群体智能协同控制和面向群体智能的协同与共享。国家电网在群体智能主动感知与发现、群体智能知识获取与生成、面向群体智能的评估与演化、智能空间的服务体系结构、群体智能的人机整合与增强等 5 个技术分支中，申请量均位列第一，表明其在各技术分支都有较为强劲的研发实力。面向群体智能的协同与共享分支中北京航空航天大学位列第一，可能与其在无人机群技术方面的研究相关。群体智能的自我维持和安全交互以及多移动体群体智能协同控制两个技术分支位列第一的分别是英特尔和通用。从各分支的情况和申请总量来看，中国科学院和国家电网的申请量不仅多，而且在各分支都排名在前，可见其不仅整体上研发实力较强，且分布均匀。

第4章 关键技术专利状况分析

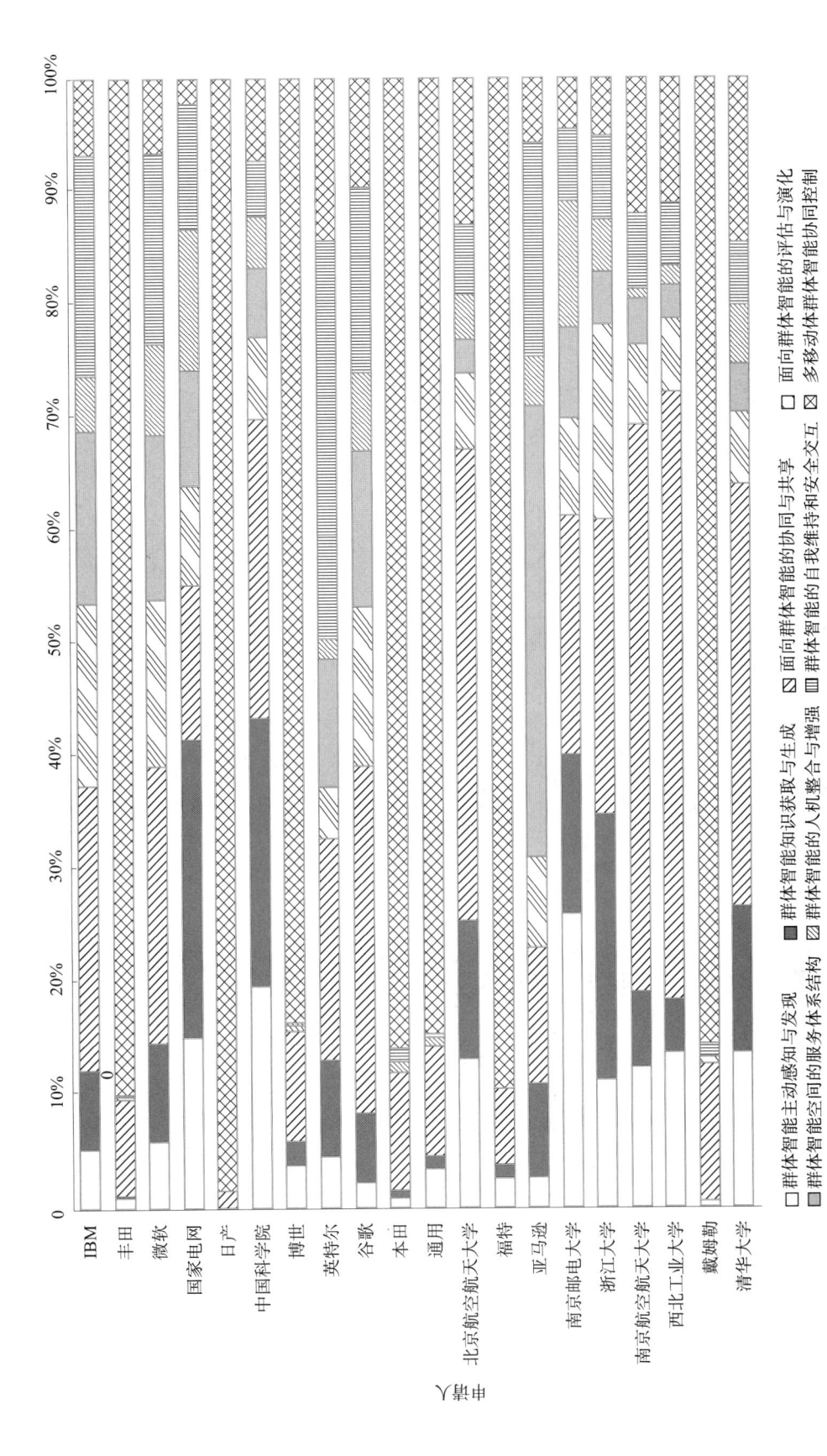

图 4-1-11 关键技术全球主要申请人技术分布

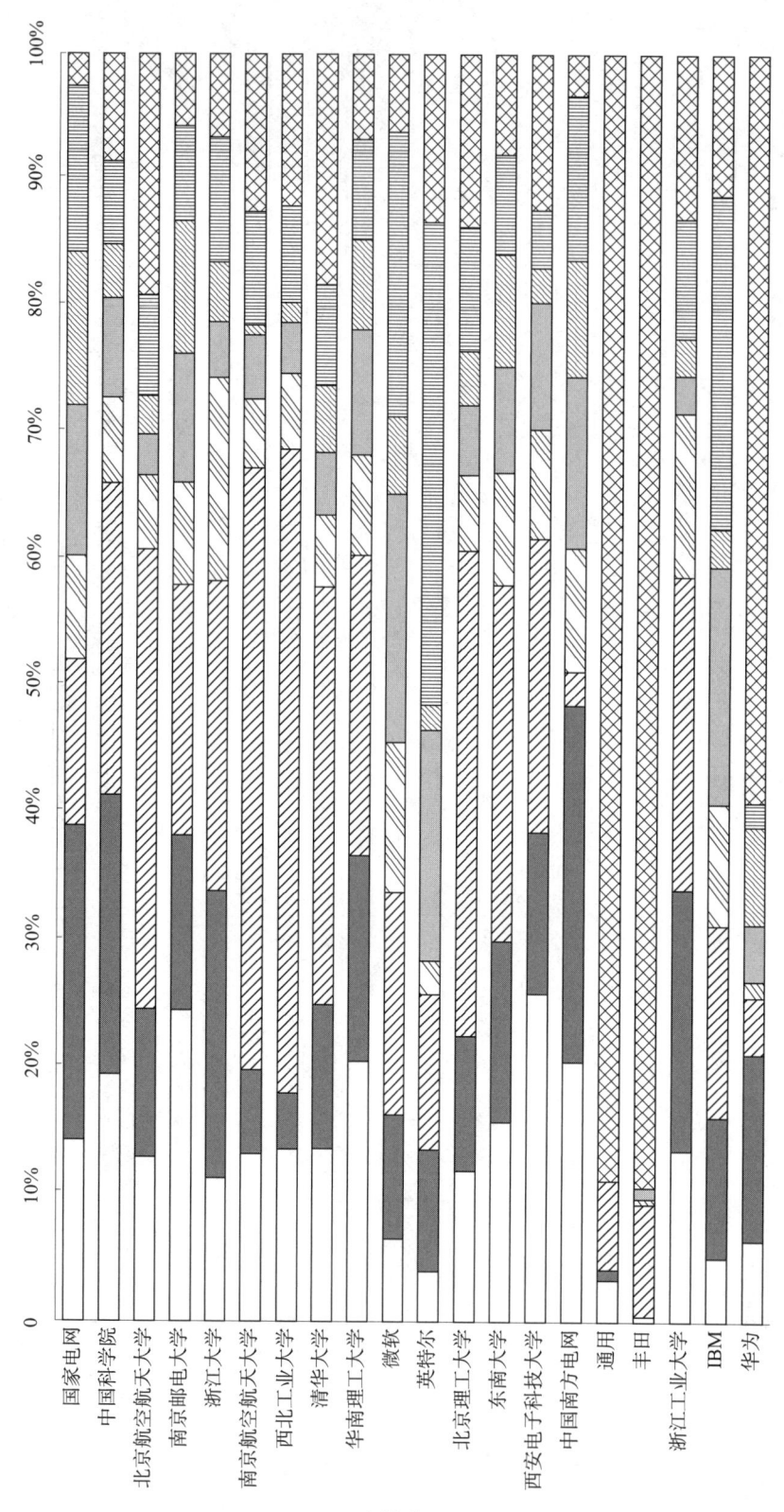

图 4-1-12 关键技术中国专利主要申请人技术分布

4.2 主动感知与发现专利状况分析

4.2.1 全球/中国申请和授权态势分析

如图 4-2-1 所示，群体智能主动感知与发现这一分支中，全球的申请从 20 世纪 60 年代末开始萌芽，一直处于缓慢增长的阶段，从 2008 年起，增长势头变猛，一直持续到目前（2019~2020 年部分数据存在没有公开的情况）。而中国的申请起步稍晚，从 20 世纪 90 年代开始萌芽，2010 年开始进入迅速增长期，申请量在全球的占比也逐年上升。

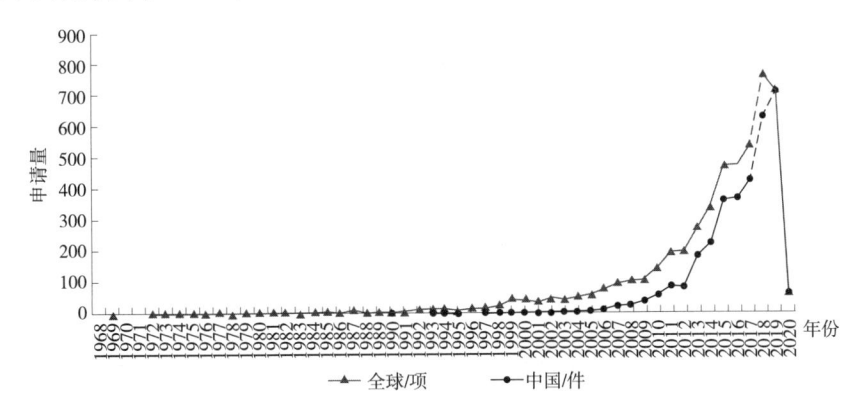

图 4-2-1 群体智能主动感知与发现全球/中国申请态势

4.2.2 主要国家/地区申请量和授权量占比分析

如图 4-2-2 所示，在中、美、欧、日、韩五局申请量方面，中国的申请量最大，美国次之，韩国最少。但从主要国家/地区申请量和授权量来看，美国的授权比例最高，表明美国专利申请的质量较高，紧随其后的是韩国和日本，中国和欧洲的比例大概持平，都比较低，说明中国申请人应着力提升专利申请的质量。从申请量和授权量两方面来看，中国、美国占据较大比例，而欧洲、日本、韩国的数量较少，说明欧洲、日本、韩国在该领域已处于落后地位。

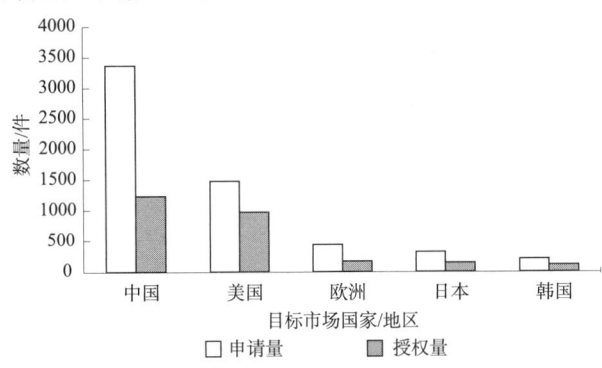

图 4-2-2 群体智能主动感知与发现主要国家/地区申请量和授权量

4.2.3 全球/中国主要申请人分析

群体智能主动感知与发现这一分支的全球主要申请人中，除了 IBM 和微软这两家美国公司，其余均为中国申请人，包括国家电网、中国科学院、中国南方电网和一些国内的知名高校（见图4-2-3）。而中国主要申请人中，位列前三的分别是国家电网、中国科学院和南京邮电大学。根据对主要申请人的分析可知，中国国内在群体智能主动感知与发现的研究与开发工作主要集中在高校和科研院所（见图4-2-4）。

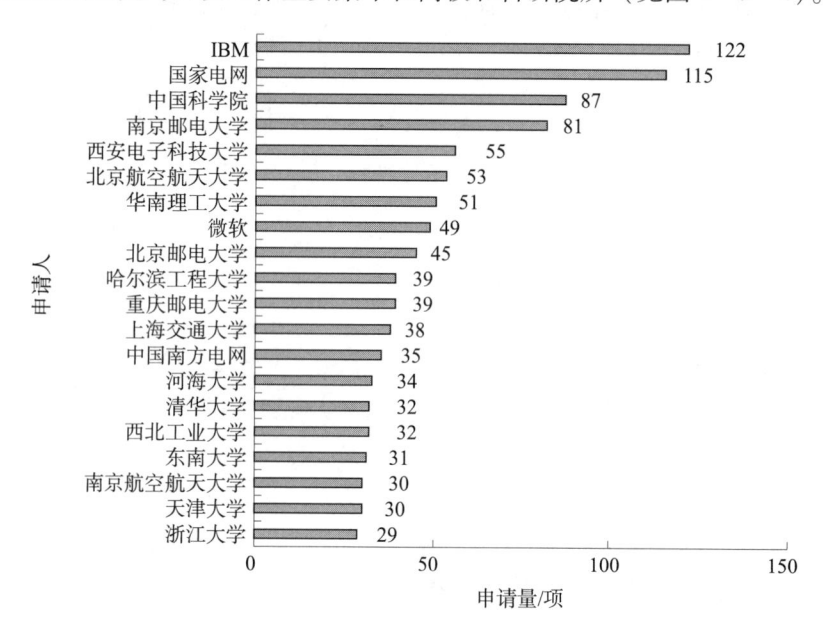

申请人	申请量/项
IBM	122
国家电网	115
中国科学院	87
南京邮电大学	81
西安电子科技大学	55
北京航空航天大学	53
华南理工大学	51
微软	49
北京邮电大学	45
哈尔滨工程大学	39
重庆邮电大学	39
上海交通大学	38
中国南方电网	35
河海大学	34
清华大学	32
西北工业大学	32
东南大学	31
南京航空航天大学	30
天津大学	30
浙江大学	29

图4-2-3 群体智能主动感知与发现全球主要申请人排名

申请人	申请量/件
国家电网	117
中国科学院	92
南京邮电大学	82
北京航空航天大学	60
西安电子科技大学	57
华南理工大学	52
北京邮电大学	50
重庆邮电大学	45
哈尔滨工程大学	40
上海交通大学	38
中国南方电网	38
清华大学	36
电子科技大学	35
南京航空航天大学	34
河海大学	34
西北工业大学	34
东南大学	32
天津大学	32
浙江大学	31
江苏大学	29

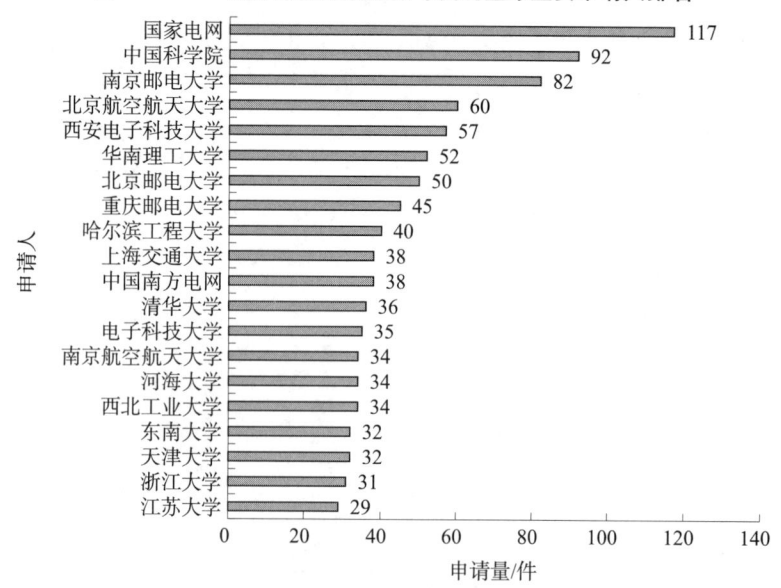

图4-2-4 群体智能主动感知与发现中国主要申请人排名

4.2.4 全球布局区域分析

如图4-2-5所示,在群体智能主动感知与发现这一分支的专利申请中,中国是最大的目标国。这可能是由于中国作为重要的市场,吸引着全球创新主体的注意。美国排名第二位,所占比例是中国的一半,可见美国作为主要目标市场国,各企业也非常重视在美国的专利布局。PCT申请的占比达到9%,说明相当数量的专利是以进入多个国家或地区为目标的。接下来的欧洲、日本和德国作为目标市场也占有一定比例。

如图4-2-6所示,在技术原创方面,来自中国的申请占比最大,达到59%,占据绝对优势。这可能与国家政策对于人工智能的鼓励相关,此外还与不少跨国公司重视中国市场在中国开设了分公司有关。美国排名第二,占比25%。这可能与美国拥有IBM、微软等较多该领域的巨头企业相关。日本、德国、韩国占比较少,均为3%以下,说明这些国家在该领域的创新动力不足。

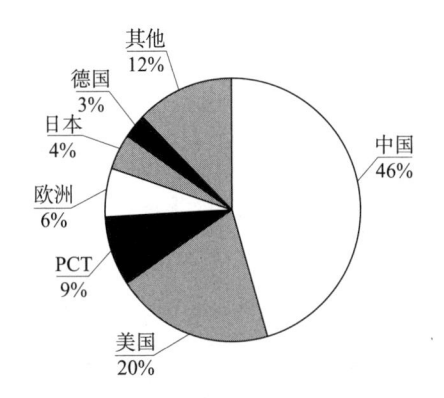

图4-2-5 群体智能主动感知与发现全球目标市场占比

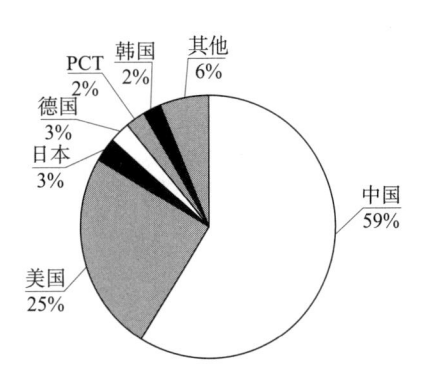

图4-2-6 群体智能主动感知与发现全球原创国家/地区占比

4.2.5 全球/中国主要申请人布局重点分析

从表4-2-1显示的全球主要申请人申请量年度分布来看,IBM的相关专利申请起步较早,从2010年开始增长速度加快,表明其具备敏锐的观察力,能够更早确定未来的技术热点。微软起步稍晚,2002年开始有了第一件相关申请,2010年后申请量有所增加,但2015年后申请量有所下降。国家电网从2010年开始有相关申请,起步虽晚,但后期发力非常迅猛。中国科学院从2006年开始起步,2012年后也经历了申请量的较大增长。

从表4-2-2显示的中国主要申请人申请量年度分布来看,除国家电网和中国科学院在近年的迅猛增长之外,其他的一些国内高校以及中国南方电网都经历了近年的一轮迅猛增长,其中南京邮电大学、西安电子科技大学从2012年就开始加速增长,北京航空航天大学则在2018年开始集中发力。从起步时间来看,上海交通大学、天津大学、北京邮电大学、浙江大学起步较早,表明它们对新兴技术的敏感性较高。

表 4-2-1 群体智能主动感知与发现全球主要申请人申请量年度分布

单位：项

申请人	1993	1994~2001	2002	2003~2005	2006	2007	2008	2009	2010	2011	2012	2013	2014	2015	2016	2017	2018	2019	2020
IBM	1	10		6	3	4	8	4	6	6	8	6	10	9	14	16	8	6	2
国家电网						1			2	1	2	2	2	13	13	17	22	36	5
中国科学院					1	2	2		3	4	6	10	5	7	8	8	14	18	1
南京邮电大学								2	5	2	2	5	5	11	7	8	15	16	
西安电子科技大学									1	2	5	7	8	6	6	7	7	6	
北京航空航天大学							3	1	3	1	2	3			3	4	17	16	3
华南理工大学			1		1				1			1		6	7	4	16	12	
微软				1	3	1	2	1	2	7	5	6	7	1	3	3	4	3	1
北京邮电大学								4	2	4	2	3	5	2	2	2	9	8	
哈尔滨工程大学						1						2	5		7	3	10	10	3
重庆邮电大学							1					1	4	1	5	8	10	6	
上海交通大学				2		1	1	1	3	1		3	3	5	4	1	7	6	1
中国南方电网									1		1		1	4	3	2	10	12	1
河海大学							1				2	2	7	4	4	1	4	7	
清华大学								1	1	3		1	2	5	2	3	8	8	2
西北工业大学												2	1		3	8	3	7	
东南大学									1	2			1	5	4	1	8	11	
南京航空航天大学								1			2		1		3	4	6	12	
天津大学		1								1		1		1	3	5	7	10	
浙江大学				2			2		1		2	2	2	2	1	6	5	4	1

表4-2-2 群体智能主动感知与发现中国主要申请人申请量年度分布

单位：件

申请人	2002	2003~2005	2006	2007	2008	2009	2010	2011	2012	2013	2014	2015	2016	2017	2018	2019	2020
国家电网							2	1	2	2	2	13	14	17	23	36	5
中国科学院			1	1	2		3	4	6	10	5	7	8	10	16	19	
南京邮电大学				2		2	5	2	2	5	5	11	7	9	15	16	1
北京航空航天大学					3	1	3	1	2	3			3	4	18	22	
西安电子科技大学			1				1	2	5	7	8	6	7	8	7	6	
华南理工大学							1			1		6	7	4	17	12	3
北京邮电大学		1				4	2	4	2	3	5	2	2	3	12	9	1
重庆邮电大学					1					1	4	1	6	12	11	6	3
哈尔滨工程大学				1			1		1	2	5	5	7	3	11	10	
上海交通大学		2		1	1	1	3	1		3	3	5	4	1	7	6	1
中国南方电网						1	1				1	4	4	2	12	12	
清华大学									1	1	2	5	2	4	9	10	2
电子科技大学				2						2	2	3	1	1	12	9	
南京航空航天大学								2			1	1	4	6	6	13	2
河海大学									2	2	7	4	4	2	4	7	2
西北工业大学							1	3		2	1	5	3	10	3	7	
东南大学							1				1		4	1	8	12	1
天津大学	1							1		1		2	4	5	8	10	
浙江大学		2			2		1		2	2	1	2	4	7	6	4	1
江苏大学									1	1	2		5	5	4	8	3

从图 4-2-7 显示的全球主要申请人申请量区域分布来看，各个申请人都是在本国/地区进行最多的专利申请。中国的申请人主要布局在中国，只有国家电网、中国科学院以及华南理工大学在美国有少量布局或提交了少量的 PCT 申请。IBM 布局的重点在美国，其次是中国。同为美国企业的微软布局重点也在美国，其次是 PCT，接下来是中国和欧洲。

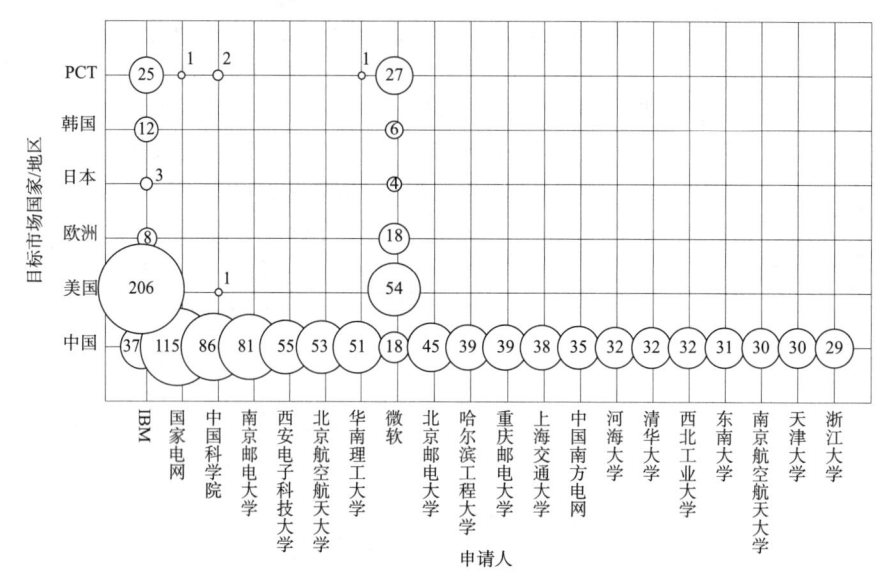

图 4-2-7　群体智能主动感知与发现全球主要申请人申请量区域分布

注：图中数字表示申请量，单位为项。

从图 4-2-8 显示的中国主要申请人申请量区域分布来看，中国申请人主要布局地区在中国，只有国家电网、中国科学院、华南理工大学和电子科技大学在美国有少量布局或提交了少量 PCT 申请。

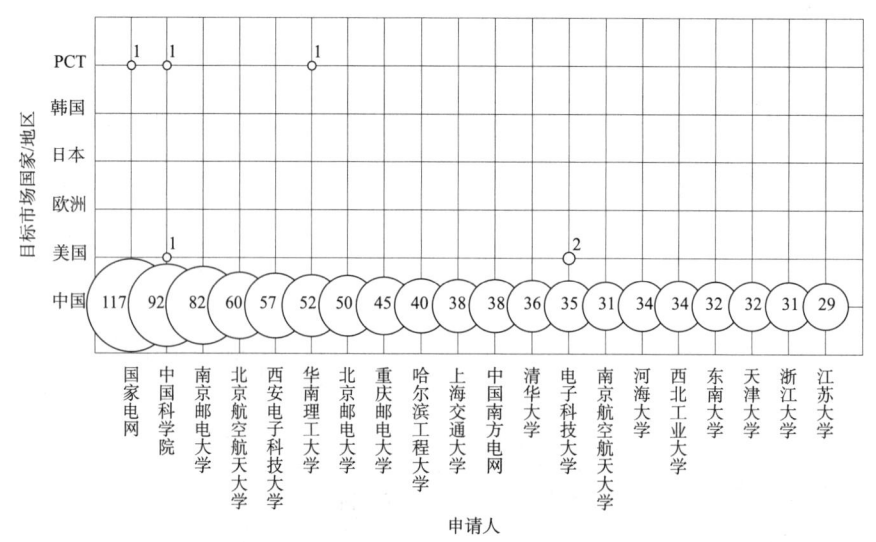

图 4-2-8　群体智能主动感知与发现中国主要申请人申请量区域分布

注：图中数字表示申请量，单位为件。

4.3 知识获取与生成专利状况分析

4.3.1 全球/中国申请和授权态势分析

如图4-3-1所示，群体智能知识获取与生成这一分支中，全球的申请从20世纪70年代初开始萌芽，经历了较长的缓慢增长期，从2000年起增长速度开始提升，从2008年开始进入快速增长阶段，一直持续到目前（2019~2020年部分数据存在没有公开的情况）。而中国的申请起步稍晚，从20世纪八九十年代开始萌芽，2010年开始进入迅速增长期，申请量在全球的占比也逐年上升。

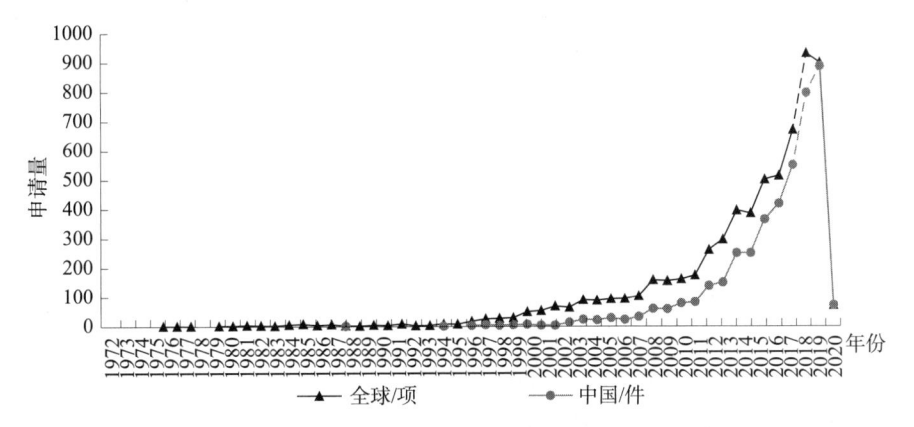

图4-3-1 群体智能知识获取与生成全球/中国申请态势

4.3.2 主要国家/地区申请量和授权量占比分析

如图4-3-2所示，在中、美、欧、日、韩五局申请量方面，中国的申请量最大，

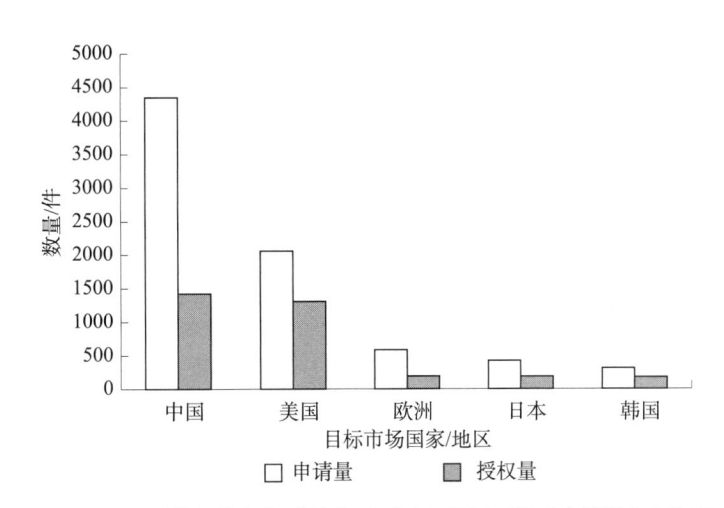

图4-3-2 群体智能知识获取与生成主要国家/地区申请量和授权量

119

这与国内政策、申请人的大量投入与较大产出有关；美国次之，韩国最少。但从主要国家/地区授权比例来看，美国的授权比例最高，说明美国的专利申请质量较高。紧随其后的是韩国和日本，中国和欧洲的比例大概持平，授权比例较低。这一方面是因为部分近期的申请尚在审查过程中，另一方面说明部分申请的质量不高。

4.3.3 全球/中国主要申请人分析

从图4-3-3显示的全球主要申请人的排名来看，比较靠前的国外申请人主要是一些知名公司，如IBM、微软、英特尔、戴尔、高通，而国内的申请人除了国家电网、中国南方电网，主要是中国科学院、浙江大学等国内高校和科研院所。

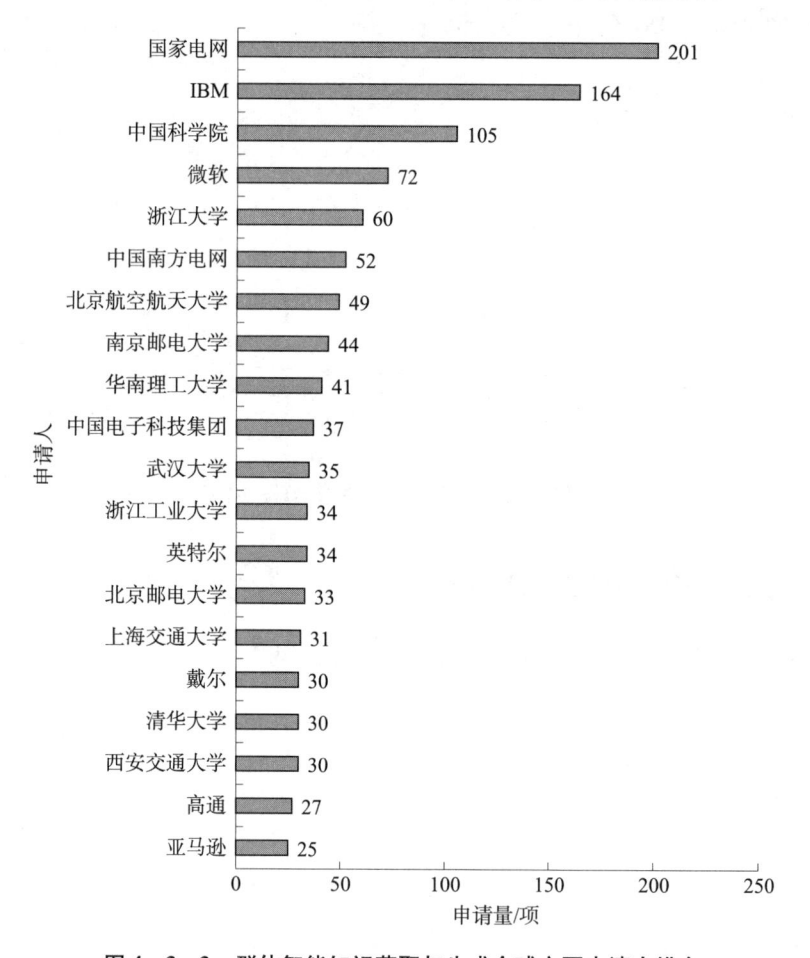

申请人	申请量/项
国家电网	201
IBM	164
中国科学院	105
微软	72
浙江大学	60
中国南方电网	52
北京航空航天大学	49
南京邮电大学	44
华南理工大学	41
中国电子科技集团	37
武汉大学	35
浙江工业大学	34
英特尔	34
北京邮电大学	33
上海交通大学	31
戴尔	30
清华大学	30
西安交通大学	30
高通	27
亚马逊	25

图4-3-3 群体智能知识获取与生成全球主要申请人排名

从图4-3-4显示的中国专利主要申请人的排名来看，排名比较靠前的除了美国企业英特尔，其他主要是国内申请人，包括国家电网、中国南方电网、腾讯等企业，以及中国科学院、浙江大学等国内高校和科研院所。

申请人	申请量/件
国家电网	203
中国科学院	104
浙江大学	62
北京航空航天大学	54
中国南方电网	52
南京邮电大学	46
华南理工大学	41
中国电子科技集团	37
武汉大学	36
浙江工业大学	35
北京邮电大学	34
西安交通大学	34
上海交通大学	32
清华大学	30
英特尔	29
西安电子科技大学	28
重庆邮电大学	27
腾讯	26
北京理工大学	25
天津大学	25

图 4-3-4 群体智能主动感知与发现中国专利主要申请人排名

4.3.4 全球布局区域分析

如图 4-3-5 所示，群体智能知识获取与生成这一分支的专利申请中，中国是最大的目标市场，占比 44%。这可能是由于中国作为重要的市场，吸引着全球创新主体的注意。美国排名第二位，所占比例为 21%，不到中国的一半，可见美国作为主要目标市场，各企业也非常重视在美国的专利布局。PCT 申请的占比达到 8%，说明相当数量的专利是以进入多个国家/地区为目标的。欧洲、日本和韩国作为目标市场也占有一定比例。

如图 4-3-6 所示，在技术原创方面，来自中国的申请占比最大，达到 59%，占据绝对优势。这可能与国家政策对于人工智能的鼓励相关，此外还与不少跨国公司重视中国市场并在中国开设了分公司有关。美国排名第二，占比 27%。这可能与美国拥有 IBM、微软、英特尔等较多该领域的巨头企业相关，具有较强的创新实力。日本、韩国、欧洲占比较少，均为 3% 以下，说明这些国家在该领域的创新动力不足。

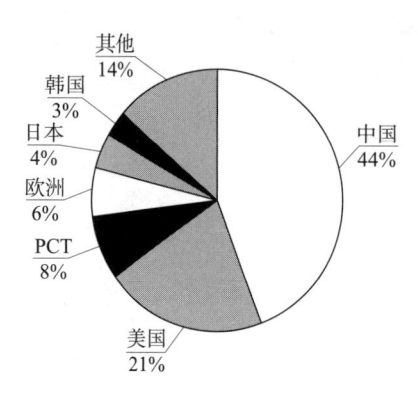

图4-3-5 群体智能知识获取与生成全球目标市场占比

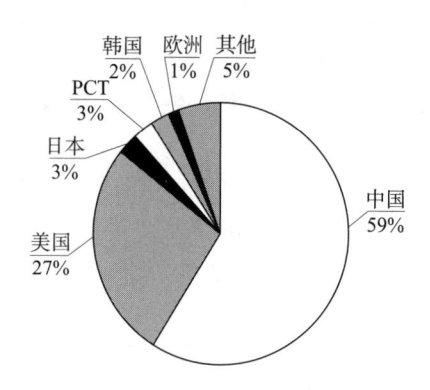

图4-3-6 群体智能知识获取与生成全球原创国家/地区占比

4.3.5 主要申请人布局重点分析

从表4-3-1显示的全球主要申请人申请量年度分布来看，IBM的起步最早，并从2007年开始大幅提升，早于全球的二次发展阶段，表明其具备敏锐的观察力，能够更早确定未来的技术市场。中国科学院、微软、英特尔等起步比IBM稍晚，但中国科学院在2011年后迎来了迅猛发展，微软在2009年后也有了较大增长，而英特尔在2010年后发展比较平稳。国家电网起步虽晚，但2011年后发展势头强劲，尤其是2015年后的申请量迎来了大爆发。

从表4-3-2显示的中国专利主要申请人申请量年度分布来看，中国科学院、清华大学起步较早，且中国科学院在2011年后申请量有了大幅增长，清华大学的历年申请量比较平稳。唯一的美国企业英特尔以及中国企业腾讯，每年保持着比较稳定的申请产出。国家电网起步虽晚，但发展后劲很足，尤其是2015年后申请量迎来了大爆发。

从图4-3-7显示的全球主要申请人申请量区域分布来看，各个申请人主要在本国进行最多的专利申请。从目标市场来看，美国最受重视，然后是PCT和日本。亚马逊没有在中国进行相关专利布局。英特尔比较重视中国的专利布局，且在其他各个国家/地区布局比较均衡。中国的申请人主要布局在中国，只有国家电网、中国科学院以及清华大学在美国有少量布局或提交了少量的PCT申请。

从图4-3-8显示的中国主要申请人申请量区域分布来看，中国申请人主要在中国布局，只有国家电网、中国科学院、清华大学、腾讯和天津大学在美国有少量布局或提交了少量PCT申请。

表4-3-1 群体智能知识获取与生成全球主要申请人申请量年度分布

单位：项

申请人	1992~1997	1998	1999	2000	2001	2002	2003~2006	2007	2008	2009	2010	2011	2012	2013	2014	2015	2016	2017	2018	2019	2020
国家电网	9										3	6	8	16	14	24	27	20	43	37	2
IBM			4	3	1	2	12	9	12	1	7	7	12	18	17	16	12	8	9	4	1
中国科学院			1		2		1	2	2	2	2	8	9	10	12	6	7	8	17	15	1
微软					1		9	2	3	5	4	3	5	5	10	6	6	3	9	1	
浙江大学							4	1		3		8	2	8	2	2	5	7	9	8	
中国南方电网											2	2	2	3	4	2	2	9	12	17	1
北京航空航天大学									1	3	2	1	4	2	4	5	4	5	9	8	
南京邮电大学										1	2	1	3	1	1	6	1	8	8	10	
华南理工大学								1		1		1			1	4	6	3	9	13	1
中国电子科技集团									1	1		1	1		3	4	1	5	11	10	1
武汉大学							1							6	2	4	3	3	7	6	
浙江工业大学												2	3	3	2	4	4	4	6	6	
英特尔		1				1	6	2		2		4	2	2	4	3	3	4	3	1	
北京邮电大学							1	1		3		1			3		1	3	5	7	
上海交通大学							3	3	1	2		1			1	1	1	3	11	4	
戴尔					1				2		1		1	4	2	3	4	3	7		
清华大学					1	1	1	2	1	1		1	2	1	1		1	2	3	12	
西安交通大学						1	1		2						1	3	2	4	8	4	
高通						1	1		1	2	3	1	3	3		3		3	2	2	
亚马逊	1									1	1	1	2	3		6	2	2	2	4	

表4-3-2 群体智能知识获取与生成中国主要申请人申请量年度分布

单位：件

申请人	1999	2000	2001	2002	2003	2004	2005	2006	2007	2008	2009	2010	2011	2012	2013	2014	2015	2016	2017	2018	2019	2020
国家电网	1										1	3	6	8	16	13	24	28	22	43	37	2
中国科学院			2		1				2	2	2	2	7	9	9	12	6	7	9	17	15	1
浙江大学							1	3	1		3		8	2	8	2	2	5	9	9	8	1
北京航空航天大学											3	2	2	4	3	2	6	5	5	12	9	
中国南方电网										1		2	1	2	2	3	2	2	10	12	17	1
南京邮电大学											1	2	1	3	2	1	6	1	9	9	10	
华南理工大学									1		1		1		1	1	4	6	3	9	13	1
中国电子科技集团							1			1	1			1		3	4	1	5	11	10	1
武汉大学									1				1		6	2	4	3	3	7	7	
浙江工业大学						1		1	1		3	1	2	3	3	2	4	4	5	6	6	
北京邮电大学				1					1	2	2	1	4	2	2	3		1	4	6	6	
西安交通大学									3	2						1	3	2	5	11	4	
上海交通大学				1			2		2		2		1			1	1	1	3	11	5	
清华大学		1					1	2	2	1	1	1		2	3	1	1	1	2	3	12	
英特尔							1							1		5	4	4		1		
西安电子科技大学												1	1	2	4	6	2	3	3	4	2	1
重庆邮电大学									1	2					2			3	7	9	4	
腾讯											2		3	3	5	1	2	3		2	2	2
北京理工大学													1		3		1	3	1	6	7	
天津大学				1						1		1			1	5	3	3	3	5	4	1

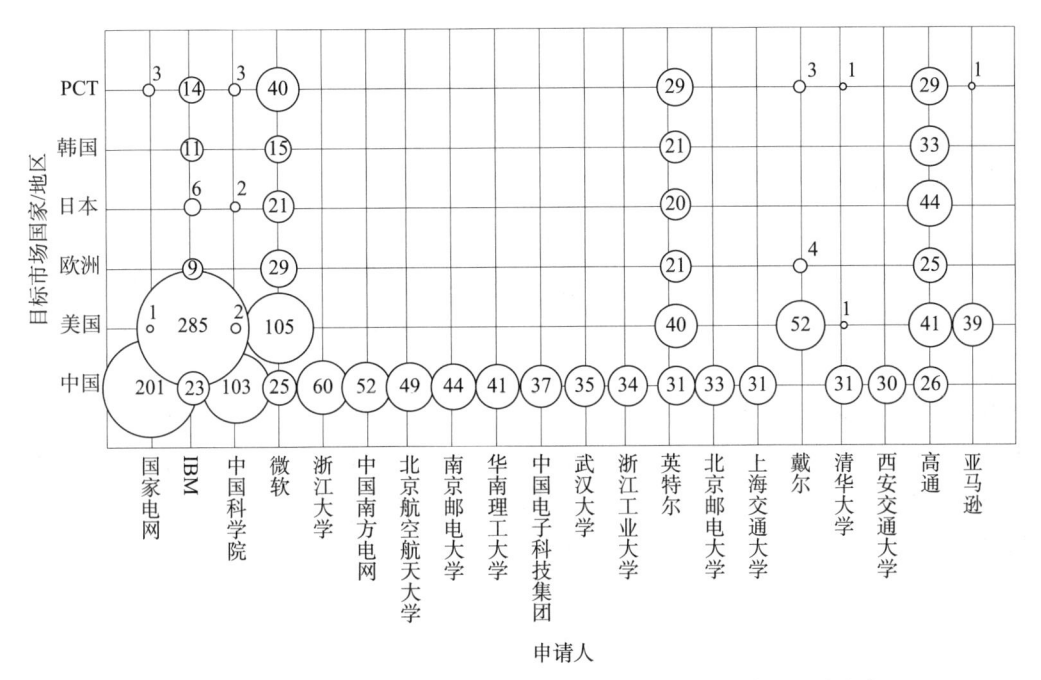

图 4-3-7 群体智能知识获取与生成全球主要申请人申请量区域分布

注：图中数字表示申请量，单位为项。

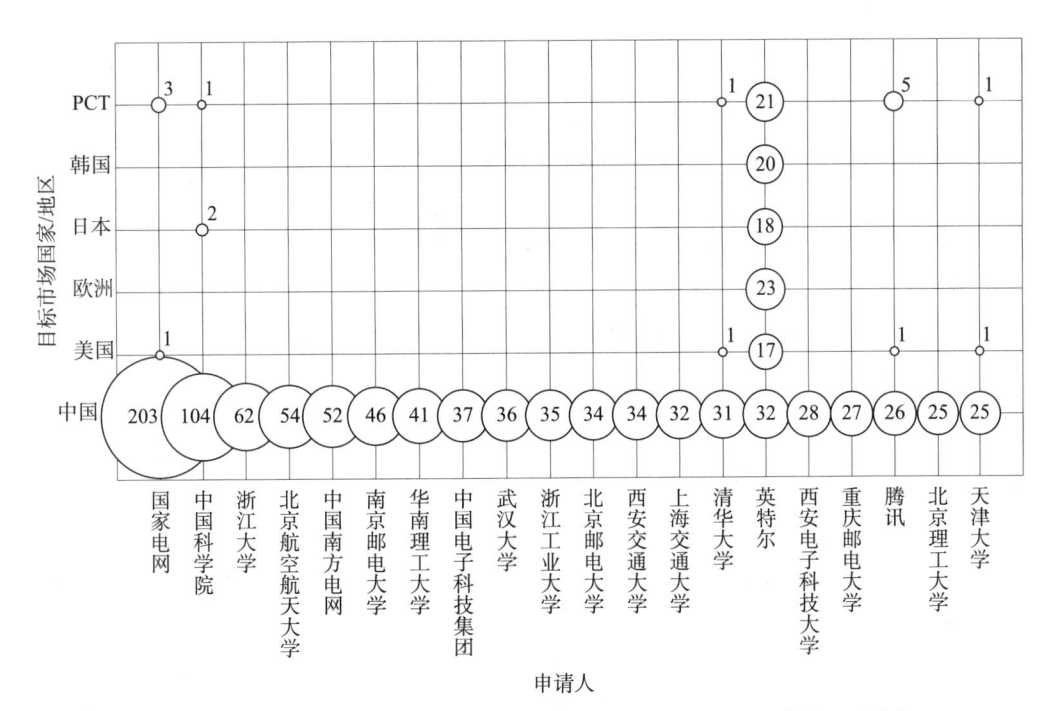

图 4-3-8 群体智能知识获取与生成中国专利主要申请人申请量区域分布

注：图中数字表示申请量，单位为件。

4.4 协同与共享技术专利状况分析

4.4.1 全球/中国申请和授权态势分析

如图4-4-1所示,从群体智能的协同与共享技术全球申请态势来看,该技术在全球范围内最早出现在20世纪70年代,一直到90年代,申请量才略有攀升,2005年之后缓慢增长,2011年之后申请量快速上升,在2013~2014年短暂的平台期后爆炸式增长,这可能得益于算法、算力的提升以及大数据的出现。从中国申请态势来看,群体智能的协同与共享技术在20世纪90年代萌芽,相对于整个世界进程来说出现较晚,基本没有跟上全球的发展脚步。从2001~2011年,国内申请量缓慢上升,2011年之后国内申请量增速较快,这可能与进入21世纪之后,更多的人工智能与智能系统研究课题获得国家与相关部委的支持相关;而2014年之后,国内申请量呈现出爆炸式增长,这与国家进一步加强了对人工智能发展的重视程度有关。

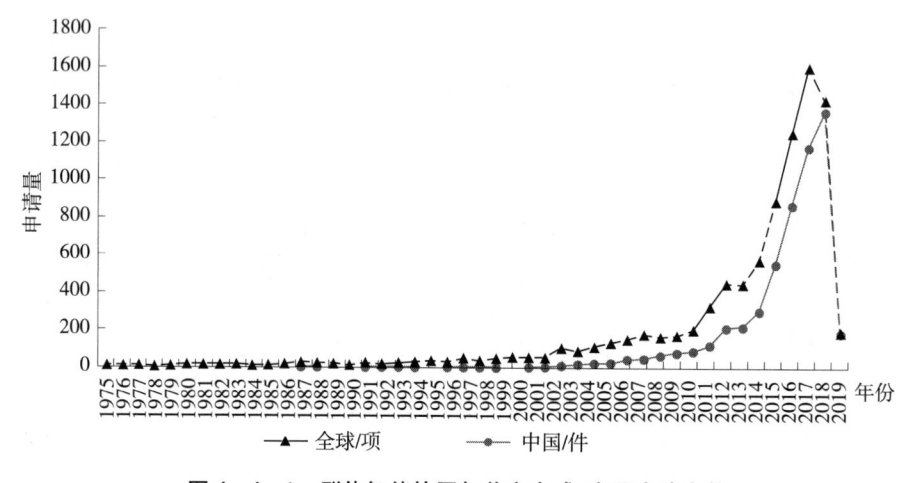

图4-4-1 群体智能协同与共享全球/中国申请态势

从图4-4-2显示的群体智能的协同与共享技术主要国家/地区授权态势来看,美国的授权量持续处于高位,呈现波浪式上升状态,表明了其在该技术领域的领头羊位置。这得益于其拥有实力强大的谷歌、IBM等与人工智能密切相关的龙头企业。中国的授权量则在进入21世纪后才开始稳定出现,并稳步上升,直到2011年与美国不相上下,并于次年超越美国,随后又被美国超越。两个国家交替作为第一位,表明了两国在该技术领域展开了竞争。日本的授权量在2012年达到最高值,然后波浪式降低。这可能与日本相关产业的风险投资金额远低于美国和中国,并且缺少刺激人工智能产业增长的社会环境相关。韩国授权量在2014年之后增长较快。这可能得益于韩国政府投资规划的9项国家级研发项目中排在第一位的就是人工智能项目。欧洲授权量持续处于低位。

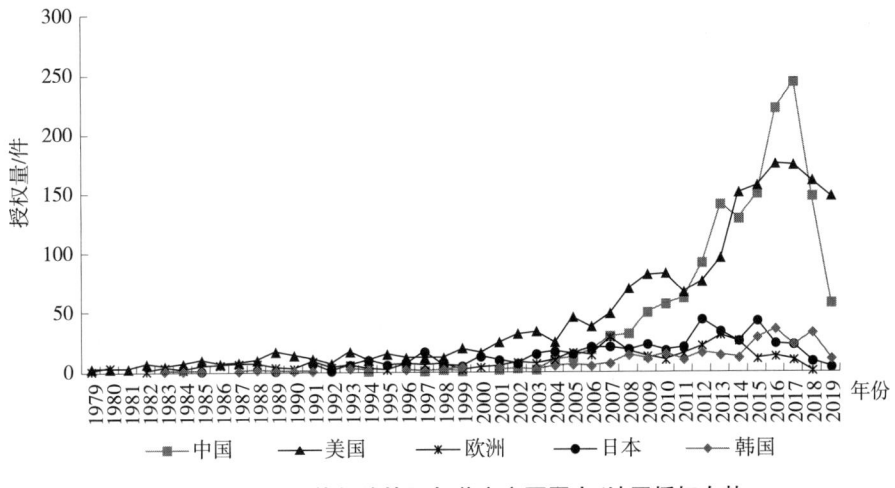

图 4-4-2 群体智能协同与共享主要国家/地区授权态势

4.4.2 主要国家/地区申请量和授权量占比分析

由图 4-4-3 显示的群体智能的协同与共享技术领域主要国家/地区的申请量和授权量可见，中国的申请量最多。这表明在参与发明创造的意愿中，中国较为强烈，但是授权比例却最低，说明申请质量不高。美国的申请量居于第二位，而授权量居于第一位，授权比例很高，表明美国不仅拥有广泛的研发意愿，且在取得的成果中，具有较高的创新性。韩国的授权比例与美国相似，说明申请质量也较高。日本、欧洲的授权比例紧随其后。欧洲、日本和韩国的总体申请量并不是太多，表明这些国家/地区总体上研发热情并不是太高。

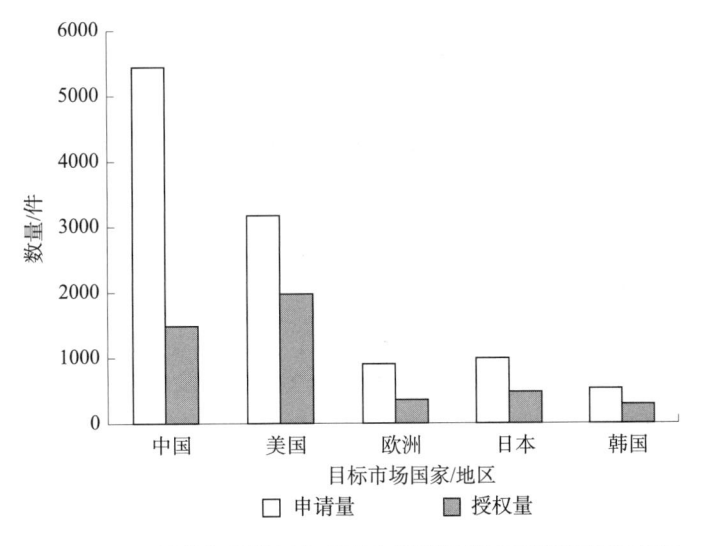

图 4-4-3 群体智能协同与共享主要国家/地区申请量和授权量

4.4.3　全球/中国主要申请人分析

从图4-4-4显示的全球主要申请人排名情况可见，在全球排名前20的申请人当中，中国占了12位，但是其中企业仅占2家，其余全部为高校和科研院所，外国申请人占了8位，全部为企业，可见，中国与国外的研发主体有区别，国外的研发主体集中在企业，而中国的研发主体集中在高校和科研院所。来自国外的8位申请人中，其中，美国5家，日本3家，表明这两个国家在该领域也有较多的研发投入。

申请人	申请量/项
IBM	587
微软	202
北京航空航天大学	168
西北工业大学	126
谷歌	124
南京航空航天大学	121
中国科学院	117
国家电网	104
发那科	94
北京理工大学	90
清华大学	87
波音	84
中国航天科技集团	83
安川	79
英特尔	78
合肥工业大学	71
国防科技大学	70
浙江大学	67
南京邮电大学	66
丰田	61

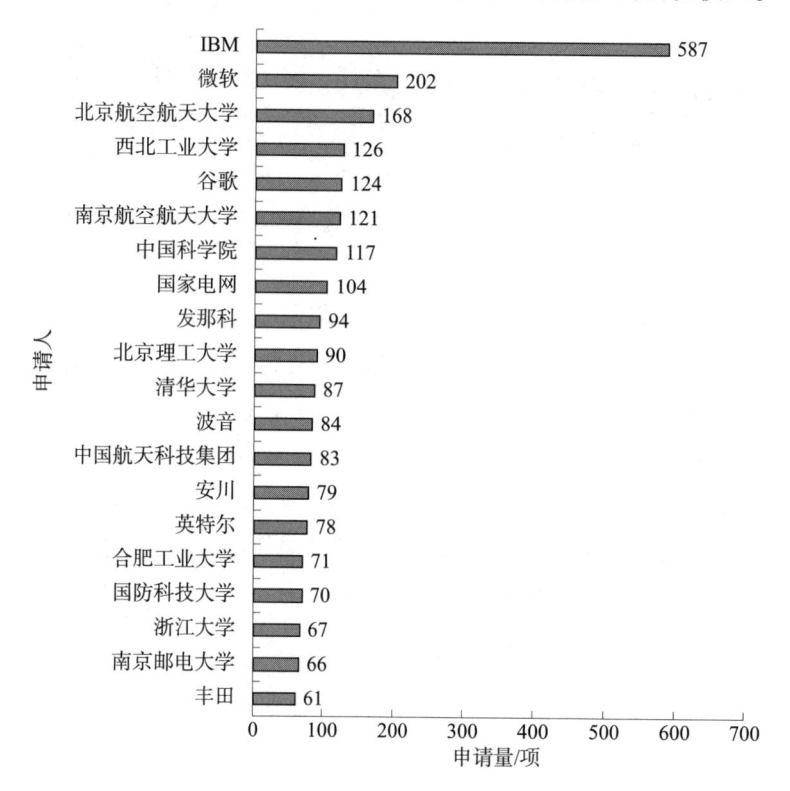

图4-4-4　群体智能协同与共享全球主要申请人排名

排名第一、第二、第五的IBM、微软、谷歌是人工智能领域的龙头企业，它们的申请主要集中在多智能体的信息交互上。北京航空航天大学、西北工业大学、南京航空航天大学分别列于第三、第四、第六位，这可能与这些高校在无人机协同与共享上具有较多的研究相关。中国科学院位于第七位，这与其拥有实力雄厚的科研队伍，并与北京航空航天大学共同负责"中国人工智能2.0发展战略研究"重大咨询研究项目群体智能子项目相关。国家电网的申请主要集中在对电力电网领域的监控和异常识别等具体行业应用。日本企业发那科、安川的专利申请集中在制造领域。中国高校北京理工大学、清华大学、国防科技大学和浙江大学也榜上有名。这可能与这些学校成立相关实验室、加大相关领域的研发力量相关。

从图4-4-5显示的中国专利申请的主要申请人排名情况可见，在中国申请量排名前

20的申请人当中，国内高校和科研院所共占据了14个席位。这进一步验证了国内的研发主体集中在高校和科研院所，排名前三位的分别是北京航空航天大学、西北工业大学和南京航空航天大学。国内的企业共有4家上榜，分别是国家电网、中国航天科技集团、中国电子科技集团和中国航空工业集团，表明企业申请人中，巨头企业占据主导地位。国外企业中有发那科和微软2家企业上榜，表明日本和美国都非常重视中国市场。

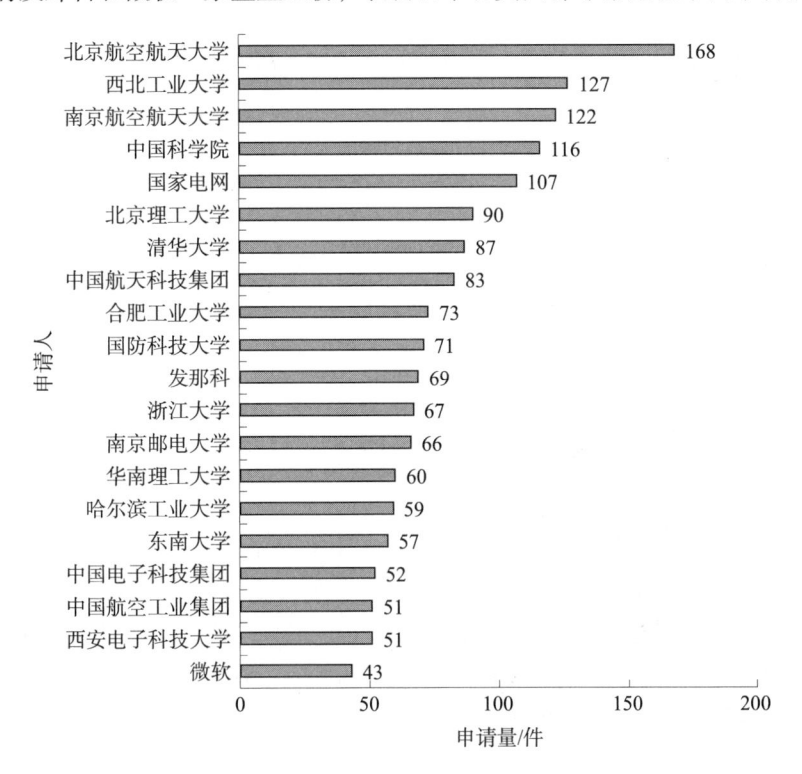

图4-4-5　群体智能协同与共享中国专利主要申请人排名

4.4.4　全球布局区域分析

本小节主要研究了面向群体智能的协同与共享技术领域全球目标市场和原创国家/地区申请量占比情况。从图4-4-6显示的群体智能协同与共享全球目标市场占比中可以看到，中国是最大的目标市场，其次是美国。中国作为人口众多和快速崛起的经济体，潜藏着巨大的商业机会，因此吸引了中、外各创新主体的目光。美国作为拥有众多人工智能科技公司的领头者，同样吸引了创新主体的注意。紧随美国之后的是PCT专利申请，高达8%。这些专利申请在申请之初，就以进入多个国家/地区作为目标。随后的日本、欧洲、德国和韩国分别以8%、7%、5%和4%的占比位居第四名到第七名。

从图4-4-7显示的群体智能协同与共享全球原创国家/地区申请量占比中可以看到，在群体智能的协同与共享技术领域，中国作为原创国家申请量占据了高达50%的比例。这可能是由于中国近年来对于人工智能领域大力的政策扶持，使得本土创新主体受到较大鼓励，拥有较多产出。紧随其后的是美国。美国拥有众多人工智能企业，其创新实力强大。之后是日本、德国和韩国。

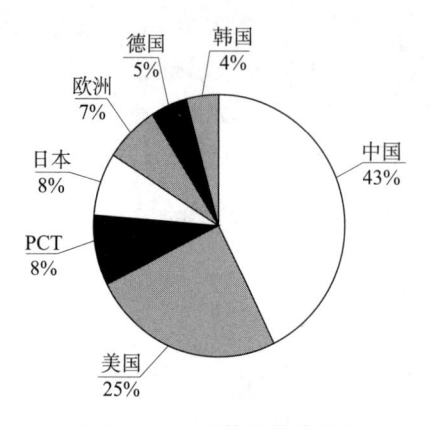

图 4-4-6 群体智能协同与共享全球目标市场占比

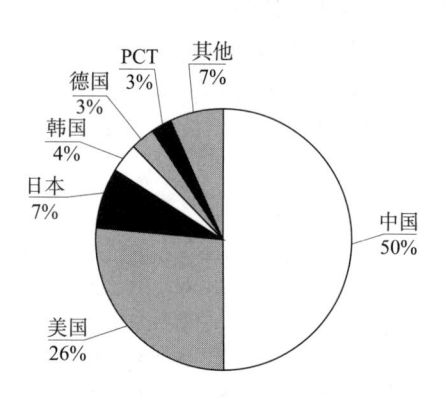

图 4-4-7 群体智能协同与共享全球原创国家/地区占比

4.4.5 全球/中国主要申请人布局重点分析

本节主要研究了群体智能的协同与共享技术领域全球/中国主要申请人布局重点，主要分析了年度分布和区域分布。

从表 4-4-1 显示的全球主要申请人申请量年度分布来看，IBM、发那科、安川最早对群体智能协同与共享进行专利布局，微软、英特尔、波音在进入 21 世纪时开始了在这一技术领域的专利布局，形成了美、日分庭抗礼的局面；中国的申请人除了中国科学院较早进行布局之外，其余申请人基本在 2008 年之后才开始进行专利布局，甚至个别高校申请人到 2013 年才有首件专利申请，起步较晚，但是追赶势头比较猛。

从表 4-4-2 显示的在中国进行专利申请的主要申请人申请量年度分布来看，基本在进入 21 世纪之后，微软、中国科学院和发那科开始在中国进行专利布局，北京航空航天大学、清华大学、南京航空航天大学、华南理工大学和哈尔滨工业大学等紧随其后，其他申请人则普遍在 2010 年之后才进行连续的专利布局。可见中国的群体智能的协同与共享技术起步较晚。

从图 4-4-8 显示的全球主要申请人申请量国家/地区分布情况可见，大部分申请人都是在本国进行最多的专利申请，在国外申请人中，无一例外均进行了全球布局。作为知名科技公司的 IBM 和谷歌、微软的情形有所不同。相对于本土布局的数量，IBM 的海外布局较少，仅零星分布在中国、欧洲、日本和韩国。而谷歌和微软却呈现出了相似的布局情形，除了本土作为申请量最多的国家外，均将 PCT 作为最重要的申请形式，表明这两个公司是希望进入全球市场的。微软重视中国市场超过重视欧洲市场，而谷歌却相反。日本企业除了本国申请量最高外，在美国申请量仅次于本土，即美国是日本企业最大的目标国。在中国申请人中，除了中国科学院、合肥工业大学、北京航空航天大学以及国家电网在国外进行少量专利布局外，其他申请人基本没有在海外进行布局。

表4-4-1 群体智能协同与共享全球主要申请人申请量年度分布

单位：项

申请人	1986~1999	2000	2001	2002	2003	2004	2005	2006	2007	2008	2009	2010	2011	2012	2013	2014	2015	2016	2017	2018	2019	2020
IBM	15	11	9	5	21	9	10	11	22	18	20	17	19	39	56	52	57	50	76	54	4	4
微软	1	2	3	2	2	5	4	6	7	14	9	11	20	11	24	22	17	10	15	16		1
北京航空航天大学									2	2	6	4	3	4	8	7	6	8	20	45	45	8
西北工业大学									1				2	2	5	4	7	7	28	26	40	5
谷歌							3	6		2	2	1	10	28	24	13	9	10	8	5	2	
南京航空航天大学					1		1	1					2		2	2	3	7	25	31	45	3
中国科学院	1						1	1	1	1	1	5	3	3	7	4	8	11	22	23	20	4
国家电网						1							1	2	4	3	8	9	15	23	35	4
发那科	14	1		1	2	2	7		3		2			9	2	6	11	7	18	9	1	
北京理工大学									1	1	1	1	2	4	2	5	6	13	12	20	21	2
清华大学						1		1	1	1	1	3	3	10	3	6	2	8	8	16	19	6
波音	2			1	4		1	6	3	2	8	4	2	7	9	7	4	5	8	8		1
中国航天科技集团														1	6	8	5	7	8	17	27	4
安川	20	3	1	2	7	4	1	2	1	4	2	2	3	8	10	1	1	1	3	2		
英特尔		1	1		1	2		1	1	1	1	1	5	5	6	2	11	8	17	7	9	4
合肥工业大学															4	1	2	10	22	3	25	4
国防科技大学															1	1	1	10	6	16	34	1
浙江大学											1	1	2	2	5	3	1	3	9	16	17	4
南京邮电大学					3	3		1	4	1	1	1		3	3	5	8	6	12	11	27	3
丰田	1				3			3		1	3	2		3	1	3			12	8		

表4-4-2 群体智能协同与共享中国主要申请人申请量年度分布

单位：件

申请人	2002	2003	2004	2005	2006	2007	2008	2009	2010	2011	2012	2013	2014	2015	2016	2017	2018	2019	2020
北京航空航天大学						2	2	6	4	3	4	8	7	6	8	20	45	45	8
西北工业大学										2	2	5	4	7	7	28	26	40	6
南京航空航天大学				1						2		2	2	3	7	25	31	45	4
中国科学院	1			1	1	1	1	1	5	3	2	7	3	8	11	22	24	20	4
国家电网										1		4	3	8	9	15	23	35	7
北京理工大学						1		1	1	2	4	2	5	6	13	12	20	21	2
清华大学			1			1		1	3	3	10	3	6	2	8	8	16	19	6
中国航天科技集团											1	6	8	5	7	8	17	27	4
合肥工业大学												4	1	2	10	22	3	25	6
国防科技大学												1	1	1	10	6	16	35	1
发那科	1		2	5		3		1			7	2	4	11	7	17	8	1	
浙江大学							4	1	1	2	2	5	3	1	3	9	16	17	4
南京邮电大学					1		1	1	1			3	5	1		12	11	27	3
华南理工大学							1		1	1		2	1	2	6	9	16	21	
哈尔滨工业大学					1			7		2	3	1	2	7	5	7	14	9	1
东南大学							1	2	1	1		3	1	5	7	4	12	17	3
中国电子科技集团												2	1		2	7	11	28	1
中国航空工业集团												1	1	2	11	10	13	12	1
西安电子科技大学						1					1	1	1	6	2	9	11	20	1
微软	2	2		1			1		5	1		10	6	7	5	1			

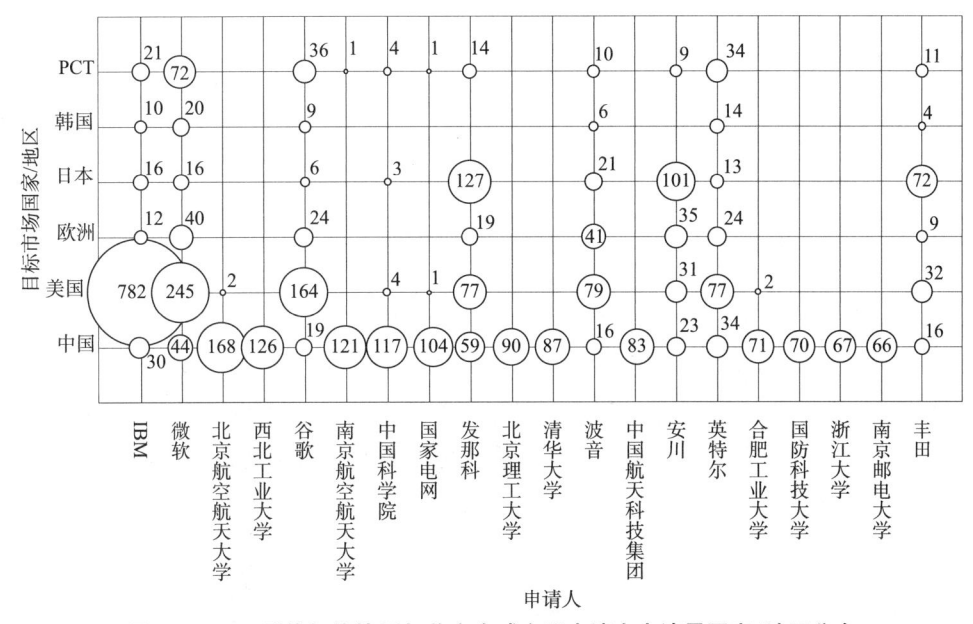

图4-4-8 群体智能协同与共享全球主要申请人申请量国家/地区分布

注：图中数字表示申请量，单位为项。

从图4-4-9显示的在中国进行申请的主要申请人申请量国家/地区分布情况可见，中国企业申请人中，除了少量申请人进行零星的全球布局外，大部分申请人没有海外布局的意识或者意图；有些申请人即使进行了PCT申请，也没有进入国家阶段。作为进入前20位的国外申请人，发那科对中国市场和美国市场几乎同等重视，而微软对中国市场和欧洲市场几乎同等重视。

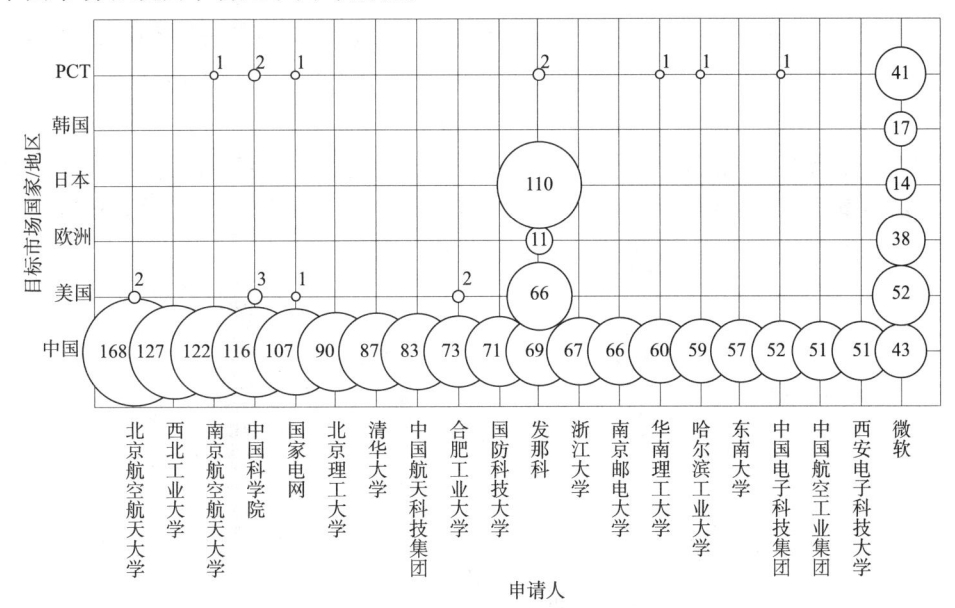

图4-4-9 群体智能协同与共享中国专利主要申请人申请量国家/地区分布

注：图中数字表示申请量，单位为件。

4.5 评估与演化专利状况分析

4.5.1 全球/中国申请和授权态势分析

如图4-5-1所示,从全球申请态势来看,群体智能的评估与演化技术出现较晚,出现于20世纪90年代,且初期申请量一直处于低位,直到2003年之后才出现了缓慢的增长,2007年之后出现了短暂的调整期后又缓慢上升,直到2017年才开始迅速攀升。从中国申请态势来看,在全球申请量出现增长时,中国才开始进行研发,有少量专利申请出现,2012年之前缓慢增长,随后快速增长,并在2017年之后增长较快。该技术分支出现较晚,且申请量不高,可见群体智能的评估与演化是最新被关注的技术。

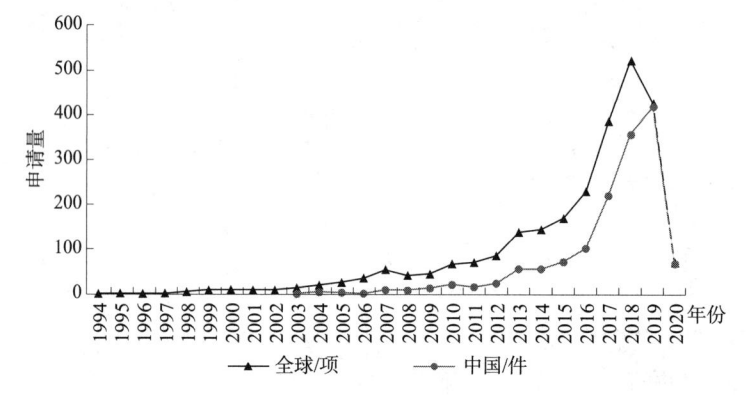

图4-5-1 群体智能评估与演化全球/中国申请态势

从图4-5-2显示的主要国家/地区授权态势来看,在群体智能的评估与演化领域,美国最早出现专利授权,且数量上长期居于首位,可见美国在该技术领域持续处于领头羊的位置。中国的授权量从2003年开始稳步增长,紧追美国,呈现出中美齐头并进的态势。日本、欧洲和韩国的授权量都维持在较低的状态。从授权量趋势来看,中、美两国的授权趋势都呈现出波浪式上升的状态,日本和欧洲的授权量曲线时断时

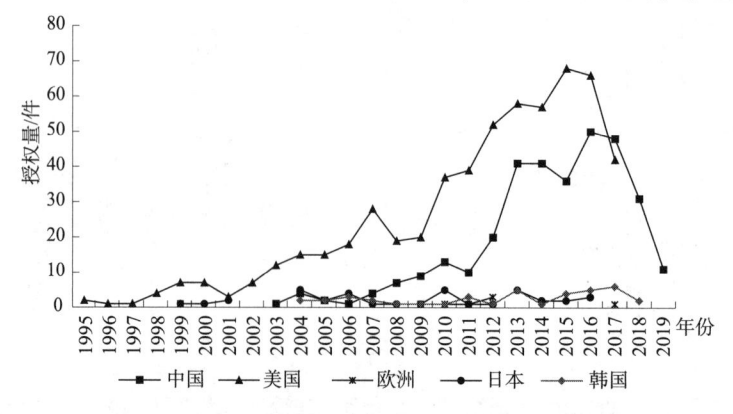

图4-5-2 群体智能评估与演化主要国家/地区授权态势

续，韩国呈现出明显的波浪式曲线，表明该技术领域的发展过程并不顺利。

4.5.2 主要国家/地区申请量和授权量占比分析

本小节主要研究了群体智能的评估与演化在主要国家/地区的申请量和授权量。从图 4-5-3 可见，中国的申请量最多。这表明中国的创新主体在该领域有强烈的研发意愿。美国的申请量居于第二位，随后为欧洲、韩国和日本。在授权比例上，美国最高，其次为日本，均为 50% 以上，韩国紧随其后，而中国和欧洲的授权量较低。这表明美国掌握了该技术领域中众多质量较高的专利。

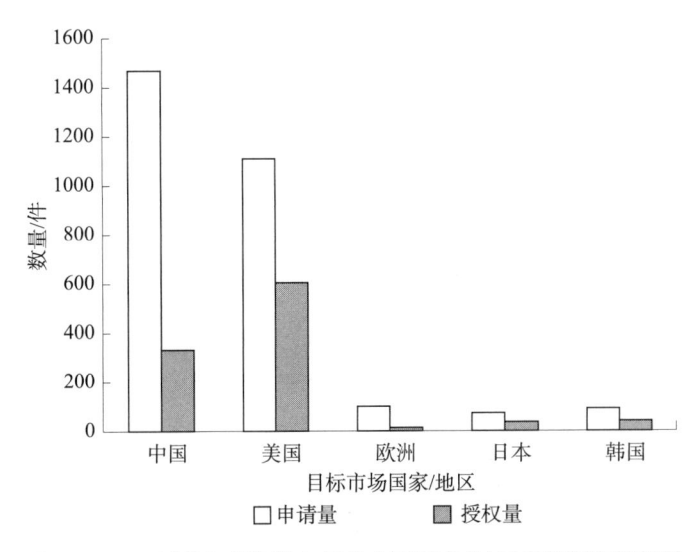

图 4-5-3 群体智能评估与演化主要国家/地区申请量和授权量

4.5.3 全球/中国主要申请人分析

从图 4-5-4 看出，在全球排名前 20 的申请人当中，中国申请人占了 13 席，美国申请人占据 7 席，可见在该领域，中国与美国出现了分庭抗礼的局面。

中国申请人中，有 11 家高校与科研院所，2 家企业，而美国申请人全部是企业，可见两国的创新主体不同。美国的 IBM、微软、谷歌、Facebook、亚马逊和英特尔均为人工智能领域名气较大的企业，而 Cognitive Scale 是一家新创企业，可见美国的研发力量基本都集中在企业。而中国的企业国家电网和中国南方电网均为大型国有企业，其他申请人均为高校和科研院所，可见中国的研发力量主要集中在高校、科研院所或者大型企业中。

从图 4-5-5 显示的中国专利主要申请人排名情况可见，在中国申请量排名前 20 的申请人当中，中国有 18 位，美国有 2 位。中国申请人中高校和科研院所占据了 16 位，企业占据了 2 位，且均为大型国有企业，可见研发力量集中在高校和科研院所。进入中国的企业均来自美国，可见美国对中国市场较为重视。

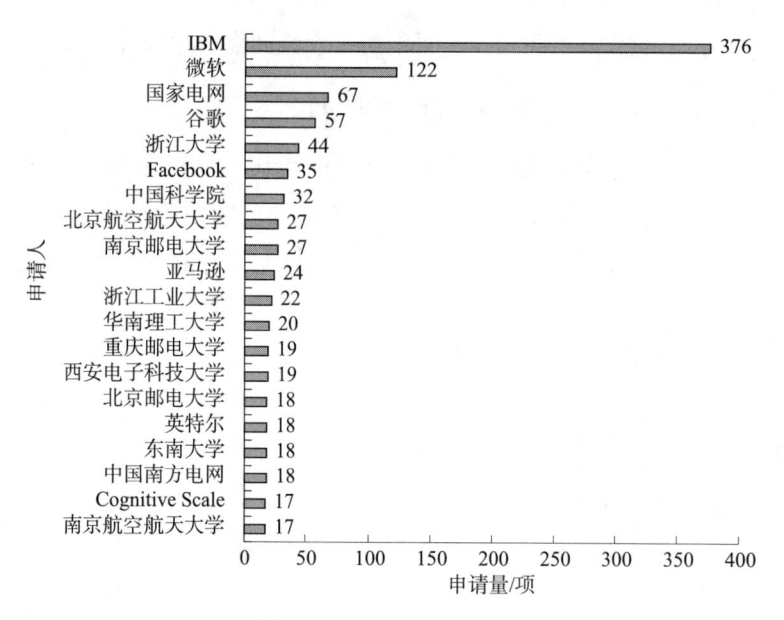

申请人	申请量/项
IBM	376
微软	122
国家电网	67
谷歌	57
浙江大学	44
Facebook	35
中国科学院	32
北京航空航天大学	27
南京邮电大学	27
亚马逊	24
浙江工业大学	22
华南理工大学	20
重庆邮电大学	19
西安电子科技大学	19
北京邮电大学	18
英特尔	18
东南大学	18
中国南方电网	18
Cognitive Scale	17
南京航空航天大学	17

图 4-5-4　群体智能协同与演化全球主要申请人排名

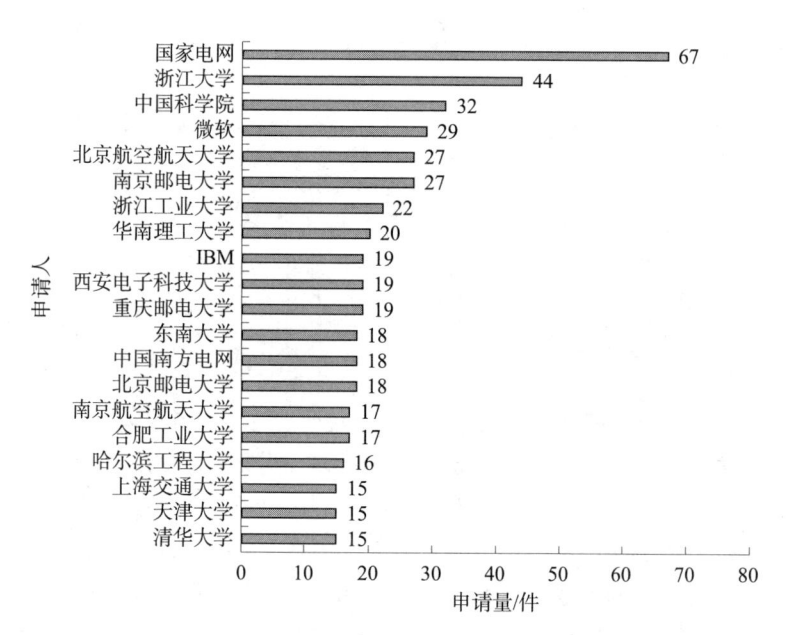

申请人	申请量/件
国家电网	67
浙江大学	44
中国科学院	32
微软	29
北京航空航天大学	27
南京邮电大学	27
浙江工业大学	22
华南理工大学	20
IBM	19
西安电子科技大学	19
重庆邮电大学	19
东南大学	18
中国南方电网	18
北京邮电大学	18
南京航空航天大学	17
合肥工业大学	17
哈尔滨工程大学	16
上海交通大学	15
天津大学	15
清华大学	15

图 4-5-5　群体智能评估与演化中国专利主要申请人排名

4.5.4　全球布局区域分析

从图 4-5-6 显示的全球目标市场申请量占比中可以看到，中国是最大的目标市场国，其次是美国，中国也是最大的技术原创国。这可能与人工智能技术日益受到重视、国家支持力度较大相关。美国作为拥有众多人工智能科技公司的领头者，同样吸引了创新主体的注意。还有 8% 的专利申请是 PCT 申请，表明这些专利申请在申请之初,就以进入多个国家/地区作为目标。随后是欧洲、韩国和日本,分别占 3%、3% 和 2%,表明它们作为市场国的地位是一致的。

从图 4-5-7 显示的全球原创国家/地区申请量占比中可以看到,中国作为原创国家,占据了 52% 的申请量。这除了与人工智能受到国家政策扶持相关外,还有可能是由于国外多家公司出于对中国市场的重视,在中国成立分公司,其研发成果使得中国成为原创国。原创国家/地区中排在第二位的是美国,其占比为 40%。原创国家/地区中排名第三的是韩国,随后是日本和印度。在目标国家/地区和原创国家/地区中,前两位均是中国、美国,可见在该技术领域,中美呈现出了齐头并进的态势。

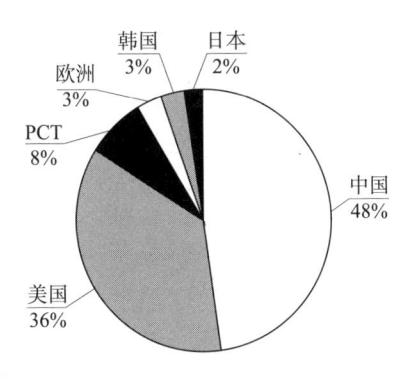

图 4-5-6 群体智能协同与演进全球目标市场占比

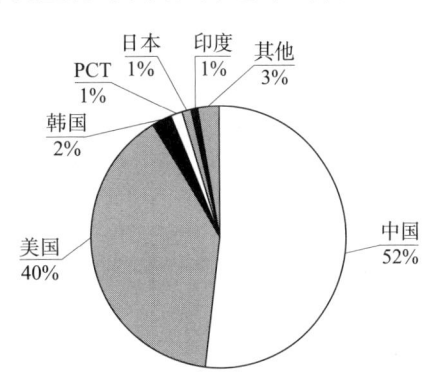

图 4-5-7 群体智能协同与演化全球原创国家/地区占比

4.5.5 全球/中国主要申请人布局重点分析

从表 4-5-1 显示的全球主要申请人申请量年度分布来看,IBM 和微软较早进行了专利布局,可见这两家公司对于群体智能的协同和演进较早就进行了研究;随后是 Facebook 和亚马逊,而谷歌和英特尔的相关技术则出现在 2010 年之后。中国的申请人北京邮电大学、中国科学院和北京航空航天大学最早进行了专利布局,其他则在 2010 年之后才开始布局。多数申请人的申请量在某些年份出现了空白的情形,表明该技术发展并不顺利;而 IBM 和微软则是历年都在以较高数量发展,表明这两家公司在该领域具有领先地位。

从表 4-5-2 显示的在中国进行专利申请的主要申请人申请量年度分布来看,国内的申请人基本在 2010 年之后才进行连续的专利布局。在高校和科研院所申请人中,上海交通大学、清华大学和北京邮电大学较早进行专利布局,中国科学院、北京航空航天大学紧随其后在 2007 年后开始布局;企业申请人则是到 2010 年之后才进行专利布局。

从图 4-5-8 显示的全球主要申请人申请量国家/地区分布情况可见,大部分申请人都是在本国进行最多的专利申请,在国外申请人中,无一例外均进行了全球布局。

IBM 除了本国外,还在中国进行了一些布局,在其他国家/地区的布局量则为个位数。微软和谷歌均进行了较多的 PCT 申请,并均较为看重中国和欧洲市场。Facebook 和亚马逊均进行了零星的海外布局。国内申请人中除了南京航空航天大学提出了 1 件 PCT 申请之外,其他申请人均没有进行海外布局。

表 4-5-1 群体智能协同与演化全球主要申请人申请量年度分布

单位：项

申请人	2000	2001	2002	2003	2004	2005	2006	2007	2008	2009	2010	2011	2012	2013	2014	2015	2016	2017	2018	2019	2020
IBM	1	1	2	5	3	2	4	14	13	7	14	19	19	27	38	44	47	55	48	3	3
微软	1	2	1	3	4	2	7	6	4	3	8	5	4	13	13	8	14	9	14	1	
国家电网											2			4	2	4	7	7	25	16	
谷歌											2			3	2	3	3	4	17	15	
浙江大学														5	2	1		6	18	9	3
Facebook						1			1	1		1	2	2	1	1	4	23		11	1
中国科学院								2		1	1			2	1	1	2	6	4	6	
北京航空航天大学											1		1	2	1			2	11	6	
南京邮电大学													1	2	3	3	1	3	7		
亚马逊							1				3		5	1		6	2	3			
浙江工业大学													1		1	2	4	3	5	6	4
华南理工大学														1	1	1	2	2	7	6	
重庆邮电大学																	2	3	5	5	4
西安电子科技大学															1	2		2	6	5	2
北京邮电大学							1				2	3	1				1	4	5	1	
英特尔														3				2	7	5	1
东南大学													2	2	1		3	2	3	4	1
中国南方电网													2	2	1		3	2	3	4	1
Cognitive Scale														2	3	2	10				
南京航空航天大学														1	1		1	5	5	2	1

表4-5-2 群体智能协同与演化中国主要申请人申请量年度分布

单位：件

申请人	年份 2003	2004	2005	2006	2007	2008	2009	2010	2011	2012	2013	2014	2015	2016	2017	2018	2019	2020
国家电网								2			4	2	4	7	7	25	16	
浙江大学			1								5	2	1		6	18	9	3
中国科学院						1	1	1	1		2	1	1	2	6	4	11	1
微软		2		1		1		2		2	7	2	3	6	2			
北京航空航天大学					2		1	1		1	2	1			2	11	6	
南京邮电大学								1		1	2	3	3	1	3	7	6	
浙江工业大学										1		1	2	4	3	5	6	2
华南理工大学													1	2	2	7	6	4
IBM			1			1		1	2	4	1	1			4	3		1
西安电子科技大学											1		2		2	6	5	2
重庆邮电大学														2	3	5	5	4
东南大学											3				2	7	5	1
中国南方电网										2	2	1		3	2	3	4	1
北京邮电大学				1				2	3	1				1	4	5	1	
南京航空航天大学							1				1	1	1	1	5	5	2	1
合肥工业大学												2	1			4	8	2
哈尔滨工程大学						1					1	1	1	1	2	5	5	
上海交通大学	1										1	1	2	3		3	2	
天津大学													1		1	6	5	2
清华大学				1			1					1		1	1	4	6	

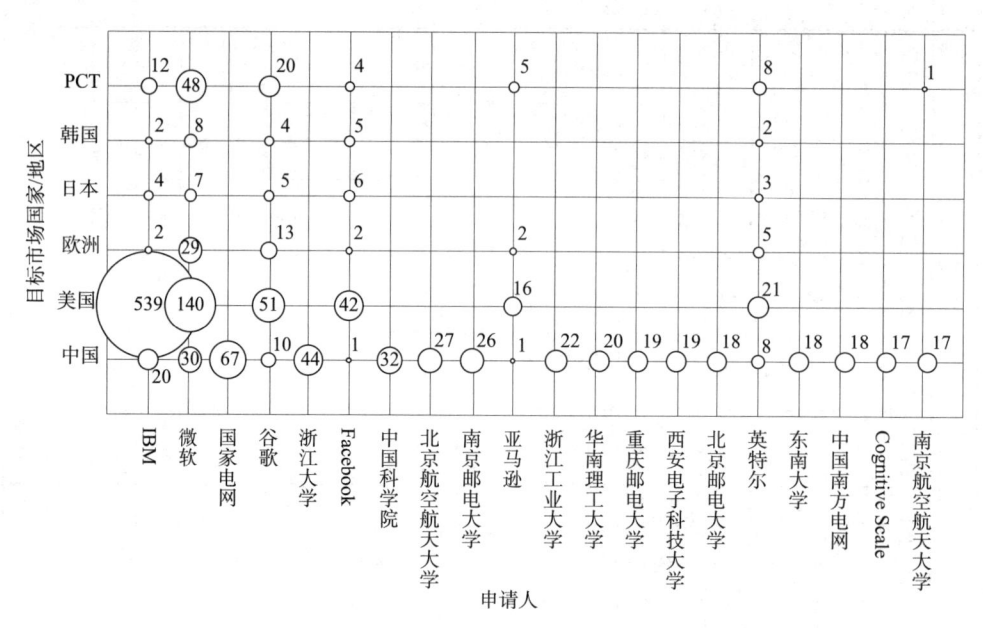

图 4-5-8　群体智能协同与演化全球主要申请人申请量国家/地区分布

注：图中数字表示申请量，单位为项。

从图 4-5-9 的国内申请主要申请人申请量国家/地区分布情况可见，除清华大学进行了在美国进行了 1 件布局之外，南京航空航天大学还进行了 1 件 PCT 申请，但是却没有进入国家阶段，其余申请人均没有进行海外布局，这表明我国申请人的海外布局意识和意图均比较淡薄。

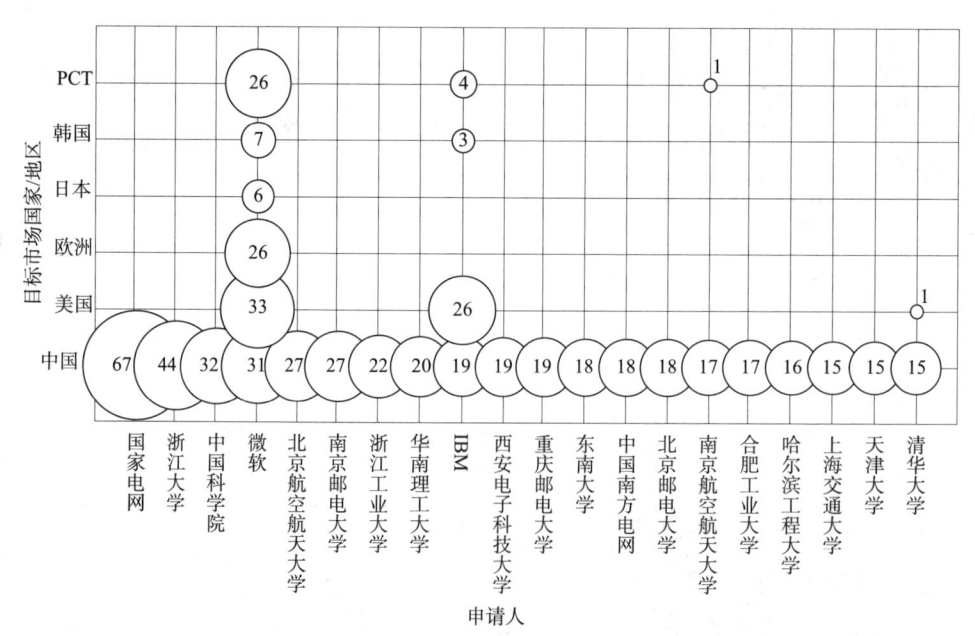

图 4-5-9　群体智能协同与演化中国专利主要申请人申请量国家/地区分布

注：图中数字表示申请量，单位为件。

4.6 群体智能空间的服务体系结构专利状况分析

4.6.1 全球/中国申请和授权态势分析

由图4-6-1可知,从全球申请量来看,群体智能空间的服务体系结构技术在20世纪90年代之前申请量极小,一直到1998年,群体智能空间的服务体系结构技术分支的申请量均未超过10件,从1999年开始逐渐上升,在2013年申请量超过100件,并且从该年份起,申请量开始明显上升,并且此后逐年保持了较快的增长,尤其在2016~2019年增长最快。并且该分支是群体智能的底层技术分支,伴随着群体智能技术的发展开始有了进一步发展,申请量逐渐增多。受限于专利申请公开时间的滞后性,2018年的专利申请数据存在缺失的情况,但根据该技术主题专利申请量的增长趋势可以预测,2019~2020年该技术主题下的专利申请量增长仍会保持在比较稳定的水平。

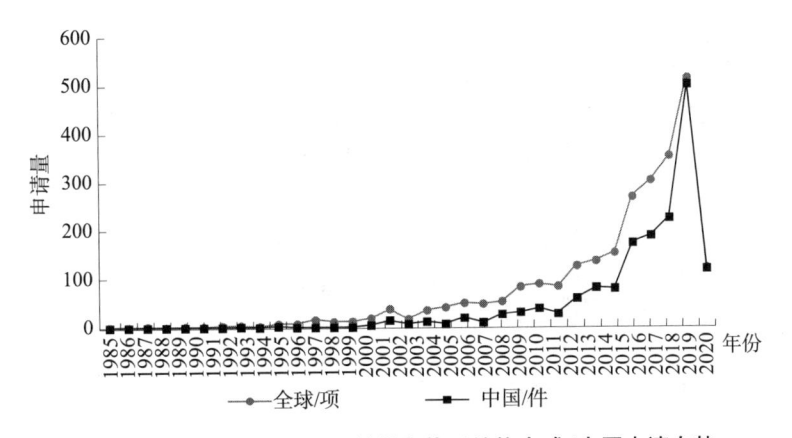

图4-6-1 群体智能空间的服务体系结构全球/中国申请态势

从群体智能空间的服务体系结构中国申请态势来看,1985~2001年,中国申请量极少,基本处于个位数,中国并没有跟上全球的发展脚步;2002~2012年,国内申请量缓慢上升;2013~2019年,中国申请量增速较快,这可能与2013年之后更多群体智能研究课题获得政策和相关科研基金的支持相关;2015年之后中国申请量呈现出爆炸式增长,这与国家进一步加强了对人工智能发展的重视程度有关。

从图4-6-2显示的主要国家/地区授权态势来看,中国的授权量大约从1997年开始逐渐增加,可见我国在群体智能空间的服务体系结构领域的研究开始时间略晚于其他国家。一直到2006年,中国的专利授权量攀升至世界第二位,仅次于美国;从2012年开始,中国专利授权量快速增加。这与政府不断增大的支持力度相关。一直到2015年,中国专利授权量超越美国,跃居世界第一位,但是这可能与本书的统计方法相关。本书中使用最早优先权日作为统计值,由于专利申请通常经过较长时间的审查过程后才能走向结案,鉴于中国专利审查的结案周期较快,因此,目前最早优先权日为2017年的美国专利申请可能还没有走向结案。究竟是美国的领头羊地位走到了拐点,还是部分专利申请由于审查周期问题尚未得到授权,还需要继续观察。

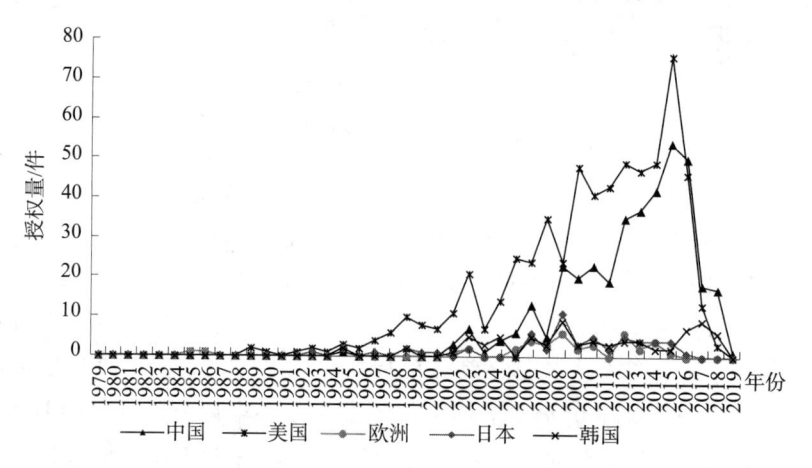

图 4-6-2 群体智能空间的服务体系结构主要国家/地区授权态势

美国的授权量自 1999 年开始攀升,从 1999~2016 年,授权量呈现波浪式上升的趋势,且远远超过其他国家。由此可见,在此期间美国在群体智能空间的服务体系结构领域处于领头羊的地位,这可能得益于其拥有实力强大的谷歌、IBM 等与人工智能密切相关的龙头企业。从 2015 年开始,美国的授权量急剧下降,下降原因可能与美国较长的审查周期相关。

欧洲、日本和韩国的专利授权量一直处于较为平稳的状态。这与这些国家/地区相关产业的风险投资金额远低于美国和中国,并且缺少刺激人工智能产业增长的社会环境相关。

4.6.2 主要国家/地区申请量和授权量分析

群体智能空间的服务体系结构领域主要国家/地区的申请量和授权量可见图 4-6-3。从图中可见,中国的申请量最多,这表明在参与发明创造的意愿中,中国较为强烈;

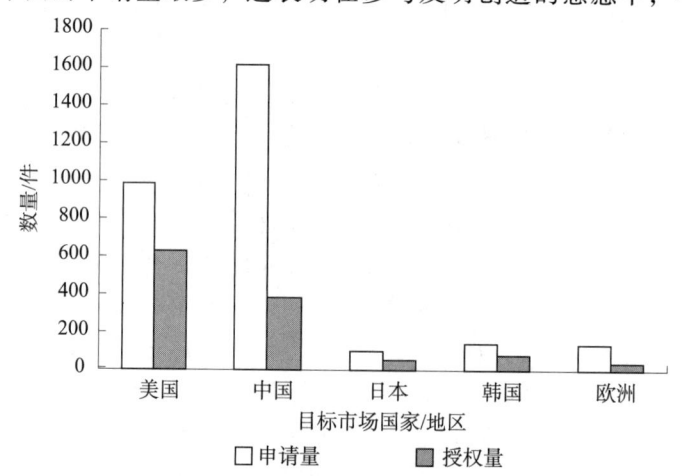

图 4-6-3 群智空间的服务体系结构主要国家/地区申请量和授权量

但是授权比例却最低，说明申请质量不高。美国的申请量居于第二位，而授权量居于第一位，授权比例很高，表明美国不仅拥有广泛的研发意愿，且在取得的成果中，具有较高的创新性。日本和韩国的授权比例与美国相似，说明其申请质量也较高，欧洲的授权比例紧随其后。欧洲、日本和韩国的总体申请量并不是太多，表明这些国家和地区总体上研发热情不是太高。

4.6.3 全球/中国主要申请人分析

如图4-6-4所示，从全球专利申请量排名前20位的申请人来看，中国申请人以高校和科研院所居多。这是由于群体智能空间的服务体系结构的产业落地较少，主要停留在理论研究阶段，企业创新主体在该领域的研发活动较少。而IBM、微软和亚马逊等美国科技巨头相较中国企业更加重视对理论和前沿技术的研究，因此在群体智能空间的服务体系结构技术布局较多，尤其是IBM在这一分支中布局数量达到356项，遥遥领先于其他申请人。IBM、微软和亚马逊三家公司之外的其他申请人的申请数量都未超过100项。全球主要申请人中仅包括了美国和中国创新主体，欧、日、韩创新主体缺席，表明中美两国在该领域具有绝对的领先优势。

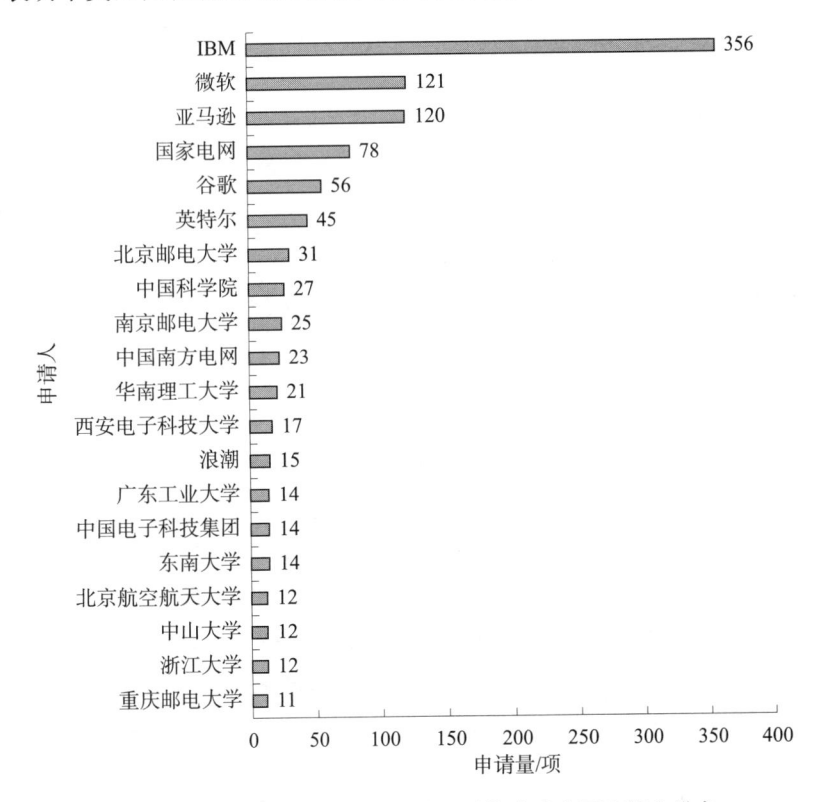

图4-6-4 群智空间的服务体系结构全球主要申请人排名

从图4-6-5显示的群体智能空间的服务体系结构中国专利主要申请人排名来看，国内申请人除国家电网、中国南方电网、中国电子科技集团和浪潮之外，其余申请人都是高校或科研院所,显示出国内创新主体对这一技术的研发还处于理论阶段。国内企业应当和国内高校和科研院所加强合作,通过产学研结合快速提升在该领域的竞争力。与全球主要申请人类似,中国专利主要申请人中同样仅包括美国和中国创新主体。

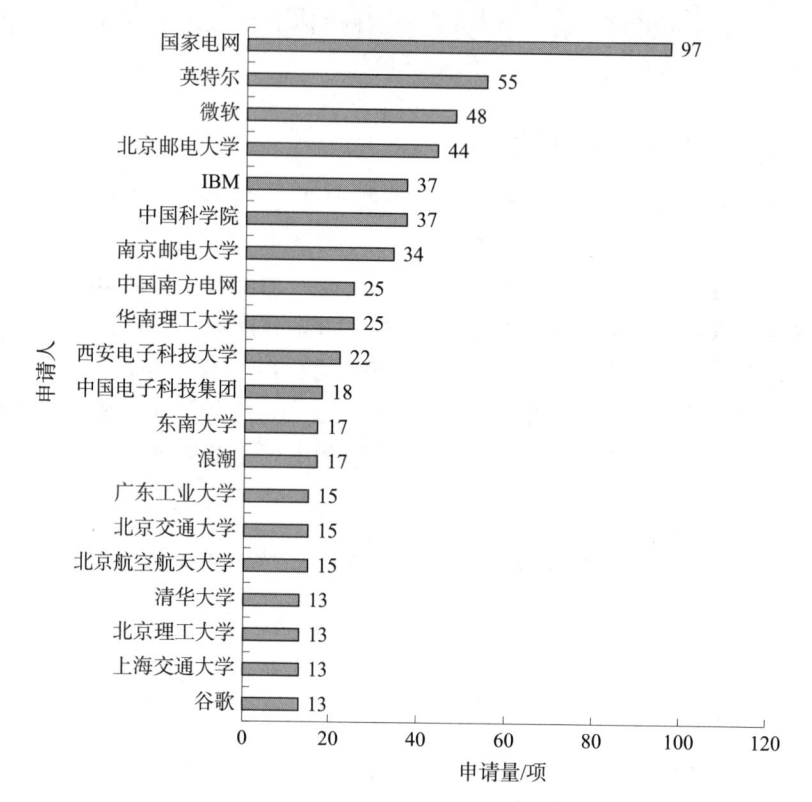

申请人	申请量/项
国家电网	97
英特尔	55
微软	48
北京邮电大学	44
IBM	37
中国科学院	37
南京邮电大学	34
中国南方电网	25
华南理工大学	25
西安电子科技大学	22
中国电子科技集团	18
东南大学	17
浪潮	17
广东工业大学	15
北京交通大学	15
北京航空航天大学	15
清华大学	13
北京理工大学	13
上海交通大学	13
谷歌	13

图 4-6-5　群体智能空间的服务体系结构中国专利主要申请人排名

4.6.4　全球布局区域分析

由图 4-6-6 可以看出,群体智能空间的服务体系结构技术相关专利申请的全球目标市场分布较为广泛,中国、美国、韩国、欧洲、日本等是专利申请进入比较多的国家,同时以 PCT 提出申请并进入到各个国家的专利申请也占有较大的比重,达到 6%。其中,中国、美国是位于前两位的布局目标国家。一方面,这两个国家是人工智能领域研究最为活跃的区域,本土申请量较大,两者的申请量总和已经达到 76%,远超其他国家/地区;另一方面,这两个国家的经济和技术处于全球领先地位,在这些国家进行专利布局以提高市场竞争力也是跨国企业通常的做法。也正是由于以上两个方面的原因,中国成为最大的目标市场国,这将使得群体智能相关企业以及研究机构面临更多的挑战,同时其也会为国内群体智能的发展提供机遇,激发国内主体的创新积极性。

从图 4-6-7 显示的全球原创国家/地区申请量占比中可以看到,在群体智能空间的服务体系结构领域,中国作为原创国家占据了高达 56% 的比例。这可能是因为中国近年来对于群体智能领域大力的政策扶持,使得本土创新主体受到较大鼓励,拥有较多产出。占比仅次于中国的是美国。美国拥有众多人工智能企业如 IBM 和谷歌等，其创新实力强大。紧随其后的是日本和韩国。这可能与其分别拥有日本电气、三星等高科技公司相关。

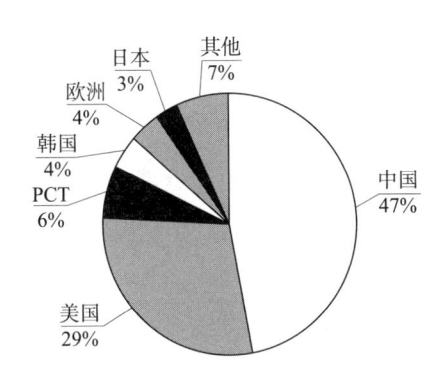

图 4-6-6　群体智能空间的服务体系结构全球目标市场占比

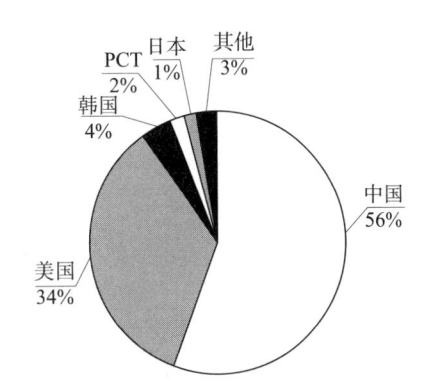

图 4-6-7　群体智能空间的服务体系结构全球原创国家/地区占比

4.6.5　全球/中国主要申请人布局重点分析

从表 4-6-1 显示的全球主要申请人申请量年度分布来看，IBM 的相关专利申请从 2001 年开始进入增长态势，早于其他申请人，表明其研发活动具有较高的前瞻性，能够比其他创新主体更早关注到新兴的技术发展趋势；其申请量从 2015 年开始加速增长，并在 2017 年达到峰值，奠定了 IBM 在该领域的领先优势。同为美国企业的微软和亚马逊的申请量也自 2010 年左右开始快速成长。中国创新主体大规模进入该领域则始于 2013 年，以北京邮电大学和中国科学院为代表的高校和科研院所引领了中国在群体智能空间的服务体系结构领域的专利申请。

从表 4-6-2 显示的中国专利主要申请人申请量年度分布来看，清华大学和上海交通大学进入该领域最早，但其申请量并未呈现出增长态势，随着 2010 年以后国内高校和科研院所以及国家电网、中国南方电网和浪潮等公司进入该领域，中国申请人的申请量开始迅速成长。国家电网的申请量居于首位，北京邮电大学的申请量也超过了 IBM 位于第 4 位。

从图 4-6-8 和图 4-6-9 显示的全球和中国主要申请人申请量国家/地区分布来看，各个企业都是在本国进行的专利申请最多。从全球主要申请人的目标国家/地区来看，美国的专利布局最多。这主要是由于 IBM、微软和亚马逊等美国公司在其本国进行了大量专利布局。中国作为全球主要申请人的布局数量仅次于美国的第二大目标国，全球主要申请人均在中国进行了专利布局，并且中国创新主体多数仅在本国进行了专利布局，使得中国成为除美国之外最受重视的目标国。美国创新主体除了重视在其本国和中国进行专利布局之外，还积极在欧洲、日本、韩国和全球范围进行专利布局。相比之下，中国创新主体的海外专利布局非常少，仅中国电子科技集团和中国科学院进行了海外专利布局。

表4-6-1 群体智能空间的服务体系结构全球主要申请人申请量年度分布

单位：项

申请人	1985~2000	2001	2002	2003	2004	2005	2006	2007	2008	2009	2010	2011	2012	2013	2014	2015	2016	2017	2018	2019	2020
IBM	29	5	10	18	9	11	12	9	15	8	14	7	10	18	16	29	42	59	34	1	
微软	2	1		2	2	7	4	7	7	4	18	5	5	7	4	9	15	10	10	1	1
亚马逊	1					1		5	2	4	10	7	8	14	22	13	16	8	4	1	4
国家电网												1	1	6	7	6	8	7	6	33	3
谷歌							3	2	1	1	4	14	12	7	2	1	3	3	3		
英特尔	4						5			3	1	3	4	6		2	4	5	8	10	2
北京邮电大学								1		1		1	3	2	2		3	4	3	8	3
中国科学院								1					2	3				4	3	7	1
南京邮电大学							1			1	1			2	1	3	2	3	1		
中国南方电网														1	1			2	1	15	2
华南理工大学									1			1		1		1	1	1	8	6	1
西安电子科技大学											1					2		2	3	7	2
浪潮														1	1		3	5	2	2	1
广东工业大学									1	1							2	1	1	6	2
中国电子科技集团														1		1		5	1	6	1
东南大学														2			1	1		6	4
北京航空航天大学										1							1	2	3	4	1
中山大学							1					1		2						7	2
浙江大学														1				2	3	3	1
重庆邮电大学														2				1	1	4	3

表4-6-2 群体智能空间的服务体系结构中国主要申请人申请量年度分布

单位：件

申请人	1995	1997	2002	2003	2004	2005	2006	2007	2008	2009	2010	2011	2012	2013	2014	2015	2016	2017	2018	2019	2020
国家电网							2		2	20	8	1	1	11	12	8	11	8	6	34	5
英特尔					3			6	2		9	4	2	11	6	2	1		3		
微软												3		5		6	6	2			
北京邮电大学						7	2	2		2	1	1	5	4			6	5	5	11	2
IBM	2		4	7	5								2				1	1	3		
中国科学院								1		2			4	6	4			6	3	8	3
南京邮电大学							2	1	2	2	1			3	2	5	4	3	1	7	1
中国南方电网												1	1	2	1			3	1	15	2
华南理工大学									2					2		2	1	1	8	6	2
西安电子科技大学											2					4		3	4	7	2
中国电子科技集团														2				8	1	6	1
东南大学														3			2	2	2	6	4
浪潮									1	2				1	1		3	7	4	2	1
广东工业大学																	2	1	1	6	2
北京交通大学															2			6	4	3	
北京航空航天大学										2							1	3	4	4	1
清华大学			2			2										2			4	2	1
北京理工大学			2			2				2		2		2	1	2			1	4	3
上海交通大学																1	1	1	1		1
谷歌										1	5	4					1	1			

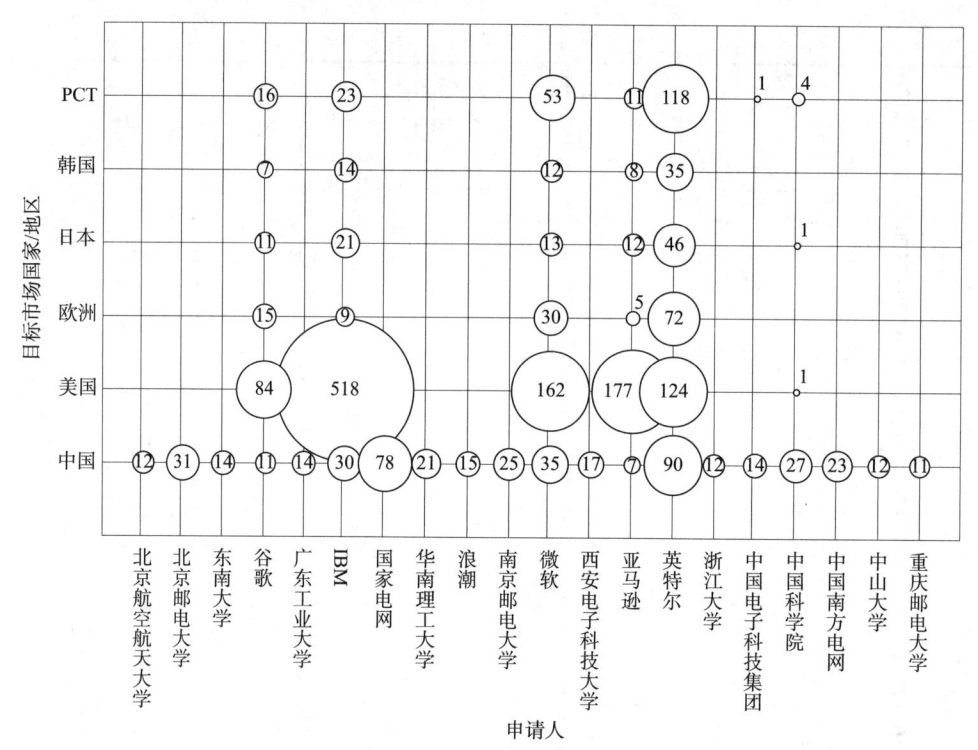

图4-6-8 群体智能空间的服务体系结构全球主要申请人申请量国家/地区分布

注：图中数字表示申请量，单位为项。

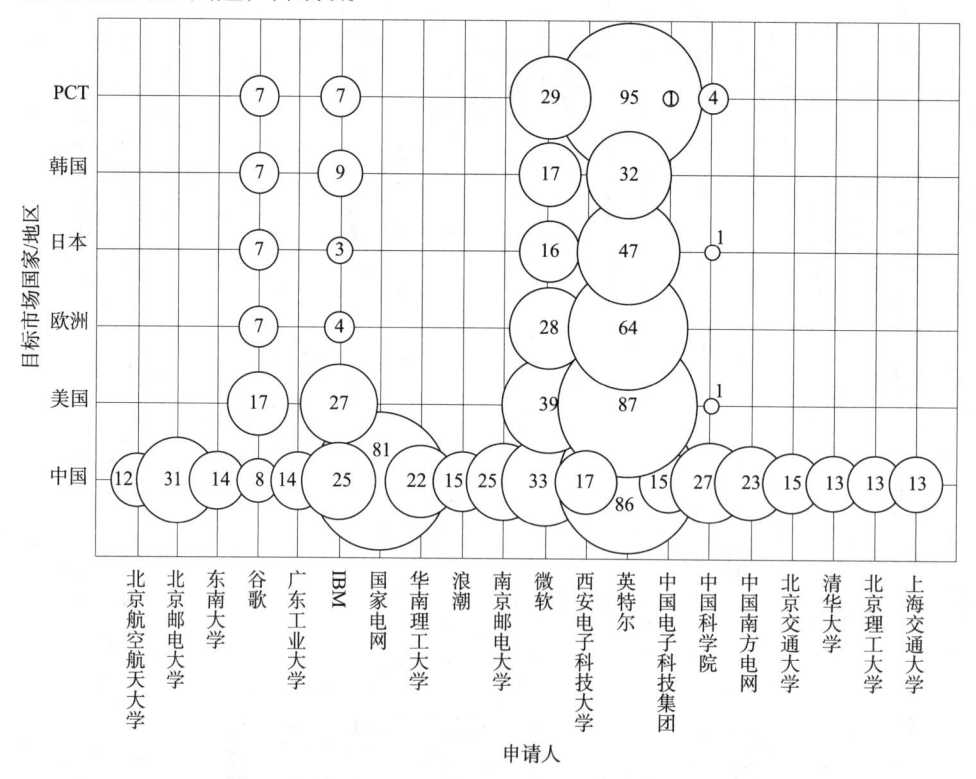

图4-6-9 群体智能空间的服务体系结构中国专利主要申请人申请量国家/地区分布

注：图中数字表示申请量，单位为件。

4.7 人机融合与增强专利状况分析

4.7.1 全球/中国申请和授权态势分析

如图 4-7-1 所示，群体智能人机融合与增强领域，全球的申请从 20 世纪 80 年代初开始萌芽，中间经历了断断续续的发展，从 1994 年开始缓慢增长，并在 2000 年开始进入比较迅速的增长阶段（2019~2020 年部分数据存在没有公开的情况）。而中国的申请起步稍晚，从 20 世纪 90 年代开始萌芽，2000 年开始缓慢增长，2010 年后进入迅速增长期，申请量在全球的占比也逐年上升。

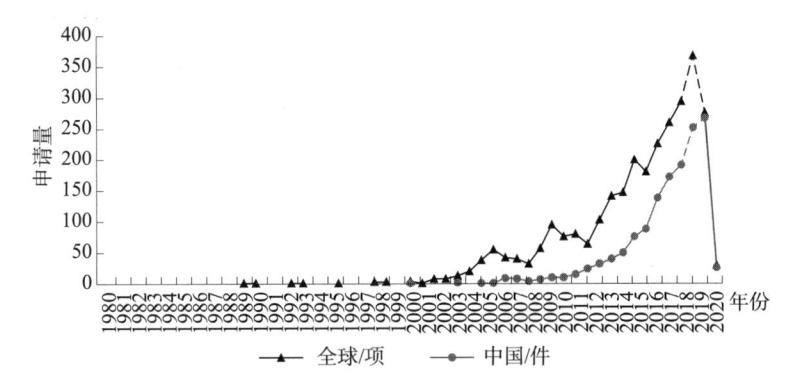

图 4-7-1 群体智能人机融合与增强全球/中国申请态势

4.7.2 主要国家/地区申请量和授权量占比分析

如图 4-7-2 所示，在中、美、欧、日、韩五局申请量方面，中国的申请量最大，美国第二，韩国最少。但从主要国家/地区授权比例来看，美国和韩国的授权比例最

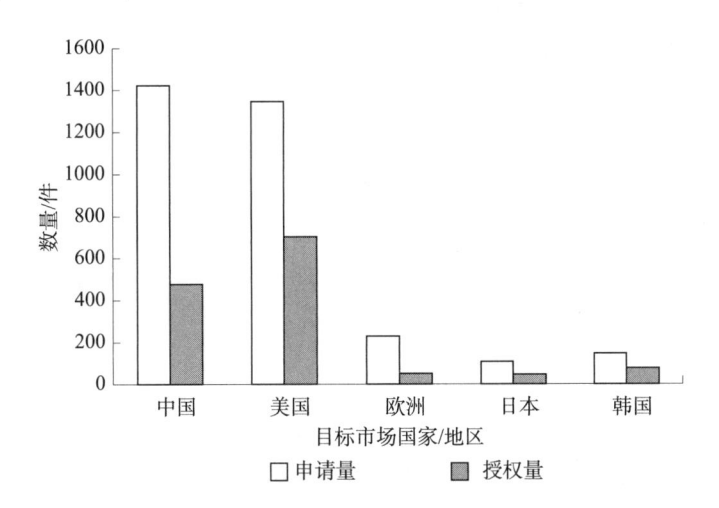

图 4-7-2 群体智能人机融合与增强主要国家/地区申请量和授权量

高，紧随其后的是日本和中国，欧洲的授权比例最低。这说明国内创新主体对于先进技术应用敏感度较高，所以申请量较其他国家/地区高，但是专利申请的质量不高。美国不仅拥有广泛的研发意愿，且取得的成果具有较高的创新性。

4.7.3 全球/中国主要申请人分析

如图4-7-3所示，群体智能人机融合与增强这一分支的全球主要申请人中，企业占比较大，包括美国的企业IBM、微软、谷歌、Facebook、亚马逊、美国电话电报、惠普，韩国的企业三星，中国的企业国家电网、中国南方电网、华为。其他申请人主要是中国科学院、南京邮电大学等国内高校和科研院所。

申请人	申请量/项
IBM	112
国家电网	95
微软	66
南京邮电大学	35
谷歌	28
中国科学院	20
上海交通大学	19
华南理工大学	18
Facebook	18
东南大学	17
中国南方电网	17
北京航空航天大学	16
三星	14
华为	14
亚马逊	13
浙江大学	12
清华大学	12
美国电话电报	12
华北电力大学	11
惠普	11

图4-7-3 群体智能人机融合与增强全球主要申请人排名

如图4-7-4所示，在中国专利主要申请人中，除了美国的企业微软，中国的企业国家电网、中国南方电网和华为，其他申请人主要为中国科学院、南京邮电大学等国内高校和科研院所。这说明在该领域中国的创新主体主要集中在高校和科研院所，相关研究还主要停留在理论层面，产业化的程度不高。

申请人	申请量/件
国家电网	99
南京邮电大学	35
中国科学院	20
上海交通大学	19
东南大学	18
华南理工大学	18
中国南方电网	17
微软	15
北京航空航天大学	14
清华大学	14
浙江大学	13
华为	12
重庆邮电大学	12
华北电力大学	11
北京理工大学	10
北京邮电大学	9
中国电子科技集团	8
华中科技大学	8
武汉大学	8
电子科技大学	8

图4-7-4 群体智能人机融合与增强中国专利主要申请人排名

4.7.4 全球布局区域分析

如图4-7-5所示，群体智能人机融合与增强领域的专利申请中，中国是最大的目标国，美国与中国的占比类似，其次是PCT、欧洲、韩国和日本。由此可见，中国和美国是最大的目标市场，两者占据了全部目标市场的68%；有9%的专利申请选择了PCT申请，排名第三，这说明一定数量的专利是以进入多个市场国家/地区为目标的。

如图4-7-6所示，在技术原创方面，来自美国和中国的占比最大，均为43%；其次是韩国和PCT，其他国家/地区所占比例都比较小。由此可见，中国和美国属于创新主体比较集中的两个国家。中国作为原创国家，占据了43%的申请量。这可能与人工智能受到国家政策扶持有关。美国则是聚集了IBM、微软、谷歌等人工智能领域的巨头企业，因此，也拥有着很高的技术原创比例。而其他国家/地区在该领域的技术研发则相对落后。

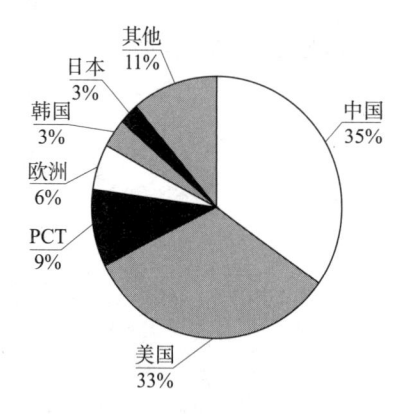

图4-7-5 群体智能人机融合与增强全球目标市场占比

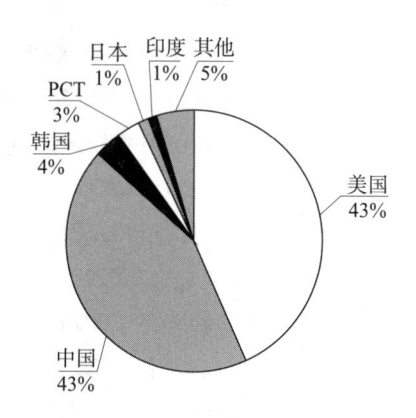

图4-7-6 群体智能人机融合与增强全球原创国家/地区占比

4.7.5 全球/中国主要申请人布局重点分析

从表4-7-1显示的全球主要申请人申请量年度分布来看，IBM起步最早，经历了多年的平稳发展，从2013年起进入快速增长阶段。国家电网虽然起步最晚，但2013年起开始集中发力，总申请量与IBM也在逐年逼近。微软、谷歌、三星的发展一直比较平稳。而Facebook作为后起之秀，从2014年后一直发展平稳。

从表4-7-2显示的中国专利主要申请人申请量年度分布来看，国家电网虽然起步较晚，但从2013年起申请量一直保持在较高的水平。中国科学院、上海交通大学和华为起步最早，且一直保持比较稳定的产出。美国企业微软近年申请量也一直比较稳定。

从图4-7-7显示的全球主要申请人申请量国家/地区分布来看，各个企业主要在本国进行最多的专利申请。三星比较重视美国的布局，惠普比较重视PCT申请，华为除了在国内布局外，比较重视美国、欧洲和PCT申请。从目标市场来看，美国最受重视，然后是中国、欧洲和PCT。美国电话电报没有在美国之外进行布局。从图4-7-8显示的中国专利主要申请人申请量地区分布来看，中国的申请人除了华为外，只有华南理工大学提交了少量的PCT申请。

表4-7-1 群体智能人机融合与增强全球主要申请人申请量年度分布

单位：项

申请人	1992	1993~2000	2001	2002	2003	2004	2005	2006	2007	2008	2009	2010	2011	2012	2013	2014	2015	2016	2017	2018	2019	2020
IBM	1	5	3	1		3		4	3	1	1	2	3	1	9	4	9	10	21	18	13	
国家电网												1	2	1	10	6	15	13	12	19	16	
微软			1			1	3	4	2	4	2	6	3	4	7	3	3	10	6	5	1	1
南京邮电大学							1	1		2					1	1	4	2	7	8	8	1
谷歌				1			1	1	2	2		2	2	3	5	1	3	1	1	2	1	
中国科学院					1						2	2	1		1	3	1	5	2		2	
上海交通大学					1		1		1		3	1			2		2	1	3	1	2	
华南理工大学										1		1				2	2	2	1	5	4	1
Facebook																3	2	7	4	2		
东南大学															4		1	1	1	6	3	1
中国南方电网											2		1		1			1	3	5	4	1
北京航空航天大学										1	2				2	3		1	6		2	
三星						2		1			1			2	1	3	2	2	1			
华为													1	2	1	3	1			1		
亚马逊								2	1				1		1	1	3	2	3	4	1	1
浙江大学															1		2	1	2	2	2	
清华大学									1						2		1	1	2	1	6	
美国电话电报												2		1	1	3	1		1	1		
华北电力大学																	1	3	1	2	4	
惠普		1					2			1			3	1	2		1					

年份

表4-7-2 群体智能人机融合与增强中国主要申请人申请量年度分布

单位：件

申请人	2003	2004	2005	2006	2007	2008	2009	2010	2011	2012	2013	2014	2015	2016	2017	2018	2019	2020
国家电网								1	2	1	10	6	16	14	13	19	17	
南京邮电大学			1			2					1	1	4	2	7	8	8	1
中国科学院	1						2	2	1		1	3	1	5	2		2	
上海交通大学	1		1		1		3	1			2	1	2	1	3	1	2	
东南大学						1		1			4		1	1	1	7	3	1
华南理工大学							2					2	2	2	1	5	4	
中国南方电网			1						2	1	1	6	1	1	3	5	4	1
微软				1			2		1		1	1		2	1	1		
北京航空航天大学									1		1	1	1	1	6		2	
清华大学				1						2	2			2	3	3	6	
浙江大学			1	2	1				1		1	1	2	1	2	1	2	
华为	1						1				1			1	4	3	1	
重庆邮电大学										1				3	1	2	4	
华北电力大学							1	1			1	1		2	2	1	2	
北京理工大学													2			2	2	
北京邮电大学		1							1				1	1		3	2	2
中国电子科技集团												1	1	1	2	2	1	
华中科技大学						1										1	4	
武汉大学																4	1	
电子科技大学							1			1							1	

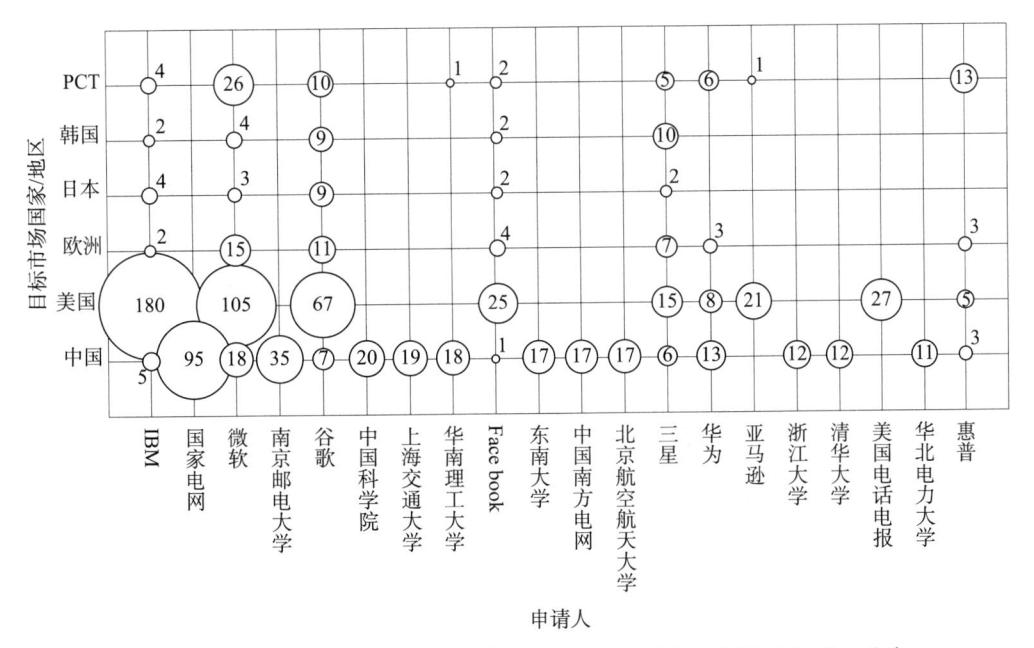

图 4-7-7　群体智能人机融合与增强全球主要申请人申请量国家/地区分布

注：图中数字表示申请量，单位为项。

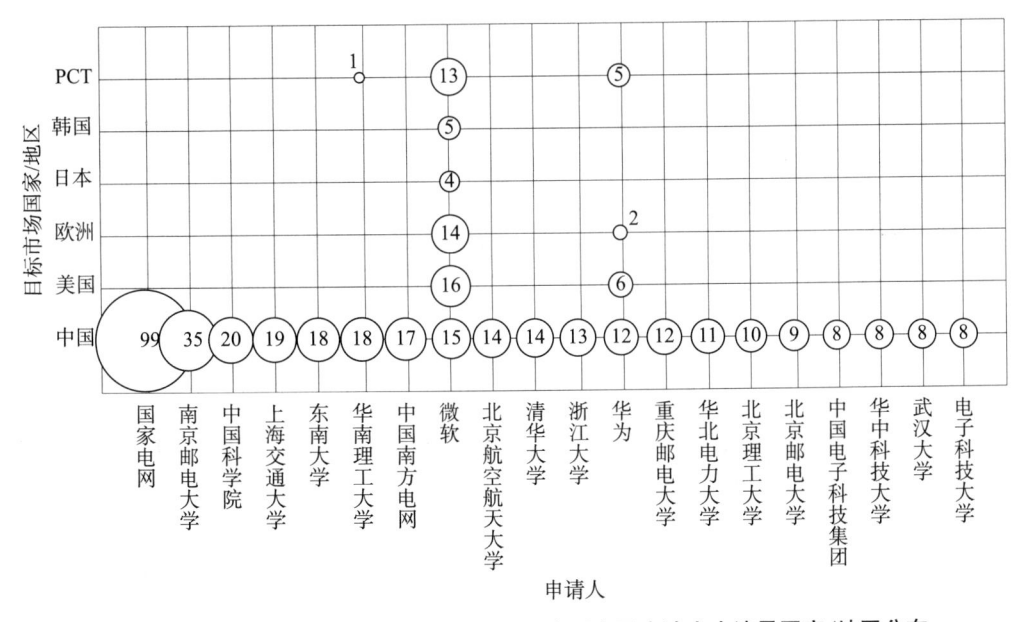

图 4-7-8　群体智能人机融合与增强中国专利主要申请人申请量国家/地区分布

注：图中数字表示申请量，单位为件。

4.8 自我维持和安全交互专利状况分析

4.8.1 全球/中国申请和授权态势分析

图4-8-1示出了群体智能的自我维持和安全交互技术全球/中国申请趋势。从全球申请趋势来看，在20世纪70年代开始出现群体智能的自我维持和安全交互技术的专利申请，但申请量很少，在1994年之前申请量每年都不超过10项；之后开始缓慢增长，但数量依然较少，自2008年开始专利申请量迅速增长，2013年专利申请量为148项，2014年之后进入爆发期，申请量大幅增加，到2018年达到峰值398项；2018年之后的专利申请由于还没有全部被公开，因此还无法准确统计，但由于群体智能的自我维持和安全交互技术迅猛的发展势头，预计其最终的申请数量仍会保持较高的增长态势。

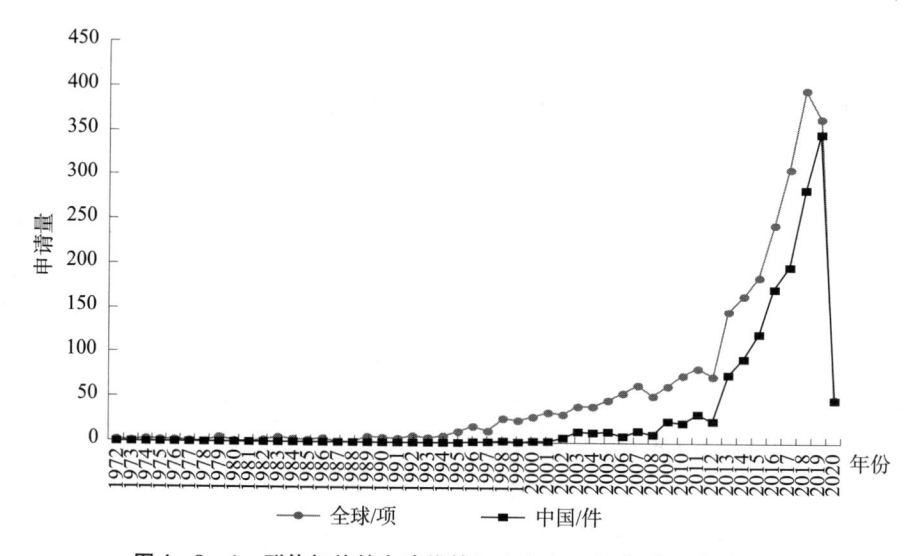

图4-8-1 群体智能的自我维持和安全交互全球/中国申请趋势

从中国申请趋势来看，在20世纪90年代中期开始出现群体智能的自我维持和安全交互技术的专利申请，但申请量很少，而且也未呈现出增长的趋势，在2002年之前，申请量每年都不超过10件；之后开始缓慢增长，但数量依然较少；自2014年开始专利申请量迅速增长，进入爆发期，申请量大幅增加，到2019年达到峰值349件。可见，群体智能的自我维持和安全交互技术的中国申请态势与全球申请态势保持一致，主要国家都非常重视在中国进行专利布局。

图4-8-2示出了群体智能的自我维持和安全交互专利申请在中国、美国、欧洲、日本及韩国的授权态势。群体智能的自我维持和安全交互技术中国授权专利总量为577件，低于美国的授权专利总量（856件），欧洲、日本和韩国的授权专利总量均在100件以下。美国授权专利总量最多，归功于美国群体智能的自我维持和安全交互技术发

展起步较早，授权专利数量较为平均地分布在 2000~2016 年。中国授权专利总量排名第二，是由于中国的群体智能的自我维持和安全交互技术发展起步较晚，2013 年起每年的授权专利数量开始超过 30 件，并且在 2015 年授权专利数量达到顶峰 80 件。

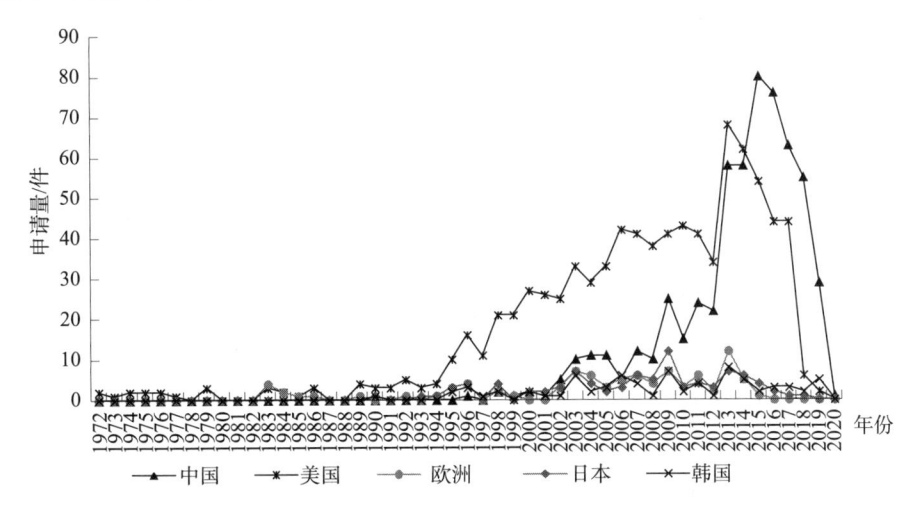

图 4-8-2　群体智能的自我维持和安全交互主要国家/地区授权态势

4.8.2　主要国家/地区申请量和授权量占比分析

图 4-8-3 示出了群体智能的自我维持和安全交互在中国、美国、欧洲、日本及韩国各局申请量和授权量分布情况。可以看出，美国和韩国授权率最高，均达到 60%以上；其次是日本和欧洲，分别达到 57% 和 40%；中国授权率最低，为 37%。究其原因，可能是我国在群体智能的自我维持和安全交互技术发展起步较晚，后期大量专利申请尚未结案，但同时也说明我国在这一领域的申请人需要提高专利申请撰写质量。

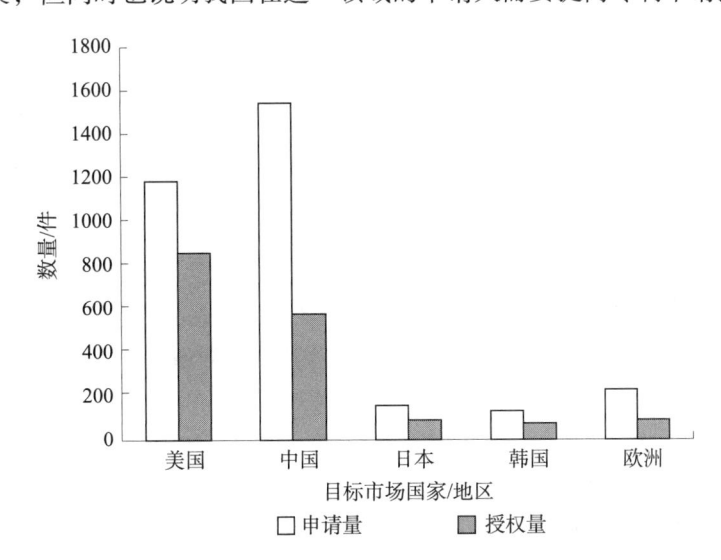

图 4-8-3　群体智能的自我维持和安全交互主要国家/地区申请量和授权量

4.8.3　全球/中国主要申请人分析

如图4-8-4所示,从全球主要申请人可以看出,IBM、微软和英特尔作为美国的科技企业巨擘,在群体智能的自我维持和安全交互领域占据了申请量的前三位。其中IBM作为该领域的技术领先者,拥有最多的专利技术,显示出美国科技巨擘对于新兴技术研发的高度重视。国家电网作为中国大型国有企业之一,同样重视新兴技术与产业的结合,并积极地通过专利进行保护,其申请量居于第四位。

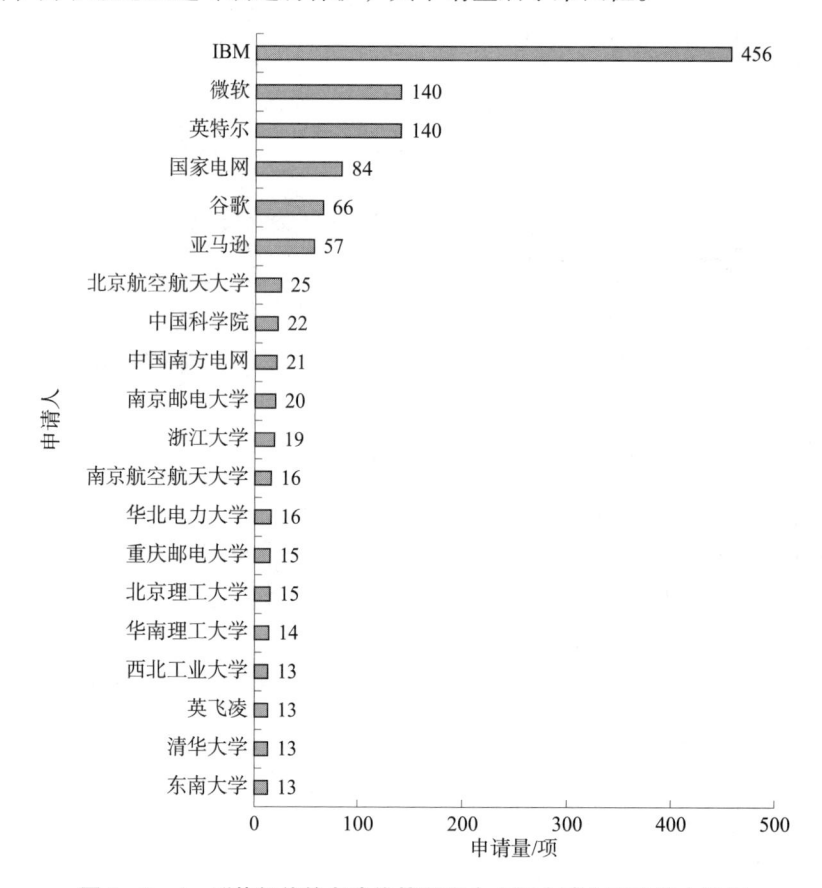

申请人	申请量/项
IBM	456
微软	140
英特尔	140
国家电网	84
谷歌	66
亚马逊	57
北京航空航天大学	25
中国科学院	22
中国南方电网	21
南京邮电大学	20
浙江大学	19
南京航空航天大学	16
华北电力大学	16
重庆邮电大学	15
北京理工大学	15
华南理工大学	14
西北工业大学	13
英飞凌	13
清华大学	13
东南大学	13

图4-8-4　群体智能的自我维持和安全交互全球主要申请人排名

谷歌和亚马逊同样对该领域有较高的关注度,申请量居于第五位和第六位。国内申请人方面,以中国科学院和北京航空航天大学等为代表的高校和科研院所,在国家政策的引导以及产业基金的支持下,在该领域也有广泛的研究,在全球申请人排名中,占据了前20名中的12席。

从图4-8-5显示的中国专利主要申请人排名可以看出,国家电网和中国南方电网作为国有企业,基于对先进技术与产业的融合需求,在该领域具有较为广泛的研究。中国科学院作为中国重要的科研院所,具有庞大的研究专家团队,在该领域也有深入的研究。北京航空航天大学、浙江大学、南京邮电大学和北京理工大学等高校作为国内人工智能相关科研基金的主要受资助单位,在群体智能的自我维持和安全交互领域也有较多的研发投入,该领域的中国专利申请人排名中,占据了前20名中的14席。

申请人	申请量/项
英特尔	115
国家电网	107
微软	55
IBM	52
北京航空航天大学	37
中国科学院	31
浙江大学	27
南京邮电大学	25
中国南方电网	24
北京理工大学	23
南京航空航天大学	23
重庆邮电大学	21
华北电力大学	21
清华大学	21
华南理工大学	20
西北工业大学	19
北京邮电大学	17
东南大学	16
河海大学	16
浙江工业大学	16

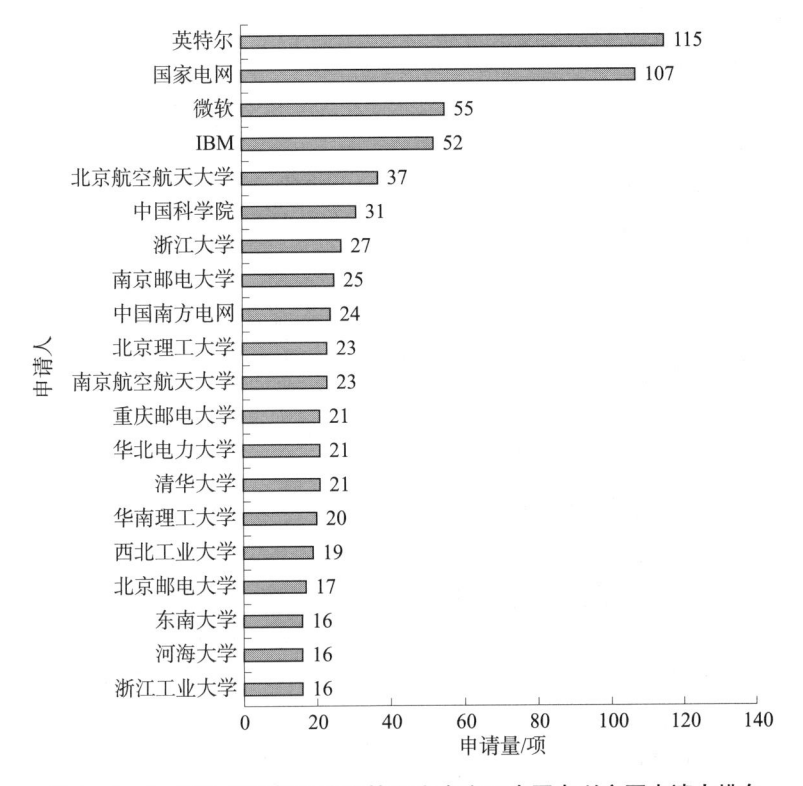

图 4-8-5　群体智能的自我维持和安全交互中国专利主要申请人排名

4.8.4　全球布局区域分析

图 4-8-6 示出了群体智能的自我维持和安全交互技术全球目标市场国家/地区申请量占比。从图中可以看出,美国和中国作为全球最重要的两个目标市场,一直是最受关注的较为活跃的经济体。中国位居第一,是被世界各国高度关注的竞争市场;美国位居第二,其整体技术实力较强;其次是欧洲、日本、韩国;同时,世界各国也看重其未来市场发展,在这一领域 PCT 申请量同样较多,纷纷在重点国家进行重点专利的布局;我国也越来越重视专利的海外合理布局,以期在海外市场打破跨国公司的技术壁垒,谋求更大的发展。

从图 4-8-7 可见,在群体智能的自我维持和安全交互领域,中国的原创数量最高,占比达到 49%,说明我国在该领域投入了大量科研力量。美国位列第二,占比达到 40%,主要是由于美国有实力强劲的 IBM、英特尔和谷歌等高科技巨头企业。美国和中国原创数量的总和占据了总申请量的 89%,说明这两国在群体智能的自我维持和安全交互领域具有领先及核心地位。

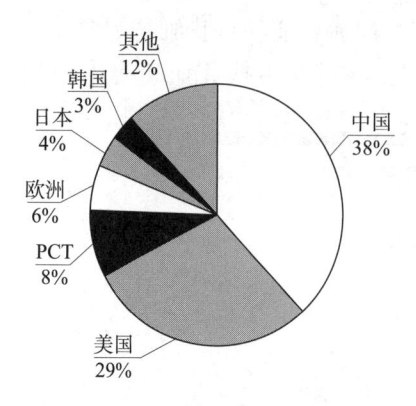

图4-8-6 群体智能的自我维持和
安全交互全球目标市场占比

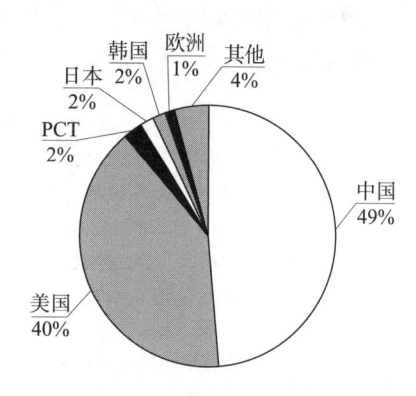

图4-8-7 群体智能的自我维持和
安全交互全球原创国家/地区占比

4.8.5 全球/中国主要申请人布局重点分析

表4-8-1示出了群体智能的自我维持和安全交互技术的全球主要申请人申请量年度分布。从表中可以看出,美国排名在前的4家申请人在2000年之前就开始在该领域进行专利申请并显现出增长态势,表明美国的研究起步较早,并且从研究初始就注重专利布局。中国申请人则起步较晚,普遍从2012年才开始在该领域提出专利申请。中国科学院早在2009年就开始在该领域进行专利布局,申请量从2017年开始加速增长,引领了中国群体智能的自我维持和安全交互领域的专利申请。

表4-8-2示出了群体智能的自我维持和安全交互技术的中国专利主要申请人申请量年度分布。从表中可以看出,国家电网在2011年才开始进行群体智能的自我维持和安全交互领域的专利申请,此后申请量迅速增长,成为国内该领域的领头羊。中国的高校和科研院所普遍从2012年开始起步研究群体智能的自我维持和安全交互技术,而在人工智能领域具有较强实力的中国科学院和北京航空航天大学起步时间略早,均从2009年开始起步,2017年开始加速,成为国内高校和科研院所中的技术领先者。

图4-8-8示出了群体智能的自我维持和安全交互技术全球主要申请人申请量国家/地区分布。从图中可以看出,在列出的主要申请人中,美国申请人的布局较为均衡,除了大量布局本国之外,在五局中的其他四局和全球范围均有较多专利布局;中国申请人的专利布局则明显倾向于仅布局本国,海外专利布局较少。此外,从目标市场来看,美国最受重视,然后是中国,这是由于国内申请人在本国进行了大量专利布局。国外主要申请人在欧洲、日本和韩国的专利布局数量,均少于中国,也说明了中国已经成为关注度仅次于美国的第二大目标国。

图4-8-9示出了群体智能的自我维持和安全交互技术中国专利主要申请人申请量国家/地区分布。从图中可以看出,美国的微软、英特尔和IBM布局相对较为均衡;美国申请人更注重PCT申请,具有较强的海外专利布局意识。中国申请人基本上仅布局国内,且PCT申请数量较少,均在3件以下,说明我国申请人仍然缺乏海外专利布局意识。

表4-8-1 群体智能的自我维持和安全交互全球主要申请人申请量年度分布

单位：项

申请人	1968~2000	2001	2002	2003	2004	2005	2006	2007	2008	2009	2010	2011	2012	2013	2014	2015	2016	2017	2018	2019	2020
IBM	93	7	11	16	11	17	15	19	25	18	21	15	21	27	29	26	22	38	22	1	2
微软	20	4	7	6	8	3	8	12	4	5	5	5	5	4	2	5	12	15	10		
英特尔	24	8	8	8	9	7	9	3	1	4	3	7		4	8	5	9	12	8	3	
国家电网													2	8	6	7	9	14	17	21	
谷歌	1			1		1		1	1	1	3	7	10	11	2	4	6	7	6	4	
亚马逊							1	1		4	5	2		7	13	14	5	1	3	1	
北京航空航天大学										2	1		1	2	1	1	1	2	6	9	1
中国科学院										1		1	1		1	1	3	2	8	4	1
中国南方电网										1				1			1	3	4	10	1
南京邮电大学									1	1	1			1		2	1	3	3	6	2
浙江大学						1								1	1	2	2	4	4	5	1
南京航空航天大学														1	1	1	1	3	4	4	1
华北电力大学														2	1		1	1	4	4	2
重庆邮电大学												1		1	3		1	1	3	4	1
北京理工大学												1	1		1		2	1	4	4	
华南理工大学														2	1		2	2	2	4	1
西北工业大学								4							2	1		3	2	3	2
英飞凌		2	2	1		1	1						3		2						
清华大学												1				1		2	3	2	1
东南大学														1				3	4	3	1

表4-8-2 群体智能的自我维持和安全交互中国主要申请人申请量年度分布

单位：件

申请人	1996~2000	2001	2002	2003	2004	2005	2006	2007	2008	2009	2010	2011	2012	2013	2014	2015	2016	2017	2018	2019	2020
英特尔	4	2	4	13	8	2	4	2	4	24	4	10	4	13	9	4		3	1		
国家电网					6		2	1				1	4	14	8	12	12	16	19	21	
微软				7	4		2		2		7	4		5	3	5	6	7			
IBM	4		4	7	15		1	2	4	2				2	4	1			2		
北京航空航天大学										4	1	2	2	4	1	1	1	3	9	12	1
中国科学院										2		2	2		1	1	6	3	10	4	1
浙江大学						2					1			2	2		4	5	6	5	
南京邮电大学							2	1		2				2		4		3	3	6	1
中国南方电网										2				2		1	1	4	4	10	
北京理工大学											2	2	2		2		3	2	6	4	1
南京航空航天大学														2	1	2	2	6	5	4	1
重庆邮电大学														2	6	1	2	2	3	4	
华北电力大学										1				4	2	2	1	1	4	4	2
清华大学												2	6					3	3	3	1
华南理工大学														3	2		3	3	3	5	
西北工业大学															4	1		5	4	3	2
北京邮电大学										2		3	1	2		2		1	2	4	
东南大学														2		2		4	4	3	1
河海大学												1	2	2	8		2		1	1	
浙江工业大学															7	2	2	2	1	2	

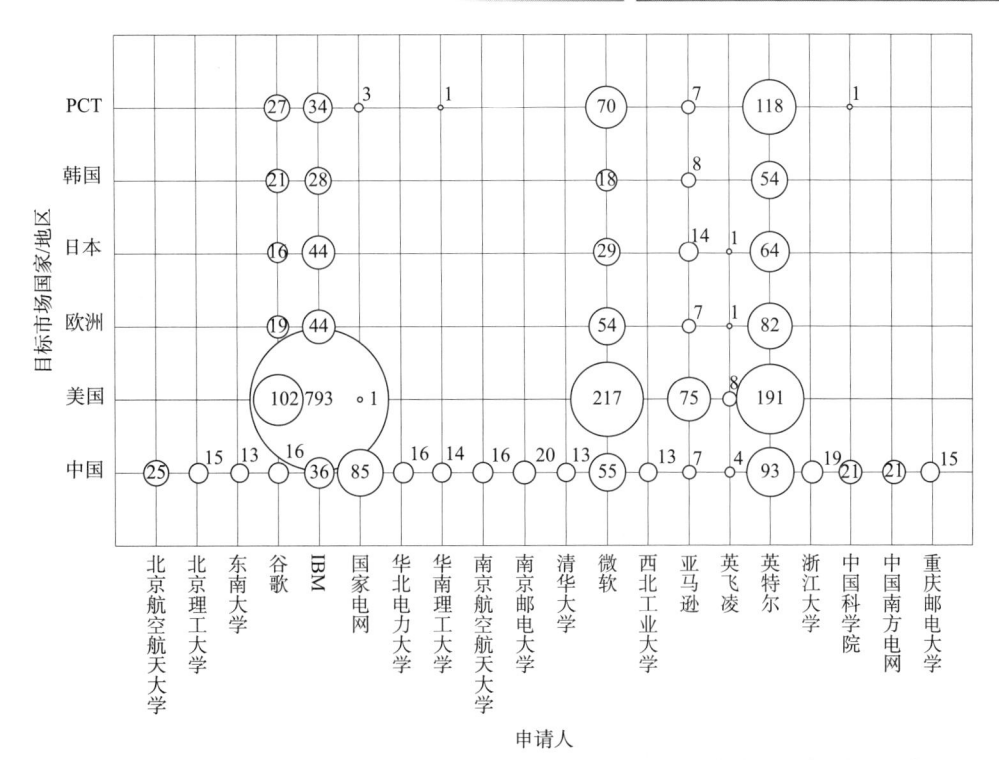

图 4-8-8　群体智能的自我维持和安全交互全球主要申请人申请量国家/地区分布

注：图中数字表示申请量，单位为项。

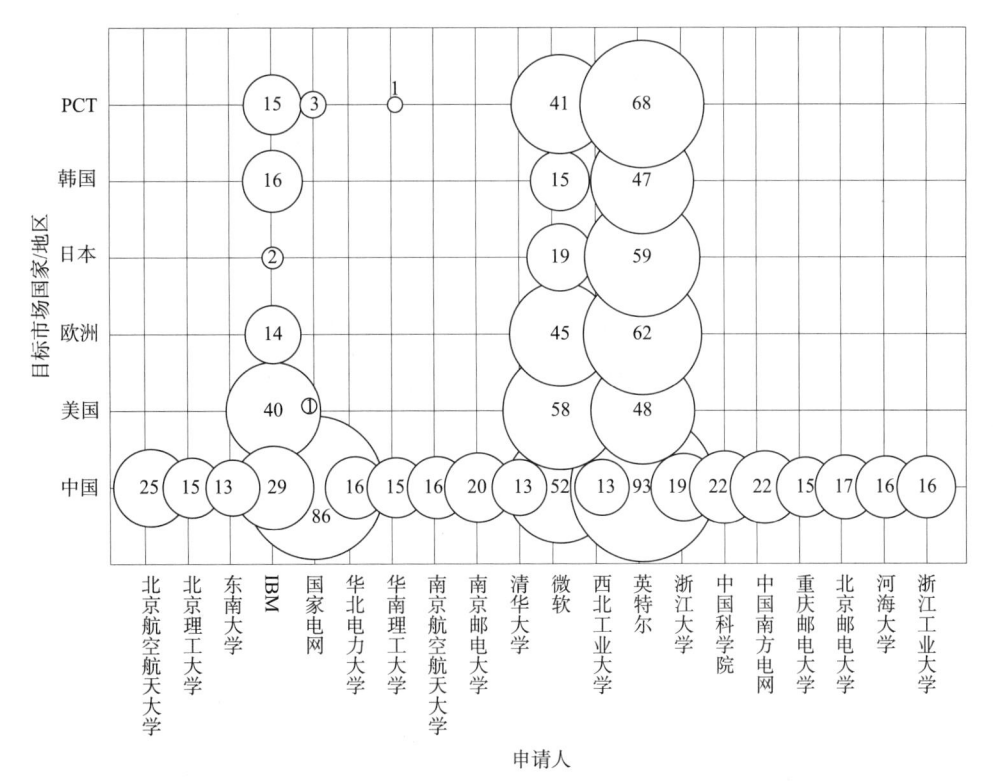

图 4-8-9　群体智能的自我维持和安全交互中国专利主要申请人申请量国家/地区分布

注：图中数字表示申请量，单位为件。

4.9 多移动体群体智能协同控制专利状况分析

4.9.1 全球/中国申请和授权态势分析

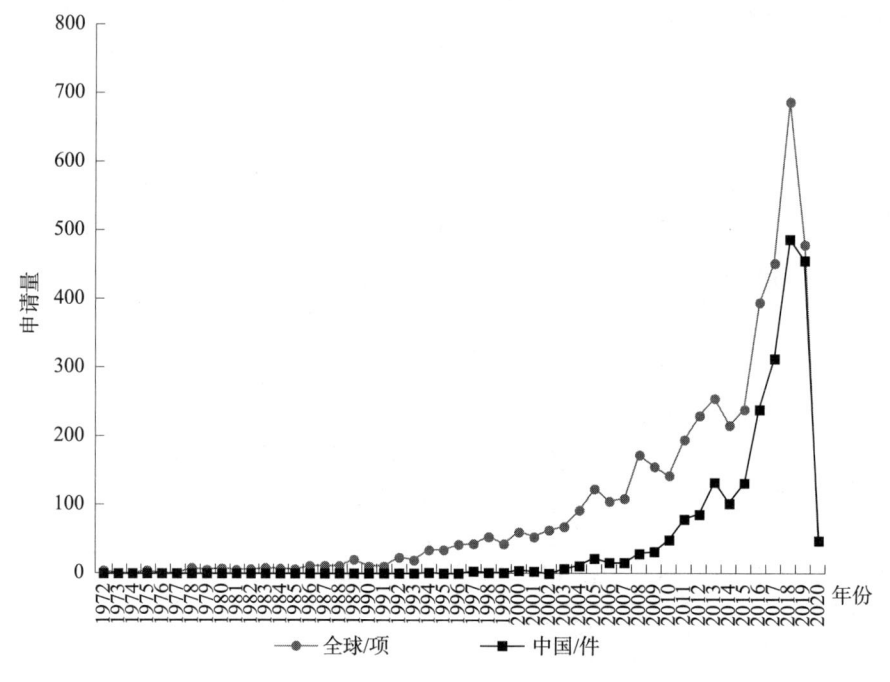

从图4-9-1中显示的多移动体群体智能协同控制全球/中国申请态势来看，在20世纪70年代就已经出现多移动体群体智能协同控制分支方面的专利申请，但是在1972年首件专利申请出现之后，其专利申请的数量并不多，每年都不超过10项，直到1986年才具有11项专利申请，之后缓慢增长，直到2004年专利申请量都未有所突破，也没有形成增长趋势，从2005年开始具有了快速增长的趋势。因为多移动体群体智能协同控制用于车辆的时间较晚，伴随着车辆技术的成熟，尤其是自动驾驶等成为市场热点时，多移动体群体智能协同控制的实际应用才开始得到广泛关注。

图4-9-1 多移动体群体智能协同控制全球/中国申请态势

图4-9-2示出了多移动体群体智能协同控制专利申请在中国、美国、欧洲、日本及韩国的授权态势。多移动体群体智能协同控制技术授权专利总量最高的是美国（1188件），其次是中国（849件）和日本（722件），欧洲和韩国的授权专利总量大幅低于美国、中国和日本。这说明在该技术领域，中、美、日三国是绝对的领导者。美国的授权量居于首位，主要源于美国政府对人工智能创新主体的关注以及其拥有在该领域的重要申请人如通用、IBM、谷歌和微软等。中国的授权专利总量居于第二位，主要源于2008年后申请量的大爆发，其2016年专利授权量为98件，领先于其他国家和地区。日本的授权专利总量居于第三位，主要原因在于日本强大的汽车工业基础，丰

田、本田和日产等汽车行业巨头致力于开发基于群体智能的自动驾驶技术，因此在多移动体群体智能协同控制分支投入大量资源进行研发。

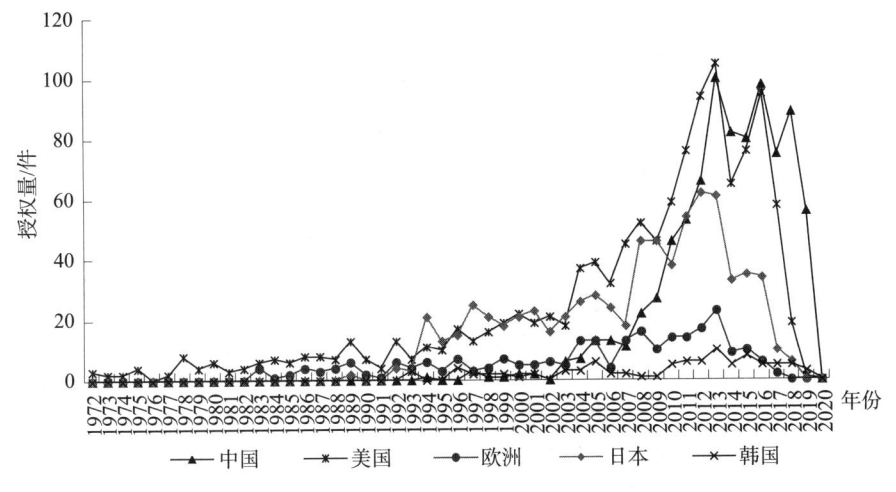

图4-9-2 多移动体群体智能协同控制主要国家/地区授权态势

4.9.2 主要国家/地区申请量和授权量占比分析

从图4-9-3显示的主要国家/地区申请量和授权量的占比可以看出，虽然中国是第一申请大国，但授权比例较低，主要是中国在该领域仍缺乏重要原创核心技术，专利整体质量有待进一步提高。反观美国，其专利申请授权比例较高，说明其专利申请整体技术含量高，核心技术较多。日本的授权比例也高于中国。从申请量以及授权量可以看出，在该领域，中国、美国、日本是技术发展驱动力的核心，欧洲和韩国已经处于落后地位。

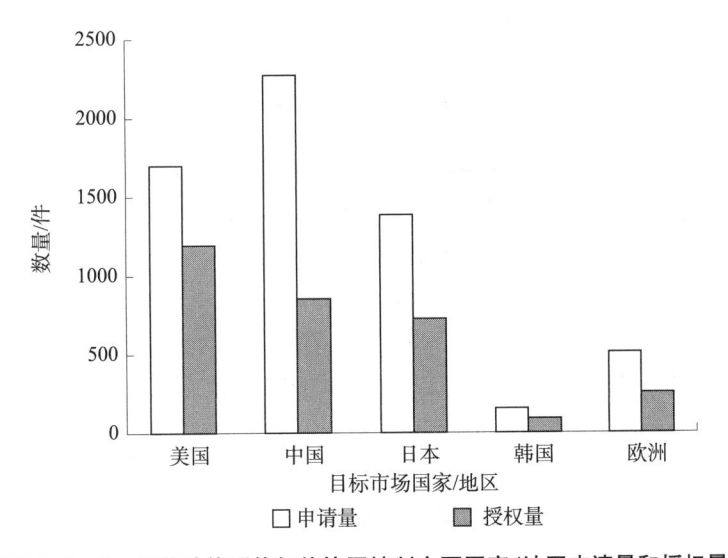

图4-9-3 多移动体群体智能协同控制主要国家/地区申请量和授权量

4.9.3 全球/中国主要申请人分析

如图4-9-4所示，从全球专利申请量排名前20位的申请人来看，由于汽车工业的历史原因，多移动体群体智能协同控制发展早期的主要申请人，仍然主要来自欧洲、美国和日本这些汽车强国/地区。在全球主要申请人排名中，日本、欧洲和美国的申请人位居前列。但是，随着中国在汽车工业、通信技术和人工智能领域的快速进步，中国申请人也在迎头赶上。

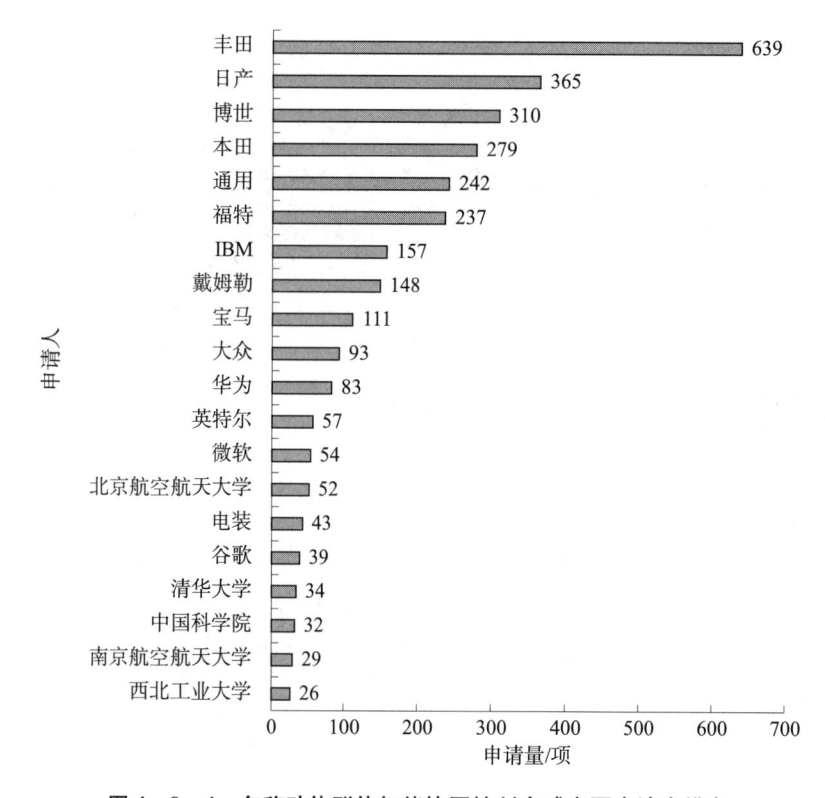

申请人	申请量/项
丰田	639
日产	365
博世	310
本田	279
通用	242
福特	237
IBM	157
戴姆勒	148
宝马	111
大众	93
华为	83
英特尔	57
微软	54
北京航空航天大学	52
电装	43
谷歌	39
清华大学	34
中国科学院	32
南京航空航天大学	29
西北工业大学	26

图4-9-4 多移动体群体智能协同控制全球主要申请人排名

从全球申请量看，中国的申请量超过了日本和美国，但是从前20名申请人的分布看，中国申请人却并没有占据前列。这说明中国申请量虽多，但是非常分散，没有行业寡头。而尽管日本、欧洲和美国的申请量少于中国，但是集中于少数的大企业如丰田、日产和博世等，因此这些申请人的申请量排名靠前。作为唯一进入前20名的中国科技厂商，华为的申请主要集中在数据处理、算法、决策、软件系统等领域，虽然在申请量方面无法和汽车厂商比肩，但其是决定自动驾驶汽车是否足够智能进而实现人车路协同的关键。国内科研院所和高校在多移动体群体智能协同控制领域也有不俗的实力，在前20名中占据了5席。

由于中国快速发展的经济和汽车市场的巨大需求，多移动体群体智能协同控制领域的重要申请人也非常重视在中国的专利布局。这不仅是因为中国是一个重要的汽车消费市场，更是因为中国在人工智能领域和汽车领域的快速进步。图4-9-5显示的多移动体群体智能协同控制中国专利申请人前20名中，国外申请人占9席，国内科技公司华为和百度的上榜，表明中国科技公司在多移动体群体智能协同控制的算法、系统、平台领域也在积极寻求突破。

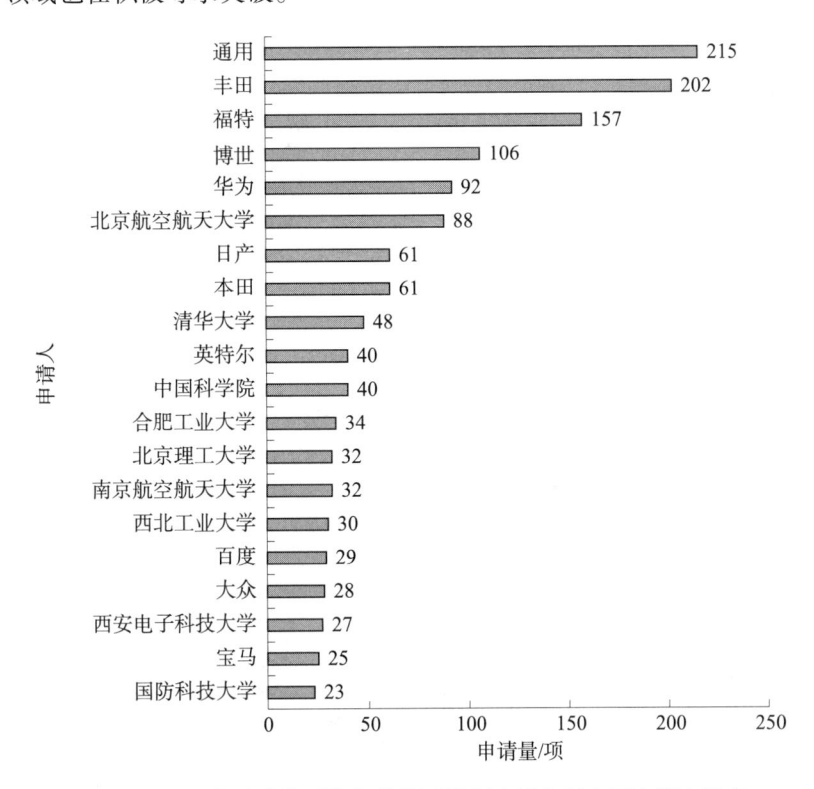

申请人	申请量/项
通用	215
丰田	202
福特	157
博世	106
华为	92
北京航空航天大学	88
日产	61
本田	61
清华大学	48
英特尔	40
中国科学院	40
合肥工业大学	34
北京理工大学	32
南京航空航天大学	32
西北工业大学	30
百度	29
大众	28
西安电子科技大学	27
宝马	25
国防科技大学	23

图4-9-5　多移动体群体智能协同控制中国专利主要申请人排名

4.9.4　全球布局区域分析

由图4-9-6可以看出，多移动体群体智能协同控制技术相关专利的目标市场分布较为广泛，中国、美国、欧洲、日本、韩国等是专利进入比较多的国家/地区，同时以PCT提出申请并进入到各个国家/地区的专利也占有较大的比重，达到8%。其中，中国、美国和日本是位于前三位的布局目标国家。一方面，这三个国家是人工智能领域研究最为活跃的区域，本土申请量较大。三者的申请量总和已经达到69%，远超其他国家/地区。另一方面，这三个国家的经济总量和智能驾驶技术处于全球领先地位，在这些国家进行专利布局以提高市场竞争力也是跨国企业通常的做法。也正是由于以上两个方面的原因，中国、美国和日本成为最大的目标市场国。

从图4-9-7显示的全球原创国家/地区申请量占比中可以看到，在多移动体群体智能协同控制领域，中国作为原创国家占据了32%的比例，这可能是基于中国近年来对于群体智能领域大力的政策扶持，使得本土创新主体受到较大鼓励，拥有较多产出。申请量占比仅次于中国的是日本，这可能与其拥有丰田、本田和日产等实力雄厚的汽车公司相关。紧随其后的是美国，美国作为拥有众多人工智能企业如 IBM 和谷歌等，以及类似通用、福特等深耕自动驾驶领域的重要创新主体，其创新实力强大。

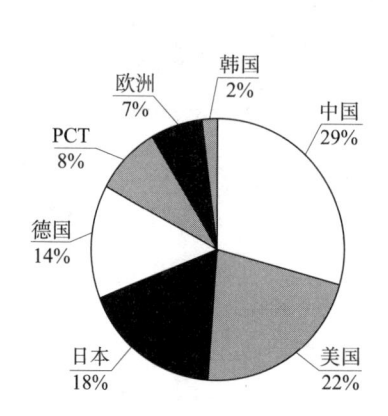

图 4-9-6 多移动体群体智能协同控制全球目标市场占比

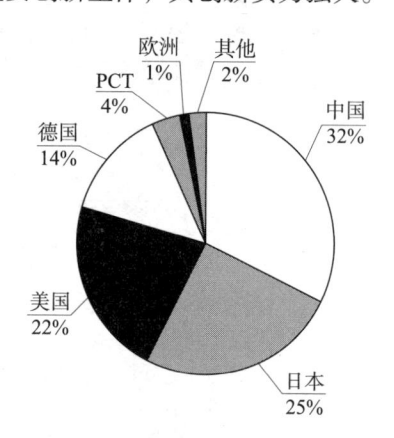

图 4-9-7 多移动体群体智能协同控制全球原创国家/地区占比

4.9.5 全球/中国主要申请人布局重点分析

从表 4-9-1 显示的全球主要申请人申请量年度分布来看，丰田、通用和福特等汽车整车厂商的布局时间比较早。汽车零部件厂商中博世、电装的布局时间也比较早。而国内科技厂商华为虽然早在 2006 年就进入该领域，但直到 2016 年申请量才开始大幅增加，表明其开始积极在该领域展开专利布局。

从表 4-9-2 显示的中国专利主要申请人申请量年度分布可以看出，国外的汽车整车厂商和零部件厂商的巨头，如丰田、日产、通用、福特、博世在中国都有布局，而且布局时间较早。北京航空航天大学、中国科学院和清华大学等高校和科研院所也是多移动体群体智能协同控制领域中重要的创新力量，申请量连年递增。华为和百度作为自动驾驶领域的科技巨头申请量可观，在多移动体群体智能协同控制领域积极进行了专利布局。

从图 4-9-8 显示的全球主要申请人布局国家/地区分布可以看出，申请人在本国的申请量是最大的。像丰田、电装、博世、福特、通用这些日本、德国、美国的国外申请人，均在全球范围内广泛布局，并积极通过 PCT 进行专利布局；而中国申请人则多以本国为布局重点，较少进行海外布局。此外，从目标国家/地区来看，中国是全球主要申请人的重点布局国家，排名前 20 的申请人均在中国有布局；得益于日本和美国强大的汽车工业基础，日本和美国同样是重点布局国家。

从图 4-9-9 显示的中国主要申请人布局国家/地区分布可以看出，华为积极在海外进行了专利布局，其在五局和国际局均有专利布局，布局较为均衡。华为之外的中国申请人则以国内为布局核心，较少海外布局，仅有中国科学院、北京航空航天大学、合肥工业大学和清华大学等进行了一定的海外布局，其中又以中国科学院的海外布局意识最为积极，其在美国、日本和国际局均进行了专利布局。

表4-9-1 多移动体群体智能协同控制全球主要申请人申请量年度分布

单位：项

申请人	1972~2000	2001	2002	2003	2004	2005	2006	2007	2008	2009	2010	2011	2012	2013	2014	2015	2016	2017	2018	2019	2020
丰田	79	5	13	23	19	32	26	25	49	40	31	40	45	38	21	19	46	37	49	1	1
日产	102	13	10	19	18	17	11	6	15	17	11	11	27	25	11	13	14	11	14		
博世	57	6	10	5	8	16	13	23	16	13	15	18	13	18	14	10	20	15	20	2	
本田	64	5	6	4	7	7	8	9	16	16	14	20	15	17	13	5	9	21	21	1	
通用	29		1	2	8	6	8	12	17	17	22	22	23	15	13	6	15	17	7		1
福特	33	5	8	1	8	13	3	9	8	2	10	7	15	19	15	11	22	25	22	1	
IBM	13	4	3	3	2		4	3	9	4	2	10	15	8	9	17	22	15	12		2
戴姆勒	29	3	4	5	7	4	4		7	8	5	7	4	4	13	7	10	10	8	9	
宝马	14	1		1	2	1	3	4	3	5	5	2	4	14	10	6	18	10	8		
大众	16	3	3	1	1	1	4	2	5	6	2	7	6	5	4	5	8	4	10		
华为							1	1					1	4	3	8	13	28	22	2	
英特尔	1	1		1	1		2					7	1	7	2	4	4	14	5	7	
微软	2				3	1	4	2	4	2	2	6	3	6	1	7	5	2	4		
北京航空航天大学								1	1	3	1	1	2	2	4	3	1	3	15	11	4
电装	7		2	1	1	3		1	1	5	2	2	1	3	3	3	2	4	3		
谷歌						1	2			2	1	3	9	9	5	1	2	1	3		
清华大学						1				1	1	2	5	3	2	1		1	10	8	2
中国科学院		1							1	2			1	2	2		2	5	5	10	
南京航空航天大学															2	1	1	5	10	9	2
西北工业大学											1	1	2	1	2	1	3	14	1

表4-9-2 多移动体群体智能协同控制中国主要申请人申请量年度分布

单位：件

申请人	1994~2000	2001	2003	2004	2005	2006	2007	2008	2009	2010	2011	2012	2013	2014	2015	2016	2017	2018	2019	2020
通用	4		6	4	9	5	9	14	11	34	32	25	14	15	8	18	13	8		
丰田					10	8	2	6	9	14	19	18	32	8	12	13	13	24		
福特				2		2	4	3		8	5	22	22	21	11	19	23	15		
博世	2			4	5			7	6	8	13	10	17	5	4	10	7	8	2	
华为						2						2		5	12	17	29	13		
北京航空航天大学			6	2	2	2	1	2	6	2	2	4	5	6	5	2	4	25	17	7
日产	3		2		2	1	2	4	4	2	2	8	16	4	5	4	2	11		
本田							1	4	2	6	4	2	8	7	2	7	8	12		
清华大学	2									2	4	9	6	2	2	2	2		9	2
英特尔						2		2	3		11	2	6	4	5	3	7	5	10	
中国科学院		1								1		1	3	2	2	3	7	3	14	1
合肥工业大学													2	4	2	8	8	5	6	2
北京理工大学										2	1			2	2	9	5		9	2
南京航空航天大学														2	2	2	1	12	14	1
西北工业大学											2		2	2	3	2	3	3	9	
百度	2					2							6		3	3	5	10		
大众														2	5	4	2	4		
西安电子科技大学							1		2			2	2	7	2	7	5	5	7	
宝马													4				1	1		
国防科技大学														2	2	4		4	11	

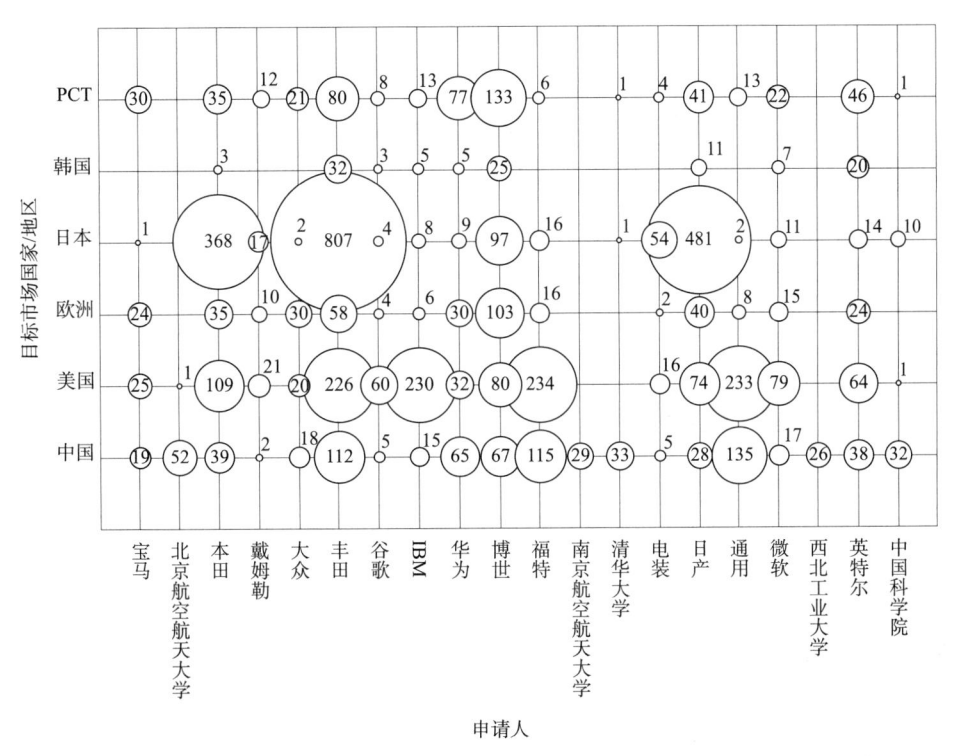

图 4-9-8 多移动体群体智能协同控制全球主要申请人申请量国家/地区分布

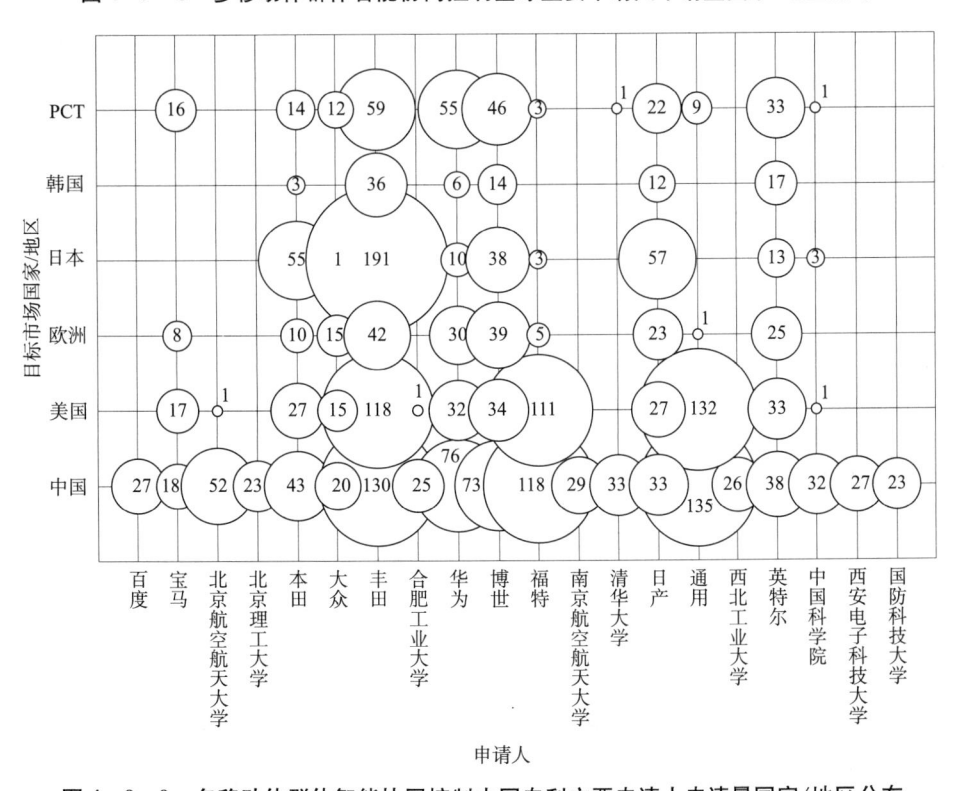

图 4-9-9 多移动体群体智能协同控制中国专利主要申请人申请量国家/地区分布

第 5 章 支撑平台专利状况分析

5.1 专利状况分析

5.1.1 全球/中国申请和授权态势分析

从图 5-1-1 中显示的群体智能支撑平台全球/中国支撑平台申请态势来看，1964~1998 年，全球的申请量处于低位；从 1998 年开始申请量缓慢增加，可能是由于群体智能的计算机软件以及算法层面的挑战没有突破，申请量仍然较少；2009 年之后申请量开始迅猛增加，可能是由于 2006 年深度学习理论的产生，配合大数据时代的到来和计算机计算能力的飞速提升以及互联网技术的快速普及，群体智能的支撑平台技术进入了增长爆发期。从中国的申请态势可见，中国在群体智能支撑平台的研究晚于全球，开始于 20 世纪 90 年代，随后的发展趋势与全球相同。

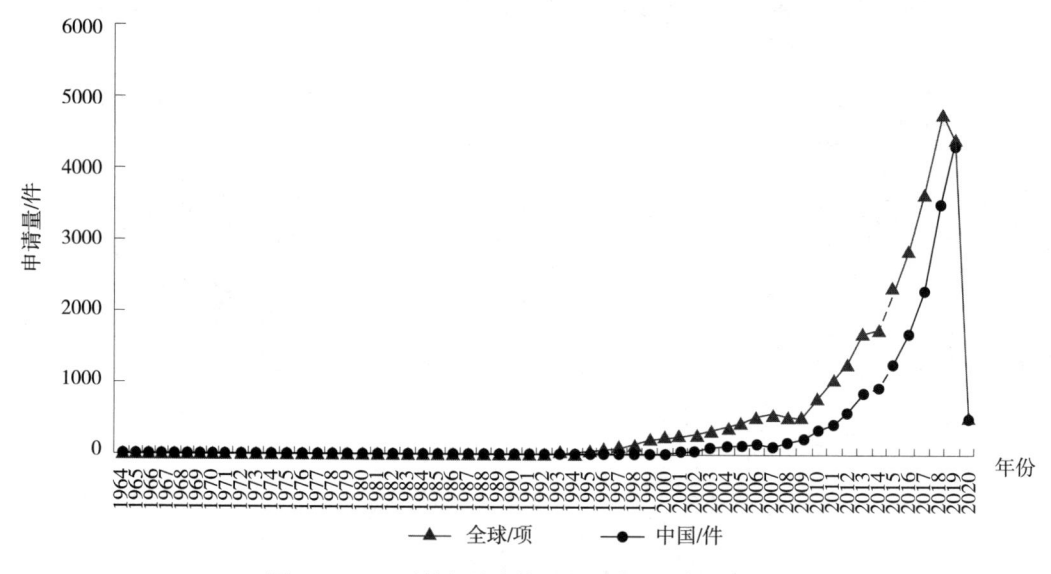

图 5-1-1 群体智能支撑平台全球/中国申请态势

从图 5-1-2 显示的群体智能支撑平台主要国家/地区授权态势可以看出，随着群体智能技术的发展，美国群体智能支撑平台领域授权量从 1998 年开始快速增长，从主要国家/地区中脱颖而出，并在很长一段时间内均处于领先地位，远超其他国家/地区，具有先发优势。欧洲、日本、韩国均一直发展缓慢。从中国授权量变化可以看出，中国虽然发展起步晚，但近几年增长势头强劲，随着专利申请量的快速增长，专利授权量自 2007 年以来呈现快速增长趋势，并且在 2015 年达到了顶峰。截至 2020 年 6 月底，在群体智能支撑平台技术领域，美国的专利申请授权总量居于第一位，总计为 8223 件；中国位居第二，专利申请授权量总计为 5008 件。可见，在群体智能支撑平台领域，美国领先优势显著。

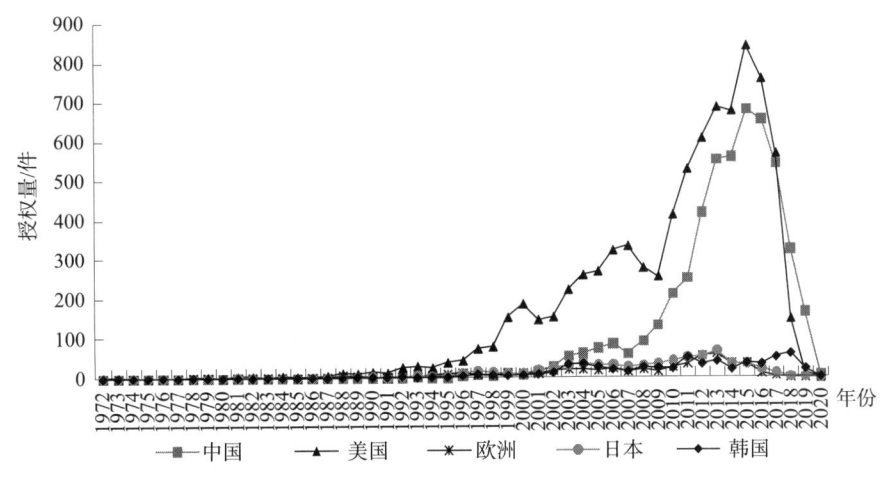

图 5-1-2 群体智能支撑平台主要国家/地区授权态势

5.1.2 主要国家/地区申请量和授权量占比分析

从图 5-1-3 显示的群体智能支撑平台主要国家/地区申请量和授权量可以看出，美国、韩国和日本的授权率最高，分别为 63%、54% 和 53%，中国和欧洲的授权率较低，分别为 28% 和 26%。可见美国的专利申请整体技术含量高，核心技术占比较大，而中国和欧洲由于专利审查标准上的一致性以及对商业方法类申请较为严格的审查标准，其在该领域核心技术专利授权量占比较低。从申请量以及授权量的绝对值可以看出，中国、美国基本是该领域技术发展驱动力的核心，日本、欧洲、韩国已经处于落后地位。

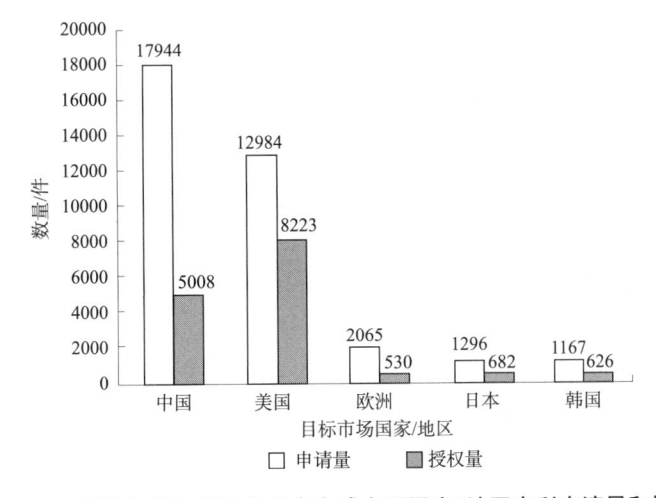

图 5-1-3 群体智能支撑平台技术全球主要国家/地区专利申请量和授权量

5.1.3 全球/中国主要申请人分析

图 5-1-4 显示了群体智能支撑平台技术全球申请人的排名情况。排名前 20 的全球申请人中,中国申请人占据 15 席,占比最多。美国申请人占据 5 席,但是排名整体靠前。

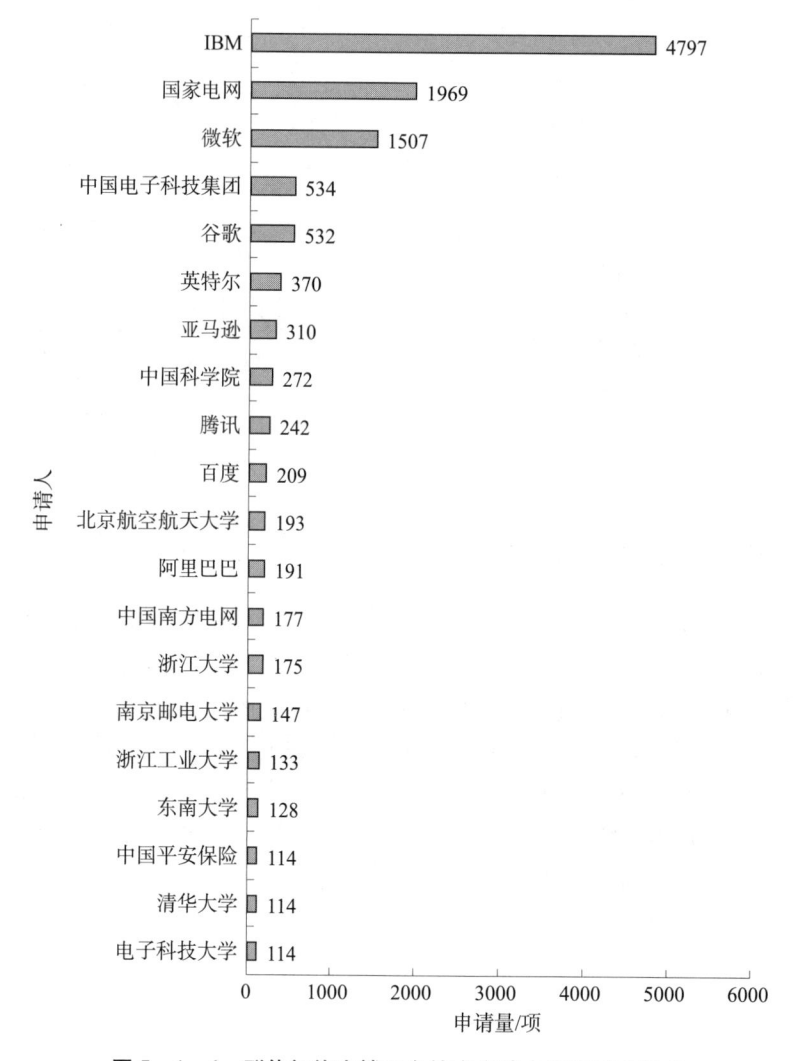

申请人	申请量/项
IBM	4797
国家电网	1969
微软	1507
中国电子科技集团	534
谷歌	532
英特尔	370
亚马逊	310
中国科学院	272
腾讯	242
百度	209
北京航空航天大学	193
阿里巴巴	191
中国南方电网	177
浙江大学	175
南京邮电大学	147
浙江工业大学	133
东南大学	128
中国平安保险	114
清华大学	114
电子科技大学	114

图 5-1-4 群体智能支撑平台技术全球主要申请人排名

图 5-1-5 显示了群体智能支撑平台技术中国专利申请人的排名情况。排名前 20 的在华申请人中,中国申请人占据 17 席,其中有 10 席是高校和科研院所。美国申请人占据 3 席。其中,国家电网申请量位列第一,达到 2024 件。中国科学院的申请量在科研院所中排名第一。北京航空航天大学的申请量在高校中最为耀眼,在全球排名和国内排名中,均位列高校榜首。

申请人	申请量/件
国家电网	2024
中国电子科技集团	580
微软	556
IBM	464
腾讯	326
中国科学院	298
百度	264
阿里巴巴	252
北京航空航天大学	211
中国南方电网	193
浙江大学	187
南京邮电大学	168
谷歌	162
浙江工业大学	140
中国平安保险	136
东南大学	134
清华大学	129
电子科技大学	120
华南理工大学	119
重庆邮电大学	119

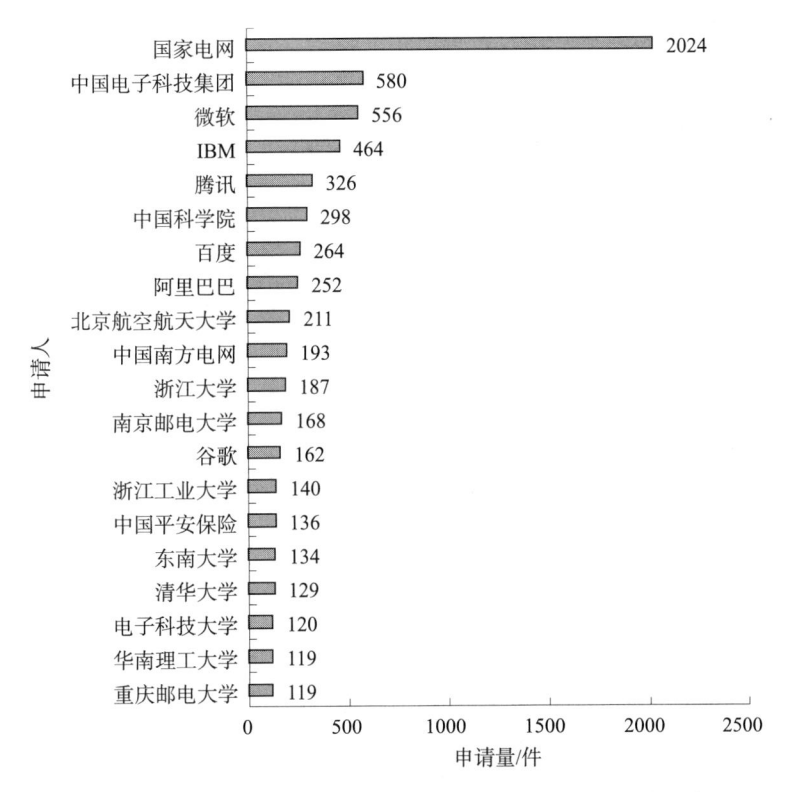

图 5-1-5 群体智能支撑平台技术中国专利主要申请人排名

5.1.4 全球布局区域分析

从图 5-1-6 显示的群体智能支撑平台技术全球目标市场申请量占比可以看出，中国仍是全球最重要的市场，吸引着全球创新主体的注意力，同时基于中国申请人的大量投入，其也产出较多。美国排名第二位。可见，美国和中国是主要目标市场国，位于第一梯队，各企业都非常重视在美国和中国的专利申请。这与两国存在庞大的市场是相关的，市场的大小在一定程度上决定了专利申请数量的多少。欧洲、日本和韩国位于第二梯队。欧洲的原创专利数量少于韩国，但是作为目标市场，欧洲所占的比例高于韩国。此外，还有8%的专利申请选择了 PCT 申请，这说明一定数量的专利是以进入多个国家/地区为目标的。

从图 5-1-7 显示的群体智能支撑平台技术全球原创国家/地区申请量占比可以看出，中国原创技术占比达到 51%，是全球第一大创新体。基于中国近年来对于人工智能领域的政策引导和产业规划，大量中国创新主体在该领域投入研发力量，特别是众多高校和科研院所在国家基金的支持下，在该领域开展了广泛的研究。美国作为全球另一个重要的创新驱动力，占比 39%，其拥有 IBM、微软、谷歌等全球重要的申请人，企业力量突出。韩国、日本、欧洲在该领域的发展明显落后于中国和美国。

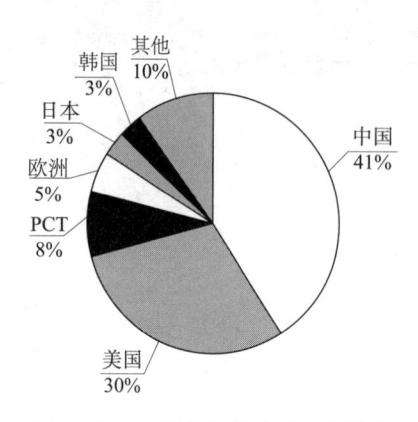

图 5-1-6　群体智能支撑平台技术
全球目标市场占比

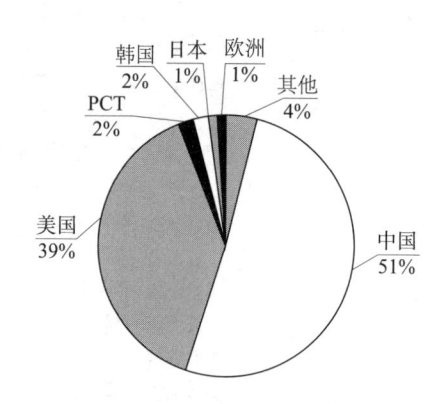

图 5-1-7　群体智能支撑平台技术
全球原创国家/地区占比

5.1.5　全球/中国主要技术分支分析

从图 5-1-8 显示的群体智能支撑平台技术全球/中国主要技术分支申请量可以看出，在各分支中，中国申请量占较高比例。

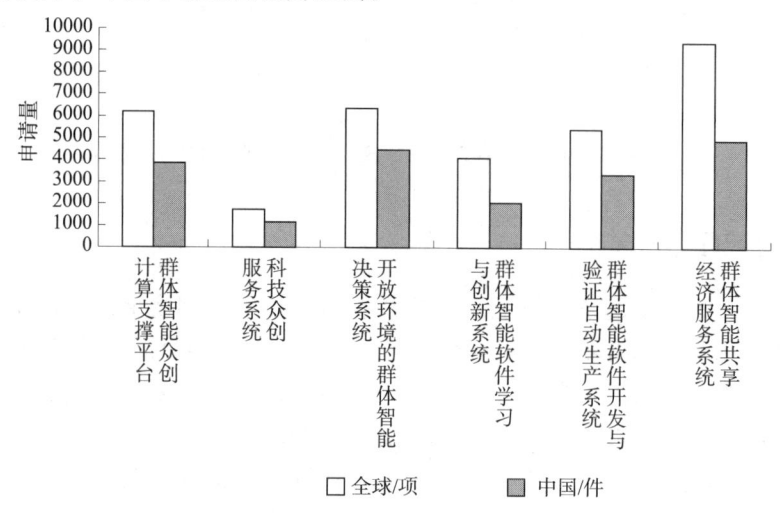

图 5-1-8　群体智能支撑平台技术全球/中国主要技术分支申请量

5.1.6　全球/中国主要申请人布局重点分析

从表 5-1-1 显示的全球主要申请人申请量年度分布来看，IBM 的相关专利申请量从 2001 年已经开始大幅提升。IBM 于 1997 年研发的深蓝机器人就已经击败世界象棋冠军，2011 年 IBM 的 Watson 参加美国综艺节目《危险边缘》赢了人类冠军选手，IBM 一直是人工智能技术的引领者。国家电网虽然起步晚，但由于其下属机构庞大且重视研究创新，其在该领域的申请从 2013 年开始呈爆发状态。中国电子科技集团由于其在无人机集群作战方面的持续研究和改进，成为支撑平台领域非常重要的申请人。值得关注的是，美国企业微软、谷歌、英特尔都是该领域的创新优势保持者。

从表5-1-2显示的中国专利主要申请人申请量年度分布来看，国家电网从2013年开始加速发展，基于其在产业上的优势，引领国内该领域的发展。中国电子科技集团作为国内重点研究主体，旗下有众多科研机构，其在群体智能支撑平台方面，尤其是无人机集群作战方面起步较早，从2005年开始持续跟进技术发展。中国科学院作为国内重点科研院所，其下包括众多科研院所，科研实力雄厚，其在群体智能支撑平台技术方面的研究可以追溯到1999年。而其他一些高校，像北京航空航天大学、浙江大学、南京邮电大学、浙江工业大学、东南大学、清华大学、电子科技大学、华南理工大学、重庆邮电大学等中国主要申请人，得益于国家自然科学基金的资助，在基础理论方面展开了研究，但起步略晚，普遍从2008~2009年才开始跟进群体智能支撑平台相关研究，并持续跟进发展。此外，在群体智能支撑平台建设中，国内互联网企业腾讯、百度、阿里巴巴作为国内领先的技术公司，在该领域均进行了持续布局。国外科技巨头IBM、谷歌等，非常重视中国市场，积极在中国创办研究院，设立研发部门，并对该领域进行国际布局。

从图5-1-9显示的群体智能支撑平台技术全球主要申请人申请量国家/地区分布可以看出，各个企业都是在本国进行最多的专利申请。从目标市场来看，美国最受重视，然后是中国和日本。中国高校一般只在中国申请专利，而国内外企业基本都提交PCT申请，并通过PCT、《巴黎公约》等方式布局其他国家/地区，其中国家电网、东南大学和清华大学只有PCT申请和美国申请。

从图5-1-10显示的群体智能支撑平台技术中国专利主要申请人申请量国家/地区分布可以看出，各个企业都是在本国进行最多的专利申请。从目标市场来看，中国最受重视，然后是WIPO国际局和美国。国外企业基本选择了PCT申请，并进行全球专利布局。值得注意的是，国内的阿里巴巴、腾讯、中国电子科技集团、中国南方电网、中国平安保险、东南大学、清华大学、华南理工大学、重庆邮电大学等进行了国外的专利布局。

图5-1-11显示了群体智能支撑平台技术全球主要申请人技术分布。在群体智能众创计算支撑平台和科技众创服务系统方面申请量较大的是IBM、国家电网和微软。在开放环境的群体智能决策系统方面申请量最大的是国家电网。在群体智能软件学习与创新系统方面申请量较大的是IBM、微软、谷歌、亚马逊和英特尔，全是美国企业。在群体智能软件开发与验证自动生产系统方面申请量较大的是IBM、微软和中国电子科技集团。在群体智能共享经济服务系统方面申请量较大的是IBM、微软、谷歌、英特尔和中国电子科技集团。

图5-1-12显示了群体智能支撑平台技术中国主要申请人技术分布。在群体智能众创计算支撑平台和科技众创服务系统方面申请量最大的是国家电网。在开放环境的群体智能决策系统方面申请量较大的是国家电网、中国电子科技集团。在群体智能软件学习与创新系统方面申请量较大的是微软、IBM、腾讯和中国电子科技集团。在群体智能软件开发与验证自动生产系统方面申请量较大的是中国电子科技集团和微软。在群体智能共享经济服务系统方面申请量较大的是中国电子科技集团、微软和IBM。国内申请人中，国家电网和中国电子科技集团的相关专利在数量上占据优势。

表 5-1-1 群体智能支撑平台技术全球主要申请人申请量年度分布

单位：项

申请人	2001	2002	2003	2004	2005	2006	2007	2008	2009	2010	2011	2012	2013	2014	2015	2016	2017	2018	2019	2020
IBM	122	59	95	103	99	111	127	203	88	137	126	137	282	279	505	562	650	591	156	26
国家电网						2	2	4	13	32	26	80	122	154	214	246	252	366	429	28
微软	38	15	53	69	94	93	81	63	56	100	104	84	94	98	88	98	121	79	25	2
中国电子科技集团					3	1	4	2	8	5	4	18	29	45	50	64	72	72	113	7
谷歌			1	2	4	7	12	8	14	13	51	91	84	79	49	37	50	24	6	
英特尔	20	7	10	10	17	6	9	1	2	1	15	7	23	15	31	44	54	39	34	1
亚马逊			1		3	2	3	1	4	20	21	29	38	39	62	34	22	15	13	2
中国科学院			1	1	1		4	2	4	7	9	13	11	14	15	31	29	55	69	4
腾讯							3	5	6	4	21	28	25	22	16	15	15	24	50	7
百度						1				12	4	12	14	11	28	13	23	38	44	9
北京航空航天大学						1				8	5	2	11	13	14	8	26	62	33	1
阿里巴巴							3	2	5		4	6	3	16	18	29	20	49	38	5
中国南方电网					1				1	1	1	7	7	9	8	11	21	36	73	3
浙江大学						1		4	1		5	6	9	4	7	16	26	46	43	5
南京邮电大学						1	2	1	2	5	3	1	8	5	12	14	19	34	36	4
浙江工业大学									1	1	2	1	4	9	12	15	15	36	34	3
东南大学				1	1		1	1		1	1	3	8	8	6	11	14	30	41	4
中国平安保险																2	4	33	72	3
清华大学							3	3	2	1	1	3	4	8	5	7	12	22	32	11
电子科技大学							1	1	2	1	1	1	1	3	4	6	8	26	52	6

第5章 支撑平台专利状况分析

表5-1-2 群体智能支撑平台技术中国主要申请人申请量年度分布

单位：件

申请人	2002	2003	2004	2005	2006	2007	2008	2009	2010	2011	2012	2013	2014	2015	2016	2017	2018	2019	2020
国家电网					2	2	4	13	33	28	81	123	159	219	250	259	379	444	28
中国电子科技集团		16	27	3	1	4	2	8	6	5	18	31	48	52	68	82	128	117	7
微软	2	29	27	41	21	15	14	16	58	51	36	53	59	44	50	36	11	5	
IBM	23			38	30	14	18	11	21	30	54	42	16	27	12	24	31		
腾讯		1		1	2	4	6	7	5	22	39	38	26	20	21	23	36	67	9
中国科学院	1		1	1		4	4	4	7	9	14	13	19	18	32	30	58	76	4
百度					1				14	4	18	18	14	33	21	28	47	51	15
阿里巴巴				1				2	2	5	6	4	25	24	38	29	55	56	5
北京航空航天大学					1	3	3	6	9	8	3	12	13	15	8	27	67	35	1
中国南方电网								1	1	1	7	7	10	8	14	23	40	79	3
浙江大学				1	2	2	4	2	2	5	6	10	4	8	18	27	48	46	5
南京邮电大学					1	2	1	1	7	4	2	10	6	12	14	23	36	42	6
谷歌					2	9	2	6	3	13	21	23	17	23	14	22	7		
浙江工业大学								1	1	2	1	4	9	13	15	17	37	37	3
中国平安保险															2	6	41	84	3
东南大学						1	1	2	2	3	9	8	7	11	15	30	42	4
清华大学			1			3	4	2	1		3	4	8	6	7	15	28	35	11
电子科技大学						2	1	2	1	2	1	1	3	5	6	9	26	55	6
华南理工大学								1	1			6	2	7	5	19	36	33	5
重庆邮电大学							1	1	1	4		3	5	4	12	16	37	32	7

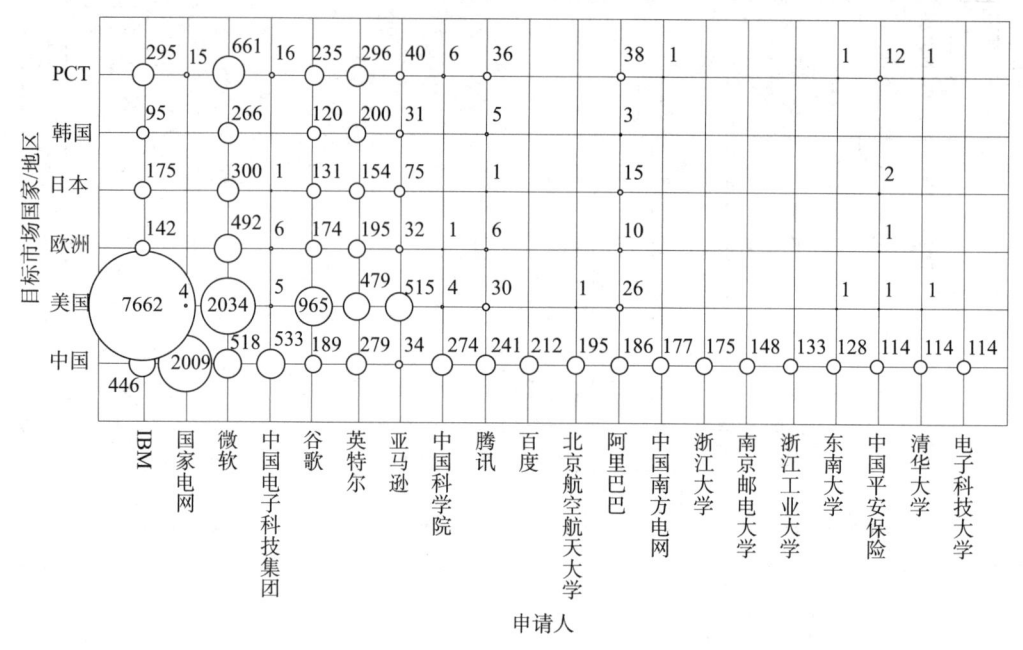

图 5-1-9　群体智能支撑平台技术全球主要申请人申请量国家/地区分布

注：图中数字表示申请量，单位为项。

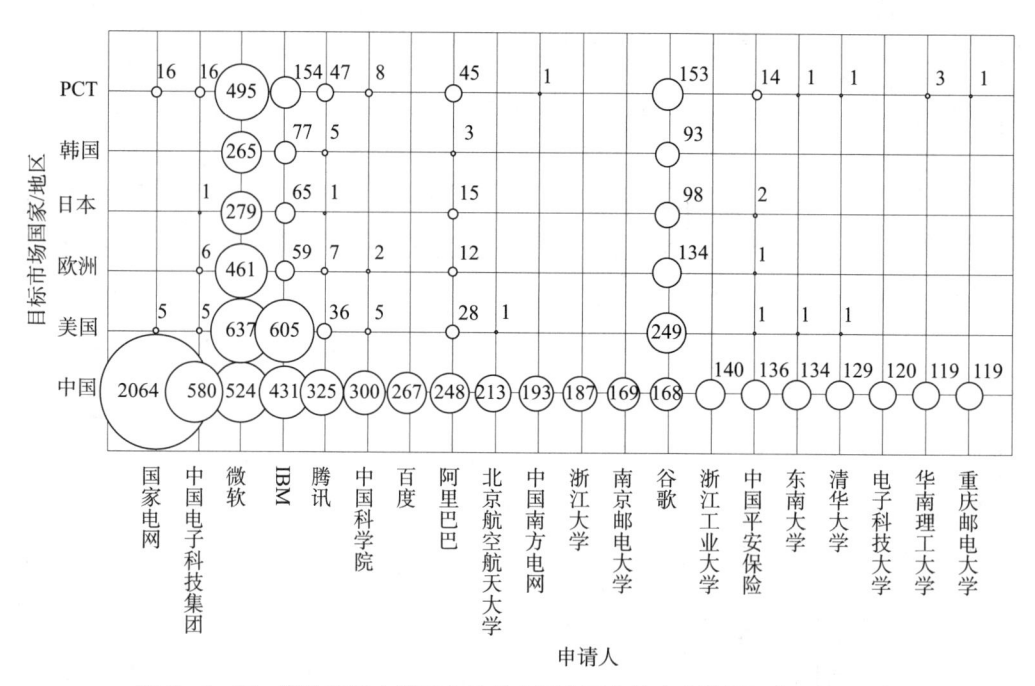

图 5-1-10　群体智能支撑平台技术中国主要申请人申请量国家/地区分布

注：图中数字表示申请量，单位为件。

图 5-1-11 群体智能支撑平台技术全球主要申请人技术分布

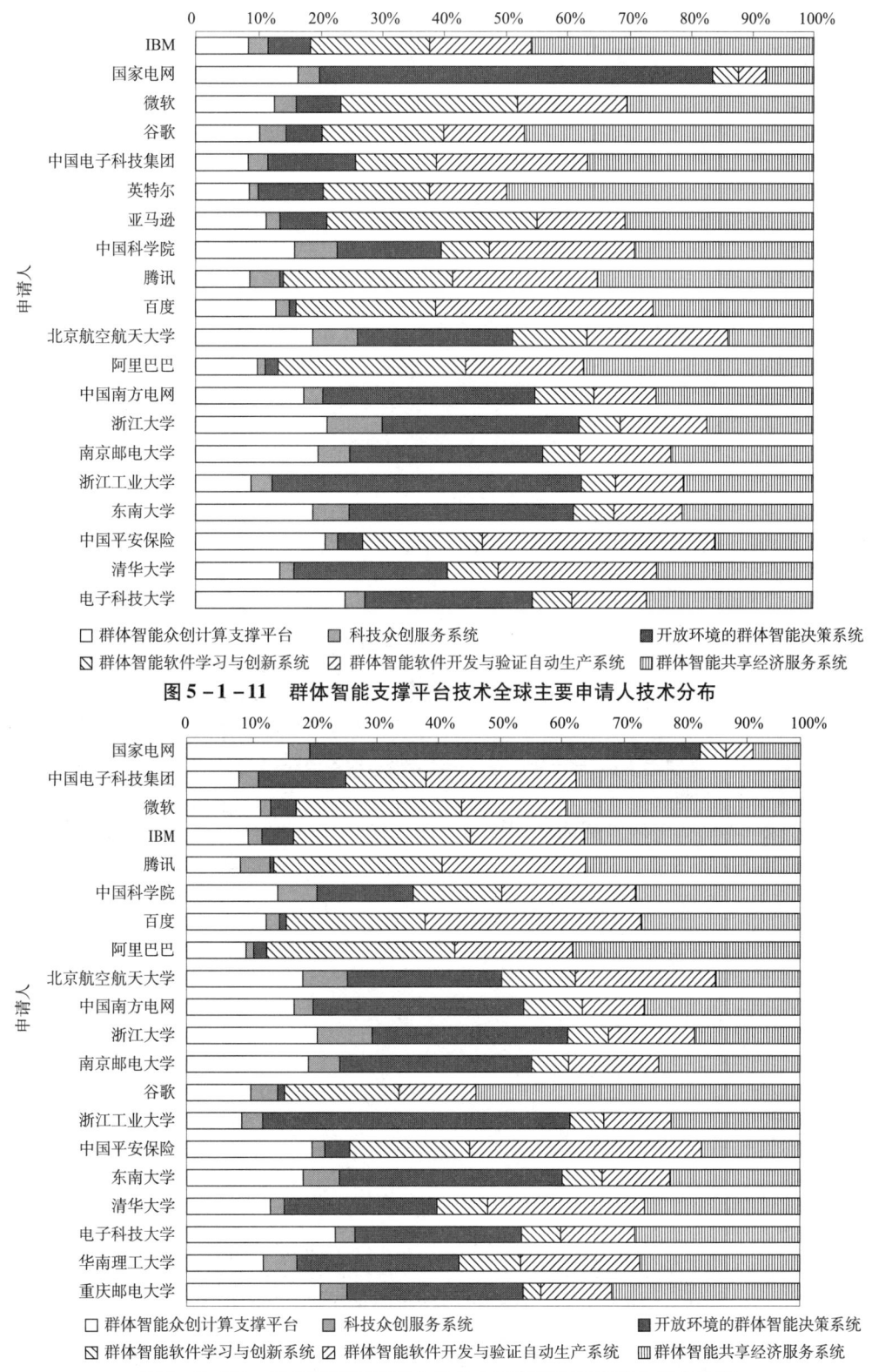

图 5-1-12 群体智能支撑平台技术中国专利主要申请人技术分布

5.2 众创计算支撑平台专利状况分析

5.2.1 全球/中国申请和授权态势分析

图 5-2-1 显示了群体智能众创计算支撑平台 1973~2020 年全球专利申请量态势。1973 年全球申请量是 1 项,1996 年申请量上升为两位数,2006 年申请量开始突破百项,达到 144 项,2018 年申请量达到峰值,为 864 项。中国申请量趋势与全球趋势基本相同,2012 年之前平稳增长,2012 年之后快速增长,并于 2019 年申请量达到巅峰。

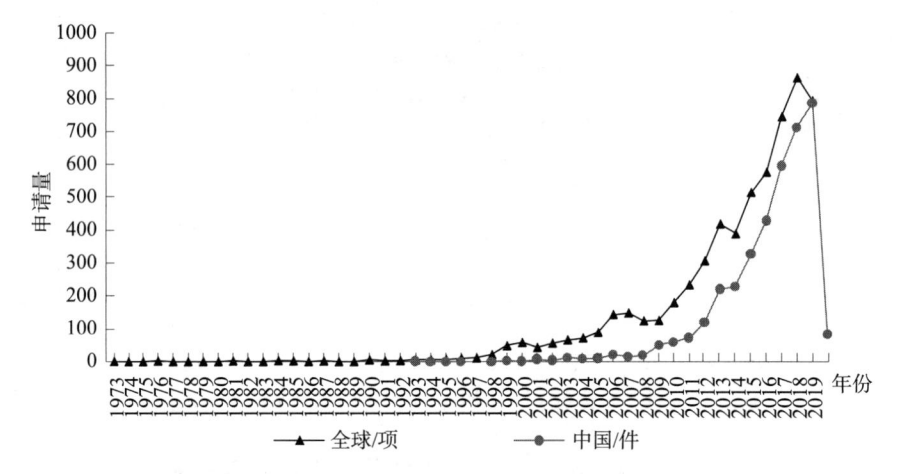

图 5-2-1 群体智能众创计算支撑平台全球/中国申请态势

图 5-2-2 显示了群体智能众创计算支撑平台 1981~2020 年逐年全球主要国家/地区专利申请授权量态势。其中,美国、欧洲、日本在该技术领域的研究起步最早,中国其次。美国自 1998 年开始发展迅速,连续多年专利授权量处于领先地位,2013 年授

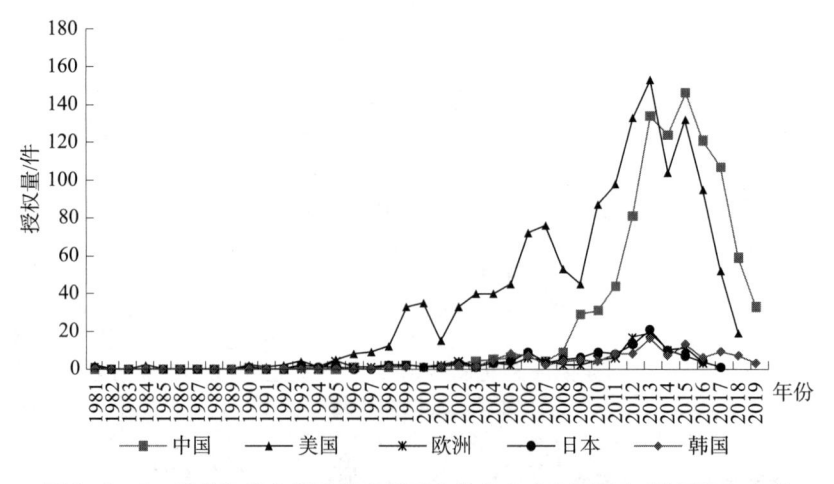

图 5-2-2 群体智能众创计算支撑平台技术全球主要国家/地区授权态势

权量达到峰值 153 件。中国专利授权量趋势与全球趋势基本相同，虽起步较晚，但从 2009 年开始快速增长，2015 年授权量达到峰值 146 件。2014 年开始，中国专利申请授权量超过美国专利申请授权量。

5.2.2 主要国家/地区申请量和授权量占比分析

从图 5-2-3 显示的群体智能众创计算支撑平台全球主要国家/地区专利申请量和授权量可以看出，虽然中国是第一申请大国，但授权比例较低，主要是因为中国在该领域早期专利申请量占比较低，且专利整体质量有待进一步提高。反观美国，其专利申请相对授权率较高，说明其专利申请整体技术含量高。从申请量以及授权量可以看出，在该领域中国、美国基本是该领域技术发展驱动力的核心，欧洲、日本、韩国已经处于落后地位。

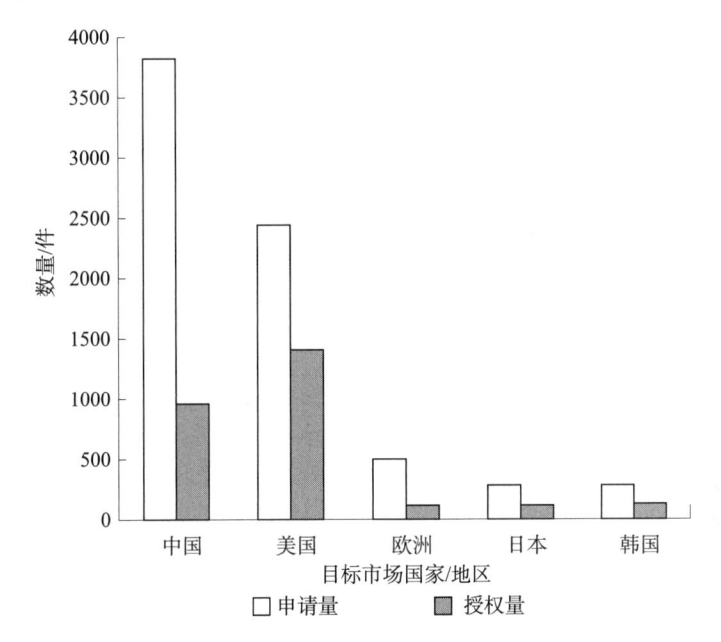

图 5-2-3　群体智能众创计算支撑平台全球主要国家/地区专利申请量和授权量

5.2.3 全球/中国主要申请人分析

图 5-2-4 显示了群体智能众创计算支撑平台技术全球主要申请人的排名情况。排名前 20 的全球申请人中，中国申请人占 13 席，占比最多。其次是美国申请人占 6 席。日本申请人占 1 席。

图 5-2-5 显示了群体智能众创计算支撑平台技术中国专利主要专利申请人的排名情况。排名前 20 的在华申请人中，国家电网位列第一，申请量高达 372 件；百度紧随其后，申请量达 102 件。中国申请人占据 16 席。在这 16 席中，有 8 席是高校和科研院所，其中中国科学院的申请量表现最为抢眼，达到 66 件。

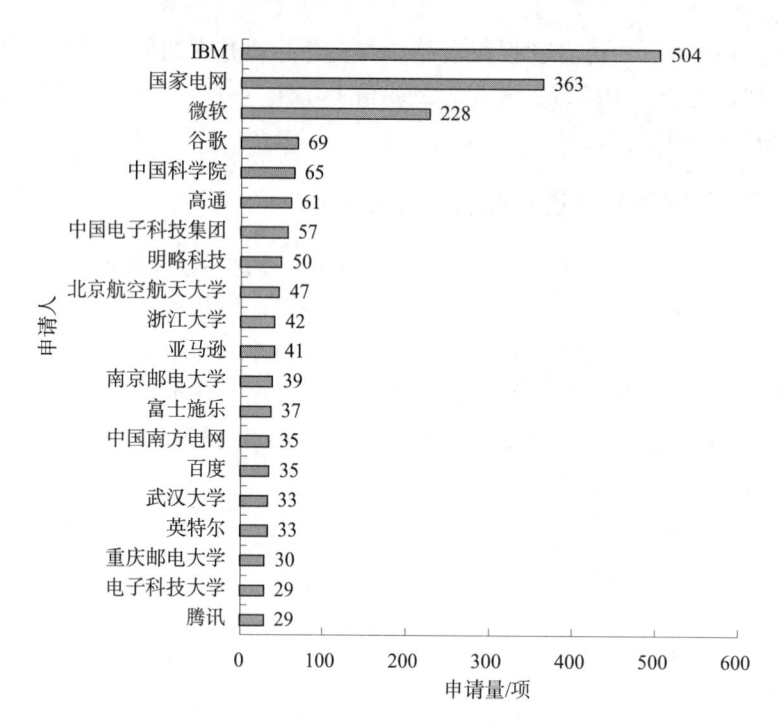

申请人	申请量/项
IBM	504
国家电网	363
微软	228
谷歌	69
中国科学院	65
高通	61
中国电子科技集团	57
明略科技	50
北京航空航天大学	47
浙江大学	42
亚马逊	41
南京邮电大学	39
富士施乐	37
中国南方电网	35
百度	35
武汉大学	33
英特尔	33
重庆邮电大学	30
电子科技大学	29
腾讯	29

图 5-2-4 群体智能众创计算支撑平台技术全球主要申请人排名

申请人	申请量/件
国家电网	372
百度	102
微软	73
中国科学院	66
中国电子科技集团	60
IBM	53
腾讯	53
明略科技	50
浙江大学	49
北京航空航天大学	48
高通	44
南京邮电大学	40
中国南方电网	37
武汉大学	34
电子科技大学	33
重庆邮电大学	32
东南大学	28
中国平安保险	28
英特尔	27
阿里巴巴	27

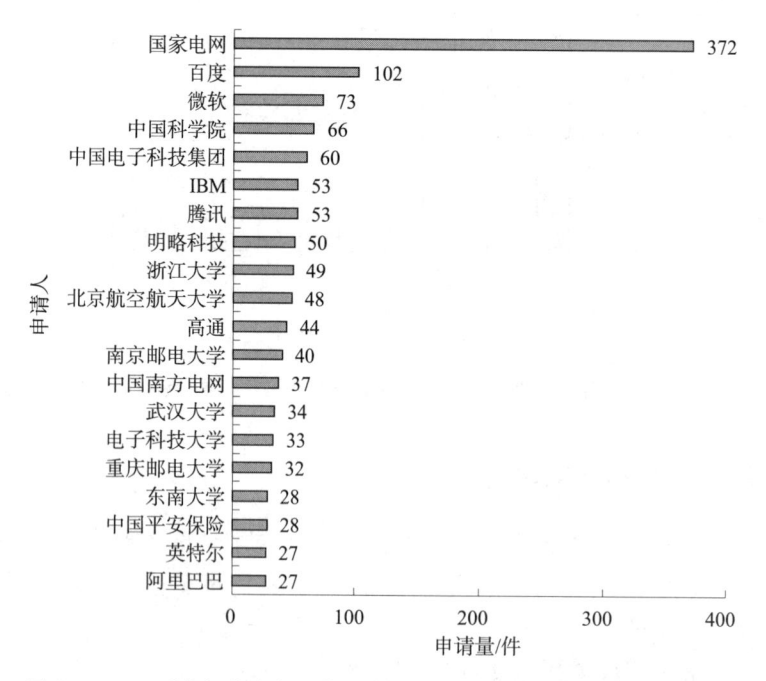

图 5-2-5 群体智能众创计算支撑平台技术中国专利主要申请人排名

5.2.4 全球布局区域分析

全球群体智能众创计算支撑平台相关专利申请超过 6000 件。图 5-2-6 显示了群体智能众创计算支撑平台全球专利原创国家/地区申请量占比,图 5-2-7 显示了群智众创计算支撑平台全球专利目标国家/地区申请量占比。可以明显看出,从专利申请的数量来看,全球群体智能众创计算支撑平台专利申请国家/地区存在明显差距,无论是原创国家/地区还是目标国家/地区,排名前两位的都是中国和美国,中国排名第一,占比为 53% 和 42%。

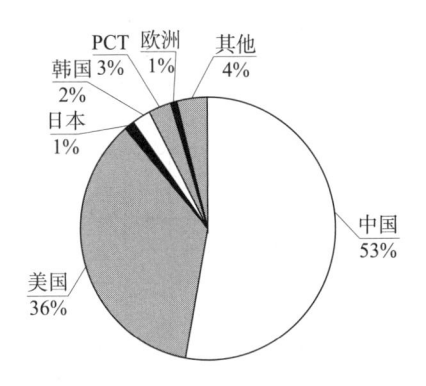

图 5-2-6 群体智能众创计算支撑平台全球专利原创国家/地区占比

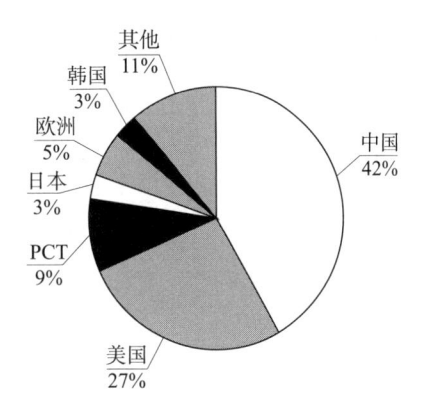

图 5-2-7 群体智能众创计算支撑平台全球专利目标国家/地区占比

5.2.5 全球/中国主要申请人布局重点分析

表 5-2-1 显示了群体智能众创计算支撑平台全球主要申请人申请量年度分布。可以看出,IBM 和微软于 1990~2000 年开始相关方面的研究。由此可见,美国企业在群体智能众创计算支撑平台方面开展研究的时间最早。百度自 2006 年起开始申请,国家电网自 2010 年起开始申请。国家电网从 2013 年开始,相关布局急剧增加。百度从 2012 年起申请量逐步稳定上升。

表 5-2-2 显示了群体智能众创计算支撑平台中国专利主要申请人申请量年度分布。可以看出:IBM 布局较早且各年度布局较为均衡;中国科学院起步较早,但到 2010 年后才开始发展稳定;浙江大学、北京航空航天大学、南京邮电大学等高校保持着平稳的研发进度。

图 5-2-8 显示了群体智能众创计算支撑平台领域全球主要申请人申请量国家/地区分布。可以看出,除了日本企业富士施乐之外,各个企业都是在本国/本地区进行最多的专利申请。从目标市场来看,美国和中国最受重视,然后是国际局、欧洲。IBM、微软、谷歌、高通、亚马逊、英特尔在除本国之外的其他各国/地区布局比较均衡,其中,高通和英特尔在全球主要国家/地区的布局都相差不大。中国申请人几乎只在本国布局。

图 5-2-9 显示了群体智能众创计算支撑平台中国主要申请人的重点布局国家/地区。微软和 IBM 在中国的布局最多。中国的企业、高校和科研院所大多以中国作为主要布局地,阿里巴巴和中国平安保险在海外有较全面的布局。多数中国主要申请人只在中国布局。

表 5-2-1 群体智能众创计算支撑平台全球主要申请人申请量年度分布

单位：项

申请人	1990~2000	2001	2002	2003	2004	2005	2006	2007	2008	2009	2010	2011	2012	2013	2014	2015	2016	2017	2018	2019	2020
IBM	21	1	5	20	9	12	12	27	42	15	25	22	39	39	38	50	43	34	37	13	
国家电网						7	19	7			1	1	8	29	27	46	43	51	73	77	7
微软	8		1		4		1		10	10	15	17	14	16	23	12	17	34	13	2	18
百度								1				1	6	8	8	8	12	12	18	20	
谷歌							3	1	2	2	3	3	13	9	10	10	5	5	2	1	1
中国科学院	1								1		2	3	5	6	6	3	10	9	11	13	1
高通								1			1	5	4	21	8	12	3	4	1	1	
中国电子科技集团											2		1	8		4	5	5	16	18	2
腾讯										1			1	3	1	2	6	9	11	15	8
明略科技																		1	1	40	
北京航空航天大学									1	2	1	1	1	4	3	8	4	6	10	9	1
浙江大学												1		2	2	2	6	10	11	5	
亚马逊										1		1	6	6	2	7	9	4	4	2	1
南京邮电大学								1	1	1	2		2	2	1	1	7	8	7	7	
富士施乐	1											3	6	9	7	8	1	1			
中国南方电网													2	3	3	2	2	7	6	12	
武汉大学								1					1	4	1	2	4	7	4	10	
英特尔	2	2			4							3		8	4	1	2	4	1	3	
重庆邮电大学										1				1	1	1	3	4	7	10	2
电子科技大学										1	2		1	1	1	1	1	3	6	12	1

表 5-2-2 群体智能众创计算支撑平台中国主要申请人申请量年度分布

单位：件

申请人	1999~2000	2001	2002	2003	2004	2005	2006	2007	2008	2009	2010	2011	2012	2013	2014	2015	2016	2017	2018	2019	2020
国家电网											1	1	8	29	27	46	47	54	74	78	7
百度							1					1	6	8	8	8	12	12	18	20	18
微软						1	3	2		2	3	7	5	3	16	9	7	11	4		
中国科学院	1								1		2	3	5		6	3	10	9	11	13	2
中国电子科技集团														8		4	5	6	17	19	1
IBM	1			2	5	1	3	6	2	2	4	2	4	7	4	5	5	2	1	2	
腾讯										1	2		1	3	1	2	6	9	11	15	2
明略科技																		1	1	40	8
浙江大学									1			1	1	2	2	8	8	11	15	5	1
北京航空航天大学										2	1			4	3	8	4	6	11	9	
高通								1	1	1	1	3	1	9	13	7	7	2	1		
南京邮电大学											2			2	1	1	8	8	7	7	1
中国南方电网													2	3	3		2	8	6	12	1
武汉大学													1	4	1	2	4	7	5	10	
电子科技大学										1		2	1		1	1	1	3	7	15	1
重庆邮电大学										1				1	1	1	3	6	7	10	2
东南大学														1	2	5	2	2	5	10	1
中国平安保险																	2	1	12	11	2
英特尔						1						3		13	5	3	1		1		
阿里巴巴											1				3	2	3	3	8	7	

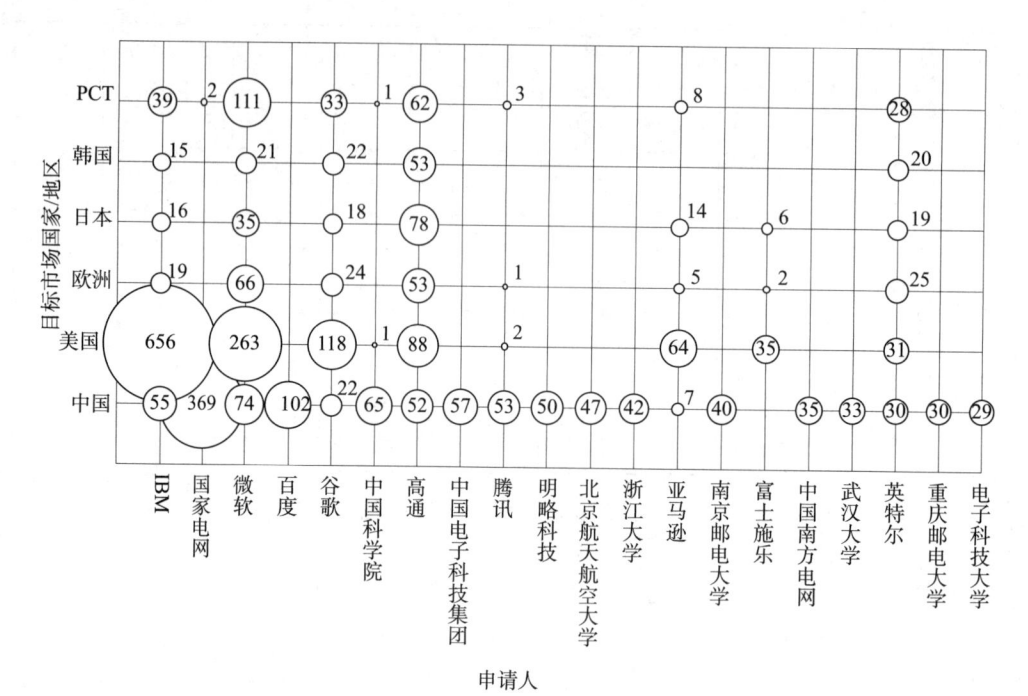

图 5-2-8 群体智能众创计算支撑平台全球主要申请人申请量国家/地区分布

注：图中数字表示申请量，单位为项。

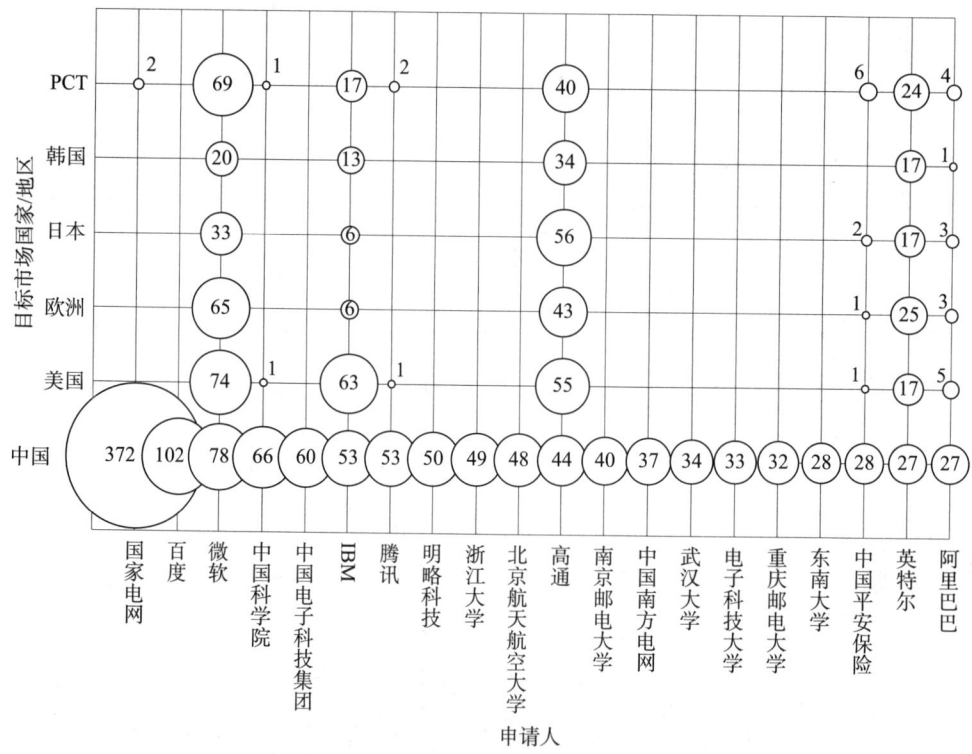

图 5-2-9 群体智能众创计算支撑平台中国专利主要申请人申请量国家/地区分布

注：图中数字表示申请量，单位为件。

5.3 科技众创服务系统专利状况分析

5.3.1 全球/中国申请和授权态势分析

图 5-3-1 显示了科技众创服务系统 1994~2020 年全球专利申请量态势。1994 年全球申请是 4 项，到 2000 年申请量上升为两位数，从 2013 年申请量开始突破百项，达到 122 项，并于 2019 年申请量达到峰值（300 项）。中国申请量趋势与全球趋势基本相同，2012 年之前平稳增长，2012 年之后快速增长，2019 年申请量达到巅峰。截至检索日期（2020 年 6 月 30 日），全球的申请量已经突破 1710 件。

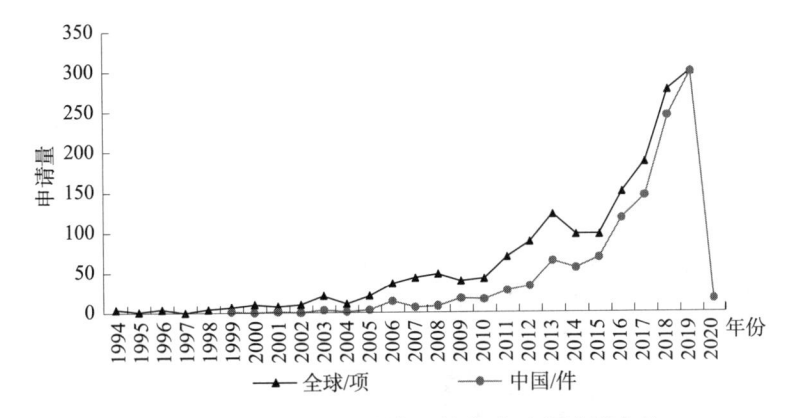

图 5-3-1 科技众创服务系统全球/中国申请态势

图 5-3-2 显示了科技众创服务系统 1994~2020 年逐年全球主要国家/地区专利授权量态势。其中，美、日、欧在该技术领域的研究起步最早，中国其次。美国自 2005 年开始发展迅速，连续多年专利授权量处于领先地位，于 2013 年授权量达到峰值（35 件）。中国专利授权量趋势与美国趋势基本相同，虽起步较晚，但从 2008 年开始快速增长，2013 年授权量达到峰值（43 件）。2013 年开始，中国专利授权量超过美国专利授权量。

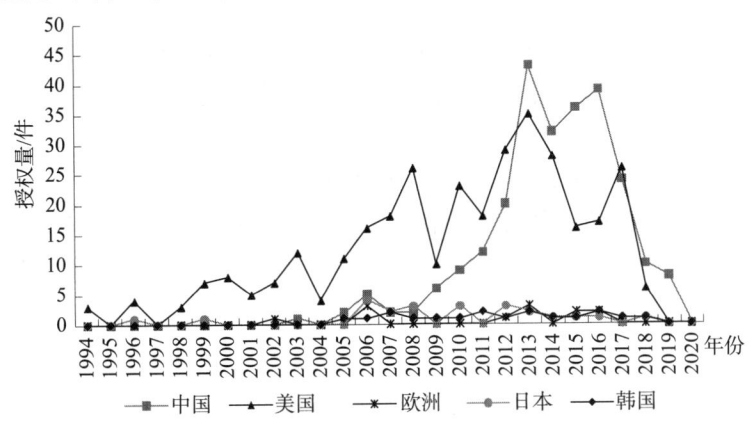

图 5-3-2 科技众创服务系统全球主要国家/地区专利授权态势

5.3.2 主要国家/地区申请量和授权量占比分析

图 5-3-3 显示了科技众创服务系统全球主要国家/地区专利申请量和授权量情况。从主要国家/地区申请量和授权量的对比可以看出，虽然中国是第一大申请国，但授权比例较低，主要是中国该领域早期专利申请量占比较低，且专利整体质量有待进一步提高。反观美国，其专利申请相对授权率较高，说明其专利申请整体技术含量高。从申请量以及授权量可以看出，中国、美国基本是该领域技术发展驱动力的核心，欧洲、日本、韩国已经处于落后地位。

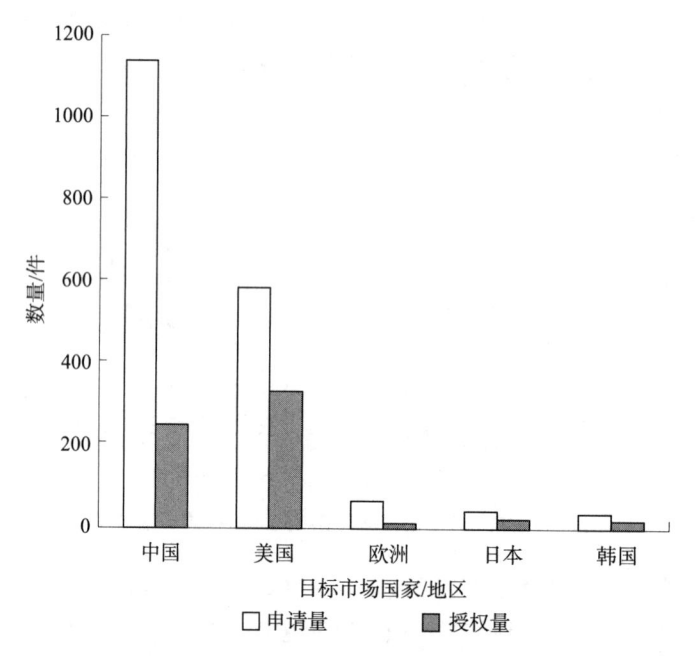

图 5-3-3 科技众创服务系统全球主要国家/地区专利申请量和授权量

5.3.3 全球/中国主要申请人分析

图 5-3-4 显示了科技众创服务系统技术全球主要申请人的排名情况。排名前 20 的全球申请人中，中国申请人占 16 席，占比最多。其次是美国申请人占 3 席。日本申请人占 1 席。

图 5-3-5 显示了科技众创服务系统技术中国专利主要申请人的排名情况。排名前 20 的在华申请人中，国家电网位列第一，申请量高达 77 件。中国申请人占据 17 席。在这 17 席中，有 11 席是高校和科研院所，其中中国科学院的申请量表现最为抢眼，达到 26 件。

第5章 支撑平台专利状况分析

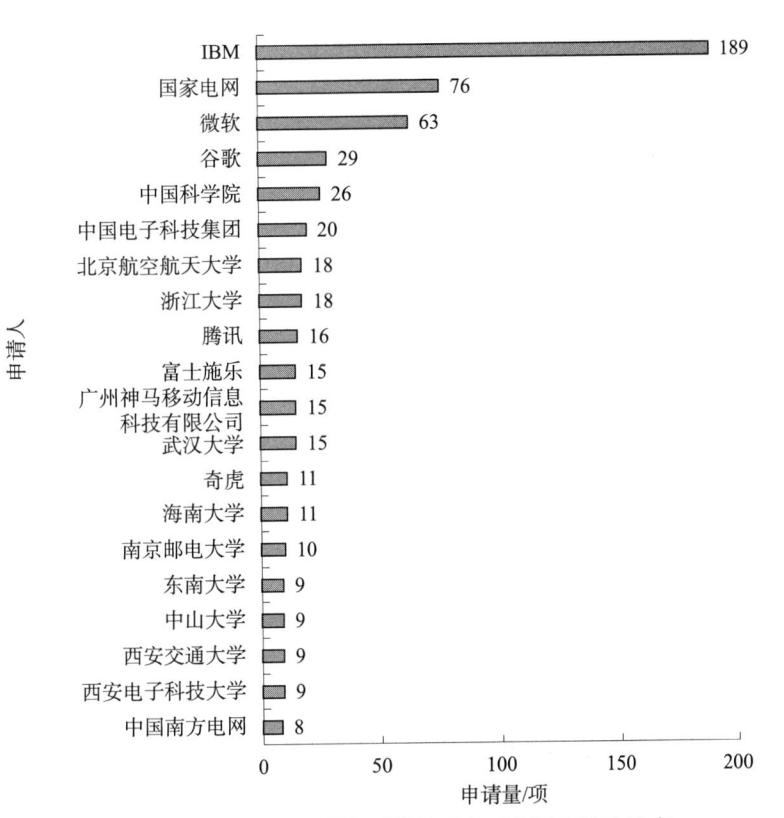

申请人	申请量/项
IBM	189
国家电网	76
微软	63
谷歌	29
中国科学院	26
中国电子科技集团	20
北京航空航天大学	18
浙江大学	18
腾讯	16
富士施乐	15
广州神马移动信息科技有限公司	15
武汉大学	15
奇虎	11
海南大学	11
南京邮电大学	10
东南大学	9
中山大学	9
西安交通大学	9
西安电子科技大学	9
中国南方电网	8

图 5-3-4　科技众创服务系统技术全球主要申请人排名

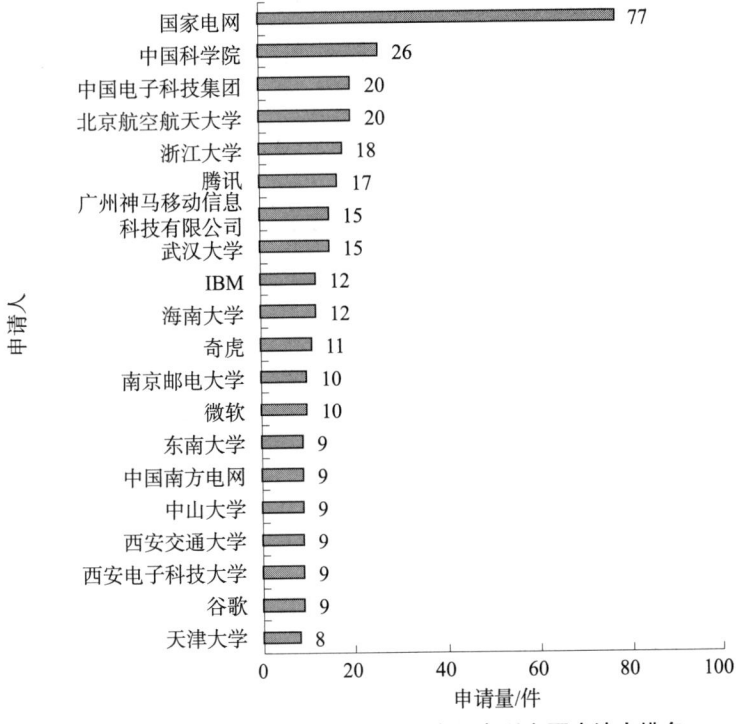

申请人	申请量/件
国家电网	77
中国科学院	26
中国电子科技集团	20
北京航空航天大学	20
浙江大学	18
腾讯	17
广州神马移动信息科技有限公司	15
武汉大学	15
IBM	12
海南大学	12
奇虎	11
南京邮电大学	10
微软	10
东南大学	9
中国南方电网	9
中山大学	9
西安交通大学	9
西安电子科技大学	9
谷歌	9
天津大学	8

图 5-3-5　科技众创服务系统技术中国专利主要申请人排名

5.3.4 全球布局区域分析

全球科技众创服务系统相关专利申请超过 1700 件。其中图 5-3-6 显示了全球科技众创服务系统专利申请目标国家/地区分布，图 5-3-7 显示了科技众创服务系统专利申请原创国家/地区分布。可以明显看出，全球科技众创服务系统专利申请国家/地区存在明显的数量差距，无论是目标国家/地区还是原创国家/地区，排名前两位的都是中国和美国，中国排名第一，占比为 53% 和 62%。

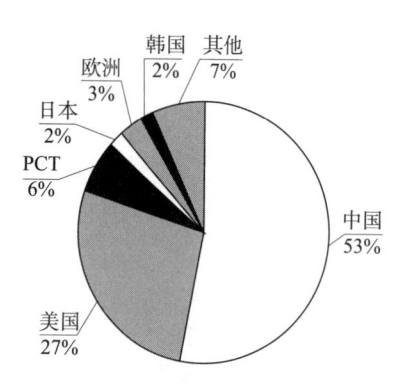

图 5-3-6 科技众创服务系统全球专利目标国家/地区占比

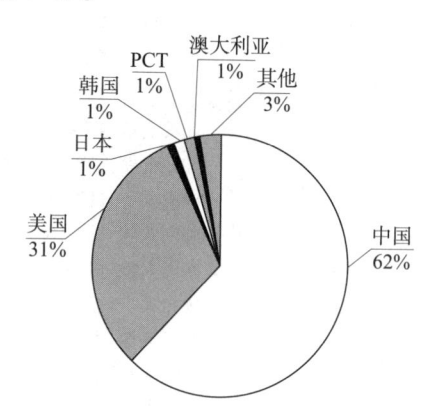

图 5-3-7 科技众创服务系统全球专利原创国家/地区占比

5.3.5 全球/中国主要申请人布局重点分析

表 5-3-1 显示了科技众创服务系统全球主要申请人申请量年度分布。可以看出，IBM、富士施乐、微软均于 1996~2000 年开始相关方面的研究。由此可见，美国、日本企业在科技众创服务系统方面开展研究的时间较早。浙江大学自 2006 年起开始申请。

表 5-3-2 显示了科技众创服务系统中国专利主要申请人申请量年度分布。可以看出，IBM 起步最早，但后续申请量并不大；国内申请人中，浙江大学起步最早，从 2011 年开始发展稳定，北京航空航天大学、腾讯保持着平稳的研发进度。

图 5-3-8 显示了科技众创服务系统领域全球主要申请人申请量国家/地区分布。可以看出除了日本企业富士施乐之外，各个企业都是在本国/本地区进行最多的专利申请。从目标市场来看，美国和中国最受重视，然后是国际局、欧洲。IBM、微软、谷歌在除本国之外的其他主要国家/地区布局比较均衡。中国申请人几乎只在本国布局。但是，腾讯在美国也有布局并进行了 PCT 申请。

图 5-3-9 显示了科技众创服务系统中国专利主要申请人重点布局国家/地区。微软、IBM 和谷歌在中国均有相当数量的布局。中国的企业、高校和科研院所大多以中国作为主要布局地，国家电网、腾讯和中国电子科技集团在国外均有布局，但是多数中国主要申请人只在中国布局。

表 5-3-1 科技众创服务系统全球主要申请人申请量年度分布

单位：项

申请人	1996~2000	2001	2002	2003	2004	2005	2006	2007	2008	2009	2010	2011	2012	2013	2014	2015	2016	2017	2018	2019	2020
IBM	5			7	1	2	4	9	24	7	4	11	12	17	8	12	17	21	20	8	
国家电网																	15	12	10	25	1
微软	1				1	2	5	3	3	1	11	5	4	4	3	3	4	10	2	1	
谷歌							2		1	1		2	4	7	4	3	2	2	1		
中国科学院											1	1	2	5	3		4	3	3	4	
中国电子科技集团														1		1	3		11	4	
北京航空航天大学							1			1	1	3	2	1	1	3	1	5	2	3	
浙江大学										1			2	2	2	1	1	2	3	1	
腾讯								1	1	2		3	2	2	3	1			1		
富士施乐	1											1	4	5	2	2					
广州神马移动信息科技有限公司																			15		
武汉大学													2	3	1		1	1	4	3	
奇虎														6			4		1		
海南大学									1								1	8		2	
南京邮电大学												1		1		1	1	3	2	2	
东南大学																	1		2	5	
中山大学															1		1	1	3	3	
西安交通大学													1			1	1	1	3	2	
西安电子科技大学													2		1	1	1			4	
中国南方电网											1				1			2	2	2	

193

表5-3-2 科技众创服务系统中国主要申请人申请量年度分布

单位：件

申请人	2004	2005	2006	2007	2008	2009	2010	2011	2012	2013	2014	2015	2016	2017	2018	2019	2020
国家电网									2	3	3	5	15	13	10	25	1
中国科学院							1	1	2	5	3		4	3	3	4	
中国电子科技集团										1		1	3	5	11	4	
北京航空航天大学						1	1			1	1	3	2	2	2	3	1
浙江大学			1	1	1	1		3	2	1	2	1	1	2	3	1	
腾讯						2		3	2	5		2			1		
广州神马移动信息科技有限公司															15		
武汉大学									2	3	1		1	1	4	3	
IBM	1		2	5		2			1				1	9		1	
海南大学										6			4		1	2	
奇虎								1				1	1	3	2	2	
微软					1		2	2				1	1	2	1		
南京邮电大学							1			1			1		2	5	
东南大学											1		1	3	2	2	
中国南方电网									1		1	1	1	1	3	3	
中山大学									2		1		1	1	3	2	
西安交通大学											3	1	3			4	
西安电子科技大学													2	2	2		
谷歌				1													
天津大学																	1

194

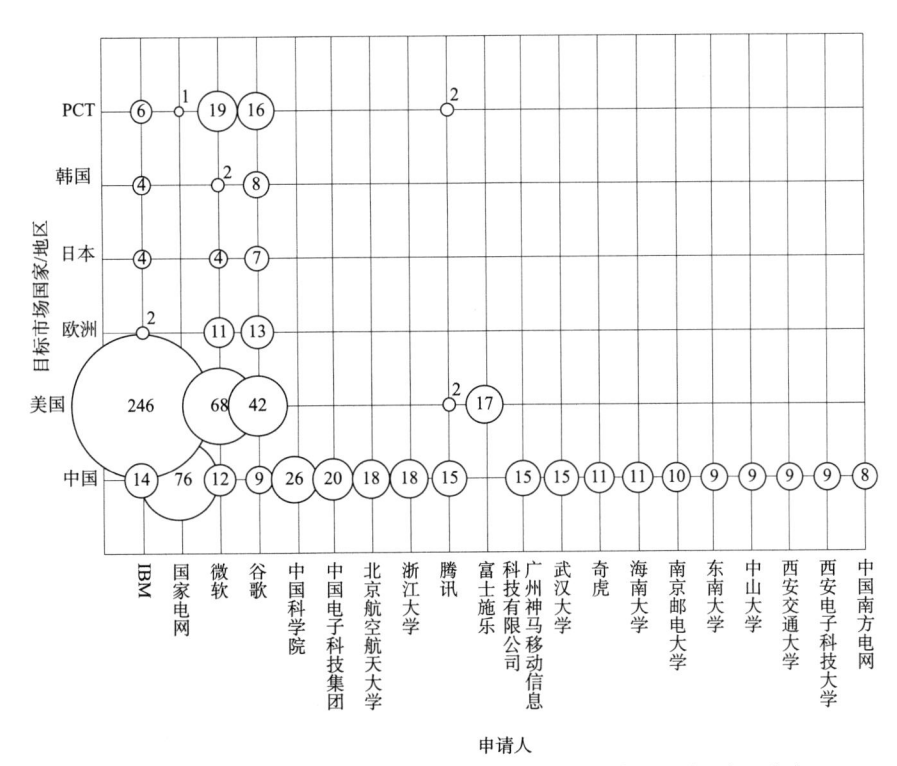

图 5-3-8　科技众创服务系统全球主要申请人申请量国家/地区分布

注：图中数字表示申请量，单位为项。

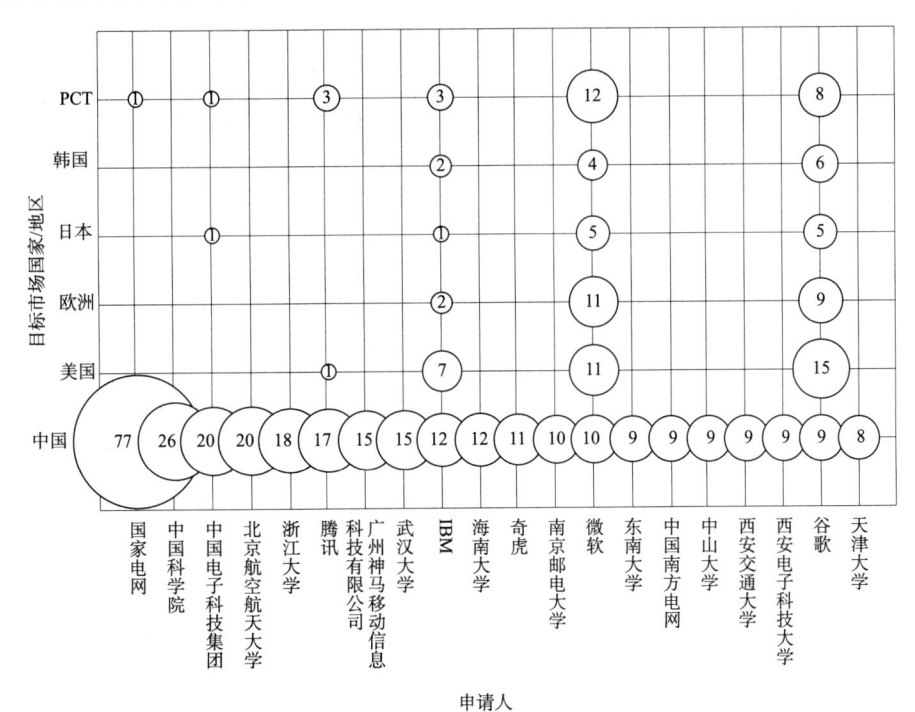

图 5-3-9　科技众创服务系统中国主要申请人申请量国家/地区分布

注：图中数字表示申请量，单位为件。

5.4 开放环境的群体智能决策系统专利状况分析

5.4.1 全球/中国申请和授权态势分析

图 5-4-1 显示了开放环境的群体智能决策系统 1975～2020 年逐年全球专利申请量态势。1975 年全球申请是 1 项,1995 年申请量上升为两位数,从 2009 年申请量开始突破百项(109 项),2018 年申请量达到峰值(1178 项)。中国申请量趋势与全球趋势基本相同,2012 年之前平稳增长,2012 年之后快速增长,2019 年申请量达到巅峰。截至检索日期(2020 年 6 月 30 日),全球的申请量已经突破 6330 件。

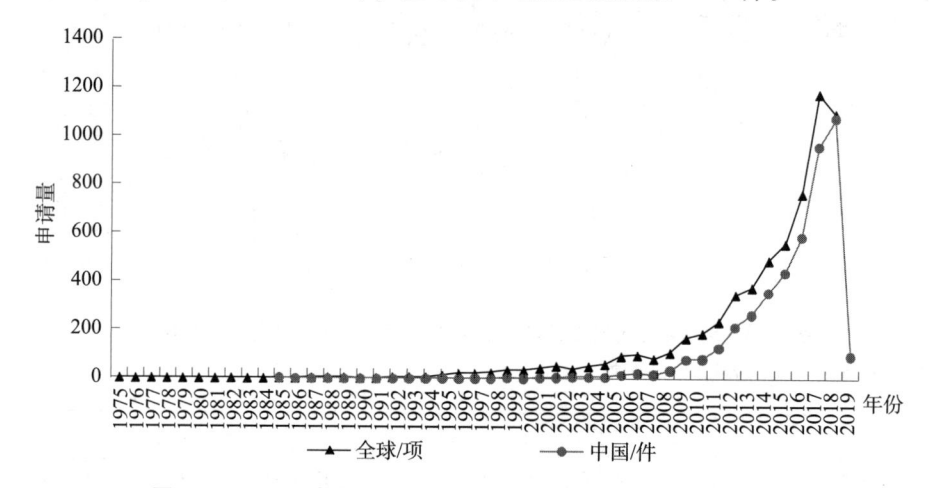

图 5-4-1 开放环境的群体智能决策系统全球/中国申请态势

图 5-4-2 显示了开放环境的群体智能决策系统 1975～2020 年全球主要国家/地区

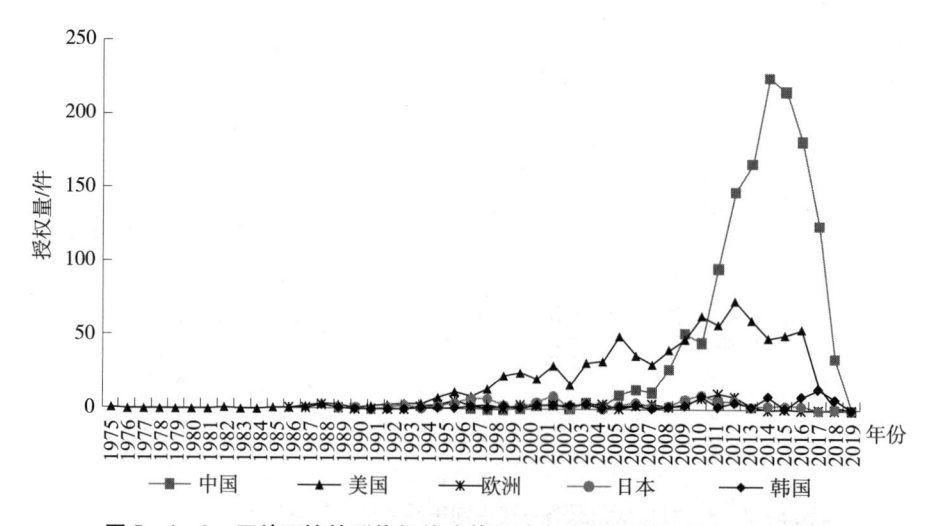

图 5-4-2 开放环境的群体智能决策系统全球主要国家/地区授权态势

专利授权量态势。其中，美国、欧洲在该技术领域的研究起步最早，日本、韩国紧随其后，中国次之。中国虽起步较晚，但从2011年开始快速增长，2015年授权量达到峰值（216件）。2011年开始，中国专利授权量超过美国专利授权量。

5.4.2 主要国家/地区申请量和授权量占比分析

从图5-4-3显示的开放环境的群体智能决策系统全球主要国家/地区专利申请量和授权量情况可以看出，虽然中国是第一申请大国，但授权比例较低，主要是因为中国该领域早期专利申请量占比较低，且专利整体质量有待进一步提高。反观美国，其专利申请相对授权率较高，说明其专利申请整体技术含量高。从申请量以及授权量可以看出，中国、美国基本是该领域技术发展驱动力的核心，欧洲、日本、韩国已经处于落后地位。

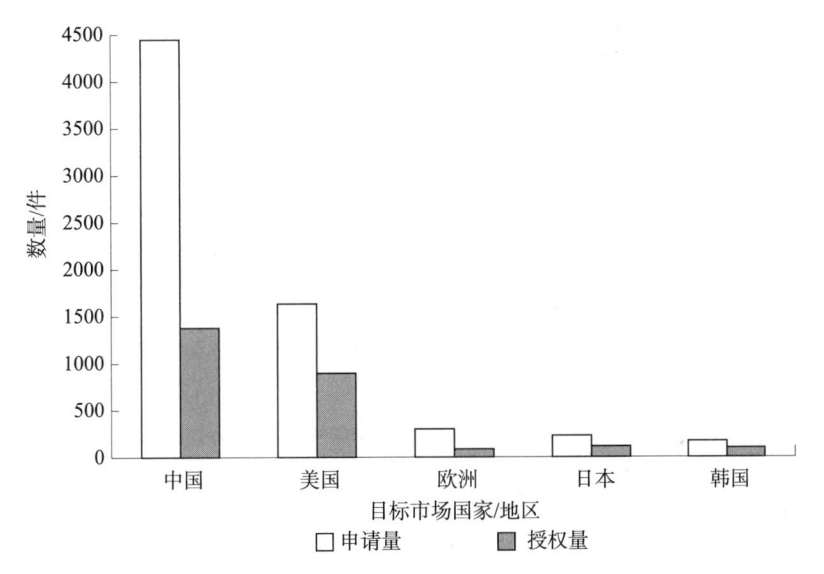

图5-4-3 开放环境的群体智能决策系统全球主要国家/地区专利申请量和授权量

5.4.3 全球/中国主要申请人分析

图5-4-4展示了开放环境的群体智能决策系统技术全球主要申请人的排名情况。排名前20的全球申请人中，中国申请人占16席，占比最多；其次是美国申请人，占4席。

图5-4-5展示了开放环境的群体智能决策系统技术中国专利主要申请人的排名情况。排名前20的在华申请人中，国家电网位列第一，申请量高达1442件。排名前20的在华申请人均为中国申请人，其中有17席是高校和科研院所。浙江工业大学的申请量表现最为抢眼，达到76件。

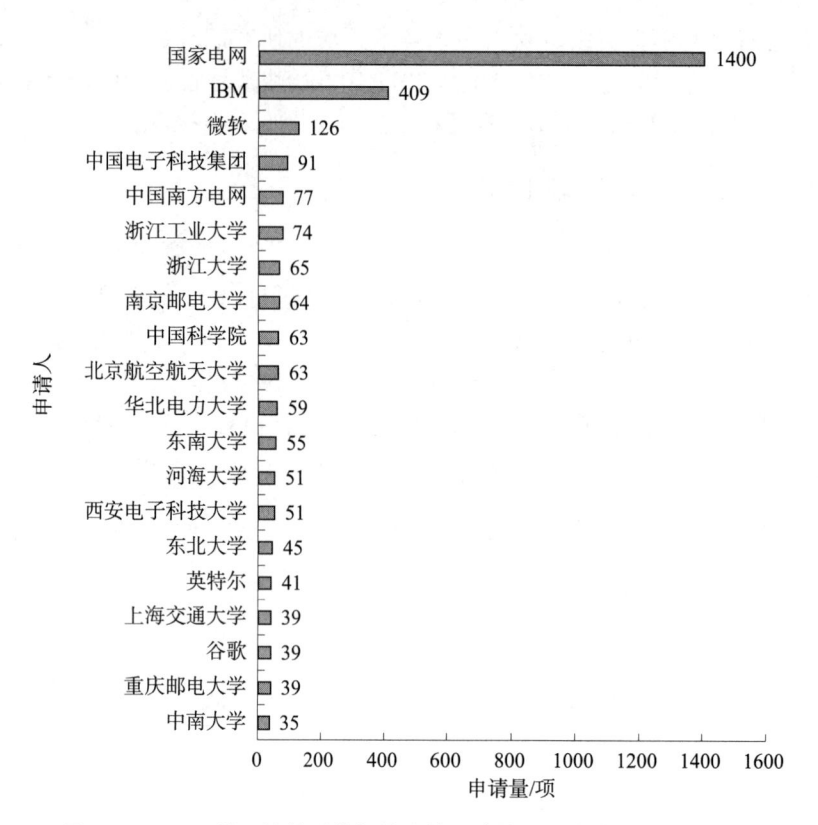

图 5-4-4 开放环境的群体智能决策系统技术全球主要申请人排名

申请人	申请量/项
国家电网	1400
IBM	409
微软	126
中国电子科技集团	91
中国南方电网	77
浙江工业大学	74
浙江大学	65
南京邮电大学	64
中国科学院	63
北京航空航天大学	63
华北电力大学	59
东南大学	55
河海大学	51
西安电子科技大学	51
东北大学	45
英特尔	41
上海交通大学	39
谷歌	39
重庆邮电大学	39
中南大学	35

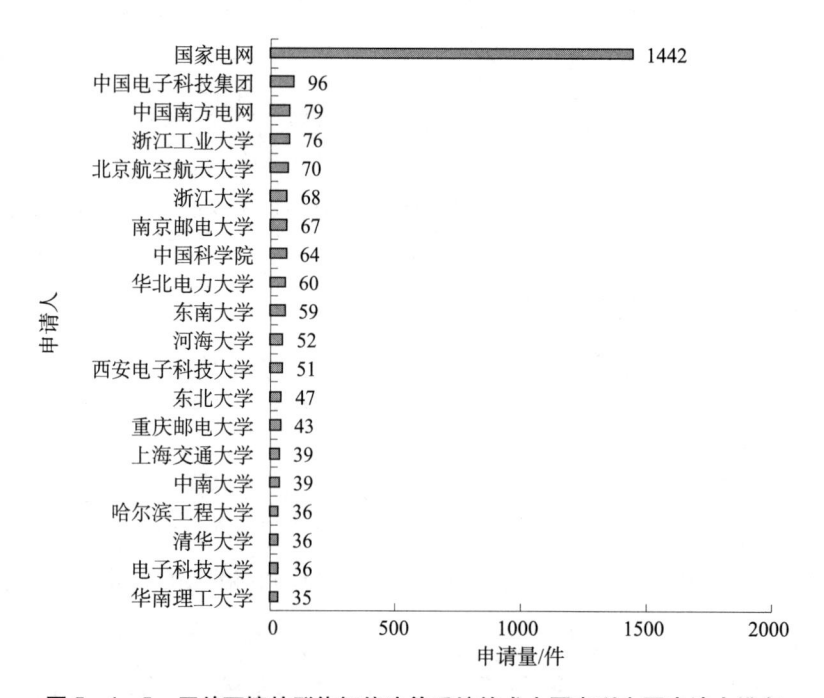

图 5-4-5 开放环境的群体智能决策系统技术中国专利主要申请人排名

申请人	申请量/件
国家电网	1442
中国电子科技集团	96
中国南方电网	79
浙江工业大学	76
北京航空航天大学	70
浙江大学	68
南京邮电大学	67
中国科学院	64
华北电力大学	60
东南大学	59
河海大学	52
西安电子科技大学	51
东北大学	47
重庆邮电大学	43
上海交通大学	39
中南大学	39
哈尔滨工程大学	36
清华大学	36
电子科技大学	36
华南理工大学	35

5.4.4 全球布局区域分析

全球开放环境的群体智能决策系统相关专利申请超过6300件。其中图5-4-6显示了开放环境的群体智能决策系统专利申请原创国家/地区分布，图5-4-7显示了全球开放环境的群体智能决策系统专利申请目标国家/地区分布。可以明显看出，全球开放环境的群体智能决策系统专利申请国家/地区存在明显的数量差距，无论是目标国家/地区还是原创国家/地区，排名前两位的都是中国和美国，中国排名第一，占比为56%和66%。

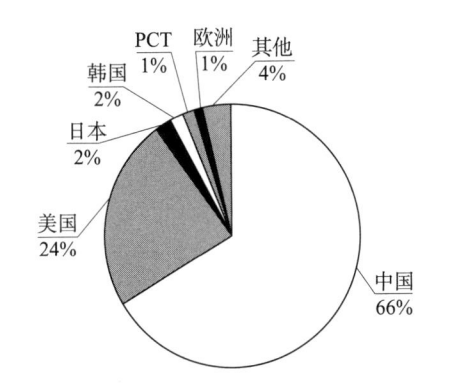

图5-4-6 开放环境的群体智能决策系统全球专利原创国家/地区占比

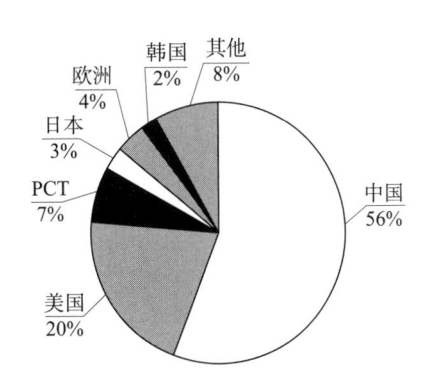

图5-4-7 开放环境的群体智能决策系统全球专利目标国家/地区占比

5.4.5 全球/中国主要申请人布局重点分析

表5-4-1显示了开放环境的群体智能决策系统全球主要申请人申请量年度分布。可以看出：IBM和英特尔，从1987~2000年开始相关方面的研究。由此可见，美国企业在开放环境的群体智能决策系统方面开展研究的时间最早。中南大学自2003年开始申请，上海交通大学自2005年开始申请，国家电网自2006年起开始申请。国家电网从2012年开始，相关布局急剧增加。

表5-4-2显示了开放环境的群体智能决策系统中国专利主要申请人申请量年度分布。可以看出，国家电网从2012年开始，相关布局急剧增加，浙江工业大学、北京航空航天大学等高校保持着较为平稳的研发进度。

图5-4-8显示了开放环境的群体智能决策系统领域全球主要申请人申请量国家/地区分布。可以看出，各个企业都是在本国/本地区进行最多的专利申请。从目标市场来看，美国和中国最受重视，然后是国际局、欧洲、日本。微软、英特尔、谷歌在除本国之外的其他主要国家/地区布局比较均衡。国家电网、中国科学院、河海大学在美国也有布局并进行了PCT申请。中国电子科技集团、中国南方电网均进行了PCT申请。除此之外中国申请人几乎只在本国布局。

图5-4-9显示了开放环境的群体智能决策系统中国专利主要申请人重点布局国家/地区。中国的企业、高校和科研院所大多以中国作为主要布局地，国家电网、中国科学院、东南大学、河海大学在美国均有布局。多数中国主要申请人只在中国布局。

表5-4-1 开放环境的群体智能决策系统全球主要申请人申请量年度分布

单位：项

申请人	1987~2000	2001	2002	2003	2004	2005	2006	2007	2008	2009	2010	2011	2012	2013	2014	2015	2016	2017	2018	2019	2020
国家电网	25	4	8	11	6	4	2	2	3	12	29	21	66	84	118	145	175	178	259	292	14
IBM	5	2	1	2	2	1	13	5	15	10	15	6	21	23	18	40	34	59	69	20	3
微软							13	9	7	3	4	6	5	17	7	8	7	14	9	4	
中国电子科技集团							1			1	1		2	4	4	11	10	9	27	20	1
中国南方电网												1	5	5	4	6	4	7	17	27	1
浙江工业大学									1			4	1	4	6	7	12	5	23	15	1
浙江大学							1	1			1		1	5	1	1	2	8	19	19	3
南京邮电大学								1		1	4	3	2	2	2	8	3	11	16	16	1
中国科学院										1	3	2	2	6	5	4	8	3	16	15	
北京航空航天大学											5	1	1	3	6	6	1	8	11	14	5
华北电力大学													1	3	2	3	7	12	12	13	2
东南大学								1			1	2	4	2	4	1	3	7	17	16	2
河海大学												3	1	3	9	4	4	7	7	9	2
西安电子科技大学								1			5	1		2	4	4	1	8	9	10	1
东北大学	1	1				3						1		2	1	2	4	3	11	20	
英特尔						1		1			1	4		2	2	3	3	7	9	7	
上海交通大学								1					3	2	3	6	3	3	10	6	
谷歌										1	1	5	7	5	6	4		5	4	1	
重庆邮电大学															2	3	7	6	11	8	2
中南大学				3														8	15	8	1

第5章 支撑平台专利状况分析

表 5-4-2 开放环境的群体智能决策系统中国主要申请人申请量年度分布

单位：件

申请人	2003	2004	2005	2006	2007	2008	2009	2010	2011	2012	2013	2014	2015	2016	2017	2018	2019	2020
国家电网				2	2	3	12	29	21	66	84	115	150	180	189	278	297	14
中国电子科技集团				1			1	1		2	4	5	13	9	11	27	21	1
中国南方电网									1	5	5	4	7	4	8	17	27	1
浙江工业大学										1	4	6	7	12	7	23	15	1
北京航空航天大学					1		1	5	2	2	6	6	6	1	9	13	18	3
浙江大学						1		1	4	1	5	1	1	2	10	20	19	1
南京邮电大学				1	1			4			1	2	8	3	14	16	16	
中国科学院					1		1	3	3	2	2	5	4	8	3	17	15	5
华北电力大学									1	1	3	2	3	7	13	12	13	2
东南大学										1	3	4	1	3	10	17	17	2
河海大学								1	2	4	2	9	4	4	7	8	9	2
西安电子科技大学					1			5	3	1	3	4	4	1	8	9	10	1
东北大学									1		2	1	2	4	4	11	21	3
重庆邮电大学												2	3	7	8	12	8	
上海交通大学					1			1		3	2	3	6	3	3	10	6	
中南大学	3														8	18	9	1
哈尔滨工程大学							1	1	2	1	3	2		2	5	7	12	4
清华大学					2		1	1			1	4	1	3	3	5	11	
电子科技大学					1	1	1		1			2	1	2	1	12	13	1
华南理工大学									2		1	1	1	1	8	11	10	

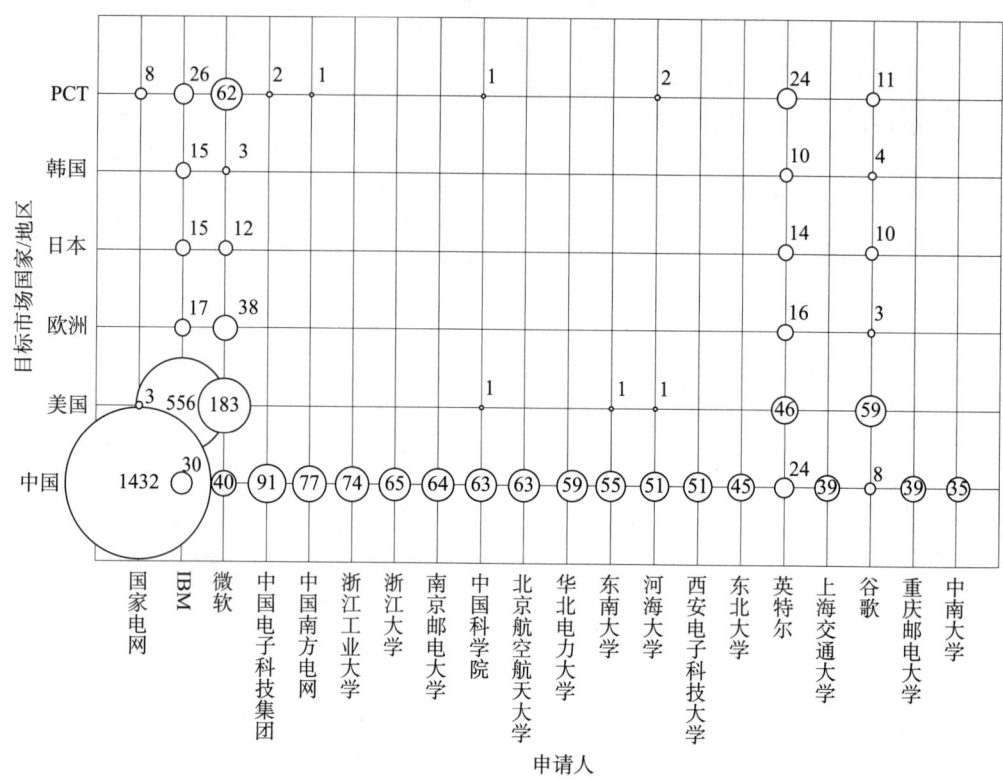

图 5-4-8　开放环境的群体智能决策系统全球主要申请人申请量国家/地区分布

注：图中数字表示申请量，单位为项。

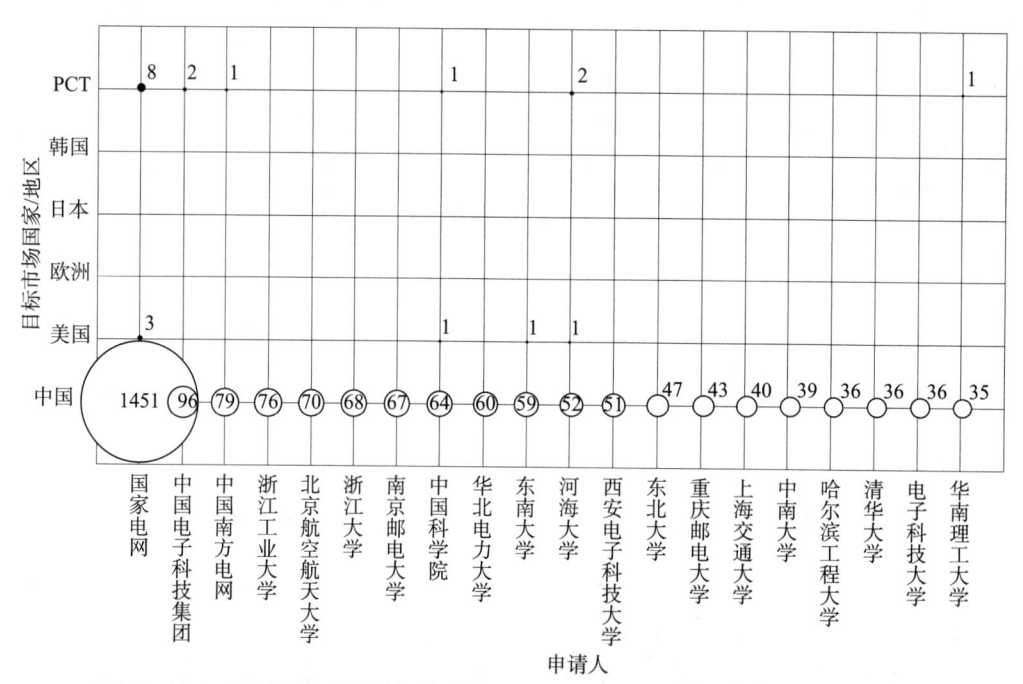

图 5-4-9　开放环境的群体智能决策系统中国主要申请人申请量国家/地区分布

注：图中数字表示申请量，单位为件。

5.5 群体智能软件学习与创新系统专利状况分析

5.5.1 全球/中国申请和授权态势分析

从图 5-5-1 显示的全球/中国支撑平台申请态势可以看出，1996 年之前，群体智能软件学习与创新系统全球申请量处于低位，从 1998 年开始申请量缓慢增加，但申请量仍然较少。随着互联网的普及以及大数据时代的到来，2010 年之后申请量开始迅猛增加，至今群体智能软件学习与创新系统技术仍处于增长爆发期。从中国的申请态势可见，中国对群体智能软件学习与创新系统的研究晚于全球，开始于 21 世纪，随后的发展趋势与全球相同。

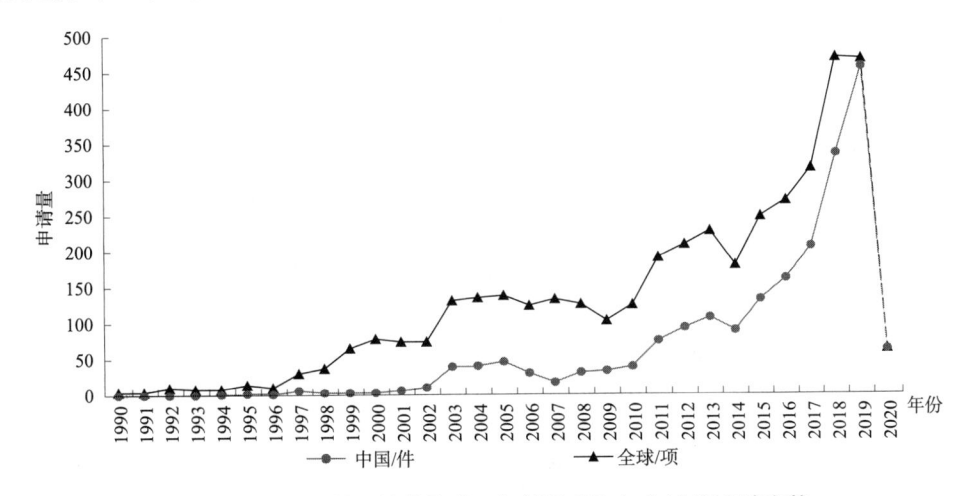

图 5-5-1　群体智能软件学习与创新系统全球/中国申请态势

从图 5-5-2 显示的主要国家/地区授权态势可以看出，随着群体智能技术的发

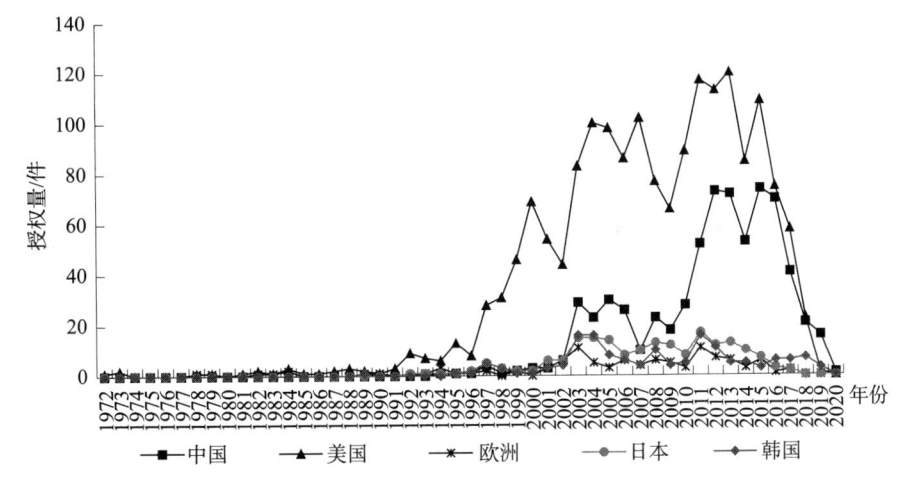

图 5-5-2　群体智能软件学习与创新系统主要国家/地区授权态势

展,美国在群体智能软件学习与创新系统领域的授权量从1996年开始快速增长,从主要国家/地区中脱颖而出,并在很长一段时间内均处于领先地位,远超其他国家/地区,具有先发优势。欧洲、日本、韩国均一直发展缓慢。从中国授权量变化可以看出,中国虽然发展起步晚,但近几年增长势头强劲,随着专利申请量的快速增长,专利授权量自2009年以来呈现快速增长趋势,并且在2015年专利授权数量达到了顶峰。截至2020年6月底,在该领域,美国的专利申请授权总量居于第一位,为1742件;中国位居第二,专利申请授权量为682件。可见,在该领域,美国领先优势显著。

5.5.2 主要国家/地区申请量和授权量占比分析

从图5-5-3显示的群体智能软件学习与创新系统主要国家/地区的申请量和授权量的对比可以看出,美国、日本和韩国的授权率最高,分别为74%、66%和56%;中国和欧洲的授权率较低,分别为34%和29%。可见,美国的专利申请整体技术含量高,核心技术占比较大;而由于在专利审查标准上的一致性以及对商业方法类申请较为严格的审查标准,中国和欧洲在该领域核心技术专利授权量占比较低,但其也逐渐认识到营造良好的营商环境的重要性,对商业方法类审查标准也在与时俱进。从申请量以及授权量的数值可以看出,中国、美国是该领域技术发展驱动力的核心,日本、欧洲、韩国已经处于落后地位。

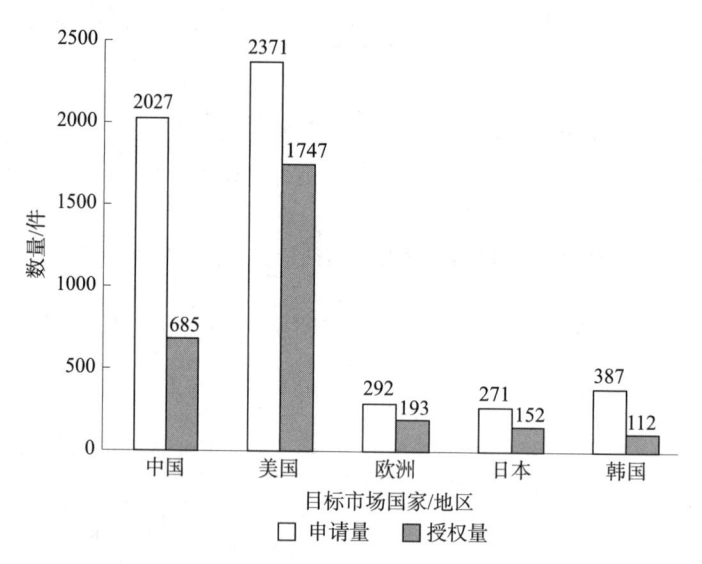

图5-5-3 群体智能软件学习与创新系统全球主要国家/地区专利申请量和授权量

5.5.3 全球/中国主要申请人分析

如图5-5-4所示,在群体智能软件学习与创新系统领域,全球专利申请量排名前20位的申请人,分别来自美国、中国,其中前11位都是企业申请人。美国有5位申请人进入了前20,分别是IBM、微软、亚马逊、谷歌、英特尔,其中前4家公司占据了前4席的位置。IBM排在第一,并且申请数量远高于其他申请人。IBM作为该领域的技术领先者，拥有众多细分领域的核心技术。谷歌作为机器学习引领的人工智能技术的新创新主体，在该领域也有应用产品。这充分反映出美国在该领域的领先地位，并且完全以企业为主导。中国有15位申请人进入了前20，其中7家是高校或科研院所，有8家民营或国有企业。国家电网作为国有企业，基于对先进技术与产业融合的需求，在该领域也有较为广泛的研究。腾讯、阿里巴巴、百度作为国内领先的科技公司，专利申请基本均涉及关注点挖掘、智能推荐、无人驾驶等领域。北京航空航天大学在该领域具有扎实的科研实力。中国科学院作为中国重要的科研院所，对群体智能软件学习与创新系统领域的各个分支均有所涉及。其中，中国科学院自动化研究所下设脑网络组研究中心、智能感知与计算研究中心、类脑智能研究中心，各个中心在多模态感知、自主学习与记忆、思维决策等相关的认知脑模拟、类脑多模态信息处理、类脑智能机器人等领域，均具有一定的研究基础。

申请人	申请量/项
IBM	891
微软	449
亚马逊	111
谷歌	108
国家电网	97
腾讯	94
中国电子科技集团	83
英特尔	70
阿里巴巴	74
百度	62
中国平安保险	30
北京航空航天大学	30
中国科学院	25
上海交通大学	18
中山大学	18
中国南方电网	17
南京大学	16
武汉大学	16
中国航天科工集团	14
北京理工大学	13

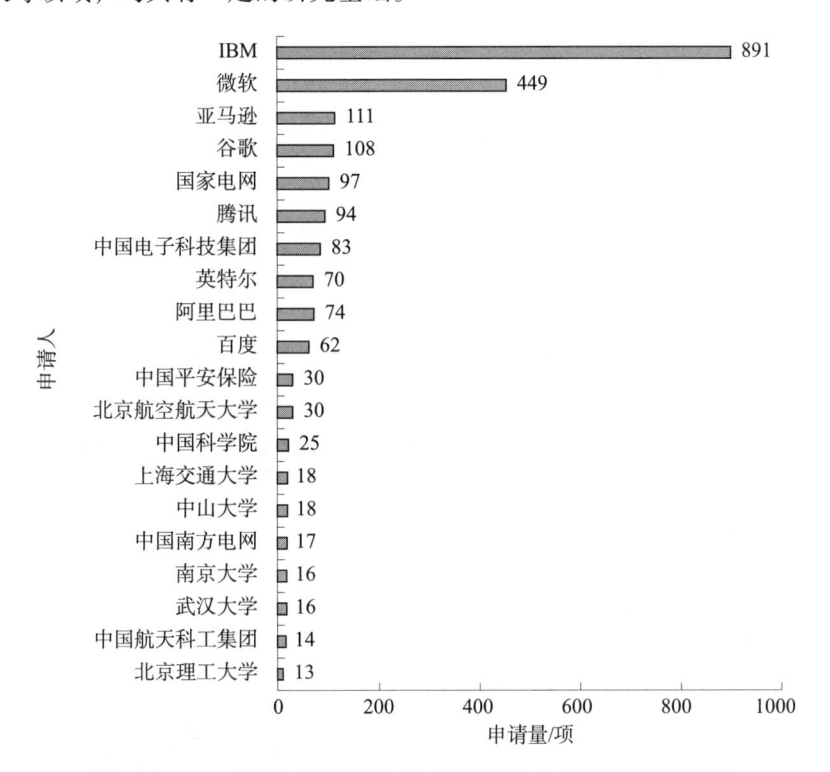

图5-5-4 群体智能软件学习与创新系统全球主要申请人排名

从图5-5-5显示了群体智能软件学习与创新系统中国专利主要申请人排名。百度、阿里巴巴、腾讯作为国内的互联网巨头，通过并购持股等不同方式，涉猎人工智能的各个领域。腾讯提出的觅影医疗影像平台、腾讯大脑等群体智能支撑平台和阿里巴巴旗下的菜鸟物流、阿里城市大脑以及百度的Apollo无人驾驶平台、深度学习平台PaddlePaddle等均走在群体智能应用的前沿。中国平安保险在互联网金融、知识图谱以及智能运维等方面具有研发积累。中国航天科工集团凭借"航天云网"云制造产业集群平台打造了该领域的研发基础。从2018年国家自然科学基金-人工智能项目资助单位可以看出，北京航空航天大学、中国科学院、上海交通大学、中山大学、南京大学、武汉大学、清华大学、北京理工大学等中国主要申请人均是基金的主要受资助单位，这也促进了上述各申请人对群体智能软件学习与创新系统的研究。微软、IBM、谷歌、英特尔等国际商业巨头，非常重视中国市场，在中国设立研究院，并积极在中国进行支撑平台技术各细分领域的布局。

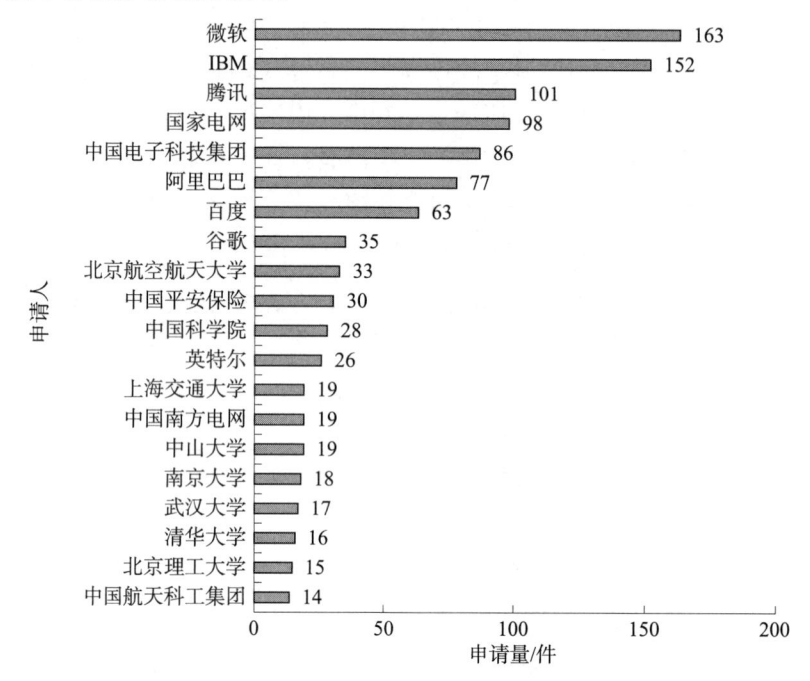

申请人	申请量/件
微软	163
IBM	152
腾讯	101
国家电网	98
中国电子科技集团	86
阿里巴巴	77
百度	63
谷歌	35
北京航空航天大学	33
中国平安保险	30
中国科学院	28
英特尔	26
上海交通大学	19
中国南方电网	19
中山大学	19
南京大学	18
武汉大学	17
清华大学	16
北京理工大学	15
中国航天科工集团	14

图 5-5-5　群体智能软件学习与创新系统中国专利主要申请人排名

5.5.4　全球布局区域分析

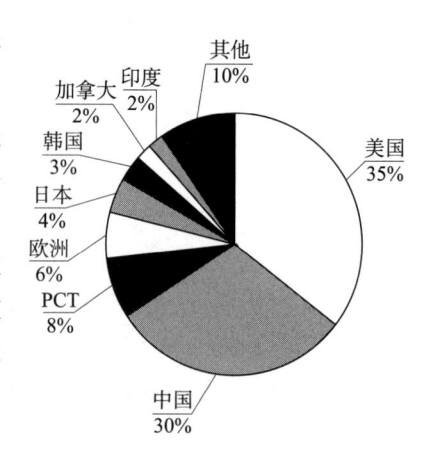

从图 5-5-6 显示的群体智能软件学习与创新系统全球目标市场申请量占比可以看出，美国和中国占比基本相当，分别为 35% 和 30%。可见，美国和中国吸引着全球创新主体的注意力，位于第一梯队，各企业都非常重视在美国和中国的专利申请。这与两国存在庞大的市场是相关的，市场的大小在一定程度上决定了专利申请数量的多少。欧洲、日本、韩国、加拿大和印度位于第二梯队。此外，还有 8% 的专利申请选择了 PCT 申请。这说明一定数量的专利是以进入多个国家/地区为目标的。

从图 5-5-7 显示的群体智能软件学习与创新系统全球原创国家/地区占比可以看出，美国原创技术占比达到 52%，是全球第一大创新群体。由于美国相较于全球其他国家更早提出

美国 35%　中国 30%　PCT 8%　欧洲 6%　日本 4%　韩国 3%　加拿大 2%　印度 2%　其他 10%

图 5-5-6　群体智能软件学习与创新系统全球目标市场占比

人工智能的发展战略，较早开展智能领域的政策引导和产业规划，其在群体智能软件学习与创新系统方面的原创力领先全球。中国作为全球另一个重要的创新驱动力，申请量占比为38%。中国从2007年提出《人工智能发展白皮书》等发展规划，并给予相应的政策支持和引导，使得中国在群体智能软件学习与创新系统方面富有创新活力。韩国、日本、欧洲、加拿大等国家/地区在该领域的发展明显落后于中国和美国。目标市场与技术原创国家/地区申请量占比排名情况类似，均集中在上述几个国家/地

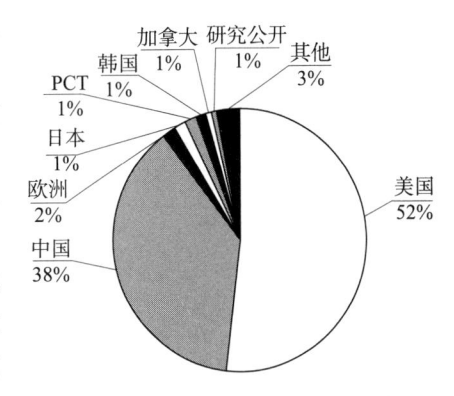

图 5-5-7 群体智能软件学习与创新系统全球原创国家/地区占比

区。这说明群体智能软件学习与创新系统技术在全球市场地域相对集中。值得注意的是，在该领域的原创技术中有一部分研究公开占比1%，可见该领域的研发人员具有开源精神，愿意无偿奉献智慧创造。

5.5.5 全球/中国主要申请人布局重点分析

从表5-5-1显示的全球主要申请人申请量年度分布来看，IBM的相关专利申请从2000年已经开始大幅提升。其一直是人工智能技术的引领者。美国企业微软、亚马逊、谷歌、英特尔都是该领域的创新优势保持者，紧随IBM之后。国家电网虽然起步晚，由于其下属机构庞大，重视对研究的创新，其在该领域的申请在2012年起呈增长趋势。腾讯、阿里巴巴、百度通过并购持股等方式，在该领域也掌握着一定的话语权。中国电子科技集团由于其在无人机集群作战方面的持续研究和改进，成为支撑平台群体智能软件学习与创新系统领域非常重要的申请人。

从表5-5-2显示的中国专利主要申请人申请量年度分布来看，微软、IBM、英特尔对该领域涉猎较早，2003年之前就开始相关研究并发表成果。国内申请人中中国科学院是开展该领域研究的先驱；腾讯、阿里巴巴、百度分别在2007年、2010年、2011年开始该领域的研究，虽起步晚，但后来居上，研究成果均超过中国科学院，直追微软、IBM；中国电子科技集团依托国有企业的资源和背景，创建了以提高无人机集群体智能自主水平为建设目标的开放式群体智能开放创新平台，依托"无人争锋"智能无人机集群挑战赛等项目，不断提高我国的智能集群科研水平。

从图5-5-8显示的全球主要申请人申请量国家/地区分布来看，各个企业都是在本国进行最多的专利申请。从目标市场来看，美国最受重视，然后是中国、国际局和欧洲。国内高校和国有企业，如中国南方电网、中国电子科技集团等一般只在中国申请专利，并不考虑国际布局，但具有国际视野的国家电网和北京航空航天大学进行了海外布局。国际互联网企业（如IBM、微软、亚马逊、谷歌）以及国内互联网企业（如腾讯、阿里巴巴）在多个国家/地区进行专利布局。值得注意的是百度只在中国申请了专利，未进行PCT申请，也没有进行该领域的海外布局。

表5-5-1 群体智能软件学习与创新系统全球主要申请人申请量年度分布

单位：项

申请人	2000	2001	2002	2003	2004	2005	2006	2007	2008	2009	2010	2011	2012	2013	2014	2015	2016	2017	2018	2019	2020
IBM	34	34	27	46	63	52	46	44	74	30	37	23	74	72	36	62	45	40	41	11	
微软	13	8	6	23	38	46	37	33	26	16	33	30	30	26	15	16	16	16	17	4	2
亚马逊						1		2	1	3	8	7	8	14	10	26	14	8	4	3	
谷歌				1	2	3	3	5	3	7	1	18	16	13	11	6	5	9	4	1	3
国家电网												1	3	5	11	15	11	12	12	24	
腾讯								1	2			6	17	12	6	5	11	8	11	14	1
中国电子科技集团						1		1	1		1	2	8	4	7	10	8	8	17	12	2
英特尔	4	5	3	8	3	7	4	2		1		2	3	2	2	5	7	6	2	4	
阿里巴巴											1	2	2	3	10	11	14	7	6	17	1
百度													11	7	3	7	9	3	13	5	4
中国平安保险																		3	10	17	
北京航空航天大学								1	1	1	1	1		1	1	2	1	6	11	3	1
中国科学院				1			1					1		1		4	1	3	7	7	
上海交通大学					1											3		1	9	2	
中山大学						1											2	3	4	6	1
中国南方电网														1	1	1	1	3	4	6	
南京大学															2	2	5	3	3	1	
武汉大学														1	1	1	1	3	4	4	
中国航天科工集团																1	1		3	9	1
北京理工大学																1	2	2	6	3	

表 5-5-2　群体智能软件学习与创新系统中国主要申请人申请量年度分布

单位：件

申请人	年份																				
	2000	2001	2002	2003	2004	2005	2006	2007	2008	2009	2010	2011	2012	2013	2014	2015	2016	2017	2018	2019	2020
微软	1	4		5	9	18	12	7	7	9	1	17	17	13	17	13	4	6	7		
IBM			1	7	16	13	25	11	5	2	12	6	7	13	8	1	7	1	3	2	
腾讯								1	2			7	21	9	6	6	13	9	11	14	2
国家电网												1	3	5	11	15	11	12	13	24	3
中国电子科技集团						1		1	1	1	1	2	8	4	7	10	8	10	17	12	3
阿里巴巴												3	1	3	10	17	12	7	5	17	1
百度												1	11	7	3	7	9	3	13	5	4
谷歌							1	5	1	6	1	4	5	2	2	3	2	2	1		
北京航空航天大学								1	1	1		1		1	1	2	2	6	13	3	1
中国平安保险																		3	10	17	
中国科学院				1							1	1		1	1	4	1	3	9	7	1
英特尔		2		1	4	1	1					3	3			2	2	3	1	1	
上海交通大学						1					1			1		3		1	9	3	
中国南方电网															1	1	1	4	4	7	1
中山大学																	2	4	4	6	1
南京大学															2	2	5	3	5	1	
武汉大学							1							1	1		1	4	4	4	1
清华大学									1							1	1	5	1	5	1
北京理工大学																1	1	4	6	3	
中国航天科工集团																1		3	3	9	1

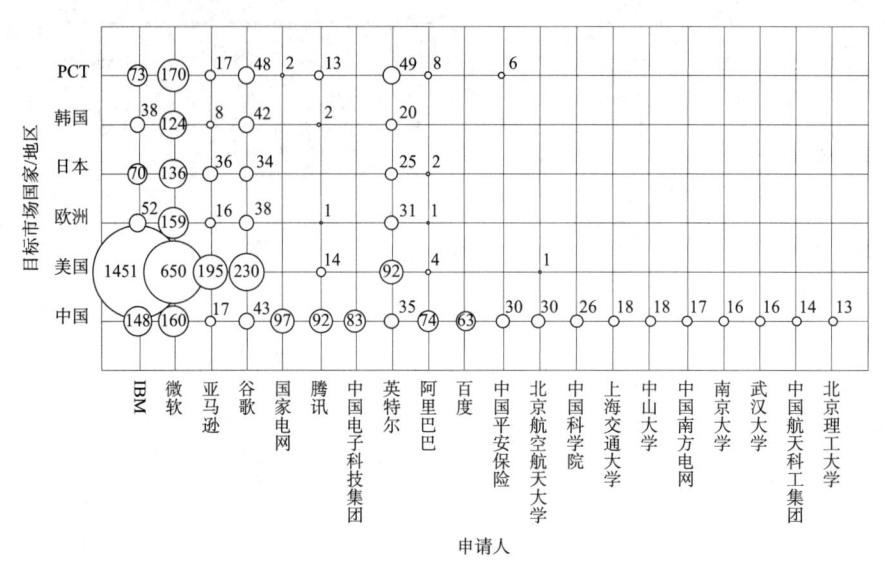

图 5-5-8　群体智能软件学习与创新系统全球主要申请人申请量国家/地区分布

注：图中数字表示申请量，单位为项。

从图 5-5-9 显示的国内主要专利申请人申请量国家/地区分布来看，各个企业都是在本国进行最多的专利申请。从目标市场来看，中国最受重视，前 20 申请人都进行了布局；其次是美国，除了美国本土企业的申请外，国内互联网企业腾讯、阿里巴巴以及科研院所中国科学院也积极进行了美国的海外布局；之后是 PCT，20 个申请人中将近一半申请了 PCT。国内高校和国有企业，如中国南方电网、中国电子科技集团一般只在中国申请专利，并不考虑国际布局。国际互联网企业（如 IBM、微软、亚马逊、谷歌）以及国内互联网企业（如腾讯、阿里巴巴）在多个国家/地区进行专利布局。

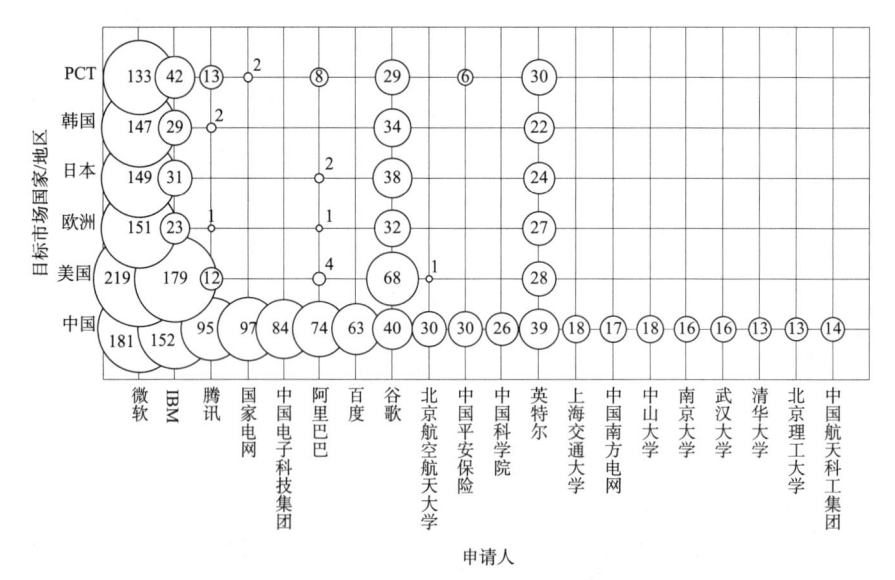

图 5-5-9　群体智能软件学习与创新系统中国主要申请人申请量国家/地区分布

注：图中数字表示申请量，单位为件。

5.6 群体智能软件开发与验证自动生产系统专利状况分析

5.6.1 全球/中国申请和授权态势分析

从图 5-6-1 显示的群体智能软件开发与验证自动生产系统全球/中国申请态势可以看出，1964~1998 年，全球的申请量处于低位，从 1998 年开始申请量缓慢增加，但申请量仍然较少，这可能是因为群体智能的计算机软件以及算法层面的挑战没有突破。2010 年之后申请量开始迅猛增加，并进入了增长爆发期。从中国的申请态势可见，中国在该领域的研究较晚，开始于 21 世纪，随后的发展趋势与全球相同。

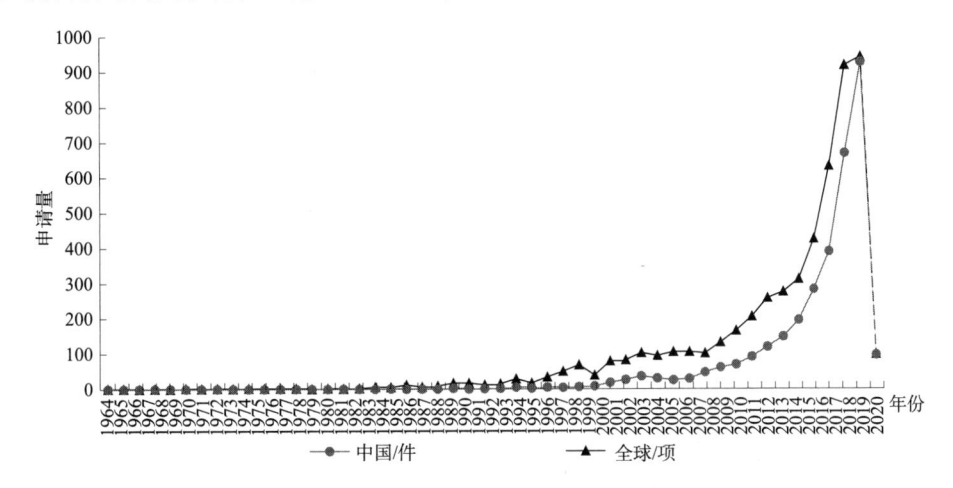

图 5-6-1　群体智能软件开发与验证自动生产系统全球/中国申请态势

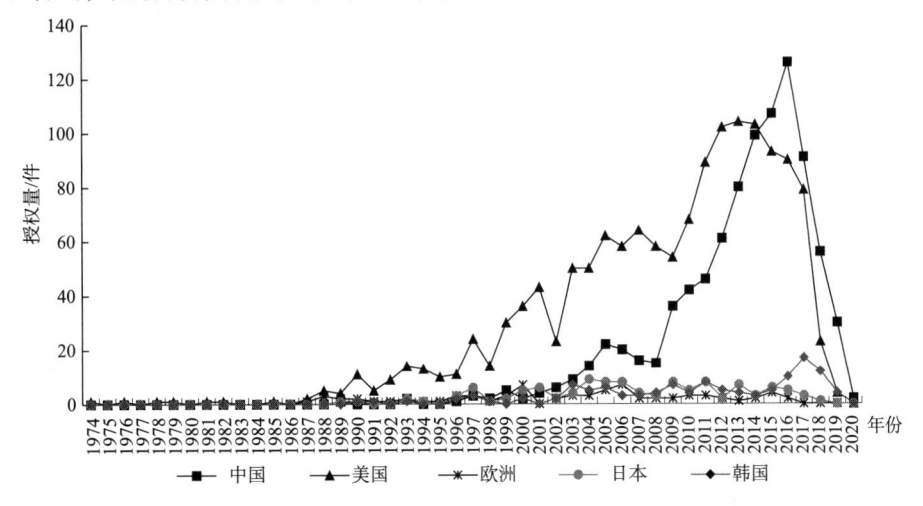

从图 5-6-2 显示的群体智能软件开发与验证自动生产系统主要国家/地区授权态势可以看出，随着群体智能技术的发展，美国在群体智能软件开发与验证自动生产系

图 5-6-2　群体智能软件开发与验证自动生产系统主要国家/地区授权态势

统领域的授权量从1991年开始快速增长，从主要国家/地区中脱颖而出，并且其领先地位一直保持到了2014年。2010年后中国在该领域展现出惊人的爆发力，在2015年追上美国的授权量后，在2016年授权量达到顶峰，且随后一直保持全球领先的优势。欧洲、日本、韩国均一直发展缓慢。从中国授权量变化可以看出，中国虽然发展起步晚，但近几年增长势头强劲。截至2020年6月底，在该领域，美国的专利授权总量居于第一位，为1412件；中国位居第二，专利授权量为898件。可见，在该领域，美国领先优势显著。

5.6.2 主要国家/地区申请量和授权量占比分析

从图5-6-3显示的群体智能软件开发与验证自动生产系统主要国家/地区申请量和授权量可以看出，美国、韩国和日本的授权率最高，分别为64%、56%和49%，中国和欧洲的授权率较低，分别为27%和21%。可见，美国的专利申请整体技术含量高，核心技术占比较大，而中国和欧洲由于在专利审查标准上的一致性以及对商业方法类申请较为严格的审查标准，在该领域核心技术专利授权量占比较低，其也逐渐认识到营造良好的营商环境的重要性，对商业方法类审查标准也在与时俱进。从申请量以及授权量的数值可以看出，中国、美国基本是该领域技术发展驱动力的核心，日本、欧洲、韩国已经处于落后地位。

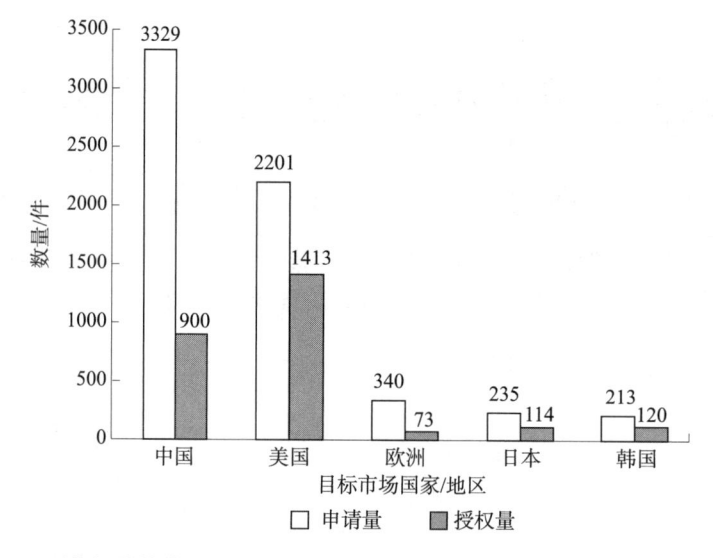

图5-6-3 群体智能软件开发与验证自动生产系统主要国家/地区专利申请量和授权量

5.6.3 全球/中国主要申请人分析

如图5-6-4所示，在群体智能软件开发与验证自动生产系统领域，全球专利申请量排名前20位的申请人，分别来自美国、中国、德国。美国有5家申请人进入了前20，分别是IBM、微软、谷歌、英特尔、亚马逊，其中前两家公司占据了前两席的位置。IBM排在第一，并且申请数量远高于其他申请人。微软作为该领域的技术领先者，拥有着众多细分领域的核心技术。谷歌作为机器学习引领的人工智能技术的新创新主体，在该领域也有应用产品。这充分反映出美国在该领域的领先地位，并且完全以企业为主导。中国也有 14 位申请人进入了前 20，其中 6 家是高校和科研院所，8 家是民营或国有企业。国家电网作为国有企业，基于对先进技术与产业融合的需求，对该领域也具有较为广泛的研究。腾讯、阿里巴巴、百度作为国内领先的技术公司，专利申请基本均涉及关注点挖掘、智能推荐、无人驾驶等领域。中国科学院作为中国重要的科研院所，对群体智能软件开发与验证领域的各个分支均有所涉及。值得注意的是光年无限凭借其图灵机器人方面的深耕细作在该领域富有创新成果。

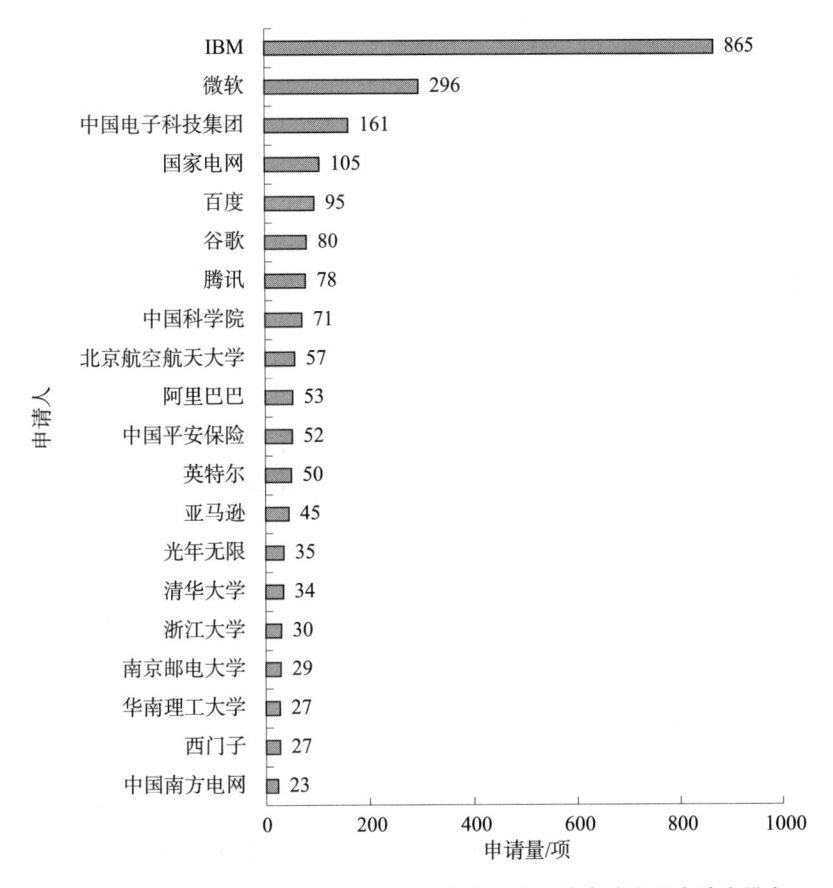

申请人	申请量/项
IBM	865
微软	296
中国电子科技集团	161
国家电网	105
百度	95
谷歌	80
腾讯	78
中国科学院	71
北京航空航天大学	57
阿里巴巴	53
中国平安保险	52
英特尔	50
亚马逊	45
光年无限	35
清华大学	34
浙江大学	30
南京邮电大学	29
华南理工大学	27
西门子	27
中国南方电网	23

图 5-6-4 群体智能软件开发与验证自动生产系统全球主要申请人排名

如图 5-6-5 所示，在群体智能软件开发与验证自动生产系统领域，中国专利申请量排名前 20 位的申请人，分别来自美国、中国。相较于排名前 20 的全球申请人，排名前 20 的中国专利申请人中出现了明略科技、电子科技大学和北京理工大学。明略科技凭借在其语音实时生成图谱的开发工具包 HAO 图谱上面的科技研发积累，跻身中国专利申请人排名前 20 位。明略科技的 HAO 图谱在 2020 年荣获世界人工智能大会最高奖项 SAIL 奖（Super AI Leader）。

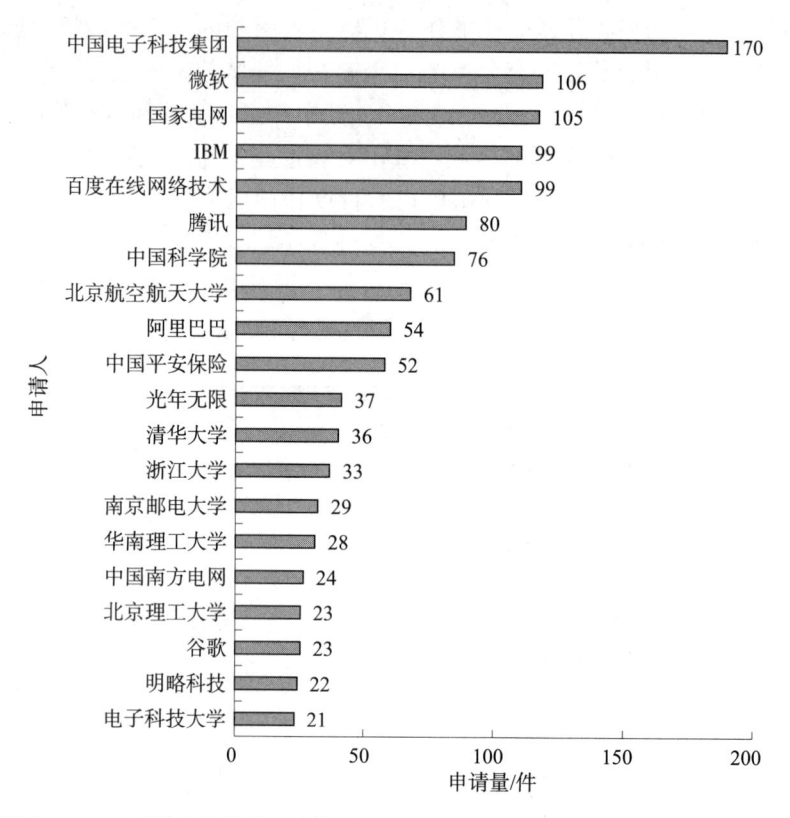

申请人	申请量/件
中国电子科技集团	170
微软	106
国家电网	105
IBM	99
百度在线网络技术	99
腾讯	80
中国科学院	76
北京航空航天大学	61
阿里巴巴	54
中国平安保险	52
光年无限	37
清华大学	36
浙江大学	33
南京邮电大学	29
华南理工大学	28
中国南方电网	24
北京理工大学	23
谷歌	23
明略科技	22
电子科技大学	21

图 5-6-5 群体智能软件开发与验证自动生产系统中国专利主要申请人排名

5.6.4 全球布局区域分析

从图 5-6-6 显示的群体智能软件开发与验证自动生产系统全球目标市场申请量占比可以看出，中国仍是最重要的市场，占比 44%，吸引着全球创新主体的注意力，同时基于中国申请人的大量投入，也产出较多。美国排名第二位，占比 29%。可见，美国和中国是主要目标市场国，位于第一梯队，各企业都非常重视在美国和中国的专利申请。这与两国存在庞大的市场是相关的，市场的大小在一定程度上决定了专利申请数量的多少。欧洲、日本、韩国和印度位于第二梯队。此外，还有 7% 的专利申请选择了 PCT 申请。这说明一定数量的专利是以进入多个国家/地区为目标的。

从图 5-6-7 显示出的群体智能软件开发与验证自动生产系统全球原创国家/地区申请量占比可以看出，中国原创技术占比达到 54%，是该领域全球第一大创新体。基于中国近年来对于人工智能领域的政策引导和产业规划，大量中国创新主体在该领域投入研发力量，特别是众多高校和科研院所在国家基金的支持下，在该领域开展了广泛的研究。美国作为全球另一个重要的创新驱动力，申请量占比 36%，其具有如 IBM、微软、谷歌等全球重要的申请人，企业力量突出。韩国、日本、欧洲在该领域的发展明显落后于中国和美国。目标市场与技术原创国家/地区占比排名情况类似，均集中在上述几个国家/地区。这说明群体智能软件开发与验证自动生产系统技术在全球市场地域相对集中。

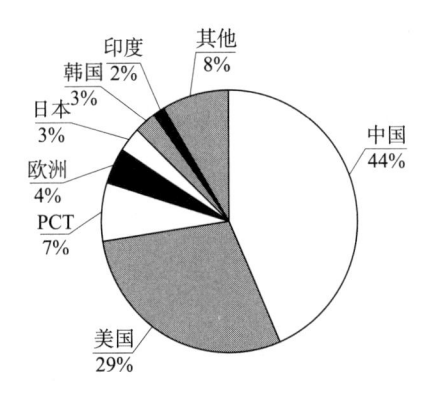

图 5-6-6 群体智能软件开发与验证自动生产系统全球目标市场占比

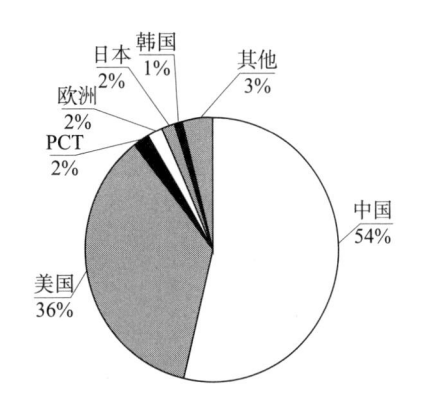

图 5-6-7 群体智能软件开发与验证自动生产系统全球原创国家/地区占比

5.6.5 全球/中国主要申请人布局重点分析

从表 5-6-1 显示的全球主要申请人申请量年度分布来看，IBM 的相关专利申请从 2000 年已经开始大幅提升。其一直是人工智能技术的引领者。美国企业微软、谷歌、英特尔、亚马逊都是该领域的创新优势保持者。国内的中国电子科技集团和国家电网虽然起步晚，由于其下属机构庞大，对重视研究创新，在该领域的申请在 2013 年后呈爆发状态。光年无限主要产品有图灵机器人和虫洞语音助手，其主要在 2016~2018 年在该领域进行专利申请。德国西门子也在该领域对中国进行专利布局。

从表 5-6-2 显示的中国专利主要申请人申请量年度分布来看，中国电子科技集团和国家电网占据该领域申请的前两席，微软、IBM 位列前五，百度、腾讯、阿里巴巴分别位居第五、第六、第九位。排名前十中除上述国内外企业外，还有 2 所高校和科研院所（中国科学院和北京航空航天大学）以及 1 个企业（中国平安保险）。中国平安保险自 2017 年至今一直跟踪该领域的研究创新。2014 年成立的明略科技，作为后起之秀的领军代表，也跻身中国专利前 20 名申请人之列。

从图 5-6-8 显示的全球主要申请人申请量国家/地区分布来看，各个企业都是在本国/地区进行最多的专利申请。从目标市场来看，中国最受重视，然后是国际局和美国。排名前 20 的申请人均在中国进行了相关专利布局。国内申请人中，中国科学院、腾讯、阿里巴巴对国外进行了专利布局，其他国内高校申请人只申请了国内专利，国家电网、清华大学和华南理工大学虽进行了 PCT 申请，但未进入图中所示五国/地区。

从图 5-6-9 显示的中国专利主要专利申请人申请量国家/地区分布来看，各个企业都是在本国进行最多的专利申请。从目标市场来看，中国最受重视，然后是国际局。排名前 20 的申请人均在中国进行了相关专利布局。国内申请人中，中国科学院、腾讯、阿里巴巴对国外进行了专利布局，其他国内高校申请人只申请了国内专利，国家电网、清华大学和华南理工大学虽进行了 PCT 申请，但未进入图中所示五国/地区。

表 5-6-1 群体智能软件开发与验证自动生产系统全球主要申请人申请量年度分布

单位：件

申请人	2000	2001	2002	2003	2004	2005	2006	2007	2008	2009	2010	2011	2012	2013	2014	2015	2016	2017	2018	2019	2020
IBM	7	17	14	18	16	27	31	35	57	19	30	30	57	58	51	59	77	79	94	12	5
微软	7	3	4	21	12	31	14	10	9	8	22	26	10	14	8	19	11	27	21	5	1
中国电子科技集团						2															
国家电网									1	5	1	1	3	10	17	12	18	19	36	36	2
百度										1		3	4	8	6	12	7	10	16	34	7
谷歌								3		3	4			5	7	13	4	13	17	25	
腾讯									1	1		7	14	16	6	8	4	9	4	1	3
中国科学院					1			3	2	2		4	6	14	10	4	3	5	9	19	1
北京航空航天大学								1		3	3	2	4	2	4	3	6	8	11	22	1
阿里巴巴											1	1		3	1			2	36	5	3
中国平安保险														1	6	2	3	3	18	14	2
英特尔	3	2	1		2	3	1	2				2	2	2		2	5	2	10	38	
亚马逊						1		1			2	3	5	8	7	9	3	6	4	5	2
光年无限																	21	1	2	3	1
清华大学					1				1		1	1	1	1	1	3	1	8	6		
浙江大学													1	3	1	1	3	4	10	10	2
南京邮电大学									2			1	1	2	2	2	2	4	9	7	1
华南理工大学										1					1			1	6	8	1
西门子		1					1	2					1	2	1	2	1	2	5	10	3
中国南方电网													1			3	4	1	6	3	
																1	3	2	5	9	1

表 5-6-2 群体智能软件开发与验证自动生产系统中国主要申请人申请量年度分布

单位：件

申请人	年份																				
	2000	2001	2002	2003	2004	2005	2006	2007	2008	2009	2010	2011	2012	2013	2014	2015	2016	2017	2018	2019	2020
中国电子科技集团	1										1	1	3	10	17	12	21	23	40	33	2
微软		1	1		5	6	8	4	2	1	3	17	9	3	7	11	8	8	12		
国家电网									1	1	1	3	4	8	6	12	7	10	16	34	2
IBM	2			2	3	6	13	11	5	2	7	5	5	10	4		2	2	4	13	
百度													4	5	7	13	5	13	18	26	8
腾讯										1		5	7	12	11	5	2	6	8	19	4
中国科学院							2	3	2	2	3	2	4	2	5	2	6	11	12	23	1
北京航空航天大学					1			1		3	3	2	2	3	1			2	39	5	2
阿里巴巴										1		1	1		6	2	2	2	17	14	3
中国平安保险																	6	2	10	38	2
光年无限					1				1								22	9	6		
清华大学												1	1	1	1	3	1	6	10	10	2
浙江大学									2				1	1	1	1	4	4	11	7	1
南京邮电大学										1	1	1	1	3	2	2	2	1	6	8	1
华南理工大学										1		1	1	2		2	1	2	5	11	3
中国南方电网											1				1	1	3	3	5	9	1
北京理工大学									2			1	1		4	4	4	3	7	3	1
谷歌																2	3	3	4	1	
明略科技																				15	7
电子科技大学								1					1	1			1	4	5	7	1

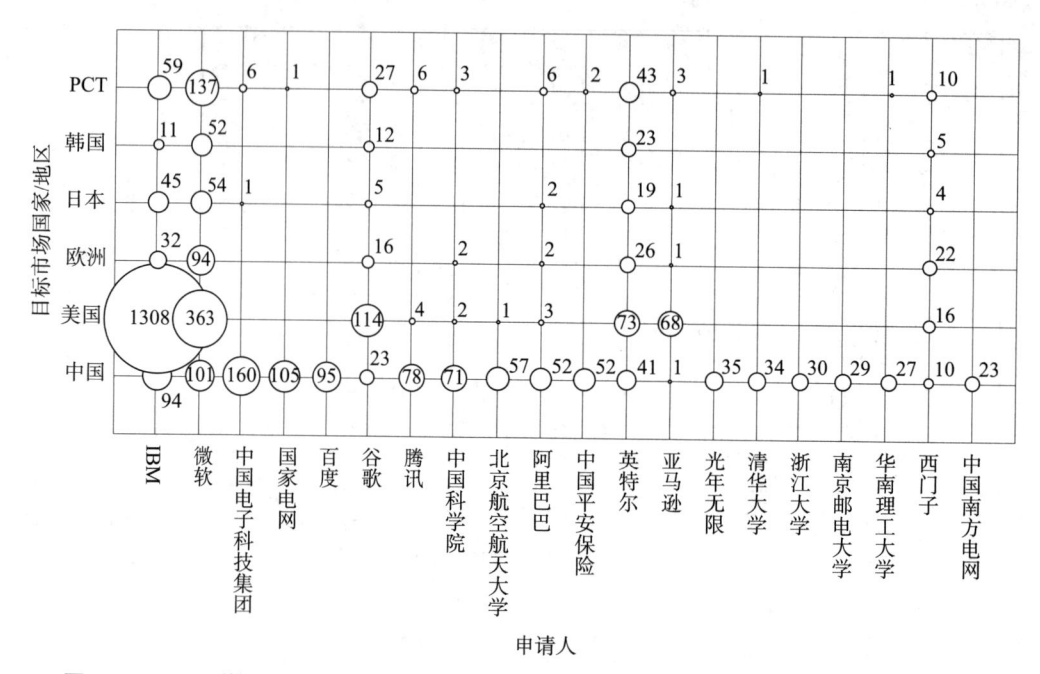

图 5-6-8　群体智能软件开发与验证自动生产系统全球主要申请人申请量国家/地区分布

注：图中数字表示申请量，单位为项。

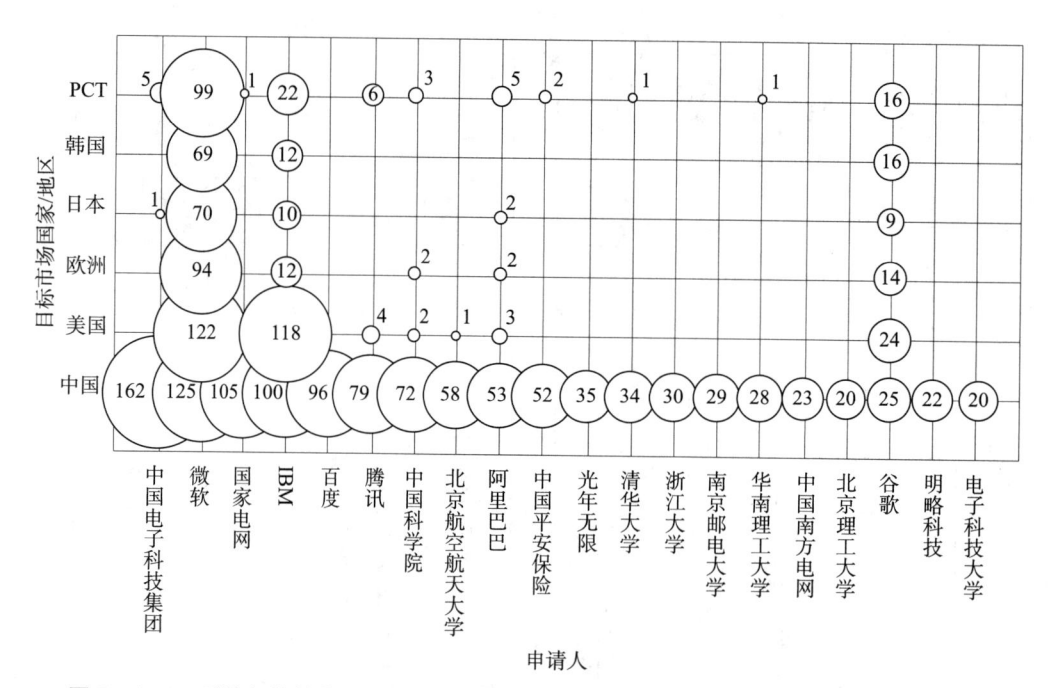

图 5-6-9　群体智能软件开发与验证自动生产系统中国主要申请人申请量国家/地区分布

注：图中数字表示申请量，单位为件。

5.7 群体智能共享经济服务系统专利状况分析

共享经济也称分享经济或者合作经济或合作性消费等，最早于 1978 年由美国得克萨斯州立大学社会学家教授在其发表的论文中提出。在 21 世纪初最先在美国盛行，但当时并没有社会化的平台做支撑。随着共享经济传播到全球，各种共享模式前赴后继，如共享单车、共享汽车、共享充电宝等。为了更好地服务共享经济，各个创新主体也推出其相关领域的支撑平台。

5.7.1 全球/中国申请和授权态势分析

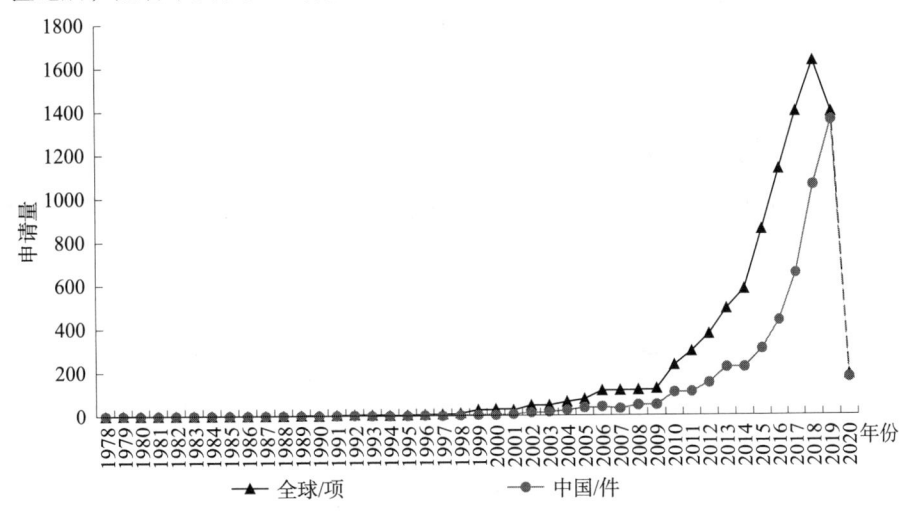

从图 5-7-1 显示的群体智能共享经济服务系统全球/中国申请态势来看，群体智能共享经济服务系统领域，在 1978~1990 年全球的申请量几乎为零，从 2006 年开始申请量缓慢增加，但申请量仍然较少。因为共享经济提出较晚，属于新兴产物，所以该领域在 2006 年之前的申请很少。2010 年之后申请量开始迅猛增加，随着共享单车等共享经济的成功，共享经济进入了增长爆发期。中国在群体智能共享经济服务系统领域的研究几乎与全球同步，可见在新兴领域的研究中，中国与全球的发展是并驾齐驱的。进入 21 世纪后，随着中国在人工智能领域的积累，中国已经可以紧跟时代的潮流。

图 5-7-1 群体智能共享经济服务系统全球/中国申请态势

从图 5-7-2 显示的群体智能共享经济服务系统主要国家/地区授权量态势可以看出，随着共享经济的发展，美国在群体智能共享经济服务系统领域的授权量从 2000 年开始快速增长，从各个国家/地区中脱颖而出，并且一直保持该领先地位，尤其是 2010 年后的增长基本是指数级的增长，其授权量在 2015 年达到顶峰。2000 年后中国在该领域的授权量逐渐增多，在 2010~2017 年与美国高增长趋势相同步，不过授权量不及美国。值得注意的是 2018 年共享经济的授权态势急转直下，这可能也与 2018 年后该领域的申请量下滑有关。从授权情况来看，欧洲、日本、韩国三国/地区在该领域的发展比较缓慢。从中国授权量变化可以看出，中国虽然发展起步晚，但近几年增长势头强劲。截至 2020 年 6 月底，在该领域，美国的专利授权总量居于第一位，为 3030 件；中国位居第二，专利申请授权量为 1233 件。可见，在该领域，美国领先优势显著。

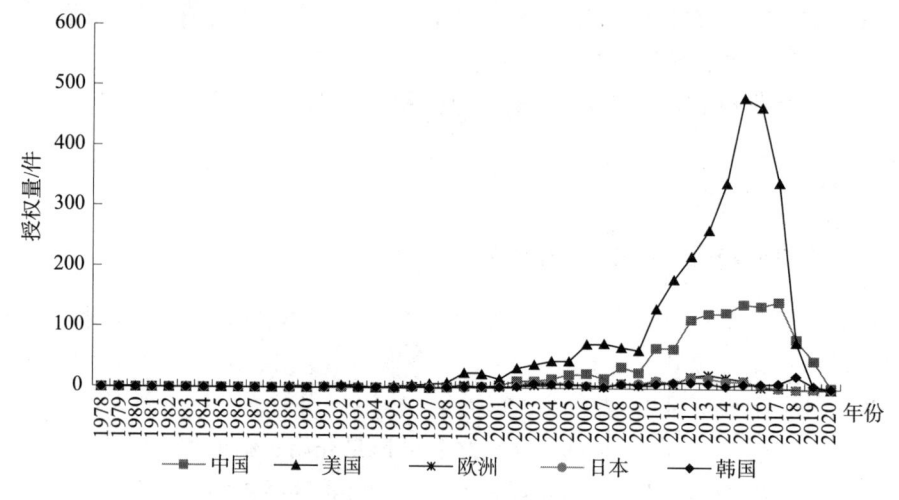

图 5 - 7 - 2 群体智能共享经济服务系统主要国家/地区授权态势

5.7.2 主要国家/地区申请量和授权量占比分析

从图 5 - 7 - 3 显示的群体智能共享经济服务系统主要国家/地区专利申请量和授权量可以看出，美国、日本和韩国的授权率最高，分别为 62%、57% 和 48%；欧洲和中国的授权率较低，分别为 28% 和 24%。可见，美国、日本和韩国对新兴创新技术的包容度更高，创新环境优越。而中国和欧洲由于在专利审查标准上的一致性以及对商业方法类申请较为严格的审查标准，在该领域核心技术专利授权量占比较低，也逐渐认

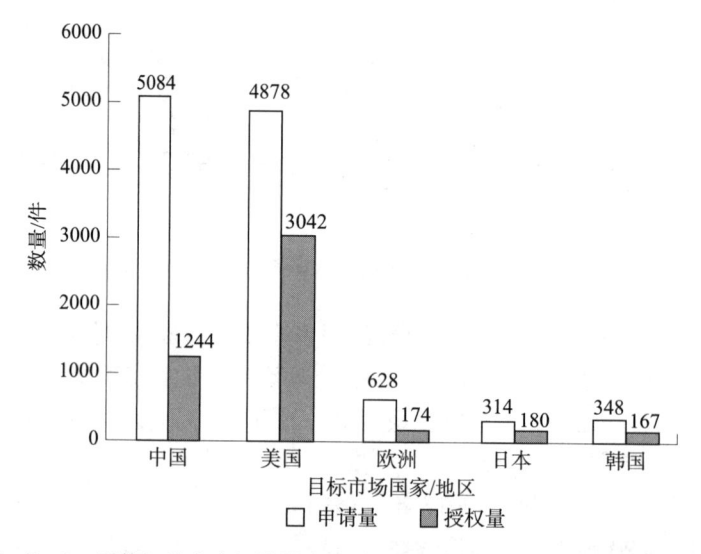

图 5 - 7 - 3 群体智能共享经济服务系统主要国家/地区专利申请量和授权量

识到营造良好的营商环境的重要性，对商业方法类审查标准也在与时俱进。从申请量以及授权量的数值可以看出，中国、美国基本是该领域技术发展驱动力的核心，日本、欧洲、韩国已经处于落后地位。

5.7.3 全球/中国主要申请人分析

如图5-7-4所示，在群体智能共享经济服务系统领域，全球专利申请量排名前20位的申请人，分别来自美国、中国。美国有6位申请人进入了前20，分别是IBM、微软、谷歌、英特尔、亚马逊和迈克菲，其中前3家公司占据了前3席的位置。IBM排在第一，并且申请数量远高于其他申请人。微软和谷歌紧随其后。安全问题一直是共享经济的重要课题，迈克菲凭借其优秀的互联网和计算机安全解决能力跻身重要申请人前20。中国也有14位申请人进入了前20，其中6家是高校和科研院所，8家民营或国有企业。中国电子科技集团和国家电网作为国有企业，基于对先进技术与产业融合的需求，在该领域也具有较为广泛的研究。腾讯、阿里巴巴、百度作为国内领先的创新主体，紧跟技术前沿，把准时代脉搏，并逐渐成为该领域技术的引领者。中国科学院作为中国重要的科研院所，对群体智能的各个分支均有所涉及。

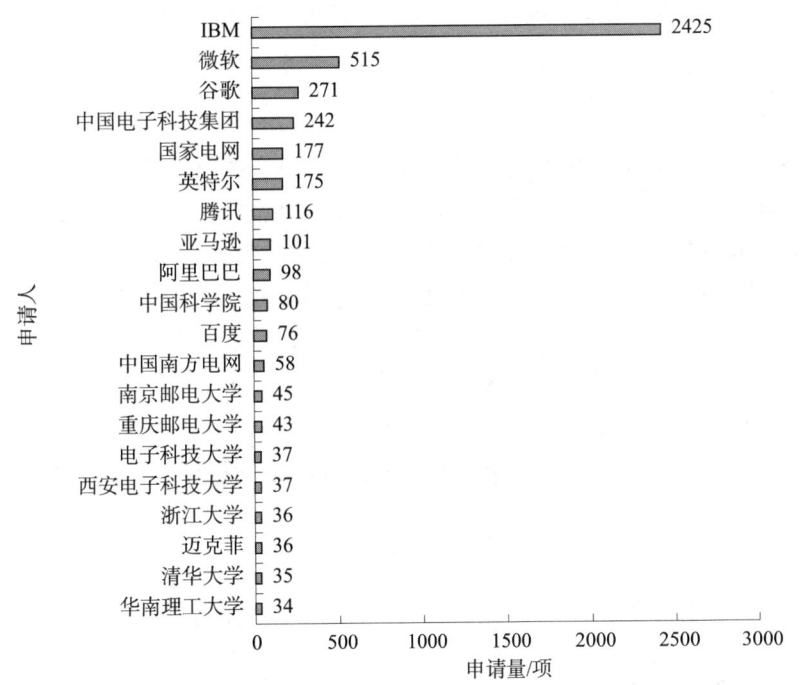

申请人	申请量/项
IBM	2425
微软	515
谷歌	271
中国电子科技集团	242
国家电网	177
英特尔	175
腾讯	116
亚马逊	101
阿里巴巴	98
中国科学院	80
百度	76
中国南方电网	58
南京邮电大学	45
重庆邮电大学	43
电子科技大学	37
西安电子科技大学	37
浙江大学	36
迈克菲	36
清华大学	35
华南理工大学	34

图5-7-4 群体智能共享经济服务系统全球主要申请人排名

如图5-7-5所示，在群体智能共享经济服务系统领域，中国专利申请量排名前20位的申请人与全球申请人前20相比，亚马逊和迈克菲未进入榜单，补入榜单的是北京航空航天大学和浙江工业大学。可见，中国该领域的竞争比较激烈，高校在群体智能共享经济服务系统领域，尤其是隐私保护等安全方面的研究比较深入。

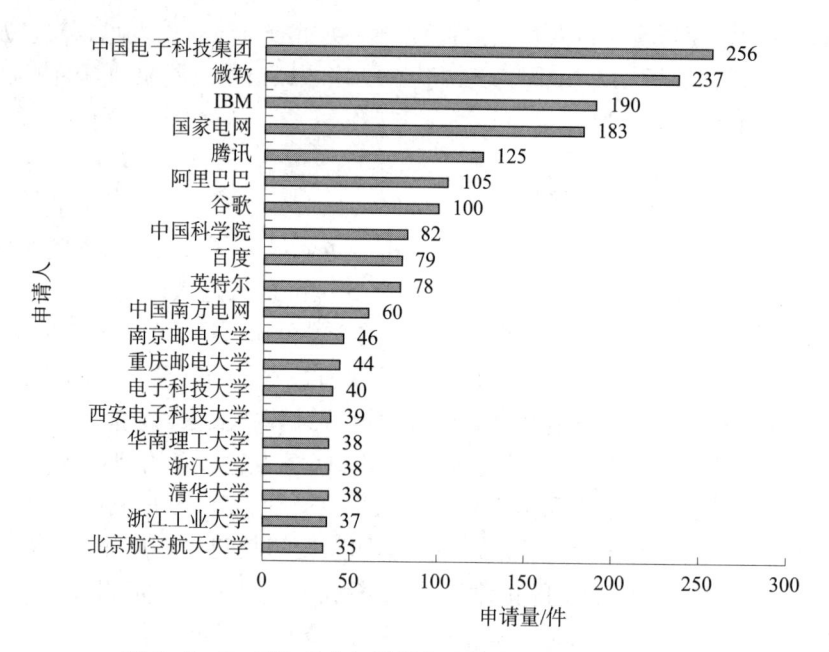

图 5-7-5　群智共享经济服务系统中国主要申请人排名

5.7.4　全球布局区域分析

从图 5-7-6 显示的群体智能共享经济服务系统全球目标市场申请量占比可以看出，中国和美国是全球最重要的市场，各占 37% 和 36%。二者吸引着全球创新主体的注意力，位于第一梯队。欧洲、日本、韩国和印度位于第二梯队。此外，还有 8% 的专利申请选择了 PCT 申请。这说明一定数量的专利是以进入多个国家/地区为目标的。

从图 5-7-7 显示的群体智能共享经济服务系统全球原创国家/地区申请量占比可以看出，中国和美国原创技术申请量占比分别达到 48% 和 45%，是全球两大主要创新群体。这离不开中美两国在人工智能领域的提前谋划和布局。美国的 Uber、Airbnb，中国的滴滴、美团等，都是在时代发展潮流的裹挟和政策的呵护下成长壮大起来的。

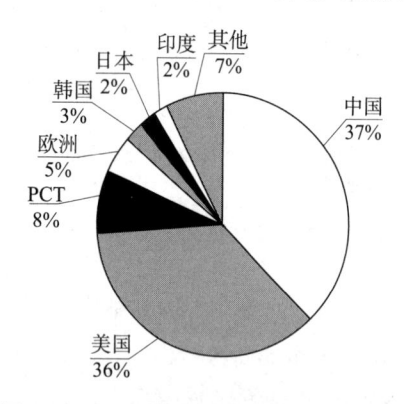

图 5-7-6　群体智能共享经济服务系统全球目标市场占比

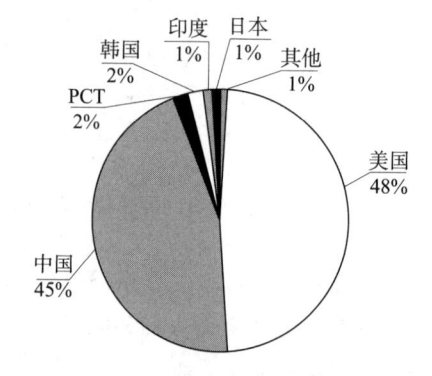

图 5-7-7　群体智能共享经济服务系统全球原创国家/地区占比

5.7.5 全球/中国主要申请人布局重点分析

从表 5-7-1 显示的全球主要申请人申请量年度分布来看，IBM、微软的相关专利申请从 2000 年已经开始大幅提升。IBM 和微软一直是人工智能技术的引领者。在共享经济领域，IBM 致力于开创高阶共享经济平台。微软通过收购 GitHub 等公司，保持共享经济方面的优势。谷歌的无人驾驶与共享出行非常相关，其子公司 Waymo 在自动驾驶领域保持国际领先地位。国家电网虽然起步晚，由于其下属机构庞大，重视研究创新，在该领域的申请在 2014 年呈爆发状态。中国电子科技集团和国家电网都是群体智能共享经济服务系统领域重要的申请人。腾讯、阿里巴巴、百度等互联网公司对共享经济服务系统都有布局。

从表 5-7-2 显示的中国专利主要申请人申请量年度分布来看，IBM 和中国科学院从 21 世纪伊始即开始相关研究，微软、英特尔也较早在中国进行该领域的布局，腾讯、阿里巴巴基本处于同一起跑线，均是从 2005 年进行相关申请。中国电子科技集团作为国内重点研究主体，旗下有众多科研机构，其在群体智能共享经济服务系统方面，尤其是无人机集群作战方面的起步较早，且从 2007 年开始持续跟进该领域技术发展。中国科学院在群体智能共享经济服务系统技术方面的研究可以追溯到 2001 年。共享经济中的隐私保护等安全问题，是共享经济中必须兼顾的课题。在安全方面，国内高校如南京邮电大学、重庆邮电大学等都有研究积累。

从图 5-7-8 显示的全球主要申请人申请量国家/地区分布来看，各申请人都是在本国进行最多的专利申请。从目标市场来看，中国最受重视，然后是美国。中国高校和科研院所一般只在中国申请专利，只有重庆邮电大学和西安电子科技大学以及中国科学院还进行了 PCT 申请，中国科学院还进行了美国专利布局。国内外企业基本都进行 PCT 申请，并通过 PCT、《巴黎公约》等方式选择布局其他国家/地区。迈克菲未在中国进行专利布局。

从图 5-7-9 显示的中国专利主要申请人申请量国家/地区分布来看，各申请人都是在本国进行最多的专利申请。从目标市场来看，中国最受重视。中国高校和科研院所一般只在中国申请专利，但重庆邮电大学、西安电子科技大学和中国科学院还进行了 PCT 申请，中国科学院还在美国进行了专利布局。而国内外企业基本都进行 PCT 申请，并通过 PCT 等方式选择布局其他国家/地区。微软、IBM、腾讯、阿里巴巴、谷歌、英特尔在五国/地区和国际局都进行了布局，中国电子科技集团只在国际局、欧洲和美国进行了海外布局。

表 5-7-1 群体智能共享经济服务系统全球主要申请人申请量年度分布

单位：项

申请人	2000	2001	2002	2003	2004	2005	2006	2007	2008	2009	2010	2011	2012	2013	2014	2015	2016	2017	2018	2019	2020
IBM	10	8	10	10	15	13	23	24	34	20	38	52	84	117	158	338	398	499	399	127	18
微软	2	1	4	11	15	19	21	25	14	23	40	32	35	32	53	45	55	45	25	14	2
谷歌						1	2	6	3	2	5	20	45	46	50	24	24	25	14	4	
中国电子科技集团								3	1	2	3	2	5	8	23	22	29	46	52	44	2
国家电网											2	4		1	6	12	19	18	48	62	5
英特尔	1	3	3	2	1	3	2	2	1	2		6	3	9	8	19	30	32	25	17	1
腾讯						1	2	2	3	3	3	10	13	10	5	8	6	7	11	26	6
亚马逊						1		2			9	8	9	11	16	21	8	7	4	4	
阿里巴巴						1				2	1	1	3	1	3	9	19	15	23	18	3
中国科学院		1						2		2	1	1	3	4	3	5	8	6	12	28	2
百度											14	3	2	5	1	11	8	6	7	16	3
中国南方电网								1							1		5	7	14	30	1
南京邮电大学										1	1	1	5	5	1	2	2	4	11	13	4
重庆邮电大学								3						2	2		1	4	17	12	4
电子科技大学								1	2			2	1	1		2		3	4	22	4
西安电子科技大学	1					1					2	1	1	1	2	3	1	4	8	13	1
浙江大学						1	1				1		1	1		2	5	3	8	13	
迈克菲		1	2			1	3	3				2	1	5	2	9	3	2		2	
清华大学						1		1					1	1	1	1	1	4	9	10	4
华南理工大学									2		1			1	1		4	4	12	11	2

表 5－7－2　群体智能共享经济服务系统中国主要申请人申请量年度分布

单位：件

申请人	2000	2001	2002	2003	2004	2005	2006	2007	2008	2009	2010	2011	2012	2013	2014	2015	2016	2017	2018	2019	2020
中国电子科技集团								3	1	2	3	2	5	8	23	25	34	47	54	47	2
微软			3	2	7	14	7	10	4	8	6	29	16	14	16	39	22	28	15		
IBM	1			5	4	11	10	12	8	4	5	10	17	24	21	1	14	5	18	11	
国家电网											2	4		1	6	13	19	18	50	64	6
腾讯						1	2	2	3	3	3	14	13	7	7	12	7	6	11	27	7
阿里巴巴						1				2		2	2	1	3	24	11	17	20	18	4
谷歌								3	1	2	2	5	6	19	13	14	17	11	7		
中国科学院		1				1		2	1	2	1	1	3	5	3	5	8	6	12	28	3
百度											14	3	2	5	1	11	8	7	9	16	3
英特尔				2	1	1	3	3	1	2	1	7	2	12	5	11	14	5	4	3	1
中国南方电网															1		5	8	14	31	4
南京邮电大学										1	1	1		5	1	2	2	5	11	13	4
重庆邮电大学											1			2	2		1	5	17	12	5
电子科技大学														1		2	2	3	4	23	1
西安电子科技大学								1			2	1		1	2	3	1	5	9	13	2
华南理工大学							1				1			1	1	1	1	6	14	11	
浙江大学					1	1		1			1		1			2	5	3	10	13	4
清华大学				1		1			2	1	1		1	1	1	1		4	10	11	
浙江工业大学											1	1		1		1	2	16	6	9	4
北京航空航天大学							1	2	2		1	3	1	1	2	1	1	5	8	9	

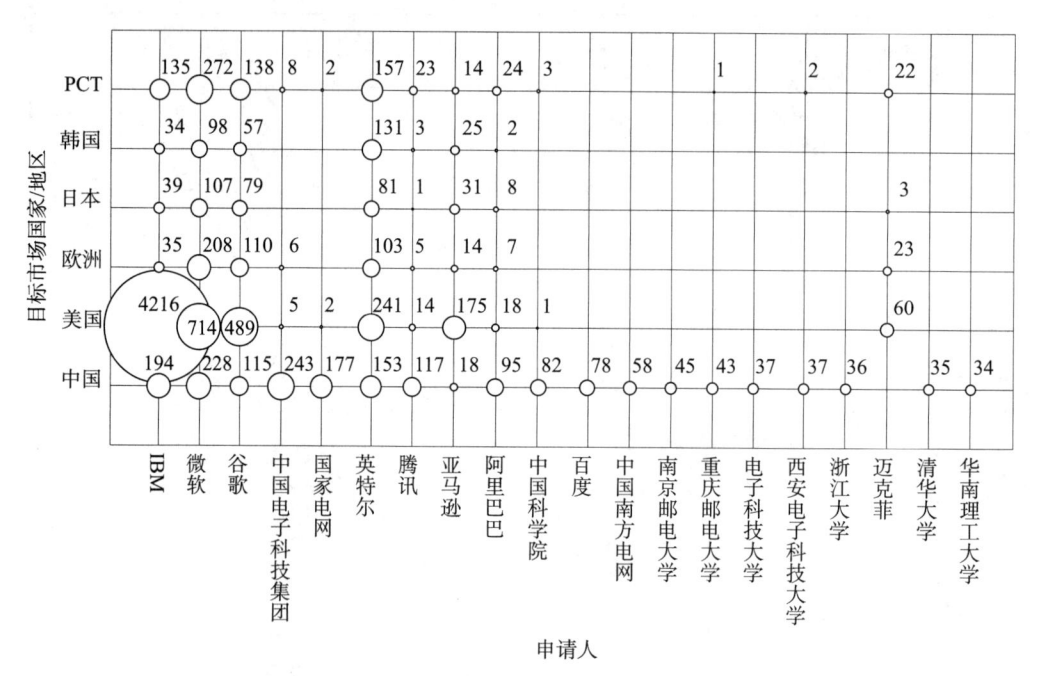

图 5-7-8 群体智能共享经济服务系统全球主要申请人申请量国家/地区分布

注：图中数字表示申请量，单位为项。

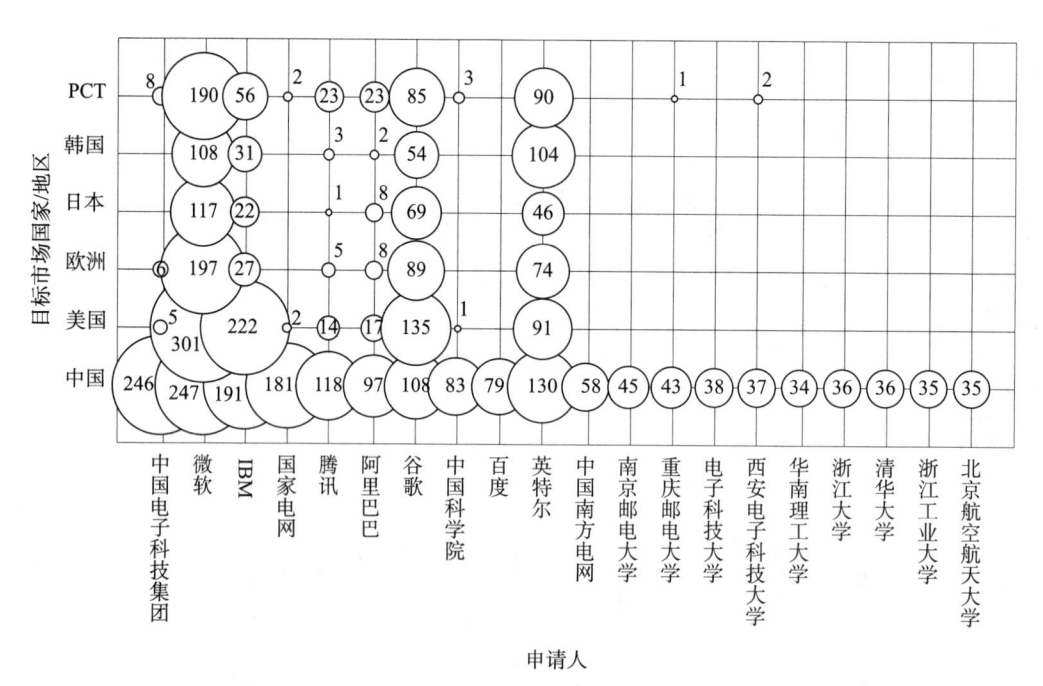

图 5-7-9 群体智能共享经济服务系统中国主要申请人申请量国家/地区分布

注：图中数字表示申请量，单位为件。

5.8 小　　结

从上述群体智能支撑平台的专利分析中可以看出：

（1）群体智能支撑平台的专利申请量进入 21 世纪后迅速增加，2010 年之后开始迅猛增加，到 2014 年之后爆发式增长，各个分支在近两年均呈现出爆发式增长的趋势，表明各创新主体对群体智能支撑平台具有极大的研发热情。中国对群体智能软件学习与创新系统、群体智能软件开发与验证自动生产系统、群体智能共享经济服务系统的研究虽晚于全球，但中国启动相关研究后，随后的发展趋势基本与全球趋同。

（2）群体智能支撑平台的专利授权率美国最高，中国和欧洲都较低。可见，美国对群体智能支撑平台技术创新给予了大力鼓励和支持。虽然中国是第一大申请国，但授权比例较低，除了进一步提高整体专利质量之外，中国作为全球布局的重要目标国，也要提供更好的营商环境，从专利保护制度上为科技创新赋能。但是在开放环境的群体智能决策系统这一细分领域，中国授权量数值居于第一位，且授权率表现较好，表明中国在这个细分领域的专利质量较高。在群体智能软件学习与创新系统、群体智能软件开发与验证自动生产系统、群体智能共享经济服务系统三个细分领域中，中国的申请量都是第一，但美国的授权量都超过中国。

（3）群体智能支撑平台的专利申请量全球排名前 20 的申请人中，美国企业有 5 家，其中 IBM 在群体智能支撑平台总体中排名第一，且在群体智能众创计算支撑平台、科技众创服务系统两个细分领域中也以绝对优势领先，可见在该领域，IBM 是技术领先者。而中国进入前 20 的申请人，以国内企业、高校和科研院所为主，特别是国家电网，不仅在群体智能支撑平台总体申请量中排名第二，在开放环境的群体智能决策系统这一细分领域中，全球排名首位。在群体智能软件学习与创新系统、群体智能软件开发与验证自动生产系统、群体智能共享经济服务系统三个细分领域中，国际巨头 IBM、微软、谷歌、亚马逊和英特尔，国内的百度、阿里巴巴、腾讯、国家电网、中国科学院以及中国电子科技集团均进入了前 20 的榜单。

（4）群体智能支撑平台的专利国家/地区分布，从目标市场来看，美国和中国是市场大国，各创新主体都非常重视在美国和中国的专利申请。从技术原创国家/地区来看，中国原创技术占比最高，是全球第一大创新群体。由于中国近年来对于人工智能领域的政策引导和产业规划，大量中国申请人投入该领域研究，特别是众多高校和科研院所在国家基金的支持下，在该领域开展了广泛的研究。美国作为全球另一个重要的创新驱动力，拥有如 IBM、微软、谷歌等全球重要的申请人，代表性企业力量突出。

第6章 重点技术分支

6.1 基础理论之算法专题

群体智能基础理论主要包括结构理论与组织方法、激励机制与涌现原理、学习理论与方法、通用计算范式与模型。但上述理论在不同申请主体之间不易形成较为统一的标准。另外,在学术领域,人工智能的三驾马车演化学派的遗传算法、联结主义学派的神经网络算法和群体智能的群体智能优化算法在人工智能的发展中起到了重要的作用,这也体现了群体智能优化算法在群体智能中的重要地位。同时因为这一算法在不同申请人中有着相对统一的认知标准,利于专利的检索和比较,以及随着时间推移,越来越多的优化算法不断诞生,百花齐放。基于群体优化算法是群体智能发展的重要基石,基于上述原因,聚焦于群体智能基础理论中的群体智能优化算法是本节的主要内容。

6.1.1 优化算法概述

在学术方面,群体智能优化算法具有举足轻重的地位,而在专利方面也需要对其进行一定的分析和总结。

首先,就基础理论部分的专利情况,从图 6-1-1 中可以看出:

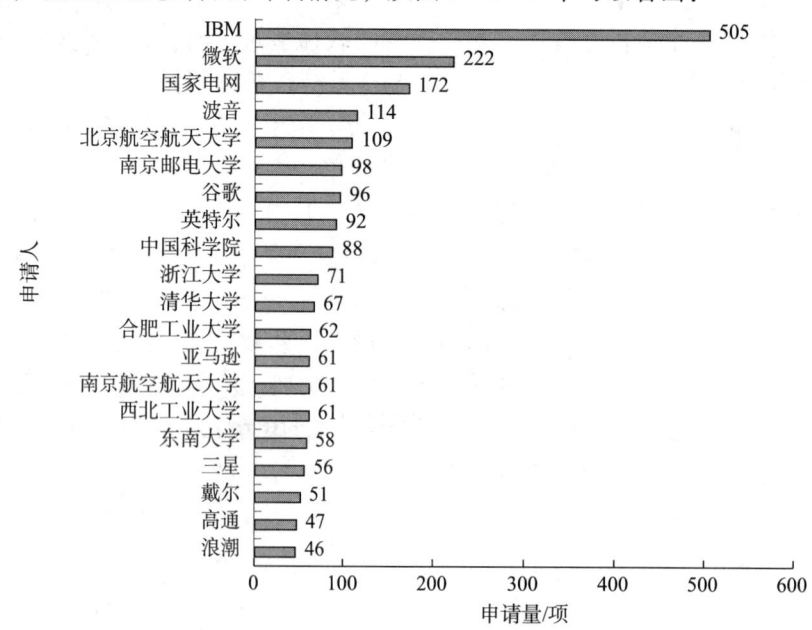

申请人	申请量/项
IBM	505
微软	222
国家电网	172
波音	114
北京航空航天大学	109
南京邮电大学	98
谷歌	96
英特尔	92
中国科学院	88
浙江大学	71
清华大学	67
合肥工业大学	62
亚马逊	61
南京航空航天大学	61
西北工业大学	61
东南大学	58
三星	56
戴尔	51
高通	47
浪潮	46

图 6-1-1 群体智能基础理论全球主要申请人排名

（1）全球数据量处于相对较低水平。这与专利本身的特点有一定关系，专利首先需要符合客体标准，而纯理论或纯算法往往被认为是智力活动的规则和方法，不属于专利权客体的范畴，因此申请人往往不会针对纯理论或纯算法进行专利申请。而如果为了符合专利的基本要求，申请人可以针对具体领域进行算法适应性的应用，但是如果申请仅仅针对单一应用领域，不具有一定的通用性，则此算法申请不在本节的研究范围内，其应归属于应用场景的研究范围内，因此，基础理论的数据量处于较低水平。

（2）国外申请人以企业为主，而中国以高校和科研院所为主。其中，IBM 的基础理论专利遥遥领先，众所周知，IBM 早先在基础理论研究中投入了大量的物力、人力和金钱，例如，正是有了罗伯特·登纳德对于 DRAM 存储器的研究，才有了后来的千亿美元的内存市场，以及后来的英特尔、AMD、三星等半导体巨头。又诸如 1993 年左右的 Shor 分解算法的诞生，成为量子计算理论的基石，相类似地，IBM 对群体智能基础理论的研究同样有着相似的目的，但从具体专利数据来看，近些年，IBM 对基础理论的研究却放缓了脚步。而中国高校和科研院所在基础理论的研究方面，存在面面俱到的特点，即基本每所高校都进行了相关的专利布局。

为了进一步聚焦于先前提到的群体智能优化算法，对群体智能优化算法要有一定的体系性了解。

从历史上看，蚁群优化算法最早诞生于 1992 年，它由 Marco Dorigo 在他的博士论文中提出，其灵感来源于蚂蚁在寻找食物过程中发现路径的行为。

1995 年，美国电气工程师 Russell Eberhart 和社会心理学家 James Kennedy 提出了粒子群优化算法，其基本思想是受对鸟类群体行为进行建模与仿真的研究结果的启发。粒子群优化算法一经提出，由于其算法简单，容易实现，立刻引起了进化计算领域学者们的广泛关注，形成一个研究热点。2001 年出版的 James Kennedy 与 Russell Eberhart 合著的《群体智能》将群体智能的影响进一步扩大，随后关于粒子群优化算法的研究报告和研究成果大量涌现，继而掀起了国内外研究热潮。

随后，衍生出了各式各样的群体优化算法。人工鱼群算法是李晓磊等人于 2002 年在动物群体智能行为研究的基础上提出的一种新的群体优化算法，该算法根据水域中鱼生存数目最多的地方就是该水域中富含营养物质最多的地方这一特点来模拟鱼群的觅食行为而实现寻优。算法主要利用鱼的三大基本行为：觅食、聚群和追尾行为，采用自上而下的寻优模式从构造个体的底层行为开始，通过鱼群中各个体的局部寻优，达到全局最优值在群体中凸显出来的目的。包括随后的细菌觅食、人工蜂群等算法，诸多算法基本都是由蚁群和粒子群的思想衍生而来，参见图 6-1-2。

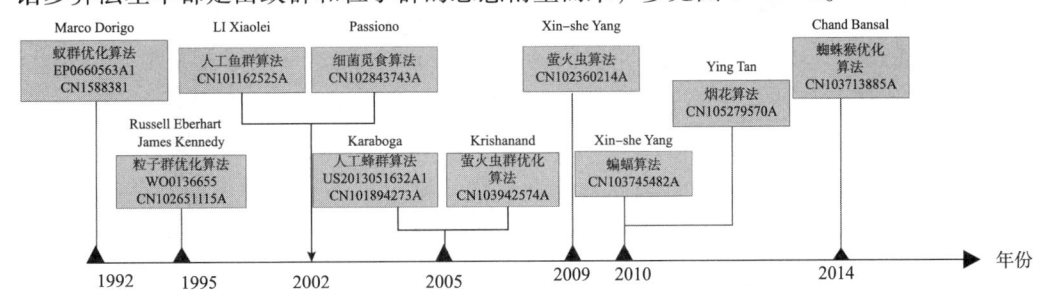

图 6-1-2 基础理论中优化算法的发展历史

前 20 名全球申请人的群体智能优化算法布局如表 6-1-1 所示。

表 6-1-1 全球前 20 申请人的群体智能优化算法布局   单位：项

申请人	基础算法		衍生算法							
	蚁群优化算法	粒子群优化算法	人工鱼群算法	细菌觅食算法	人工蜂群算法	萤火虫群算法	萤火虫算法	蝙蝠算法	烟花算法	蜘蛛猴优化算法
IBM	16	2		1	1	1				
微软	5		1		1	1				
波音	1				1					
谷歌	4				1					1
英特尔	8	1			1					
亚马逊	1									
三星	9	4	1	2	1					
戴尔	2									
高通	10	1		1	1					
国家电网	21	183	14	3	17	15	22	12	6	
北京航空航天大学	13	25	6	1	16	8	12	6	2	
南京邮电大学	19	28	1		5	1	4	6	1	
中国科学院	9	29	2		5	9	12	5	1	
浙江大学	27	35	1				2			
清华大学	10	12			3		2	1		
合肥工业大学	12	18	2		4	1	1			
南京航空航天大学	20	19								
西北工业大学	3	16			1		1			
东南大学	28	26								
浪潮	8	18	1			1				

从全球前 20 的申请人来看，IBM 等在群体智能优化的通用性算法的专利申请数量非常之少，经过标引发现，外国企业的相关申请主要与其自身业务相关。例如，IBM 的 CN1289977A，是一种协作系统、协作服务器、传送文档文件的方法，其利用了粒子群优化算法的思想，但是其仅仅是将算法应用于分布式协作这一具体业务领域，因此，这样的专利不属于基础算法的研究范畴中。而诸如波音、谷歌等，其大量的算法与业务紧密相关，因此，通用型的算法专利数量较少。如表 6-1-2 所示，高校正与之相反，其往往缺少产业上的支撑，因此理论性更强，常见的高校专利申请会在权利要求中记载大量的公式、算法等，而国外企业比较少见此种情况。就专利价值来说，国内高校的通用型算法专利虽然数量较多，但标引过程中发现其记载了较多的参数、过程、公式等，因此虽然数量多，但往往保护范围非常狭小，其适用性、影响力也大打折扣。

建议国内高校可以参考国外企业或者中国的企业，多以文字的记载形式来撰写权利要求，实施例中可以具体描述公式等信息，从而获得较大的保护范围，如果他人方案中公式的参数不同，则很容易规避侵权风险；如果申请的目标较为具体，还是建议可以适当上位化，不要过于集中在该领域的方案本身，给自己尽可能大的保护范围，就如同 IBM 一般，虽然有具体的领域，但是权利要求仍然以文字为主，记载了优化算法应用思想，较为上位化地进行了概括。

表 6-1-2 群体智能基础理论中国专利申请前 10 名高校　　　　　　单位：件

总排行榜	基础理论专利申请量	高校名称	高校所属地区	群体智能优化核心算法	
				蚁群优化算法	粒子群优化算法
1	109	北京航空航天大学	北京	13	25
2	98	南京邮电大学	江苏	26	28
3	71	浙江大学	浙江	27	35
4	67	清华大学	北京	10	12
5	61	南京航空航天大学	江苏	20	19
6	62	合肥工业大学	安徽	12	18
7	61	西北工业大学	陕西	3	16
8	58	东南大学	江苏	28	26
9	46	电子科技大学	四川	24	30
10	45	哈尔滨工程大学	黑龙江	20	24

比较完国内和国外申请人，得到一定的借鉴经验：①改善权利要求的撰写；②区分论文和专利的区别；③尽可能合理扩大权利要求的保护范围，使其具有一定程度的通用性。具体看国内高校之间，我国前十名高校的群体智能优化算法的布局情况，寻找其中的优秀代表，找出提升和改进的空间。

下面针对上述高校，就粒子群优化算法和蚁群优化算法进行进一步的分析和研究，找出在此领域具有一定优势的高校，并建议其他高校可以借鉴其发展经验，更好地在此领域或其他领域进行发展。

6.1.2 粒子群优化算法

粒子群优化算法是一种基于群体的随机优化技术。与其他基于群体的进化算法相比，它们均初始化为一组随机解，通过迭代搜寻最优解。不同的是，进化计算遵循适者生存原则，而粒子群优化算法模拟社会。将每个可能产生的解表述为群中的一个微粒，每个微粒都具有自己的位置向量和速度向量，以及一个由目标函数决定的适应度。所有微粒在搜索空间中以一定速度飞行，通过追随当前搜索到的最优值来寻找全局最优值。

粒子群优化算法的基本思想受许多鸟类的群体行为进行建模与仿真研究结果的启发。Frank Heppner 的鸟类模型在反映群体行为方面与其他类模型有许多相同之处。由于鸟类用简单的规则确定自己的飞行方向与飞行速度（实质上，每只鸟都试图停在鸟群中而又不相互碰撞），当一只鸟飞离鸟群而飞向栖息地时，将导致它周围的其他鸟也飞向栖息地。这些鸟一旦发现栖息地，将降落在此，驱使更多的鸟落在栖息地，直到整个鸟群都落在栖息地。粒子群优化算法与其他的进化类算法类似，也采用"群体"和"进化"的概念，同样也根据个体的适应值大小进行操作。

设想这样一个场景：一群鸟在随机搜索食物，在这个区域里只有一块食物，所有的鸟都不知道食物在哪里，但是它们知道当前的位置离食物还有多远，在这种情况下，最简单有效的寻找策略就是基于鸟群中离食物最近的个体来进行搜索，粒子群优化算法就是从这种生物群体行为的特性中得到了上述启发并用于求解优化的问题。

用粒子来模拟鸟类个体，每个粒子可视为搜索空间中的一个搜索个体，粒子的当前位置即为对应优化问题的一个候选解，粒子的飞行过程即为该个体的搜索过程。粒子的飞行速度可根据粒子历史最优位置进行动态调整。粒子仅具有两个属性：速度和位置，速度代表移动的快慢，位置代表移动的方向。每个粒子单独搜寻的最优解叫做个体的极值，粒子群中最优的个体极值作为当前全局最优解，不断迭代，更新速度和位置。最终得到满足终止条件的最优解。

从图6-1-3中可以看到，各高校普遍涉猎粒子群优化算法。其中，最为突出的是浙江大学，其算法超过50%都是应用于化工生产领域，具有鲜明的应用导向型特点，这与浙江有广泛而深入的制造业基础有很大关系，并且能够产生较为明显的经济效益，这非常好地以产业促科研，从产业资金中还能汲取力量濡养基础科学，是一种值得各高校学习的模式。

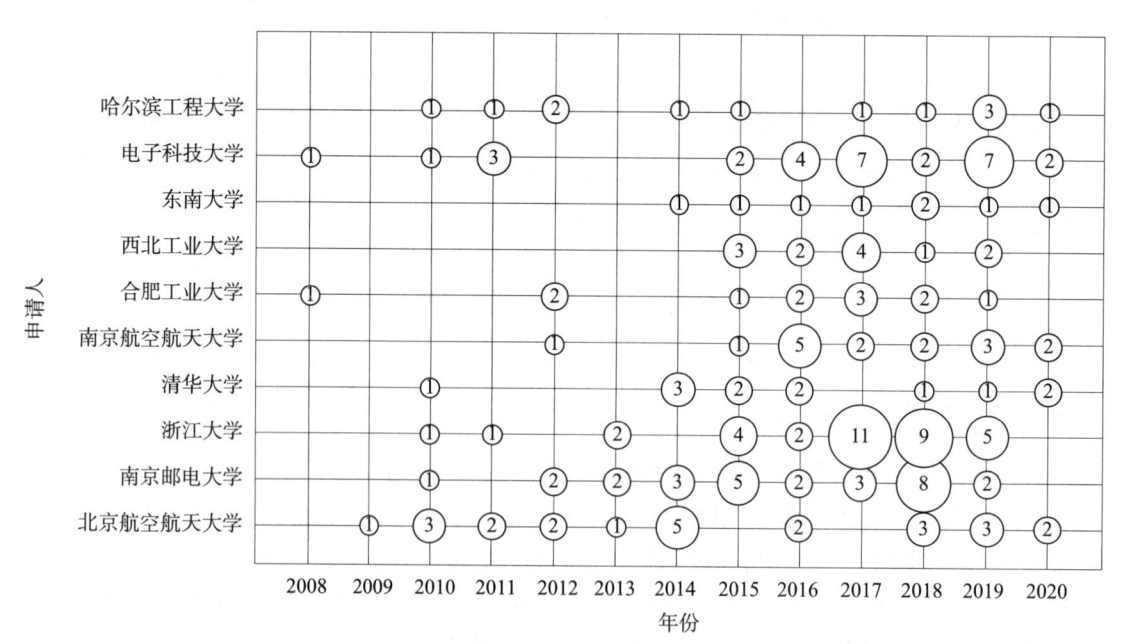

图6-1-3 粒子群优化算法主要高校历年申请情况

注：图中数字表示申请量，单位为件。

而其他高校也都有着较为鲜明的特色，比如航空航天系的学校都以无人机为主要研究目标，而南京邮电大学和清华大学则以电力为主，这都符合这些高校原本的定位和传统。当然也有高校各个热点都研究，但在各个热点专利数量不多、资源又有限的情况下，还是建议集中力量办大事，攻克主要领域，与产业深度互动，才能更好地支撑学科的发展。

图6-1-4中，横坐标为高校专利平均被引度，越高越好；纵坐标为高校专利平均特征度，越低越好。其中圆的大小表示申请量的多少。通过课题的神经网络模型关于专利质量的计算，北京航空航天大学的专利质量在前列，但是浙江大学在数量上仍有着比较大的占比。

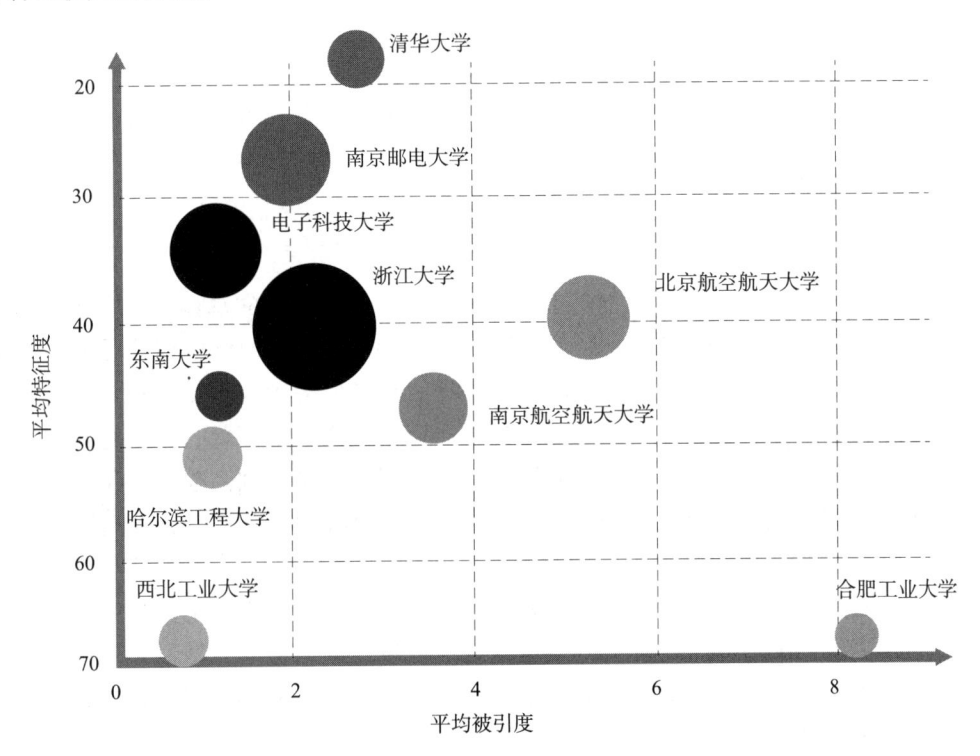

图6-1-4　粒子群优化算法的高校专利申请质量

如表6-1-3所示，每专利发明人数是指高校一个专利的平均发明人数，是基于专利扉页中的发明人为依据进行的统计；每专利研究人数是指将高校中所有的发明人进行统计，去重后进行的统计，简称净发明人数；每人专利产出量也是在高校净发明人数的基础上，用专利数量除以净发明人数得到的；共同申请人和发明人团队的计算分别以是否有共同申请人（不含高校内部的共同申请）和以某一发明人为核心的团队型申请来计算。后文中的统计以同样的含义进行统计。

每专利发明人数越多，表明高校的研究模式更倾向于团队型，并没有好坏之分，因为如果科研能力强，单人也足够能申请，在此只是进行统计和观察。每人专利产出量可以看出高校中的发明人在这一技术领域创造成果的程度，课题组倾向于越高越好。而共同申请人和团队数量指标主要还是用来观察高校在专利申请过程中的合作性和团队性。

表 6-1-3 粒子群优化算法研究模式分析

高校	每专利发明人数	每专利研究人数	每人专利产出量/件	共同申请人比例	发明人团队数量
北京航空航天大学	3.54	3.29	0.3	0	3
电子科技大学	3.97	3.45	0.29	3.45%	1
东南大学	4.38	3.88	0.26	12.50%	1
哈尔滨工程大学	5.17	4.67	0.21	0	1
合肥工业大学	5.17	**5.75**	0.17	8.33%	1
南京航空航天大学	4.44	4.25	0.24	0	1
南京邮电大学	4.25	3.79	0.26	14.29%	3
清华大学	**5.75**	**5.75**	0.17	**25.00%**	0
西北工业大学	5.33	5	0.2	8.33%	1
浙江大学	4.83	3.6	0.28	11.43%	2

基于上述申请数量、质量和研究模式等的分析，得到如上的总体概括。课题组认为数量高、趋势分数高、聚焦型、申请质量高、合作和团队化的整体模式是更佳的实力体现，而每一个维度越接近高水准的判断标准，综合实力评定的结果就越高。在此指出，这是课题组基于专利分析和自定义的一系列指标进行的统计，并不绝对代表对高校科研水平的定论，是具有研究性的评价系统，用于尝试鉴别高校在不同技术领域中的水平，从而得到一些有用的信息和经验的借鉴，帮助整个中国的高校从无到有、从有到更好。

值得注意的是，其中的申请趋势指标是课题组基于高校每年申请量的变化利用基于时变权重的算法进行的计算，整体思想是离现在越近的数据对分数的影响更大，而持续不断的增长式申请往往会获得更高的分数，而三天打鱼两天晒网式的申请一般不易获得更高的分数。

最后，根据四个维度的汇总，课题组认为浙江大学在粒子群优化算法这一领域，具有显著的优势性地位，参见表 6-1-4。

表 6-1-4 粒子群优化算法研究模式分析

高校	申请数量/件	申请趋势	技术应用	申请质量	技术方向	申请与研究	领域综合实力
北京航空航天大学	24	1.4	聚焦型	高	主次型	3 团队	★★★★
南京邮电大学	28	6.2	主次型	中	主次型	4 合作+3 团队	★★★★
浙江大学	35	6.9	主次型	中	主次型	4 合作+2 团队	★★★★★
清华大学	12	0.2	聚焦型	中高	聚焦型	3 合作	★★★★

续表

高校	申请数量/件	申请趋势	技术应用	申请质量	技术方向	申请与研究	领域综合实力
南京航空航天大学	16	1.1	聚焦型	中	主次型	1团队	★★★
合肥工业大学	12	1.1	分散型	中	主次型	1合作+1团队	★★
西北工业大学	12	0.1	分散型	低	主次型	1合作+1团队	★★
东南大学	8	1.6	主次型	中低	聚焦型	1合作+1团队	★★
电子科技大学	29	0.2	聚焦型	中	聚焦型	1合作+1团队	★★★★
哈尔滨工程大学	12	0.3	聚焦型	低	主次型	1团队	★★★

6.1.3 蚁群优化算法

蚂蚁在运动过程中，能够在它所过的路径上留下信息素物质，并以此指导自己的运动方向。蚂蚁倾向于朝着该物质强度高的方向移动。因此，由大量蚂蚁组成的蚁群的集体行为便表现出一种信息正反馈现象：某一路径上走过的蚂蚁越多，则后者选择该路径的概率越大。蚂蚁个体之间就是通过这种信息的交流达到搜索实物的目的。这里，用一个形象化的图示来说明蚂蚁群体的路径搜索原理和机制。

从图6-1-5中可以看出浙江大学、南京航空航天大学和东南大学等数量或者是申请趋势比较健康和良好，而一部分高校申请出现断档，不利于某一领域的持续积累和传承。

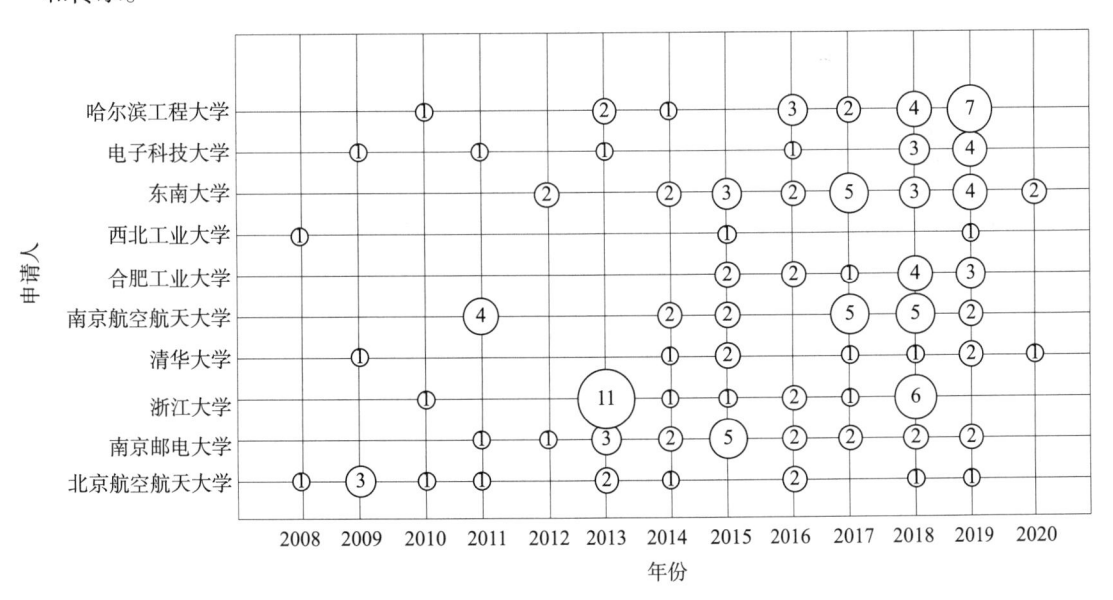

图6-1-5 蚁群优化算法主要高校历年申请情况

注：图中数字表示申请量，单位为件。

对于应用领域的主线来说，其与粒子群优化算法相似，应用领域基本相一致，而没有应用领域主线的高校出现了研究热点比较分散的现象。

图 6-1-6 中，横坐标为高校专利平均被引度，越高越好；纵坐标为高校专利平均特征度，越低越好。其中圆的大小表明申请量的多少，可以明显看出质量较高的是清华大学，且西北工业大学也属于高质量的范围，但因其数据量小，仅有 3 件，因此仅作为参考。

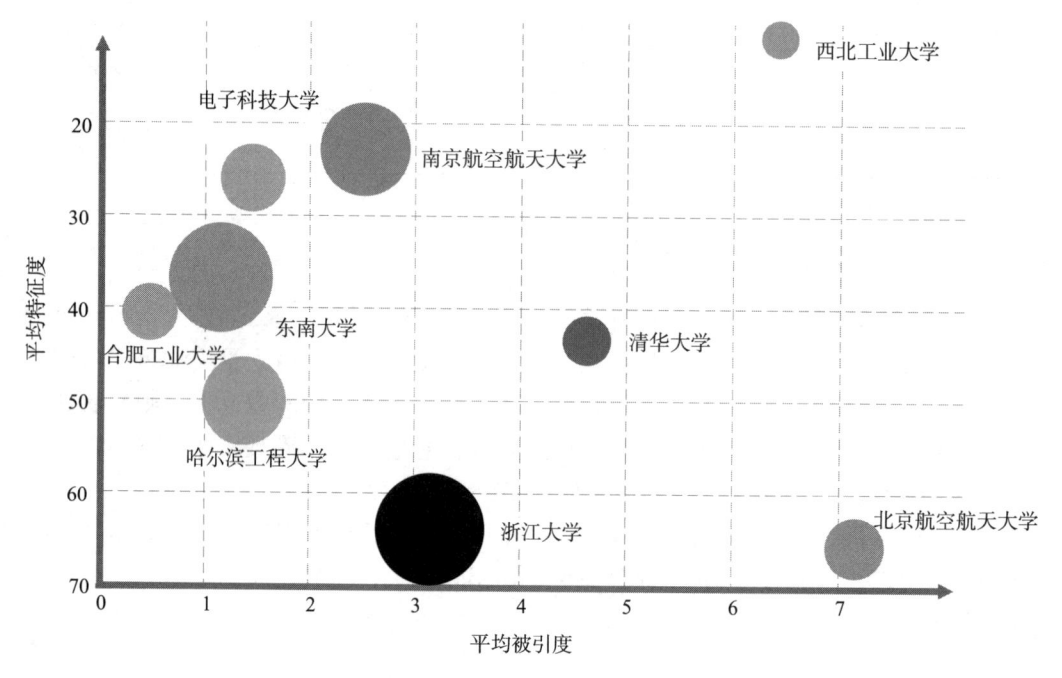

图 6-1-6 蚁群优化算法主要高校专利申请质量

质量方面，北京航空航天大学、清华大学、南京邮电大学和南京航空航天大学质量相对较高。也与前文的粒子群优化算法的专利水平基本一致，因此可见，高校的专利申请质量一般不因领域有明显差异，而是基本与高校本身存在关系。

在蚁群优化算法中，浙江大学再次凸显出了聚焦性，而其他高校相较于粒子群优化算法中的技术布局情况，表现的相对分散，因此，浙江大学不论在何种算法中，都有着相对一致的标准和研究思路，这种统一性和聚集性值得学习。

从表 6-1-5 中看出，浙江大学人均专利产出量最高，基本相当于第二名的两倍，而且是以团队为基本的申请模式，因此，不论从粒子群优化算法还是蚁群优化算法，其都表现出了相对高水准的研究模式和思路，具有良好的一致性。

表 6-1-5 蚁群优化算法研究模式分析

高校	每专利发明人数	每专利研究人数	每人专利产出量/件	共同申请人比例	发明人团队数量
北京航空航天大学	4.92	3.62	0.28	7.69%	0
电子科技大学	4.9	3.82	0.26	36.36%	1

续表

高校	每专利发明人数	每专利研究人数	每人专利产出量/件	共同申请人比例	发明人团队数量
东南大学	4.74	4.22	0.24	26.09%	3
哈尔滨工程大学	6.25	5.15	0.19	0	2
合肥工业大学	**6.67**	5.08	0.2	0	0
南京航空航天大学	4.15	3.25	0.31	0	2
南京邮电大学	4.3	3.85	0.26	5.00%	0
清华大学	6	**5.22**	0.19	**44.44%**	1
西北工业大学	3.67	3.67	0.27	0	0
浙江大学	3.35	1.78	**0.56**	0	2

综上，结合前文四个部分，高校在蚁群优化算法中，结合数量、质量、技术布局和研究模式，根据表6-1-6课题组认为浙江大学仍然具有较为显著的优势，综合实力较为强劲。而一部分高校因为申请数量较低、申请趋势不佳、技术研发分散等，评级较低。再次强调，这种评级是基于专利分析中的专利水平来反映技术实力的一种尝试，只能表征高校科研工作的部分情况，不能完全地进行表征，仅作为从专利角度出发的一种参考信息。

表6-1-6 蚁群优化算法高校整体情况

高校	申请数量/件	申请趋势	技术应用	申请质量	技术方向	申请与研究	领域综合实力
北京航空航天大学	13	-0.1	聚焦型	中	聚焦型	1团队	★★★★
南京邮电大学	20	0.4	主次型	中高	全面型	1合作	★★★★
浙江大学	**23**	**4.3**	聚焦型	中	主次型	2团队	★★★★★
清华大学	9	0.5	主次型	中高	聚焦型	4合作+1团队	★★★★
南京航空航天大学	20	3.7	聚焦型	中	主次型	2团队	★★★★
合肥工业大学	12	3.5	主次型	中	主次型	2团队	★★★
西北工业大学	3	-0.2	分散型	—	散点型	—	★★
东南大学	**23**	1.6	分散型	中	散点型	**4合作+2团队**	★★★★
电子科技大学	11	2.6	主次型	中	主次型	2合作+1团队	★★★
哈尔滨工程大学	20	3.1	主次型	中	聚焦型	3团队	★★★★

6.1.4 典型申请人

浙江大学在群体智能基础理论算法领域中表现突出，和其观念、体系、资源与人才密切相关。而其他高校类申请人也可以借鉴相关的方式方法，尤其是其产学研的具体模式与方法，从而增强技术领域的布局实力。

(1) 观念

早在 1978 年创建计算机系时，创始人何志均先生就将"研究人工智能理论、设计新型计算机"列为建设方案第一条。同年，招收第一批人工智能研究方向的 5 位硕士研究生，开始了人工智能方向的研究。而众所周知的是，1978 年英特尔才刚刚推出 8086 处理器芯片，此时浙江大学就已意识到人工智能的重要性。在全国的个人计算机保有量不超过千台时，浙江大学便已经开始了人工智能方向的硕士研究生的培养。2019 年 4 月，浙江大学又相继获批了人工智能本科专业和人工智能交叉学科。

(2) 体系

浙江大学现在的计算机科学与技术学院（下文简称"计算机学院"）包括 6 系、4 所，若干科研平台的体系设置。6 系分别是计算机科学与工程系、工业设计系、数字媒体与网络技术系、软件工程系、信息安全系、人工智能系，4 所是人工智能研究所、计算机软件研究所、计算机系统结构与网络安全研究所、现代工业设计研究所。

2020 年 7 月 1 日，"新一代人工智能科教平台"在浙江大学揭牌，平台以深度聚焦人工智能技术创新、人工智能人才培养与生态建设，汇聚国内外前沿技术和产业资源，联动校、企、政力量，搭建开源、开放、互通的新一代人工智能生态体系。2020 年 9 月份，浙江大学人工智能本科专业图灵班 60 名学生的课程"人工智能基础"以及 1110 多名电子信息硕士研究生的课程"人工智能算法与系统"在浙江大学信息技术中心以及相关企业支持下，全面使用这一平台。

(3) 资源

其科研资源与成果丰富。自 2017 年以来，计算机学院科研成果卓著，到款科研经费超 7.5 亿元；新增千万级以上重大项目 28 项，其中，国家重点研发计划项目有 2 项，国家重大专项 4 项，军工项目 4 项，重大横向项目 18 项。

教学资源先进。高等教育出版社联合浙江大学推出"新一代人工智能系列教材"首批 3 本教材。该系列教材共 19 本，由中国工程院院士、浙江大学计算机学院教授潘云鹤担任编委会主任，郑南宁院士、高文院士、吴澄院士、陈纯院士和高等教育出版社林金安副总编辑担任编委会副主任委员。

产学研模式多样化且生实效。浙江大学在产学研合作上具有非常突出的特点。一方面，产学研合作方众多，计算机学院分别与企业、浙江省各区县、其他高校、其他组织机构都展开了合作。

企业方面，浙江大学不仅仅与国内企业进行合作，还与国外企业诸如微软、IBM 等展开合作。早在 1999 年，微软与浙江大学成立了微软视觉感知联合实验室（Microsoft Visual Perception Laboratory of Zhejiang University），在良好的发展成果之下，于 2005 年纳入教育部重点实验室管理体系。IBM 则在 2014 年与浙江大学创新软件研发中心签署了《IBM 联合创新中心学术合作备忘录》，成立联合创新中心，致力于物流、金融、信息化等领域的共同创新。国内企业方面，2017 年，阿里巴巴 - 浙江大学前沿技术联合研究中心（Alibaba - Zhejiang University Joint Research Institute of Frontier Technologies，AZFT）成立，其依托浙江大学雄厚的科研实力和阿里巴巴丰富的生态应用。

AZFT致力于在前沿技术和未来技术上进行研究开发，并将科研成果落地到日常生活中，具体地，包括下一代数据库技术实验室，其面向新型数据库技术和产品应用的需求，结合新型硬件、人工智能、非结构化数据处理等技术的发展，对前沿的自主化软硬结合数据库技术进行研究。下一代数据库技术实验室由浙江大学孙建伶和阿里巴巴李飞飞牵头，实验室导师还包括高云君、陈岭、黄忠东、伍赛和新加坡管理大学的李雨晨。其他的实验室还包括计算机视觉与视频分析实验室，互联网数据挖掘实验室，智能、设计、体验与审美实验室，网络空间安全实验室，物联网实验室等9个实验室。阿里巴巴与浙江大学的良好合作，直接促成了2020年双方进一步深度合作，2020年3月，阿里巴巴和浙江大学在杭州升级战略合作，锚定备受关注的"新基建"，加强数字基础设施建设等各方面合作。阿里巴巴董事会主席兼首席执行官张勇表示，合作3年来，双方是校企合作的典范，期待秉承"天马行空、脚踏实地"传统，共同推动社会进步，具体来看，作为双方科研合作的项目之一，11位阿里巴巴高级技术人过去几年成为浙江大学的兼职博士生导师，招收全日制博士生，未来双方将积极申报全国示范性工程专业学位研究生联合培养基地，筹建"阿里云-浙江大学工程师学院数字技术人才培训中心"，让产学研更好地融合。

其与各级政府、其他高校的合作更是繁不胜数，例如和浙江省工商业联合会、巨化集团、交易所等展开了各个维度的合作，与周边的江苏、上海、江西等地也展开了合作，同时也吸引了远在西南地区的贵州等地。

（4）人才

学院师资力量雄厚，拥有中国工程院院士潘云鹤、邬江兴（双聘院士）、陈纯，中国科学院院士吴朝晖，国家高端人才11人，国家"万人计划"入选者7人，浙江省特级专家3人，教育部长江学者特聘教授4人，国家杰出青年基金获得者8人，国家自然科学基金委创新群体和教育部创新团队各1个，科技部重点领域创新团队2个。

学院对于人才的招揽也是不遗余力的，例如提出的双脑计划、顶尖人才、高端人才的配套吸引措施等。

6.1.5　小　结

（1）中国聚焦粒子群和衍生优化算法，美国聚焦蚁群优化算法

群体智能基础理论中，群体智能优化算法是人工智能的三驾马车之一，其在基础理论中也属于重要的技术内容。美国在蚁群优化算法中投入了更多的力量，而对于衍生优化算法并没有投入较多力量，而我国则在粒子群和衍生优化算法中投入了较大的科研力量，但衍生优化算法的实际应用效用在国际上仍有待确认。

（2）粒子群、蚁群优化算法的双优代表——浙江大学

浙江大学在这两个技术领域中，不论专利数量、质量、技术分布还是研发模式，都在高校中表现突出，技术聚焦且研发模式以合作和团队为主。而一些高校的综合实力稍显欠缺主要表现在申请趋势不够健康，或者技术过于分散等问题上。浙江大学在算法技术领域中的突出，与其思想、资源、人才和体系有关。浙江大学创新性地引入

企业人才为兼职博士生导师（招收全日制学生）、常态化项目课题研究、共同申请国家课题项目等，不断地深化研究深度和合作程度，实现了合作的不断深化和升级，也培育出一大批可以直接产生经济价值的学术与应用复合型人才。

（3）我国高校优化算法的研究需要加强深度

我国高校在优化算法方面，不论基础理论还是衍生算法，都做到了全面覆盖，但是出现了广而散的普遍现象，还存在同一领域重复研究的问题，因此，各高校应该结合学科设置、利用已有优势和资源，聚焦某一技术分支或若干算法，尤其可以针对算法中涉及激励等的技术方向进行研究，深度挖掘其实用性和经济性，在这一聚焦领域中打造更强大的实力。高校专利普遍存在的问题是在群体智能基础理论中，其权利要求特征数多，引用次数少，直接导致专利保护范围小，经济价值走低，而且高校往往把专利论文化，高校应区分专利和论文的作用与目的，强化专利的经济性。对于具体的合作研究、细分领域的专利申请，适当上位化权利要求的撰写，减少公式这类撰写形式，在说明书中可以记载领域下多个具体参数表现的实施例；而对于单一研究模式中，建议在上位化和通用性强的基础理论专利中，可以在说明书中记载多个领域的具体方案，以防客体问题的存在，保留修改的空间。

6.2 面向群体智能的协同与共享技术专题

大规模群体的协同在自然界和人类社会实践中广泛存在，互联网为大规模群体的信息共享与交互提供了一种崭新的技术手段。智能体之间通过任务分配、资源共享、信息聚合的方式，模拟自然界中的大规模群体，协同完成任务成为多智能体系统的一个研究热点。

6.2.1 基本构成

随着互联网的发展，群体活动已经达到前所未有的规模，例如依靠大众协作编辑的维基百科已经成为世界上最大的网络百科全书，大规模群体基于互联网以较低的成本参与协同活动，正在形成一种新型的社会协作模式，释放出前所未有的群体智能。为了避免大规模群体完全松散无序的运作，实现超越个体的群体智能，对规模群体进行高效协作的智能化的调配管理，面向群体智能的协同与共享就成了群体智能的主要关注方向。

目前面向群体智能的协同与共享技术分为4个方向：①群体智能任务的匹配；②群体智能任务的协同推荐；③群体智能资源的开放式共享；④群体智能任务的优化。

群体智能任务的匹配：从个体智能激发的角度，研究参与者个体特征度量模型、复杂群体智能任务的分解与参与者的个性化适配，基于个体行为检测的任务动态调整与优化，建立多智能体的角色模型，基于角色模型的任务动态调整。

群体智能任务的协同推荐：从群体智能释放的角度，研究群体行为模型与协同模型、基于群体特征的群体知识图构建及以此为基础的全局群体智能任务适配与动态调整,例如分布式协同控制、故障检测与诊断、不同智能群体间的合作、向参与者的个性化定向推荐。

群体智能资源的开放式共享:群体间的开放式资源共享会极大地提高群体协作的效率。因此需要研究群体内部与群体外部的共享、群体智能空间与外部环境的联通方法,实现外部资源向群体智能空间的汇聚与外部资源共享;探索互联网的创意与贡献的高效汇聚与融合方法,建立群体智能知识模型,并围绕群体智能任务研究知识迁移方法。

群体智能任务的优化:关于大规模群体行为过程数据的协作状态刻画评估、分析预测及反馈优化,将环境与行为反馈融入群体协同流程,建立群体协作反馈优化模型,提升群体协作效率与质量,实现大规模人类智能与基于海量数据的机器数据的机器智能相结合的智能激发、释放与反馈优化。

6.2.2 技术发展现状

图6-2-1为面向群体智能的协同与共享各技术分支的占比走势,从各技术分支每三年的技术发展趋势可以看出,其中群体智能任务的匹配的占比在2006~2008年出现了拐点,在此之前,该技术分支与群体智能任务的协同推荐、群体智能资源的开放式共享均占有较高的占比,在此之后,该技术分支相比于其他分支呈现大幅度增长,研究热度持续处于高位,群体智能任务的协同推荐占比也逐步增长。这可能是因为群体智能任务的匹配、群体智能资源的开放式共享较多涉及多智能体的应用,随着多智能体如多个机器人协作或无人机群的协作等在物流、军事等领域广泛应用,上述技术分支出现了申请量的持续增加,因此可以预测未来一段时间,上述两个技术分支仍将是研究的热点,建议国内创新主体对该两个技术分支要特别关注。群体智能资源的开

	2000~2002年	2003~2005年	2006~2008年	2009~2011年	2012~2014年	2015~2017年	2018~2020年
群体智能任务的匹配	29.7%	28.8%	26.7%	52.9%	50.2%	48.3%	50.2%
群体智能任务的协同推荐	29.4%	26.3%	29.0%	25.7%	34.0%	34.6%	34.4%
群体智能资源的开放式共享	33.0%	30.0%	31.3%	11.4%	8.4%	10.2%	6.9%
群体智能任务的优化	7.8%	15.0%	13.1%	10.0%	7.4%	7.0%	8.5%

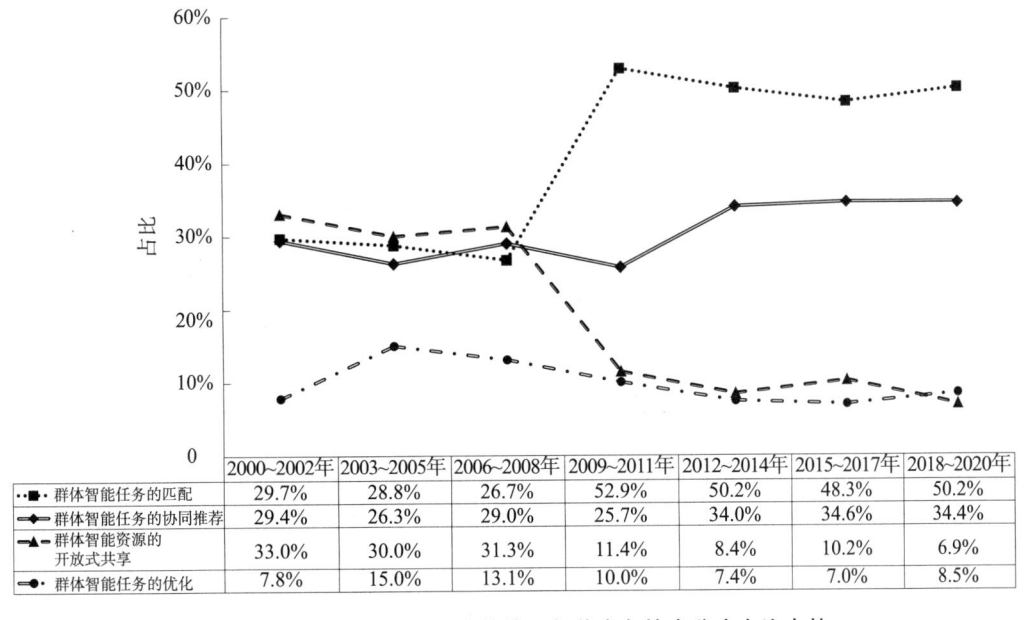

图6-2-1 面向群体智能的协同与共享各技术分支占比走势

放式共享以及群体智能任务的优化方法分别在 2006~2008 年、2003~2005 年达到顶峰，随后均呈现占比的大幅度降低，这可能是因为该技术已经发展得较为成熟，专利布局已经很完善，研究热度呈下降趋势。

6.2.3 全球竞争格局

6.2.3.1 国家/地区竞争格局

在全球互联的新时代，如果创新主体没有海外专利布局，很可能在进军海外市场的过程中遭遇重大阻碍。而海外专利是创新主体全球创新实力的直接体现，历来被行业内视为衡量专利质量的重要参考。面向群体智能的协同与共享技术主要聚焦于如何提高群体协作的效率和质量，实现基于群体智能的复杂任务的高效解决，近几年大规模群体协作在较多领域的应用使得其发展十分迅速。因此创新主体也极为重视海外布局，而对于希望在多个国家/地区就同一个发明专利申请得到保护的专利申请人来说，PCT 申请具有非常大的便利性和灵活性，一般是专利申请人首选的申请方式。因此选取中、美、日、欧、韩也是五局的专利申请，对该技术领域的发展现状进行研究。

图 6-2-2 为面向群体智能的协同与共享技术领域在五局即中、美、日、欧、韩的 PCT 申请分布情况。由图可知，美国前期占据优势，一家独大，但是 2014 年后，随着中国和日本申请量的增加，美国的巅峰时代貌似已经过去。中国申请量在 2016 年达到峰值，此后锐减。日本申请量在 2015 年超越美国，成为 PCT 申请第一大国，由此可知，虽然我国申请人对于 PCT 申请较为重视，但是近期表现出较为薄弱的海外布局意识。

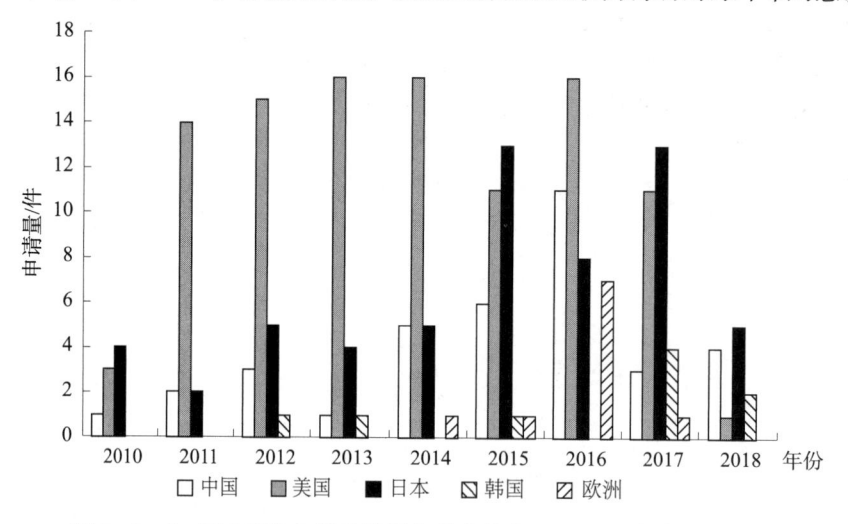

图 6-2-2 面向群体智能的协同与共享技术五局 PCT 申请数量对比

上述分析仅仅是专利申请在数量上呈现的趋势，下面选取专利度、特征度、同族度等作为专利质量指标进行五局 PCT 专利质量分析。其中从图 6-2-3 五局 PCT 申请专利度对比可以看出，中国 PCT 申请专利度仅在 2010 年、2016 年高于美国，其他时期一直居于美国之后，近期与美国 PCT 申请专利度还呈现出较大的差距，这说明我国 PCT 申请的权利要求量并不是较多，这可能是因为我国申请的专利撰写层次不是很丰富。日本专利

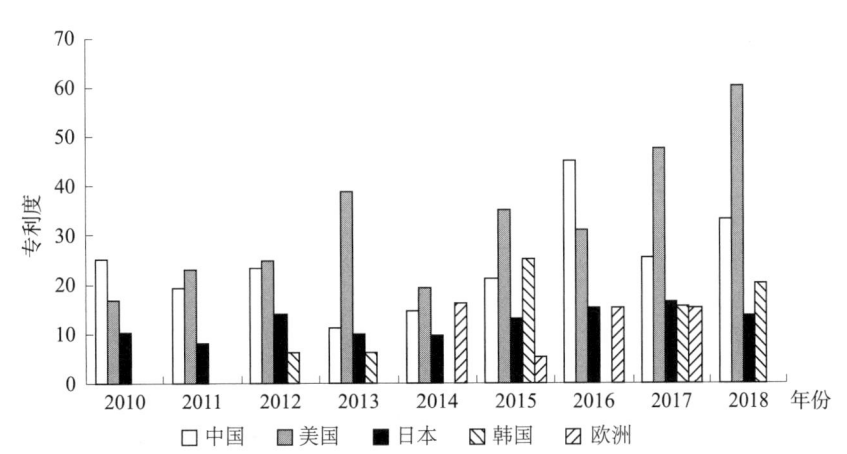

申请的专利度未见较大波动，可能是日本申请人对于专利撰写层次要求并不高。

图 6-2-3 面向群体智能的协同与共享技术五局 PCT 申请专利度对比

从图 6-2-4 五局 PCT 同族度对比可以看出，美国 PCT 申请同族度一直保持着较高的数值，这说明美国拥有很强大的全球扩展能力，而中国 PCT 申请同族度非常低，说明中国申请人海外布局意识薄弱。另外，值得注意的是，PCT 申请的同族数量的意义在于，充分发挥 PCT 途径去往多个国家/地区的便利性，常规意义上计算，即通过常规费用考虑，同族度超过 3 个以上采用 PCT 途径才是最合理的途径，否则还是使用保护工业产权《巴黎公约》点对点进入国外更加节省费用。因此同族度代表该专利对应的背后的商业扩张意图，毕竟只有真正的商业需求才会催生真正的目标地专利申请，这也说明我国创新主体对于 PCT 途径的使用缺乏底层逻辑，应以技术为底层，有技术才有产品，有产品才有市场。

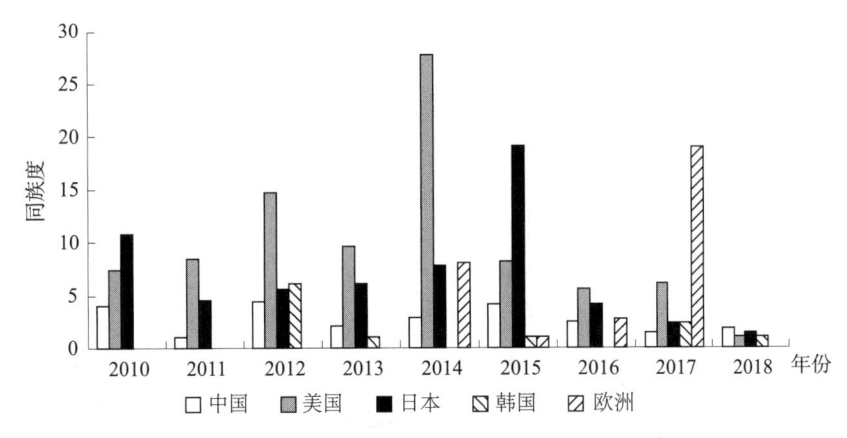

图 6-2-4 面向群体智能的协同与共享技术五局 PCT 申请同族度对比

图 6-2-5 为面向群体智能的协同与共享技术整体质量比较，可以明显看出，中国与美国在专利度、特征度、独权度上质量较高，专利度数值越高，质量越好；独权度数值越高，质量越好；特征度数值越低，质量越好。这表明在整体的 PCT 申请专利

质量上,中国并不是大幅度的落后,但是在同族度上,中国远远低于美国。这再次说明,我国申请人海外意识布局薄弱,PCT途径使用缺乏逻辑。另外,对于生命期指标,中国也低于美国,这说明我国申请人对专利申请保护力度不足。

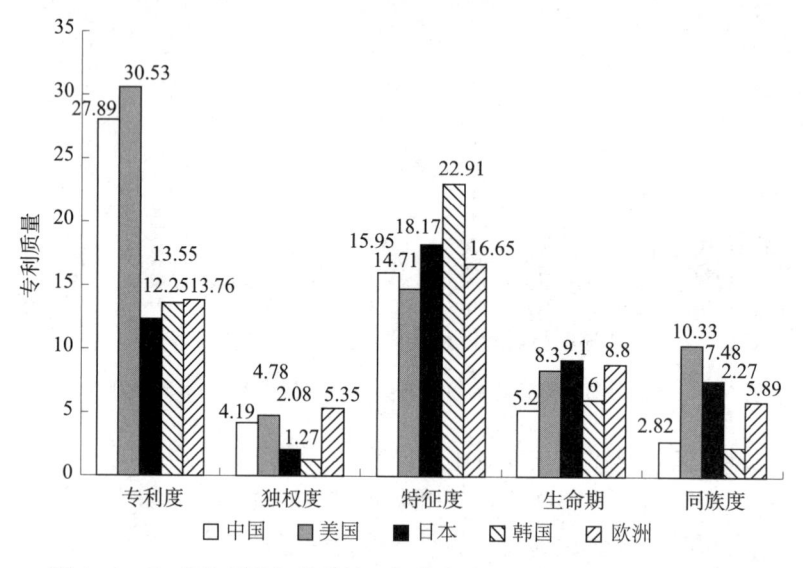

图 6-2-5 面向群体智能的协同与共享技术五局 PCT 专利质量对比

图 6-2-6 为面向群体智能的协同与共享技术五局 PCT 专利授权前后的专利度、特征度对比,可以明显看出,同样作为申请大国的美国、中国,其专利申请的专利度与授权专利度分别位居第一和倒数第一。与其专利申请的专利度相比,授权专利度均变小,但是美国专利度数值变化为 1.87,中国专利度数值变化为 1.39,这说明同为申请大国,美国专利在申请和授权时保护范围均远高于我国,同时也说明我国可能在专

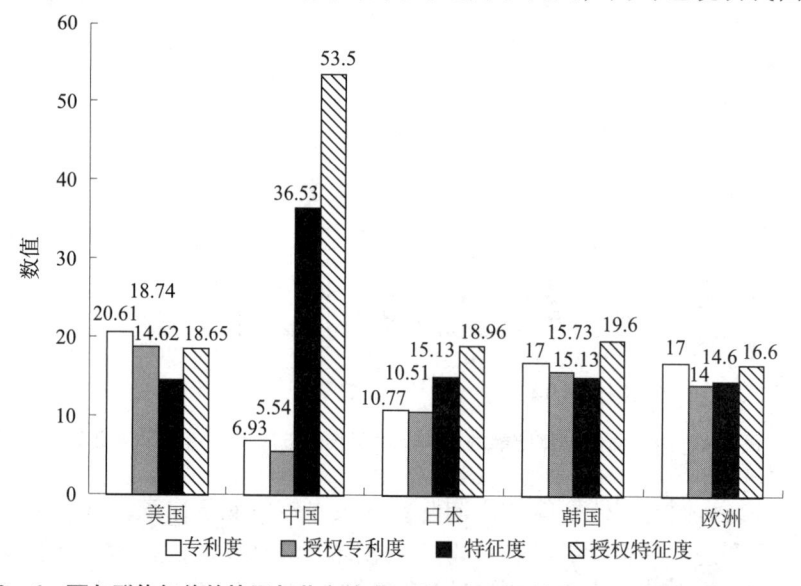

图 6-2-6 面向群体智能的协同与共享技术五局 PCT 专利授权前后的专利度、特征度对比

利撰写能力如撰写层次上也有所欠缺。中国专利申请授权前后的特征度数值均远高于其他四局，其他四局上述数值均保持在 20 以下，这也反映了我国专利质量欠佳，撰写不够精炼，最终保护范围较小。

6.2.3.2 申请人竞争格局

图 6-2-7 所示，面向群体智能的协同与共享技术领域中在全球申请量排名前 20 的申请人当中，中国占了 12 位，但是其中企业仅 2 家，其余全部为高校和科研院所。国外申请人占了 8 位，全部为企业。美国占 5 家，技术较为集中，以 IBM、微软等企业为主。中美创新主体类型存在较大差异。

申请人	申请量/项
IBM	587
微软	202
北京航空航天大学	168
西北工业大学	126
谷歌	124
南京航空航天大学	121
中国科学院	117
国家电网	104
发那科	94
北京理工大学	90
清华大学	87
波音	84
中国航天科技集团	83
安川	79
英特尔	78
合肥工业大学	71
国防科技大学	70
浙江大学	67
南京邮电大学	66
丰田	61

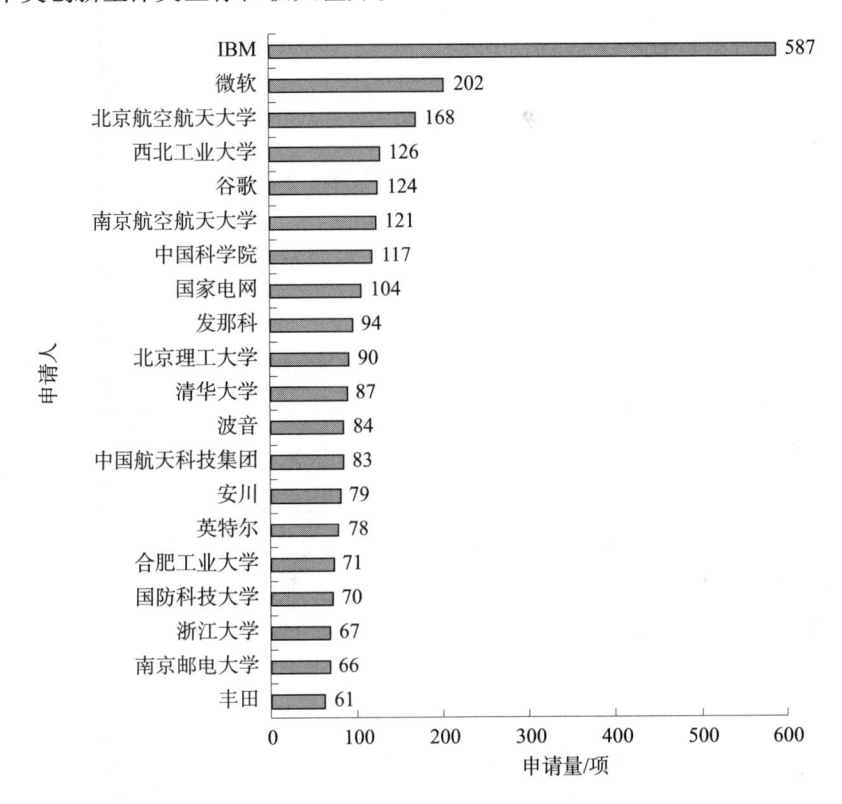

图 6-2-7 面向群体智能的协同与共享技术全球主要申请人排名

为了进一步了解各创新主体，统计了该领域全球申请量排名前 16 的申请人的技术布局情况，如图 6-2-8 所示。可以看出，国外申请人中除了发那科、安川，中国申请人中除了国防科技大学外，其他申请人在四个技术分支均有布局。IBM 在四个分支中申请量均占据第一，且国外申请人重点关注的技术分支均是群体智能任务的匹配，这说明该技术属于研究热点，我国申请人在该技术分支布局比重也较大。另外，我国申请人显然也重视在群体智能任务的协同推荐技术分支中的布局，上述两个技术分支均为该领域的热点。而对于群体智能资源的开放式共享技术分支，国外申请人布局力度较大，国内申请人虽然均有涉及，但是明显布局力度不足，可能是因为该技术领域已经发展较为成熟，难以形成较大的突破。

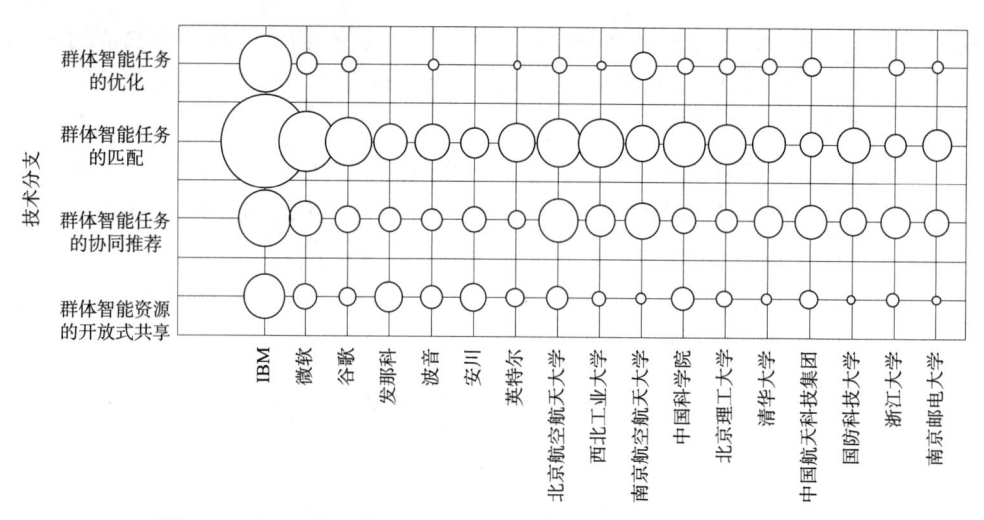

图 6-2-8 面向群体智能的协同与共享技术重要申请人技术分布

注：图中气泡大小表示申请量多少。

6.2.4 中美专利比较

专利态势数据显示出了中美两国已经是全球最重要的竞争主体，从产业政策方面来看，中美也进入了以竞争为主导的新时期。白宫 2017 年发布《国家安全战略报告》，将中国定义为"竞争对手"，2018 年 11 月份美国商务部将 14 项关键前沿技术进行出口管制，2020 年 1 月限制人工智能软件出口中国，涉及调度、博弈、识别、图像理解等多个面向群体智能协同与共享技术，并将中国多家企业与高校列入"实体名单"，由此可见，美国在群体智能领域与中国已进入全面竞争的阶段。课题组以协同与共享技术分支作为一个切入口，进行一个中美对比的专题分析，参见图 6-2-9。

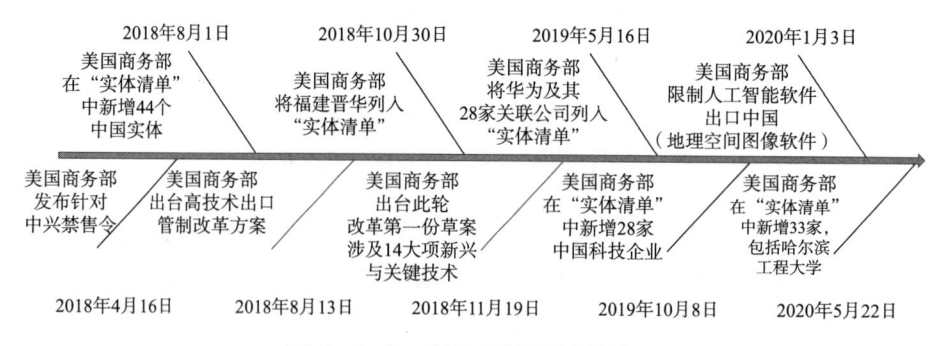

图 6-2-9 美国对华管制政策梳理

6.2.4.1 中美主要申请人技术发展路线

在全球排名前 20 的申请人中，IBM 的申请量最大，国内申请人中，北京航空航天大学和西北工业大学的申请量较高，因此，课题组选取了 IBM、北京航空航天大学和西北工业大学为代表，对中美主要申请人技术发展路线进行分析，参见图 6-2-10 至图 6-2-12。

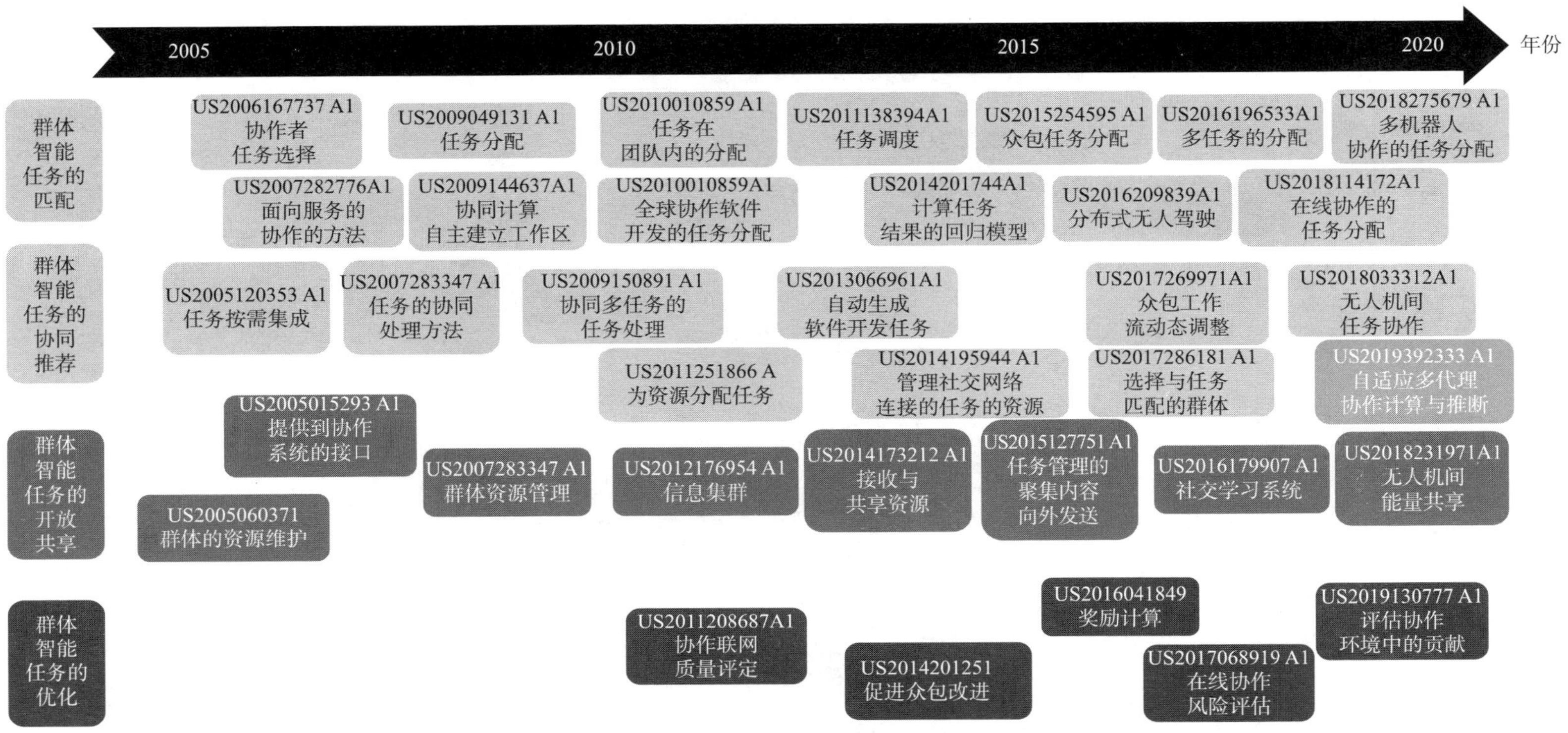

图 6-2-10 IBM 面向群体智能的协同与共享技术发展路线

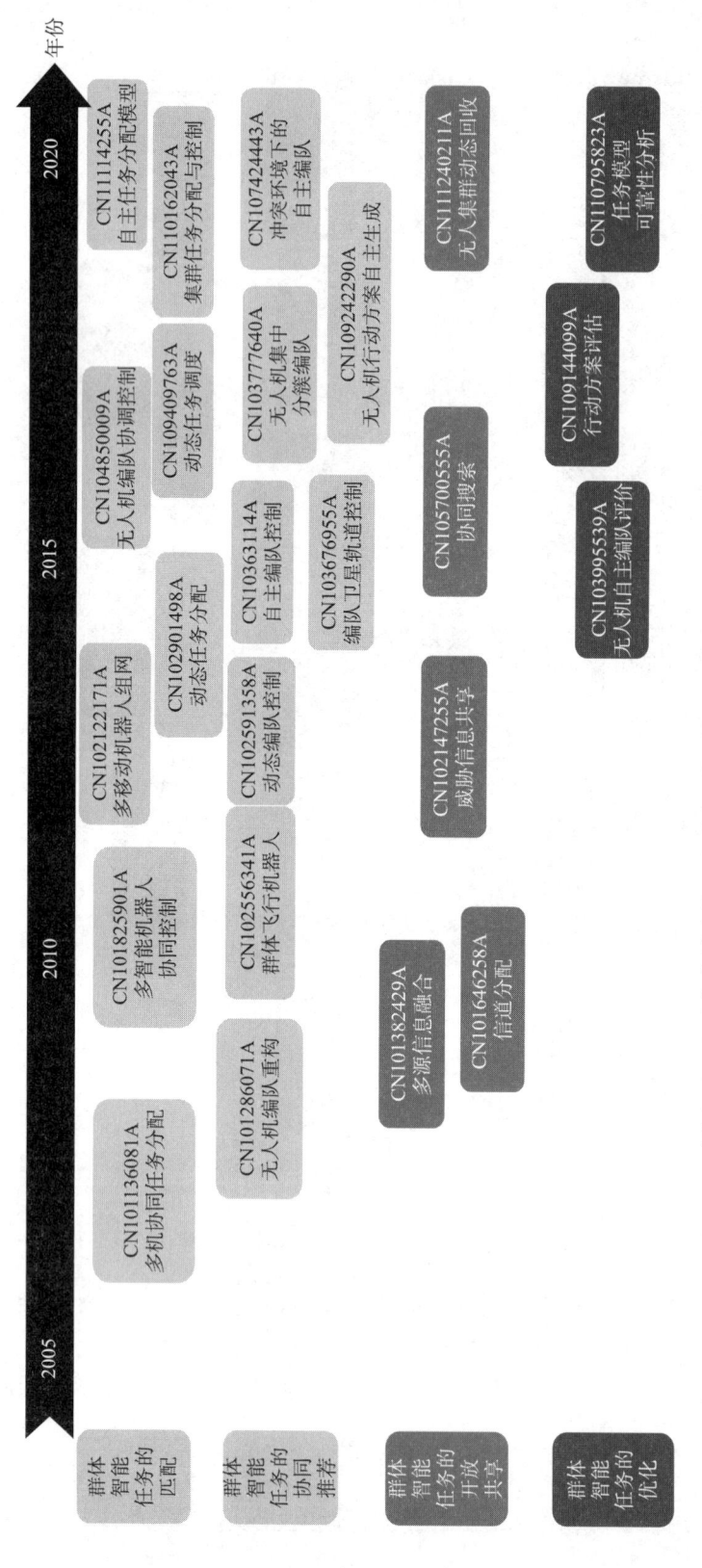

图 6-2-11 北京航空航天大学面向群体智能的协同与共享技术发展路线

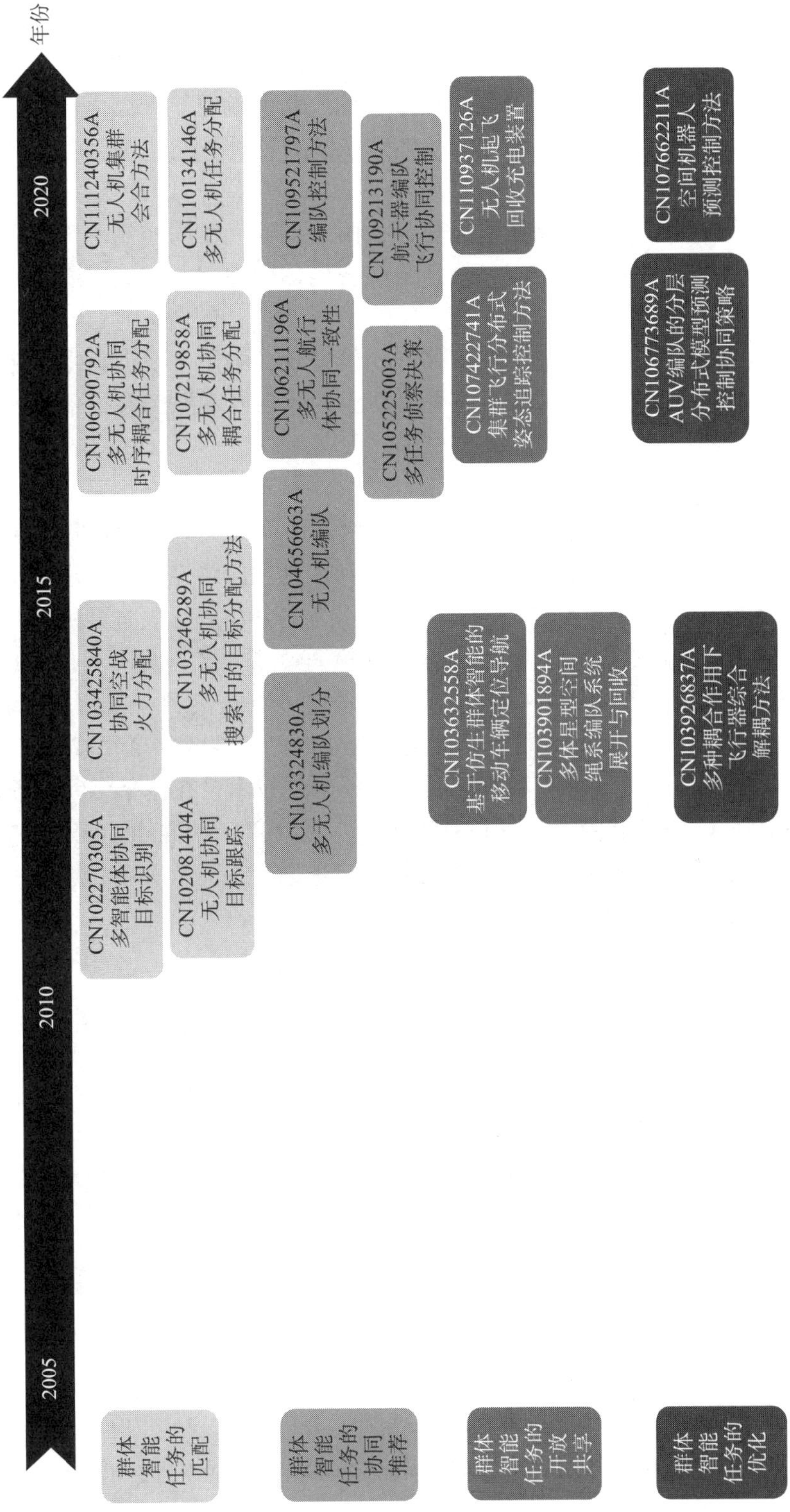

第6章 重点技术分支

图6-2-12 西北工业大学面向群体智能的协同与共享技术发展路线

从 IBM 的技术发展路线可以看到,其侧重于群体智能任务的匹配、协同推荐两个技术分支,具体涉及在线协同以及众包任务的分配与优化,在全球范围内起步较早,布局全面。

从北京航空航天大学的技术发展路线可以看到,北京航空航天大学侧重于群体智能任务的匹配、协同推荐两个技术分支,具体涉及多智能体的自主编队与编队重构及目标搜索,在国内技术起步较早。

从西北工业大学的技术发展路线可以看到,西北工业大学同样侧重于群体智能任务的匹配、协同推荐两个技术分支,具体涉及多智能体的追踪与搜索,起步晚于北京航空航天大学。

通过对中、美主要申请人的技术发展路线比较发现,中国主要创新主体热点跟踪较好,覆盖全面,基本没有缺位,与美国主要创新主体在专利布局、技术未来发展方向均已形成竞争局面。

6.2.4.2 中美专利技术布局分析

为了进一步明晰中美技术竞争格局,对中美两国协同与共享技术进行了关联性分析,如图6-2-13所示,在中国申请的专利中,利用神经网络专利质量模型选取质量占前10%的约500件专利作为攻方,以美国专利作为守方,进行攻防分析。在群体智能任务的匹配领域,中国有312件专利与美国存在竞争关系,有6件专利技术属于中国原创技术;在群体智能任务的协同推荐领域,有68件专利与美国存在竞争关系,有3件专利技术属于中国原创技术;在群体智能资源为中心的开放式共享领域,有19件专利与美国存在竞争关系,有1件专利技术属于中国原创技术;在基于多元反馈的群体协作优化领域,有11件专利与美国存在竞争关系。经计算,在群体智能任务的匹配,群体智能任务的协同推荐领域有90%的专利技术与美国存在竞争关系,这进一步证明了中美两国在协同与推荐领域竞争激烈。

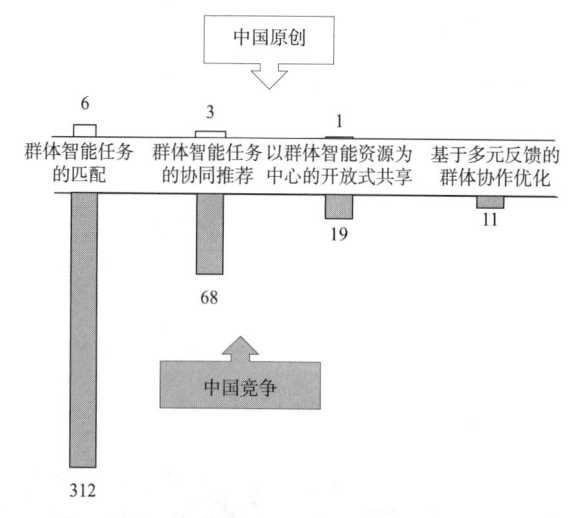

图6-2-13 协同与共享技术各领域中国与美国存在竞争关系的专利数量

注:图中数字表示申请量,单位为件。

如图6-2-14所示，根据与美国存在竞争关系的专利数量对中国申请人进行排名，发现中国拥有关联技术的前十申请人中，有4位，即北京航空航天大学、哈尔滨工业大学、西北工业大学和国防科技大学已经被美国列入"实体清单"，面临着美国的全面技术封锁，未来发展必须以自主创新为主。

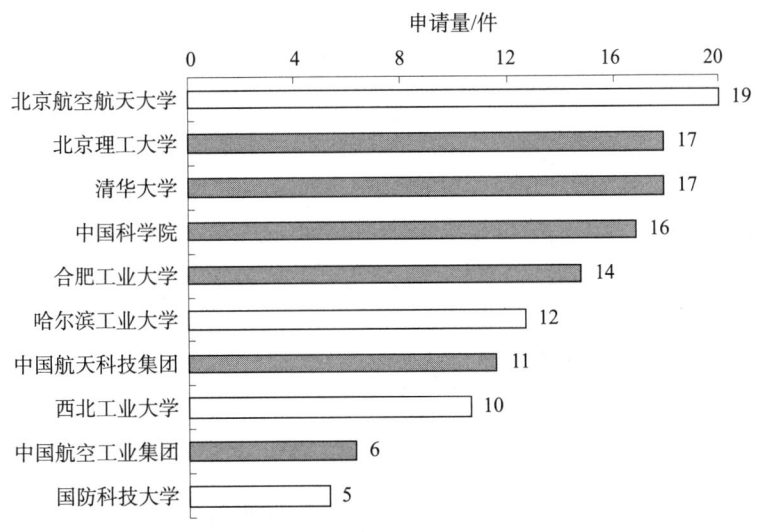

图6-2-14 与美国具有技术相关性的专利申请人排名

注：白色柱条表示被列入"实体清单"的创新主体。

为了进一步对比中美的技术布局，课题组选择了具有最多技术关联专利的群体智能任务的匹配分支进行了功效分析，构建了功效矩阵，通过功效矩阵（图6-2-15，见文前彩色插图第4页）进行了分析发现，在基于算法的任务调整方面是中美两国的研究热点，在研发投入上，中国更多，中国的研发投入力度增加和技术崛起使美国全方面对中国进行技术封锁。在智能体通信方面，中美两国均有投入，美国在这个领域更具优势，中国在该领域覆盖较少，存在技术薄弱点，例如在提供灵活性、提高效率和提高稳定性这三个技术点上。

为了进一步确定上述三个技术点是美国在早期积累起来的申请量，还是现在持续跟进进行申请的技术点，对上述三个技术点上的美国专利进行了申请趋势分析，分析结果参见图6-2-16，可以看到，美国在这三个技术点持续布局，这表明中国需要在这三个技术点上跟进。

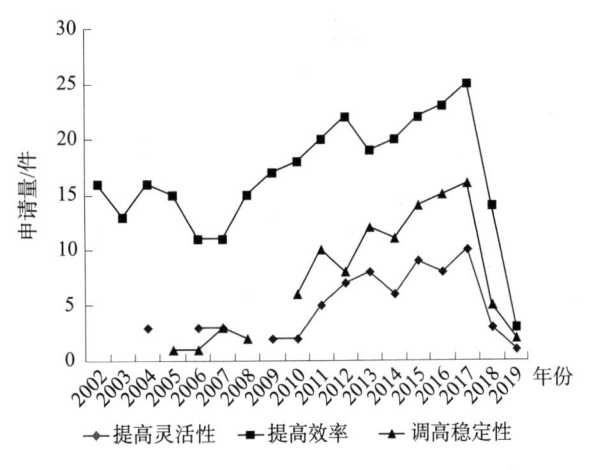

图6-2-16 美国在群智任务的匹配领域的优势技术点专利申请趋势

在跟进方式上，首先，通过课题组开发的重点专利筛选模型选出重要专利，在该薄弱点中的热门技术周边展开技术布局。具体的重点专利可参见表6-2-1。

表6-2-1 中国技术薄弱点相关的美国重点专利

公开/公告号	申请人	技术主题	重要程度
US7885844B1	亚马逊	促进任务请求者与任务执行者之间的交互的技术	5星
US2005114854A1	微软	用于由联网计算机协同执行分布式任务的系统和方法	4星
US2009319608A1	微软	一种自动化的以任务为中心的协作技术	4星
US2013024866A1	IBM	一种分布式处理系统中的拓扑映射	4星
US2013066938A1	IBM	在包括多个计算节点和多个任务的混合分布式处理系统上执行集合操作的方法	3星
US2008244610A1	IBM	用于管理按需业务过程的升级的资源分配技术	3星
US2011112992A1	富士施乐	一种计算机分派任务系统，基于情境数据和任务数据确定是否存在任务履行的机会	2星
US2017131727A1	麻省理工学院	用于在任务期间在自主运行的多个UAV之间动态分配任务的机制，而无须主动参与任务的UAV之间的组通信	2星

其次，可以通过攻防分析，发现美国之外的与中国的技术薄弱点相关的专利。在分析中发现，相关专利中日本的专利申请较多，并且对群体分析任务的匹配领域的日本申请量和授权量趋势进行分析，从图6-2-17中可以发现，2014年之后该分支日本的专利申请量和授权量都呈现出下降趋势，因此，建议重点关注相关技术中日本的专利，具体可参见表6-2-2。

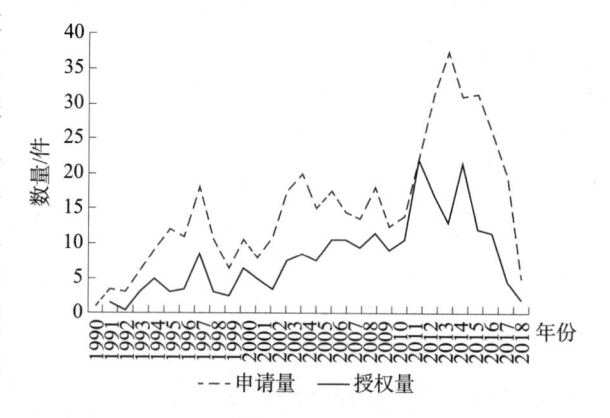

图6-2-17 日本在群体分析任务的匹配领域的专利申请量与授权量趋势

表 6-2-2　建议收储的日本相关专利

公开/公告号	申请人
JP2018503160A	NEC
JP2018022488A	NEC
JP2016504983A	大福株式会社
JP2014078254A	德国福维克控股
JP2012002419A	Ihi Aerospace

针对中国和美国都有所投入的研发热点，课题组发现，中国申请人具有较好的以专利簇的形式进行专利布局的意识，例如，北京航空航天大学以基于蚁群智能的无人作战飞机多机协同任务分配方法（CN101136081A）作为基础专利，随后通过对于蚁群算法的改进等在该基础专利的周边进行了多点布局，如基于Voronoi图和蚁群优化算法的无人机航路规划方法（CN101122974A）、一种空战决策的粒子群优化方法（CN101908097A）等，参见图6-2-18。

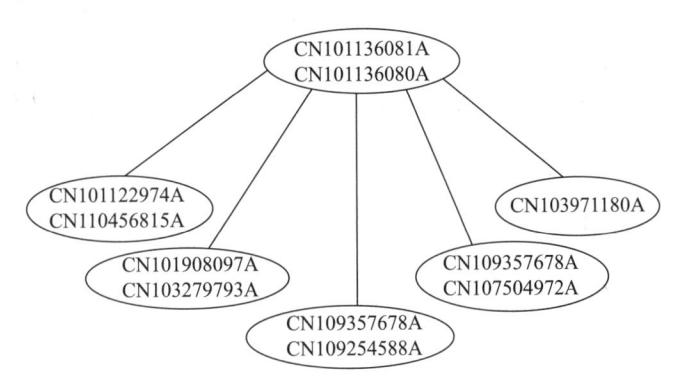

图 6-2-18　北京航空航天大学以专利簇形式进行专利布局

针对中美在该技术热点的重点专利的维持年限和同族度进行分析，分析结果可参见图6-2-19，可见中国相关专利的维持年限和同族度都不及美国专利。同时，美国部分专利存在维持年限高，同族度也高的专利。但是中国的专利无论维持年限如何，同族度均较差，建议申请人对认为重要的专利，即维持年限较长的专利，在其周围展开技术布局时，也要考虑进行PCT申请，以在更广的地域进行布局。

6.2.4.3　中美专利价值分析

中美两国的专利在技术上存在高关联性，那么在价值上又如何呢？课题组继续选取基于神经网络专利质量模型筛选出的前10%的约500件中国专利，以及以引用度排序的相应数量的美国专利，以创造力和追随度制作专利的价值图谱。其中创造力是指在该专利的申请日之后的技术与该专利的相似度与在该专利申请日之前的技术与该专利的相似度之差，差值越大，表明该专利之后申请的相关专利借鉴该专利技术越多，该专利的技术贡献越大。追随度是指在该专利申请的申请日之后的技术与该专利申请

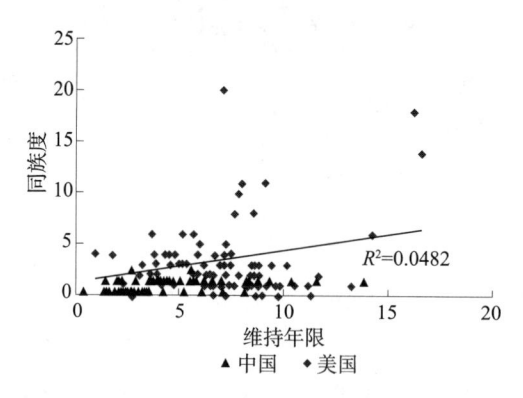

图 6-2-19　中美在群体智能任务的匹配领域
重要专利的维持年限与同族度分析

的相似度及相似的数量,如果在后申请的数量越大,相关度越高,表明该专利被追随的程度越高,实用性相对较高。

从图 6-2-20 中美重要专利价值图谱中可见,整体而言,中国、美国重要专利整体价值分布相似,中国专利的创造力相对弱一些,但专利追随度较好。对这些引用度较高的专利中进行了转让、授权等转化行为的专利进行了统计,从图 6-2-21 可见,中国虽然在数量上稍有逊色,但总体而言,双方都具有较好的专利转化意识,这表明中国重要专利的质量整体也达到与美国可抗衡的水平。

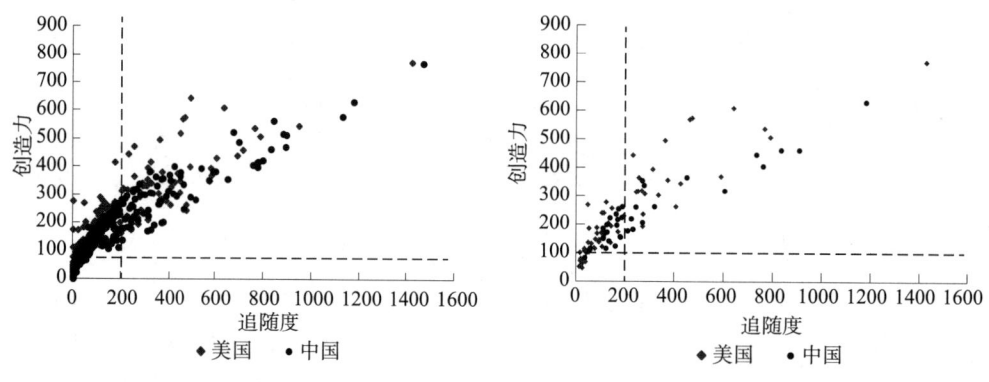

图 6-2-20　中美重要专利价值图谱　　　图 6-2-21　中美重要专利中进行了运营的专利价值图谱

6.2.4.4　中美专利技术典型应用分析

如图 6-2-22 所示,通过对面向群体智能的协同与共享技术从应用层面进行分类,发现其应用涉及无人机群、机器人群、航天器、智慧交通等众多领域,其中应用最为广泛的是无人机群和机器人群,这两个应用关系到国防安全、工业制造等关系国计民生的重要领域。

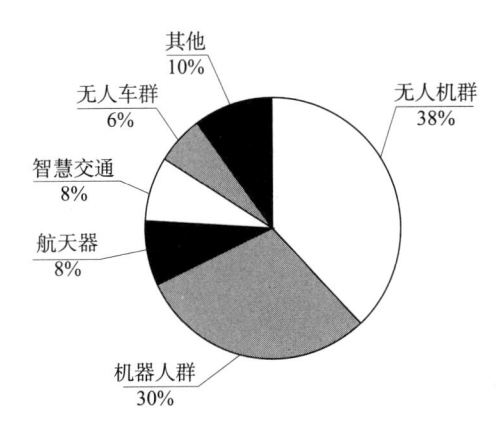

图 6-2-22 面向群体智能的协同与
共享技术应用领域分布

美国在无人机群方面展开了较多的研究，先后开展了"小精灵"项目、"拒止环境协同作战"项目（CODE）等多个项目。因此，课题组针对面向群体智能的协同与共享技术的典型应用无人机群的技术分布展开研究。具体参见表 6-2-3。

表 6-2-3 美国无人机群项目

项目名称	研究内容
"小精灵"项目	无人机发射与回收
无人飞行器集群空中战役研究计划	引导多无人机对目标进行攻击
"拒止环境协同作战"项目	无人机集群在拒止环境下协作
无人机有效载荷项目（山鹑）	有人机释放山鹑微型无人机群
低成本无人机集群技术项目（LOCUST）	无人机连续发射
蝉微型无人机项目	蝉微型无人机
"快速轻量自主"项目（FLA）	无人机没有外部数据链引导下自主运行
"集群使能攻击战术"项目（OFFSET）	无人机快速生成集群战术

如图 6-2-23（见文前彩色插图第 5 页）所示，对中美无人机群的相关专利技术进行了功效分析，经分析发现，弹射起飞、空中发射和回收均是中国与美国的研究重点。相对于美国而言，中国在撞线回收和气囊着陆方面仍存在技术空白点，中国对空中发射和提高定位精度、对接稳定性方面研究也较少。

6.2.5 国内研发现状分析

中国面向群体智能的协同与共享技术领域蓬勃发展，与美国形成抗衡局面。为了了解国内的整体技术研发分布，看创新主体之间是否存在重复劳动等问题，对国内申请量第一的北京航空航天大学的专利进行了攻防分析。从表 6-2-4 中可以看到，北京航空航天大学的主要竞争对手都集中在高校，如西北工业大学、南京航空航天大学等，从相关程度分析结果来看，有些专利技术的相似度甚至达到了97%以上，这表明国内高校和科研院所存在研究内容重叠的现象。

表6-2-4 北京航空航天大学主要竞争对手

创新主体	相关专利数量/件
西北工业大学	70
南京航空航天大学	69
北京理工大学	56
中国航天科技集团	54
哈尔滨工业大学	51
哈尔滨工程大学	48
国防科技大学	40
中国科学院	35
西安电子科技大学	31
中国航空工业集团	27

为了解决这一问题，我们对研究较为热门的群体智能任务的匹配和群体智能任务的协同推荐两个技术分支中主要高校的创新度进行了分析。高校的研究具有传承性，因此历年专利申请具有相似性，但是相似度较高，就表明专利的创新性较差，而相似度过低，就表明技术的传承性较差。相关度在75%~85%的专利是兼具创新性和传承性的专利，课题组对主要高校每三年的专利与前三年的专利相关度位于75%~85%的专利数量占该三年专利数量的百分比随时间的变化作图，得到了主要高校的创新度曲线。从图6-2-24 群体智能任务的匹配领域主要高校创新度分析、图6-2-25 群体智能任务的协同推荐领域主要高校创新度分析结果可知，北京航空航

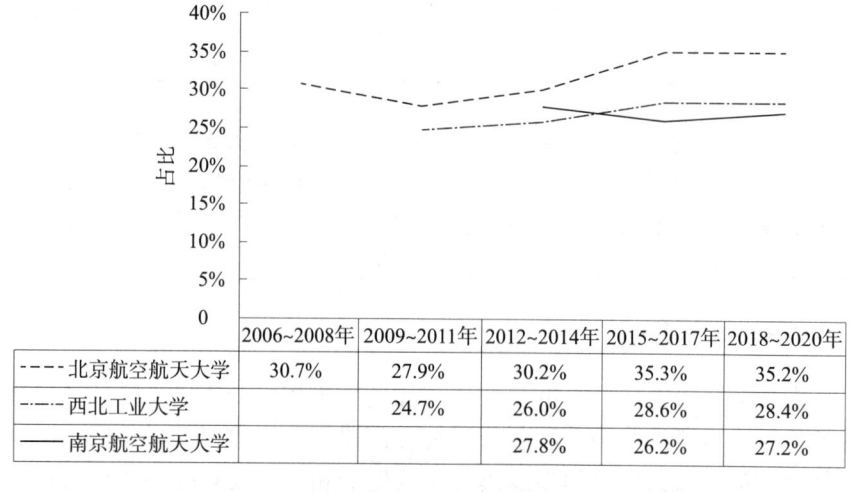

	2006~2008年	2009~2011年	2012~2014年	2015~2017年	2018~2020年
北京航空航天大学	30.7%	27.9%	30.2%	35.3%	35.2%
西北工业大学		24.7%	26.0%	28.6%	28.4%
南京航空航天大学			27.8%	26.2%	27.2%

图6-2-24 群体智能任务的匹配领域主要高校创新度

大学在群体智能任务的匹配技术分支上的创新度最高，而在群体智能任务的协同推荐方面，西北工业大学的创新度度较高，因此，可以整合国内资源，形成北京航空航天大学以群体智能任务的匹配为主要研究方向，西北工业大学以群体智能任务的协同推荐为主要研究方向的联合研究模式。

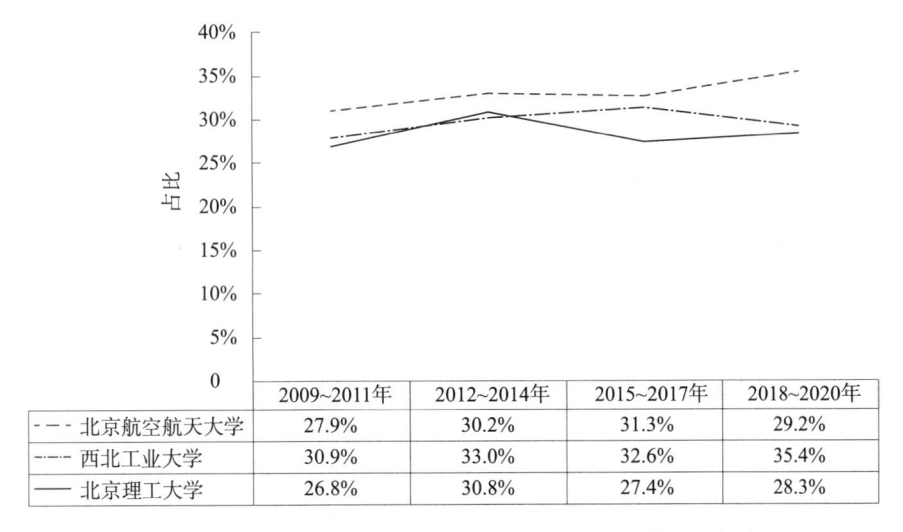

	2009~2011年	2012~2014年	2015~2017年	2018~2020年
北京航空航天大学	27.9%	30.2%	31.3%	29.2%
西北工业大学	30.9%	33.0%	32.6%	35.4%
北京理工大学	26.8%	30.8%	27.4%	28.3%

图 6-2-25　群体智能任务的协同推荐领域主要高校创新度

6.2.6　小　　结

根据对群体智能的协同与共享技术的深入分析，课题组发现以下现状与问题：

（1）中美专利技术相关性强，并且无论是专利数量、专利质量还是专利的运营意识，中国均基本与美国持平，呈现出中美抗衡的局面。

（2）中国高校和科研院所存在研究内容重叠现象。

（3）中国在技术上以专利簇形式布局意识强，但是重要专利的维持年限和区域布局意识差。

针对上述问题，课题组建议采取以下措施：

（1）紧跟中国技术薄弱点中的热门技术，在美国相关技术周边展开布局；也可以收储其他国家相关专利。

（2）在国内形成北京航空航天大学以群体智能任务的匹配为主要研究方向，西北工业大学以群体智能任务的协同推荐为主要研究方向的互通模式。

（3）在重要专利周围展开技术布局时，考虑在更广的国家/地区范围内进行布局。

6.3　主动感知与发现技术分支

6.3.1　技术概述

在人-机-物一体的互联网、物联网开放复杂巨系统中，由于群体中每个个体所处环境和状态存在差异，有效实现个体的多层次感知即主动感知与发现技术是充分获取互联网群体行为数据的关键环节，为基于互联网的群体智能提供必需的支撑技术，是融合群体智慧以优化系统资源配置和服务的关键。实现多源低质异构数据的融合挖掘方法，分析挖掘群体交互特征和规律，建立任务驱动的需求发现与激励机制，支持群体智能高效和安全协同，形成全方位多角度的互联网群体感知能力。

主动感知与发现技术的主要应用场景包括智慧建筑、智慧交通、智慧城市、互联网用户行为感知以及移动群体智能感知等诸多方面。

6.3.2 专利申请分支热点分析

从技术分解的角度来看，主动感知和发现可分为：复杂环境下群体行为信息的多层次感知方法、复杂感知任务中鲁棒群体智能信息感知技术、多层次任务适配和激励机制、移动群体智能感知与社群群体智能感知融合增强方法这四个四级技术分支。

针对每一四级分支，以3年为一个单位，课题组统计了2000~2020年各技术分支在主动感知与发现这一整体三级分支中的申请量占比情况，如图6-3-1所示。可以看出，复杂感知任务中鲁棒群体智能信息感知技术这一四级分支在历年中的占比都是最高的，但呈现随时间下降的趋势，表明这一技术分支技术日渐成熟，研究热度降低。其他三个四级分支占比相对较少，多层次任务适配和激励机制这一四级分支历年占比比较稳定，复杂环境下群体行为信息的多层次感知方法和移动群体智能感知与社群群体智能感知融合增强方法的占比均呈现比较明显的增长趋势，且复杂环境下群体行为信息的多层次感知方法这一四级分支的比例更高，说明其可能成为未来研发的热点。

	2000~2002年	2003~2005年	2006~2008年	2009~2011年	2012~2014年	2015~2017年	2018~2020年
复杂环境下群体行为信息的多层次感知方法	15.11%	18.01%	20.07%	23.11%	23.03%	25.31%	28.71%
复杂感知任务中鲁棒群体智能信息感知技术	58.27%	53.42%	43.81%	40.15%	42.47%	41.10%	35.70%
多层次任务适配和激励机制	20.14%	18.01%	21.07%	18.18%	16.52%	13.01%	17.17%
移动群体智能感知与社群群体智能感知融合增强方法	6.47%	10.56%	15.05%	18.56%	17.98%	20.58%	15.42%

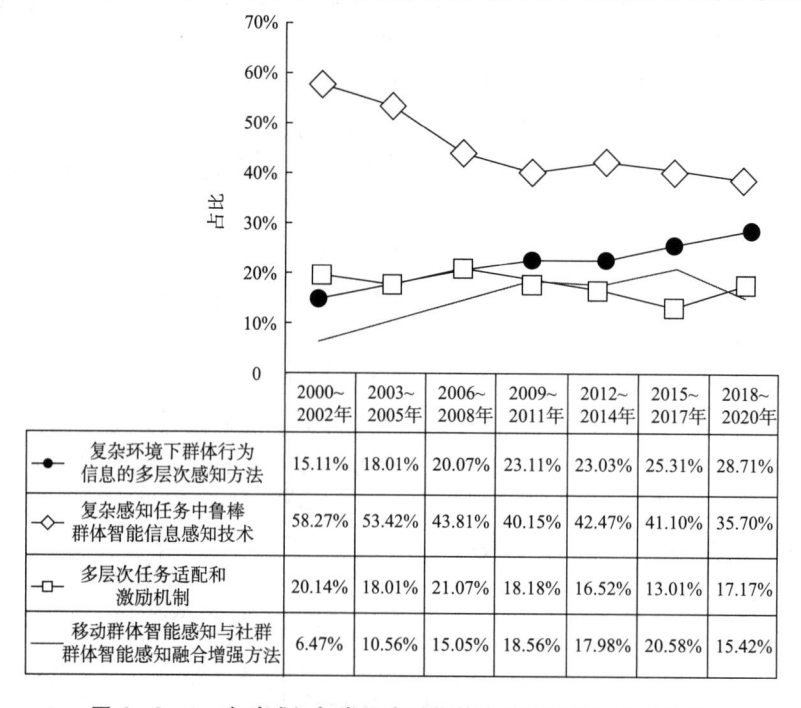

图6-3-1 主动感知与发现中四级技术分支申请量占比情况

6.3.3 全球主要申请人及技术路线

从图4-2-3中群体智能主动感知与发现全球主要申请人排名来看，美国有2位申请人进入了前20，分别是IBM和微软，其中IBM的申请量排名第一。中国申请人占据了其余的18席，其中仅包含2家企业：国家电网和中国南方电网，其他重要申请人均为高校和科研院所，很多国内的知名企业都没有上榜。由此可见，中国对主动感知与发现技术的研究主要集中在高校和科研院所，技术转化的难度比较大，比较靠前的企业主要是电网相关的技术，并不涉及核心技术。

从图4-2-7中群体智能主动感知与发现全球主要申请人申请量区域分布来看，IBM和微软在主要国家/地区进行了广泛的布局，而中国申请人只有国家电网、中国科学院和个别高校提交了少量的PCT申请，以及在国外进行了零星的布局，相比而言，中国申请人的海外布局意识与美国申请人相比还有很大差距。

从上述对申请人的分析可见，中国重点申请人的数量虽然高于美国，但将申请人排名、申请量和区域分布情况结合来看，美国尤其是美国企业的科研实力不容小觑。特别是IBM，无论是申请量还是布局情况，表现都很亮眼。

既然IBM在主动感知与发现这一技术分支中表现亮眼，那么课题组有必要深入分析IBM的专利布局策略。图6-3-2是对IBM在主动感知与发现这一技术分支下的专利申请进行人工标引后形成的技术路线。可以看到，在复杂环境下群体行为信息的多层次感知、复杂感知任务中鲁棒群体智能信息感知这两个四级分支中，IBM均进行了大量的布局，且涉及智慧建筑、无线传感器网、互联网行为感知、智能交通等诸多应用场景；其在移动群体智能感知与社群群体智能感知融合增强这一四级分支也有一些布局，应用场景侧重交通场景与移动应用；而在多层次任务适配和激励机制这一四级分支下的布局较少。总体而言，IBM侧重在各种不同应用场景如智能建筑、智能交通、无线传感网以及移动终端感知等方面的应用，且在复杂环境下群体行为信息的多层次感知这一四级分支中布局较多，说明IBM非常重视这一四级分支的研究与布局，这与课题组之前对四级分支的占比进行统计得到的研究热点是一致的。

与此相对比，中国申请人在主动感知与发现这一技术分支下的布局策略是怎样的呢？课题组首先选取了重点申请人中排名靠前的中国科学院，分析得到它的技术路线并将其技术发展情况与IBM进行了对比分析。从图6-3-3可以看出，中国科学院同样侧重在各种不同应用场景下，如无线传感器网、智能交通、物联网以及机器人、无人驾驶等移动终端感知的应用，这些应用场景与IBM存在较多重合，但时间比IBM稍有滞后。此外，其在群体行为感知方面相比IBM涉及较少，与IBM一样未涉及多层次任务适配和激励机制的布局。

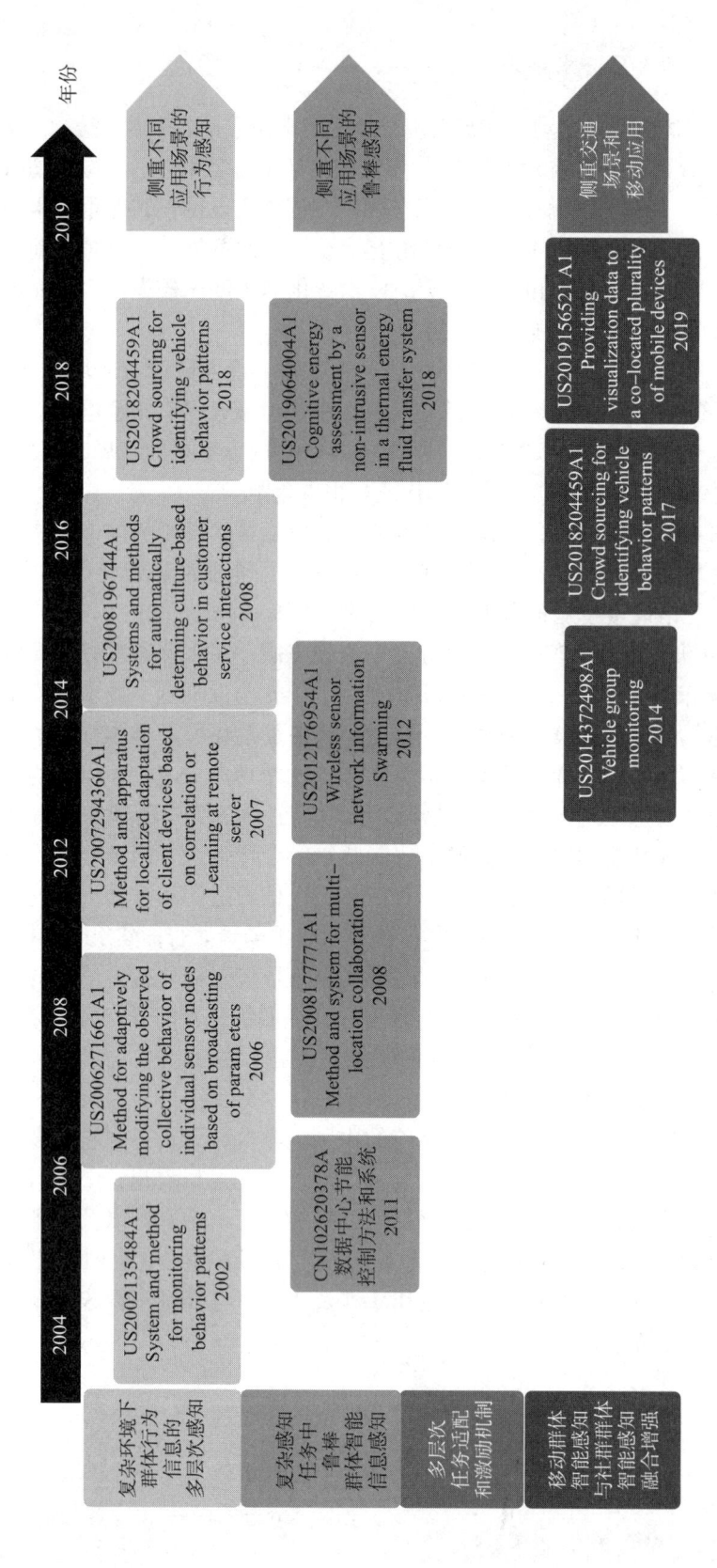

图 6-3-2 IBM 主动感知与发现技术分支的技术路线

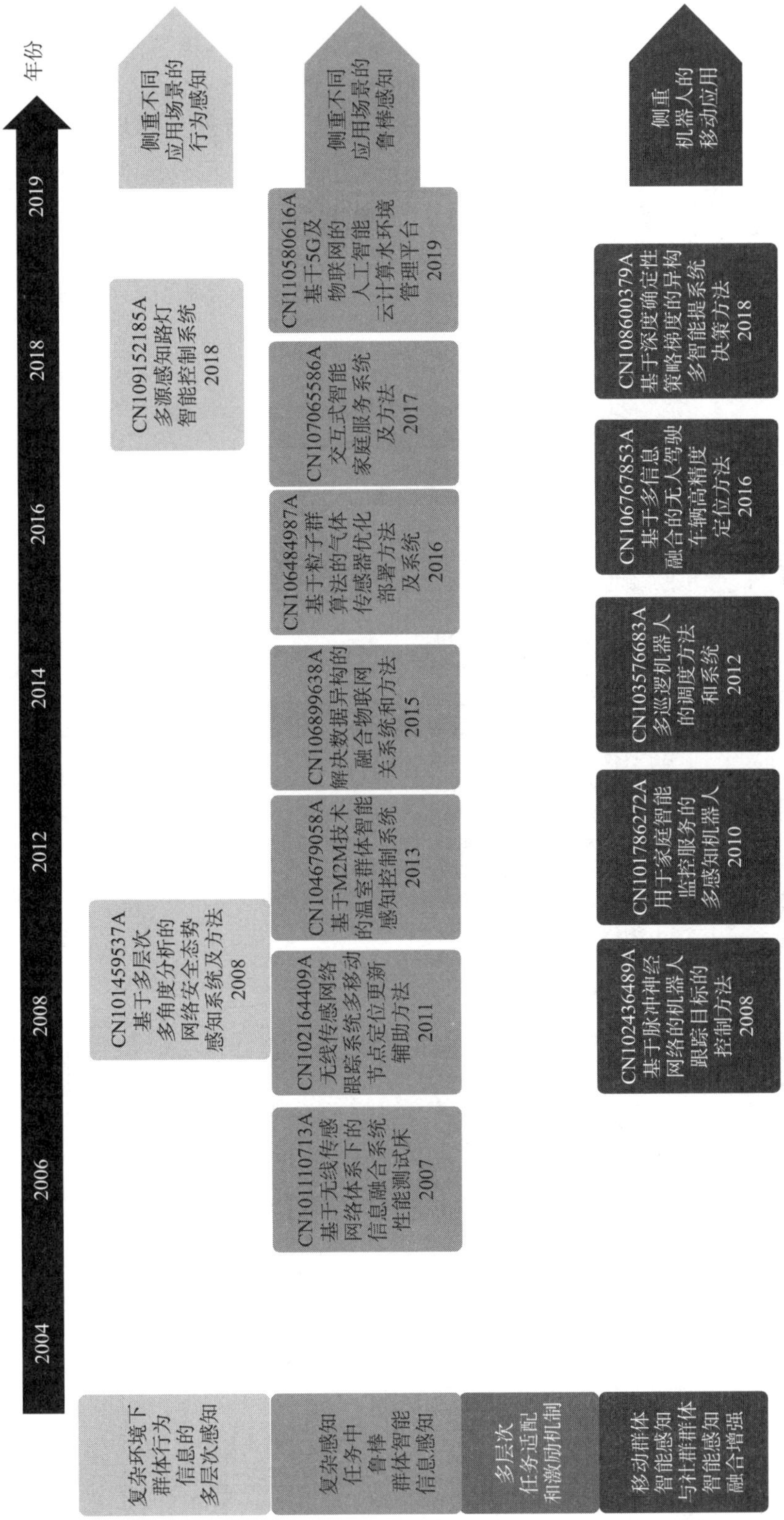

第6章 重点技术分支

图 6-3-3 中国科学院主动感知与发现技术分支的技术路线

中国企业在这一技术分支下的研发热度相比国内大学和科研院所普遍偏低，从图6-3-4中国重点申请人来看，除国家电网和中国南方电网排名在前20以外，排名比较靠前的中国企业分别是华为、浪潮、中国航空工业集团和中兴。我们选取华为作为研究对象，分析得到它的技术路线。从图6-3-5可以看出，华为的专利布局主要集中在无线传感器网络相关技术，少量涉及任务协作处理、用户终端使用行为感知与分析和自动驾驶车辆与移动机器人，在各个四级分支下的布局都比较少和分散，即使在技术相对集中的无线传感器网络方面也没有形成核心的竞争力，专利布局的时间比较滞后，与IBM比较全面且比较早的专利布局相比明显处于弱势。

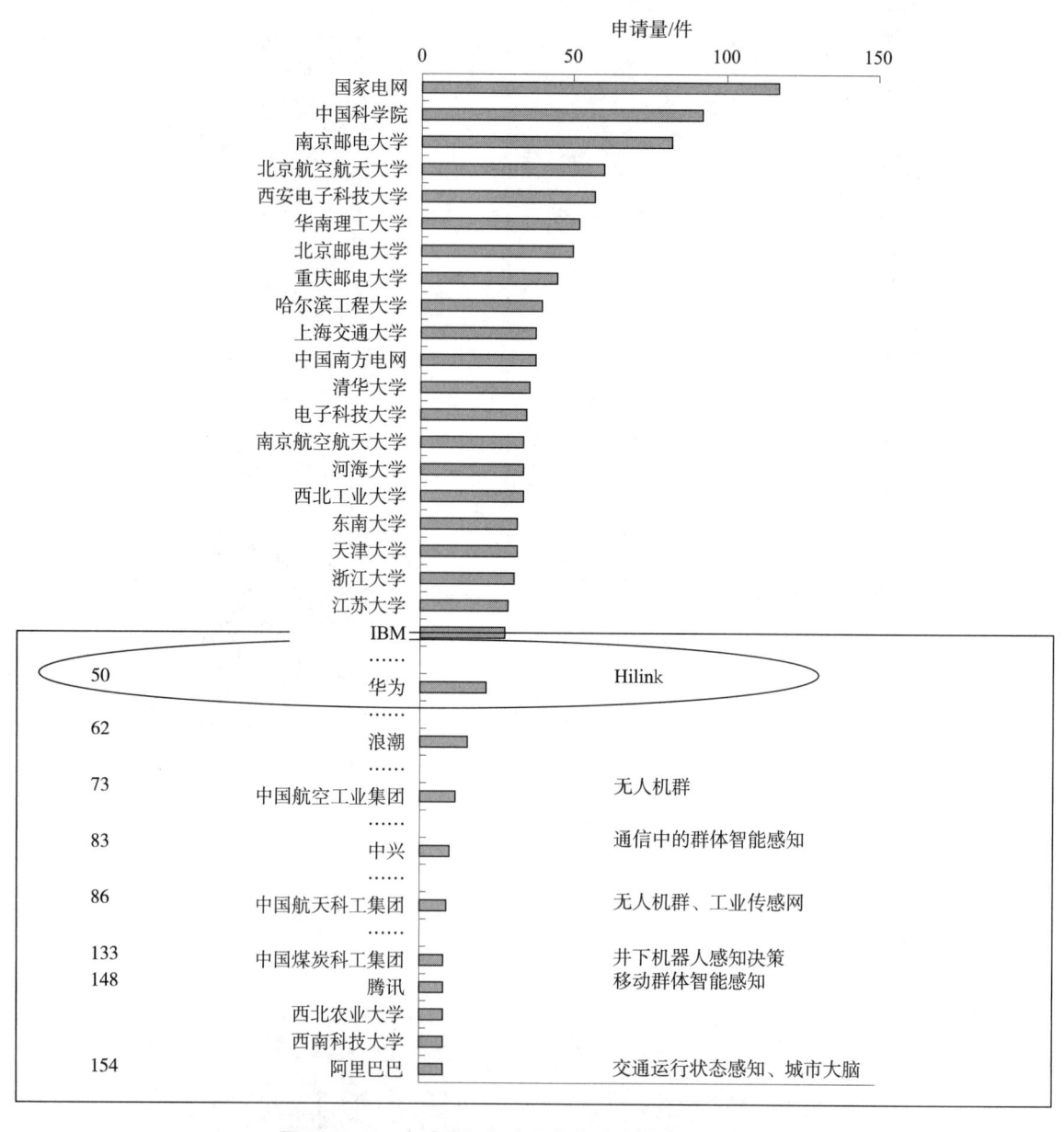

排名	申请人	技术关键词
	国家电网	
	中国科学院	
	南京邮电大学	
	北京航空航天大学	
	西安电子科技大学	
	华南理工大学	
	北京邮电大学	
	重庆邮电大学	
	哈尔滨工程大学	
	上海交通大学	
	中国南方电网	
	清华大学	
	电子科技大学	
	南京航空航天大学	
	河海大学	
	西北工业大学	
	东南大学	
	天津大学	
	浙江大学	
	江苏大学	
	IBM	
50	华为	Hilink
62		
73	浪潮	
83	中国航空工业集团	无人机群
86	中兴	通信中的群体智能感知
133	中国航天科工集团	无人机群、工业传感网
148	中国煤炭科工集团	井下机器人感知决策
	腾讯	移动群体智能感知
	西北农业大学	
	西南科技大学	
154	阿里巴巴	交通运行状态感知、城市大脑

图6-3-4 主动感知与发现技术分支中国重点申请人

第 6 章 重点技术分支

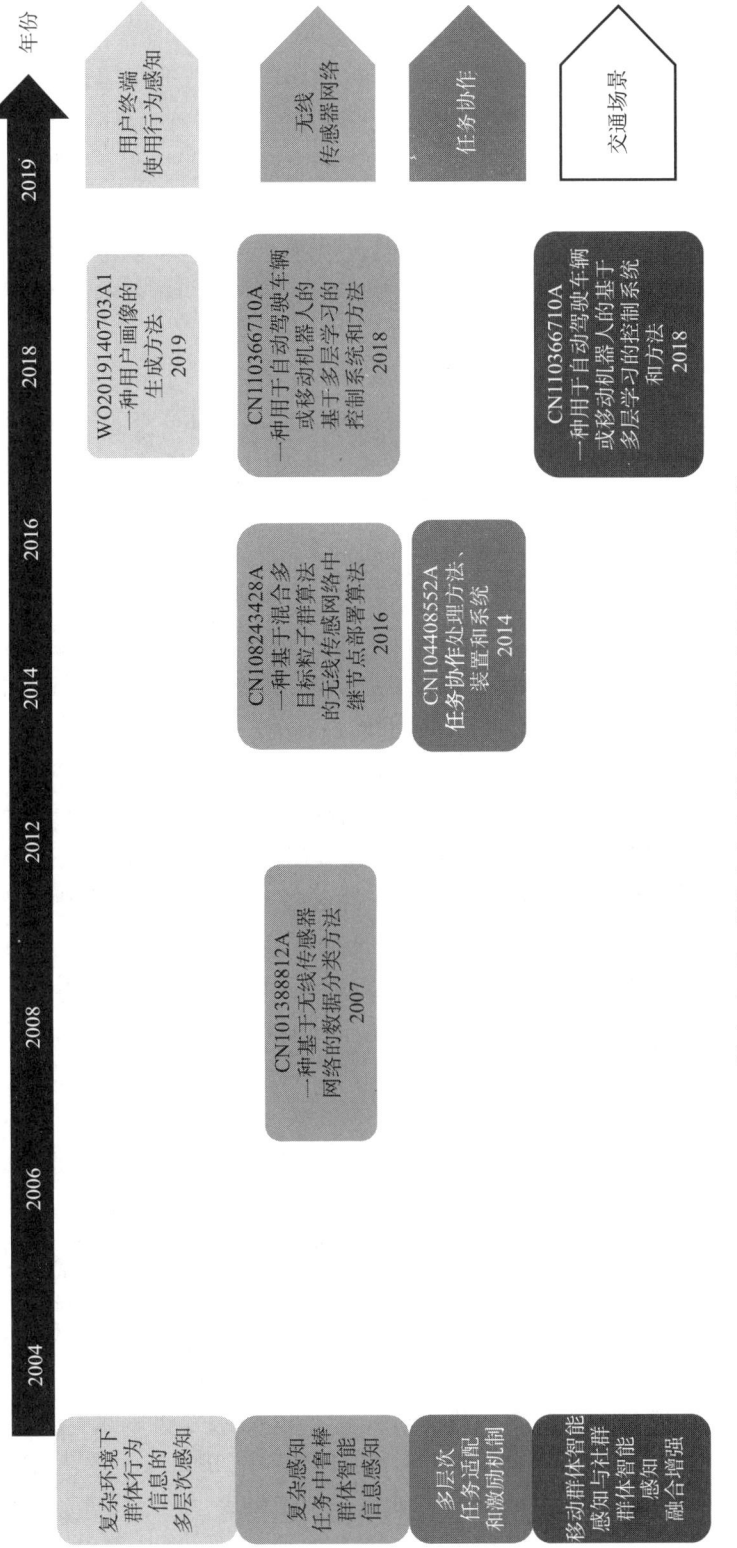

图 6-3-5 华为在主动感知与发现技术分支的技术路线

6.3.4 联盟对抗策略的研究

从上面对中美企业专利布局的对比可以看出,以 IBM 为首的美国企业,专利申请量较大,在主要国家/地区布局也很广泛,且其专利在各个技术分支的布局也比较全面,布局时间较早。而中国企业中除了电网企业,其他企业的申请量较少,专利布局和实力与美国企业相比处于弱势。结合全球重点申请人与中国重点申请人中高校与科研院所比较多,申请量比较大,专利布局比较全面的现状,中国企业是否可以考虑依托高校与科研院所,与之结成技术联盟,通过共同技术研发或者专利购买与转让等方式,提高技术水平。

6.3.4.1 联盟对抗中的候选联盟筛选

如何从众多的申请人中选出潜在的联盟对象呢?以对抗 IBM 为例,潜在的联盟对象应该是与 IBM 的专利形成竞争关系,或者技术上与 IBM 专利技术相关且时间靠前的申请人。

从专利竞争的角度分析,可以选择攻防分析的方式。以 IBM 主动感知与发现技术分支的全球专利作为攻方,以除 IBM 以外的该分支其他专利作为防方进行攻防分析,再将攻防分析结果中处于领先或竞争中的其他专利按照标准申请人进行分组,找出其中排名靠前的中国申请人作为潜在联盟对象。在领先专利中,华为属于比较靠前的申请人。在竞争专利中,中国科学院和华为属于比较靠前的申请人。因此,将华为、中国科学院作为候选联盟对象。

在技术的相关性方面,通过专利引用文献追踪的方式,找出需要对抗对象的专利的引用文献并追踪其申请人。具体来说,首先导出 IBM 主动感知与发现分支所有专利文献,然后获取其所有文本引用专利,并将这些专利导入分类器中按照标准申请人分组,找出其中的中国的申请人,再进一步根据技术相关性筛选出部分申请人。图 6-3-6 中列出了 IBM 专利引用文献数量比较靠前(前 20)的标准申请人,而后续技术相关性更高的申请人是对前 20 位申请人进行具体专利技术分析和人工选择后得出的,并非直接从图中得出。

6.3.4.2 联盟对抗的效果对比与分析

在通过上述两种方式确定的五个联盟候选中,华为是其中唯一的企业,上海交通大学、中国科学院、吉林大学、南京邮电大学分别为高校和科研院所。华为适合作为主动结盟的一方,分别与其他四个候选高校和科研院所组成两方、三方、四方、五方联盟的各种组合方式,分别评价其联盟效果以选出其中最适合的联盟方式。

枚举华为与其他四个候选高校和科研院所的所有组合方式,并选择攻防分析的方式评价联盟的效果。具体来说,将 IBM 该技术分支的所有专利作为攻方,将候选联盟组合的所有专利作为防方展开攻防分析,可以得到以下的分析结果。表 6-3-1、表 6-3-2、表 6-3-3、表 6-3-4 和表 6-3-5 分别是 IBM 与一方、两方、三方、四方、五方联盟的各种组合方式的攻防分析数据,其中领先、滞后、原创这三栏分别示出了 IBM 或联盟方领先、滞后、原创的专利数量及领先率、滞后率以及原创率。此

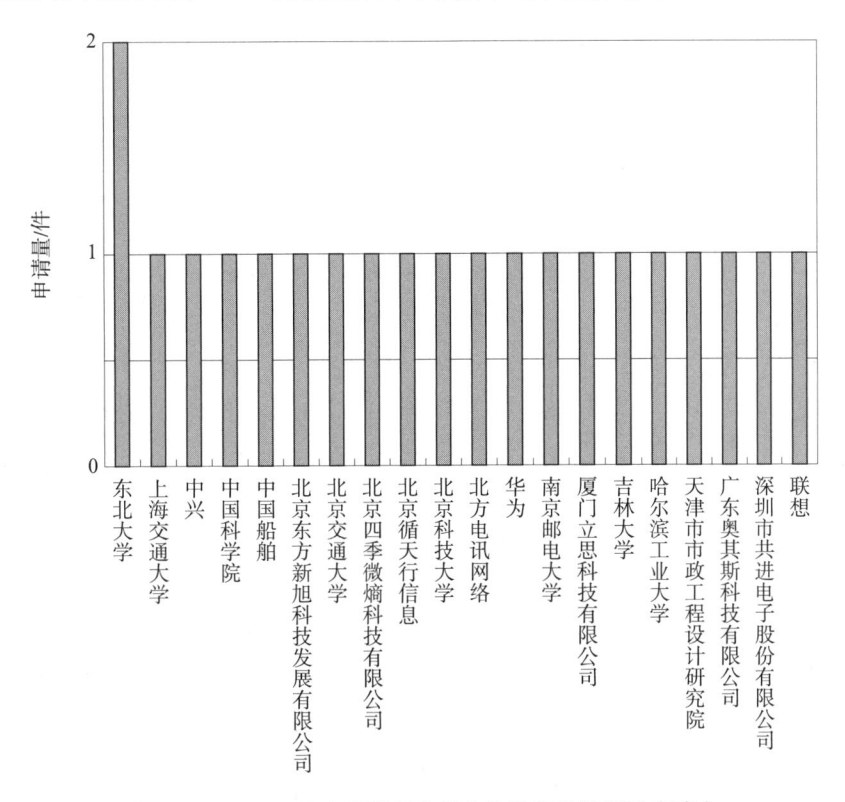

外，上述各表中还示出了 IBM 或联盟方的专利度、特征度数据。

图 6-3-6 IBM 专利引用文献中比较靠前的标准申请人

在攻防对抗中，竞争专利数量是攻防双方构成竞争关系即二者语义相似度匹配超出阈值的专利集合中的专利数量，领先专利数量是这些专利集合中时间处于领先的专利数量，滞后专利数量是该集合中时间处于滞后的专利数量，而原创专利数量则是企业原创专利即时间上处于绝对领先的专利数量。由此得到的领先率、滞后率和原创率是评价攻防双方专利实力的三个重要指标，分别对应企业领先专利数量、企业滞后专利数量以及原创专利数量与竞争专利数量的比值。因此，综合考虑这三个指标可以通过式 6-3-1 计算专利实力得分 E，其中联盟的领先率、原创率相比 IBM 越高，滞后率相比 IBM 越低，专利实力得分 E 越高。

$$E = (领先率_{联盟} - 领先率_{IBM}) + (滞后率_{IBM} - 滞后率_{联盟}) + (原创率_{联盟} - 原创率_{IBM})$$

$$(6-3-1)$$

进一步根据专利实力得分由高到低进行排序可以得到各候选联盟组合的得分排名。由于专利度（专利权利要求个数）和特征度（专利主权利要求技术特征词个数）是比较重要的专利质量衡量指标，因此，在专利实力得分排名基础上兼顾考虑候选联盟组合专利集的专利度均值和特征度均值。

表6-3-1 IBM与联盟各方中任一方的攻防分析结果

	指标	IBM vs 华为		IBM vs 上海交通大学		IBM vs 中国科学院		IBM vs 南京邮电大学		IBM vs 吉林大学	
		IBM	华为	IBM	上海交通大学	IBM	中国科学院	IBM	南京邮电大学	IBM	吉林大学
领先	领先专利数量/件	55	13	15	5	24	15	19	14	5	1
	领先率	0.75343	0.92857	0.48387	0.55556	0.6	0.53571	0.73077	0.5	1	0.25
	专利度	990	324	292	38	426	106	360	69	83	7
	专利度均值	18	24.92308	19.46667	7.6	17.75	7.06667	18.94737	4.92857	16.6	7
	特征度	793	203	260	201	414	568	343	609	98	107
	特征度均值	14.41818	15.61539	17.33333	40.2	17.25	37.86667	18.05263	43.5	19.6	107
滞后	滞后专利数量/件	25	13	20	6	23	23	15	22	1	4
	滞后率	0.34247	0.92857	0.64516	0.66667	0.575	0.82143	0.57692	0.78571	0.2	1
	专利度	506	344	337	61	429	202	302	105	20	24
	专利度均值	20.24	26.46154	16.85	10.16667	18.65217	8.78261	20.13333	4.77273	20	6
	特征度	364	195	335	181	366	817	266	771	10	388
	特征度均值	14.56	15	16.75	30.16667	15.91304	35.52174	17.73333	35.04546	10	97
原创	原创专利数量/件	48	1	11	3	17	5	11	6	4	0
	原创率	0.65753	0.07143	0.35484	0.33333	0.425	0.17857	0.42308	0.21429	0.8	0
	专利度	844	18	213	19	310	30	202	23	63	0
	专利度均值	17.58333	18	19.36364	6.33333	18.23529	6	18.36364	3.83333	15.75	0
	特征度	702	25	194	142	294	240	170	321	88	0
	特征度均值	14.625	25	17.63636	47.33333	17.29412	48	15.45455	53.5	22	0
	竞争-T	73	14	31	9	40	28	26	28	5	4

表6-3-2 IBM与联盟各方中任两方的攻防分析结果

	指标	IBM vs 华为 + 上海交通大学 IBM	IBM vs 华为 + 上海交通大学 华为+上海交通大学	IBM vs 华为 + 吉林大学 IBM	IBM vs 华为 + 吉林大学 华为+吉林大学	IBM vs 华为 + 中国科学院 IBM	IBM vs 华为 + 中国科学院 华为+中国科学院	IBM vs 华为 + 南京邮电大学 IBM	IBM vs 华为 + 南京邮电大学 华为+南京邮电大学
领先	领先专利数量/件	63	18	58	14	69	30	66	27
	领先率	0.74118	0.78261	0.77333	0.77778	0.77528	0.66667	0.825	0.64286
	专利度	1140	362	1050	331	1236	454	1193	393
	专利度均值	18.09524	20.11111	18.10345	23.64286	17.91304	15.13333	18.07576	14.55556
	特征度	937	404	838	310	1025	760	998	812
	特征度均值	14.87302	22.44444	14.44828	22.14286	14.85507	25.33333	15.12121	30.07407
滞后	滞后专利数量/件	40	19	26	17	42	38	33	35
	滞后率	0.47059	0.82609	0.34667	0.94444	0.47191	0.84444	0.4125	0.83333
	专利度	730	405	526	368	807	561	658	449
	专利度均值	18.25	21.31579	20.23077	21.64706	19.21429	14.76316	19.93939	12.82857
	特征度	616	376	374	583	635	1096	513	966
	特征度均值	15.4	19.78947	14.38462	34.29412	15.11905	28.84211	15.54546	27.6
原创	原创专利数量/件	45	4	49	1	47	7	47	7
	原创率	0.52941	0.173913	0.65333	0.05556	0.52809	0.15556	0.58750	0.16667
	专利度	799	37	864	18	820	67	816	41
	专利度均值	17.75556	9.25	17.63265	18	17.44681	9.57143	17.36170	5.85714
	特征度	660	167	724	25	690	191	677	346
	特征度均值	14.66667	41.75	14.77551	25	14.68085	27.28571	14.40426	49.42857
	竞争	85	23	75	18	89	45	80	42

表6-3-3 IBM与联盟各方中任三方的攻防分析结果

	指标	IBM vs 华为+ 上海交通大学+ 吉林大学		IBM vs 华为+ 中国科学院+ 上海交通大学		IBM vs 华为+ 吉林大学+ 中国科学院		IBM vs 华为+ 上海交通大学+ 南京邮电大学		IBM vs 华为+ 中国科学院+ 南京邮电大学	
		IBM	华为+上海交通大学+吉林大学	IBM	华为+中国科学院+上海交通大学	IBM	华为+吉林大学+中国科学院	IBM	华为+上海交通大学+南京邮电大学	IBM	华为+中国科学院+南京邮电大学
领先	领先专利数量/件	64	19	71	33	70	30	68	32	72	40
	领先率	0.74419	0.70370	0.77174	0.66	0.78652	0.625	0.78161	0.62745	0.8	0.57971
	专利度	1160	369	1273	477	1256	455	1230	431	1308	493
	专利度均值	18.125	19.42105	17.92958	14.45455	17.94286	15.16667	18.08824	13.46875	18.16667	12.32500
	特征度	947	511	1054	907	1035	854	1027	1013	1079	1237
	特征度均值	14.79688	26.89474	14.84507	27.48485	14.78571	28.46667	15.10294	31.65625	14.98611	30.92500
滞后	滞后专利数量/件	41	23	51	42	42	41	45	41	44	59
	滞后率	0.47674	0.85185	0.55435	0.84	0.47191	0.85417	0.51724	0.80392	0.48889	0.85507
	专利度	750	429	952	601	807	575	816	510	828	656
	专利度均值	18.29268	18.65217	18.66667	14.30952	19.21429	14.02439	18.13333	12.43902	18.81818	11.11864
	特征度	626	764	761	1225	635	1463	710	1147	696	1846
	特征度均值	15.26829	33.21739	14.92157	29.16667	15.11905	35.68293	15.77778	27.97561	15.81818	31.28814
原创	原创专利数量/件	45	4	41	8	47	7	42	10	46	10
	原创率	0.52326	0.14815	0.44565	0.16	0.52809	0.14583	0.48276	0.19608	0.51111	0.14493
	专利度	799	37	723	71	820	67	753	60	824	65
	专利度均值	17.75556	9.25	17.63415	8.875	17.44681	9.57143	17.92857	6	17.91304	6.5
	特征度	660	167	590	279	690	191	582	488	633	401
	特征度均值	14.66667	41.75	14.39024	34.875	14.68085	27.28571	13.85714	48.8	13.76087	40.1
竞争		86	27	92	50	89	48	87	51	90	69

表6-3-4　IBM与联盟各方中任四方的攻防分析结果

指标		IBM vs 华为+上海交通大学+吉林大学+中国科学院		IBM vs 华为+上海交通大学+吉林大学+南京邮电大学	
		IBM	华为+上海交通大学+吉林大学+中国科学院	IBM	华为+上海交通大学+吉林大学+南京邮电大学
领先	领先专利数量/件	72	34	69	33
	领先率	0.78261	0.62963	0.78409	0.6
	专利度	1293	484	1250	438
	专利度均值	17.95833	14.23529	18.11594	13.27273
	特征度	1064	1014	1037	1120
	特征度均值	14.77778	29.82353	15.02899	33.93939
滞后	滞后专利数量/件	51	46	46	45
	滞后率	0.55435	0.85185	0.52273	0.81818
	专利度	952	625	836	534
	专利度均值	18.66667	13.58696	18.17391	11.86667
	特征度	761	1613.00000	720	1535
	特征度均值	14.92157	35.06522	15.65217	34.11111
原创	原创专利数量/件	41	8	42	10
	原创率	0.44565	0.14815	0.47727	0.18182
	专利度	723	71	753	60
	专利度均值	17.63415	8.875	17.92857	6
	特征度	590	279	582	488
	特征度均值	14.39024	34.875	13.85714	48.8
	竞争	92	54	88	55

表 6-3-5　IBM 与联盟各方中任五方的攻防分析结果

指标		IBM vs 华为+中国科学院+上海交通大学+南京邮电大学+吉林大学	
		IBM	华为+中国科学院+上海交通大学+南京邮电大学+吉林大学
领先	领先专利数量/件	75	44
	领先率	0.80645	0.55
	专利度	1365	523
	专利度均值	18.2	11.88636
	特征度	1118	1491
	特征度均值	14.90667	33.88636
滞后	滞后专利数量/件	53	67
	滞后率	0.56989	0.8375
	专利度	973	734
	专利度均值	18.35849	10.95522
	特征度	822	2314
	特征度均值	15.50943	34.53731
原创	原创专利数量/件	40	13
	原创率	0.43011	0.1625
	专利度	727	79
	专利度均值	18.175	6.07692
	特征度	533	588
	特征度均值	13.325	45.23077
竞争		93	80

表 6-3-6 是华为及各候选联盟与 IBM 进行攻防分析得到的专利实力得分 E 和专利度均值、特征度均值。可以看到，大多数候选联盟组合后专利实力得分 E 都有提高，其中华为与上海交通大学的联盟专利实力得分最高，专利度均值和特征度均值表现也不错，专利实力得分 E 排在第二位的是华为、中国科学院与上海交通大学的联盟，专

利度均值的表现相比华为与上海交通大学联盟表现稍差。

表6-3-6 华为及各候选联盟与IBM进行攻防分析的专利实力得分E和专利度均值、特征度均值

	专利实力得分E	专利度均值	特征度均值	得分排名
华为	-0.997064	23.128205	18.53846167	
华为+上海交通大学	-0.669565	16.8923	27.99463933	1
华为+中国科学院+上海交通大学	-0.683043	12.54635633	30.50883833	2
华为+上海交通大学+南京邮电大学	-0.72752	10.63592467	36.14395333	3
华为+上海交通大学+吉林大学+中国科学院	-0.747987	12.232417	33.254582	4
华为+上海交通大学+吉林大学+南京邮电大学	-0.775001	10.379798	38.95016833	5
华为+上海交通大学+吉林大学	-0.790698	15.774409	33.95404267	6
华为+中国科学院+上海交通大学+南京邮电大学+吉林大学	-0.791668	9.639503667	37.88481533	7
华为+中国科学院	-0.853682	13.15597333	27.15371733	8
华为+吉林大学+中国科学院	-0.926031	12.92082867	30.478436	9
华为+中国科学院+南京邮电大学	-0.952656	9.981214667	34.10437867	10
华为+南京邮电大学	-1.023809	11.08042333	35.70088167	11
华为+吉林大学	-1.191109	21.09663867	27.14565833	12

深入分析上海交通大学的专利布局策略可以帮助我们理解其可与华为组成最佳联盟的原因。图6-3-7是上海交通大学的技术路线。可以看到，上海交通大学也在不同应用场景下，如无线传感器网、智慧交通、移动终端感知、协作机器人的应用等方面进行了比较广泛的布局，这与IBM的很多应用场景存在比较大的重合，且在某些应用场景下上海交通大学相比IBM的布局时间更早。此外，对于IBM和中国科学院都较少布局的多层次任务适配和激励机制分支，上海交通大学也有相当数量的专利布局。但是，在复杂环境下群体行为信息的多层次感知方面，上海交通大学的布局较少。

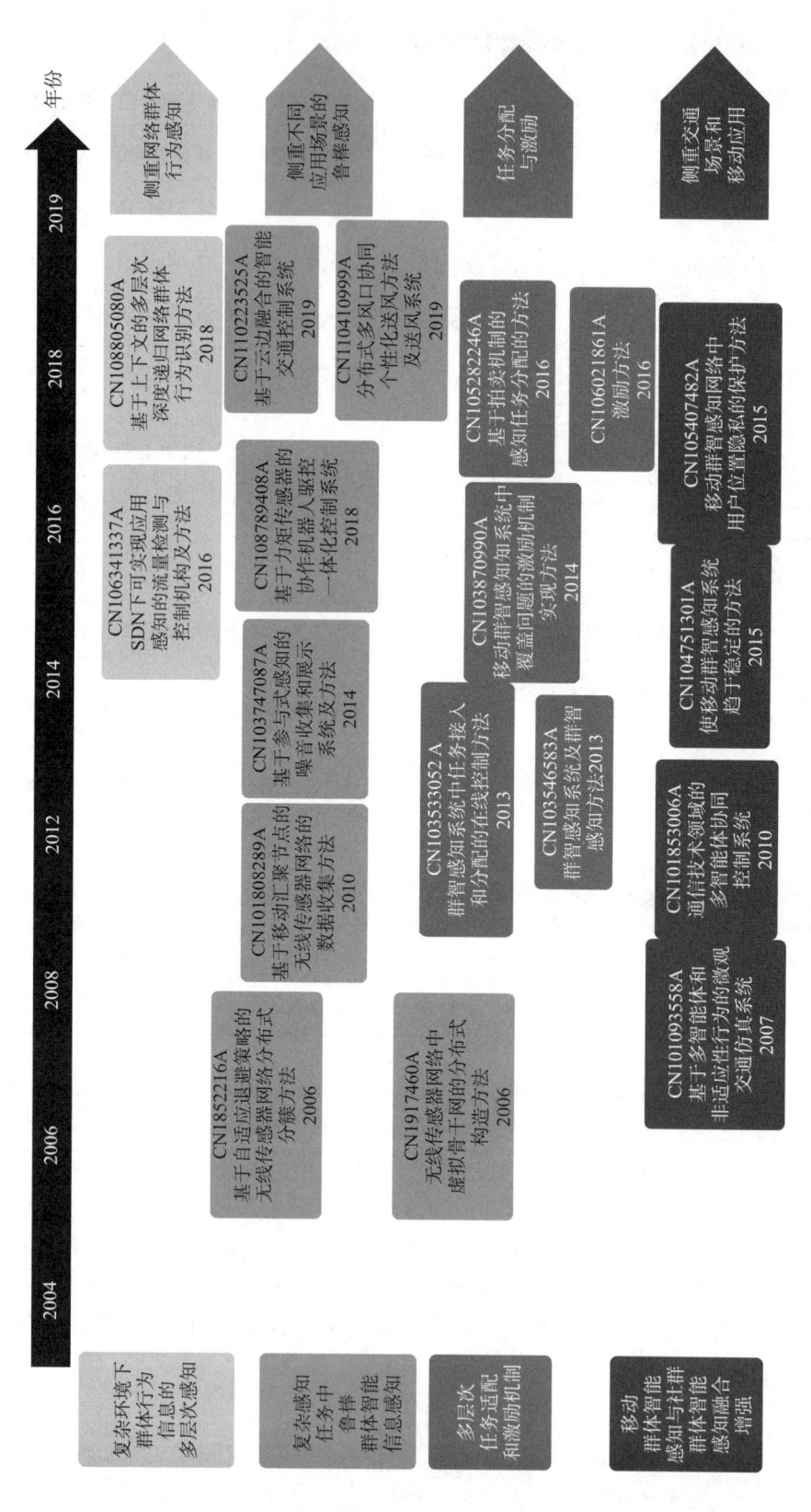

图 6-3-7 上海交通大学主动发现与感知技术分支的技术路线

为了进一步对联盟的效果进行可视化，我们采用了一种新的展示方式——剪枝法。图6-3-8最下方的圆代表IBM主动感知与发现技术分支专利联盟攻防对抗树，每一个线段和箭头表示整棵树上的每一个细分技术，箭头方向表示时间的推移。

图6-3-8中的联盟攻防对抗树示出了华为与上海交通大学或中国科学院联盟的情况。可以看出，在无线传感器网这一细分分支，上海交通大学在2006年存在两件比较早的专利申请CN1852216A和CN1917460A，领先于IBM在2011年提交的专利申请US2012176954A1，而华为在相应分支上提出专利申请CN108243428A的时间为2016年，上海交通大学可以在一定程度上遏制IBM针对华为的相关技术的封锁。此外，在智能交通这一细分分支，上海交通大学在2007年提交的专利申请CN101093558A，也可以打破IBM在这一细分分支对华为的专利钳制。在网络安全感知与分析这一细分分支，中国科学院于2008年提交了专利申请CN101459537A，这领先于IBM于2015年提出的专利申请US9531745B1。因此在上述三个细分分支，我们采用叉来表示该细分分支上打破了IBM的技术钳制。在智慧建筑感知和行为感知这两个细分分支，由于IBM的申请提交时间较早，无论是上海交通大学还是中国科学院都没能破除IBM的影响。

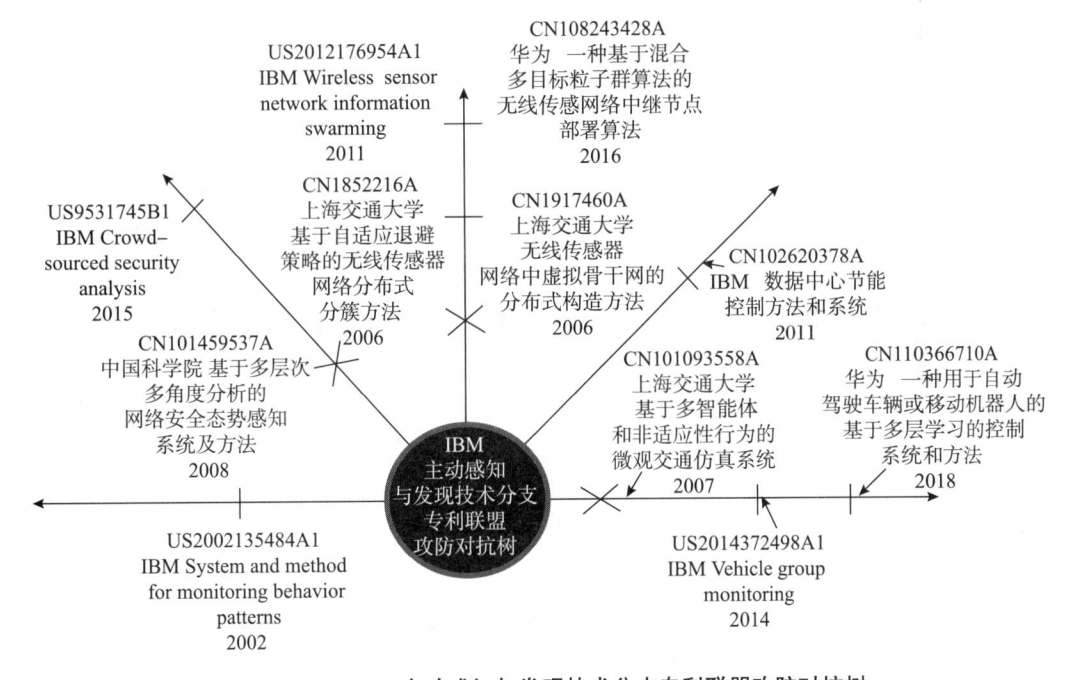

图6-3-8　IBM主动感知与发现技术分支专利联盟攻防对抗树

综合以上分析，通过图6-3-9（见文前彩色插图第6页）中的技术路线，将IBM的关键专利以及华为与上海交通大学以及中国科学院的关键专利进行联盟组合后的关系进行呈现。其中，无框带IBM标识的是IBM的关键专利。虚线框分别带华为、上海交通大学和中国科学院标识是华为、上海交通大学和中国科学院的关键专利，左边标注了剪刀图标的专利是剪枝图中出现的4件专利。在复杂环境下群体行为信息的多层次感知方面，IBM的领先优势显著，其2002年申请的专利US2002135484A（2003年授权）为其奠定了良好的领先优势，中国科学院 2008 年申请的专利 CN101459537A 比较早的关注了多层次感知中网络安全方面的感知。在复杂感知任务中鲁棒群体智能信息感知方面，上海交通大学在 2006 年申请的专利 CN1852216A（2008 年授权）和 CN1917460A（2009 年授权）进行了无线传感器网络的布局，为联盟对抗 IBM 的技术提供了有力支持，同时华为和中国科学院也都在 2007 年申请了该方向的专利。在多层次任务适配和激励机制方面，IBM 没有进行布局，上海交通大学在 2013 年和 2016 年均进行了专利申请。在移动群体智能感知与社群群体智能感知融合增强方面，IBM 和华为、上海交通大学针对智能交通领域中的移动感知进行专利布局，其中上海交通大学在 2007 年率先申请了专利 CN101093558A（2009 年授权），中国科学院侧重机器人（2008 年的 CN102436489A）的移动感知。

6.3.4.3 联盟对抗建议

基于上述联盟对抗的实例，给出以下联盟对抗建议：

第一，企业首先应该先明确要发展的具体技术领域或分支以及主要竞争对手，并基于该技术领域或分支，针对该主要竞争对手寻找合适的联盟对象。以上面实例中的华为为例，首先明确其技术分支具体为主动感知与发现，其次确定主要竞争对手是 IBM，那么接下来才能针对 IBM 该技术分支下的专利进行攻防对抗以及引用文献跟踪，从而确定潜在的联盟对象。

第二，联盟成员并非以多取胜。由上面实例中的结果为例，华为与上海交通大学组成联盟的效果要优于华为与中国科学院、上海交通大学组成联盟的效果，亦优于华为与其他四所高校和科研院所所组成的五方联盟的效果。这一方面取决于联盟方的各自本身的专利实力，另一方面也取决于同样的专利数量中能够与 IBM 形成竞争甚至是领先、原创的专利的比例。此外，由于专利度均值、特征度均值也是专利质量以及衡量专利是否真正能够与 IBM 抗衡的一个关键指标，因此，专利度均值、特征度均值表现较差的联盟成员的加入反而会使联盟的效果变差。

第三，对于中国申请人特别是高校和科研院所而言，在专利申请时撰写范围恰当的权利要求，并且对权利要求的层次进行合理的设计，这对于获得更有效地进行专利保护是至关重要的，不能为了授权而盲目牺牲保护范围。以上述实例来看，除了华为以外的其他四家高校和科研院所都不同程度地存在专利度偏低，特征度偏高的情形，这在实际的专利保护中是不利的。切实地提升专利权利要求的撰写质量，这是与更早地进行技术研发和专利申请同等重要的大事。

6.3.4.4 通用的联盟对抗策略架构和流程

上面的联盟对抗实例示出了在主动感知与发现这一技术分支，中国企业针对 IBM 这一主要竞争对手可以采取的联盟对抗策略。事实上，由于联盟对抗中所采用的攻防分析、专利引用文献追踪等手段在各个技术领域中是通用的，因此上述实例中的联盟对抗方法是可以普遍适用于各种技术领域的。根据上述实例，可以总结出通用的联盟对抗策略架构与流程，参见图 6-3-10。

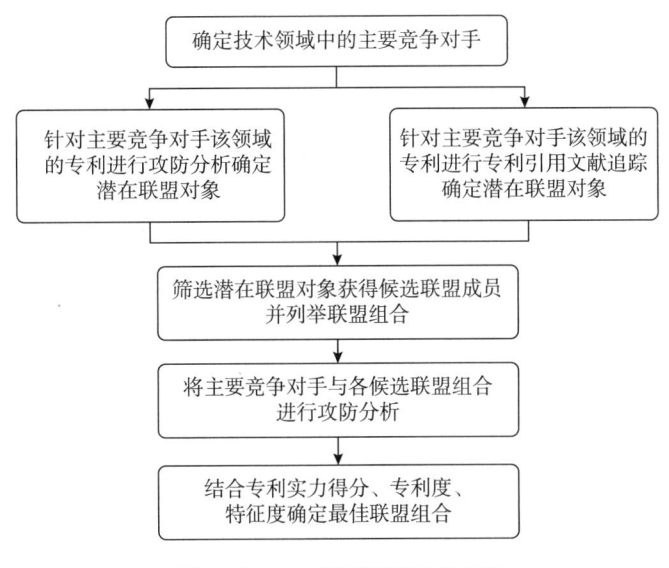

图 6-3-10 通用联盟对抗流程

第一，企业应该先确定需要研发的技术领域或技术分支，并进一步确定在该领域或分支中的主要竞争对手。第二，检索得到主要竞争对手在该领域或分支的所有专利，针对这些专利分别进行攻防分析以及专利引用文献追踪以确定潜在的联盟对象。第三，对潜在联盟对象进行筛选以获得候选联盟成员。具体的筛选过程为：首先要检索获得潜在联盟对象在该领域或分支的所有专利，进而基于潜在联盟对象的技术相关性以及专利数量与质量情况进行筛选。第四，基于候选联盟成员列出所有候选联盟组合，将主要竞争对手的专利与各候选联盟组合的专利集合分别进行攻防分析。第五，基于攻防分析的结果计算各候选联盟组合的专利实力得分，并结合专利度和特征度的表现确定最佳联盟组合。

6.4 群体智能众创计算支撑平台技术分支

群体智能广泛用于大数据处理、科学研究、开放式创新、软件开发等领域，这些领域的群体智能任务性质不尽相同。为了有效地组织和实现不同类型的群体智能任务，需要探索群体智能任务的共性需求，综合集成基础群体智能关键技术，打造通用统一的群体智能众创计算支撑平台。

6.4.1 技术发展状况

群体智能众创计算支撑平台具体可分为四个方向：①群体智能社区和市场；②群体智能数据服务；③群体智能知识服务；④群体智能创新服务。图 6-4-1 示出了群体智能众创计算支撑平台各技术分支专利申请占比走势，从群体智能众创计算支撑平台具体的分支专利每 5 年占比，可以看到各技术分支每 5 年的技术发展趋势：四个分支中，群体智能社区和市场、群体智能数据服务总体上保持着上升的发展趋势。作为基础性技术，群体智能数据服务以及群体智能市场和社区技术分支已发展成为申请量占比较高的两个技术分支，尤其是群体智能数据服务技术分支，近年来发展速度最快，预测未来一段时间该技术分支将是研究的热点；群体智能知识服务技术分支在2015年后申请有增长的趋势，可以预测未来一段时间，该技术分支将会是研究的热点；群体智能创新服务技术分支在该领域中申请量较低，近年来的申请趋势渐缓，预测近期内难以形成大的技术突破。

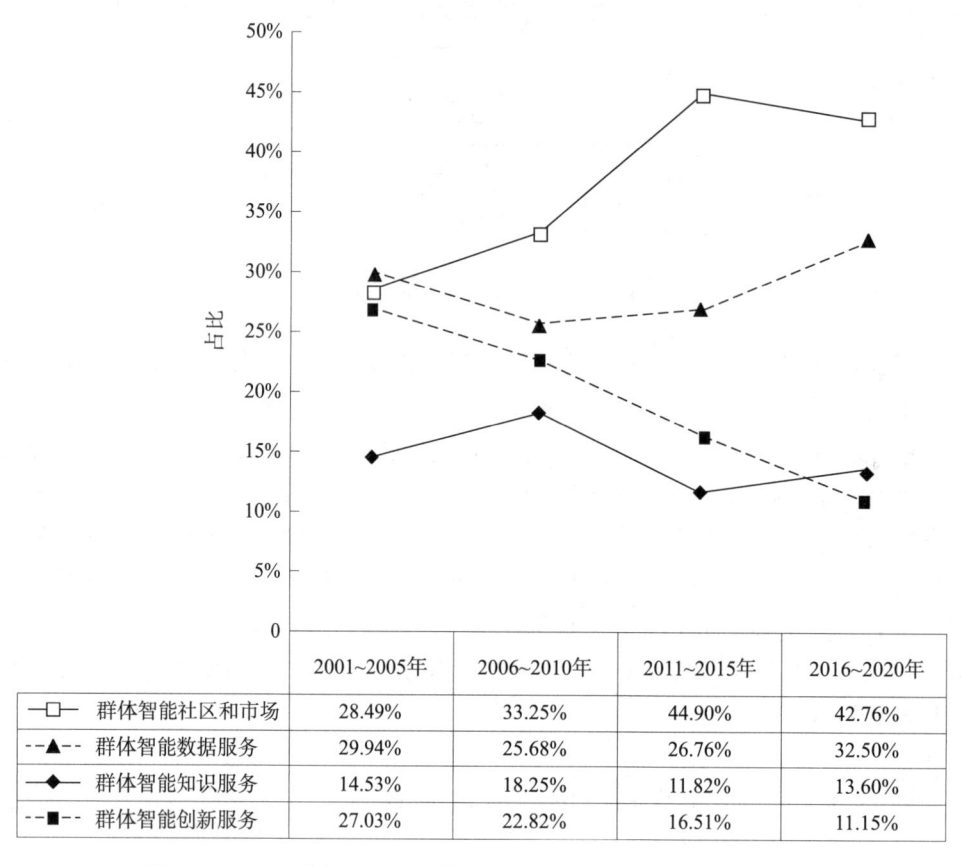

	2001~2005年	2006~2010年	2011~2015年	2016~2020年
—□— 群体智能社区和市场	28.49%	33.25%	44.90%	42.76%
--▲-- 群体智能数据服务	29.94%	25.68%	26.76%	32.50%
—◆— 群体智能知识服务	14.53%	18.25%	11.82%	13.60%
--■-- 群体智能创新服务	27.03%	22.82%	16.51%	11.15%

图 6-4-1　群体智能众创计算支撑平台各技术分支申请占比趋势

6.4.2　产业状况分析及重要创新主体

6.4.2.1　产业状况分析

群体智能平台的计算基础基于深度学习算法，深度学习大大提升了群体智能的实用性，能够针对生产生活所面临的复杂问题，给出高准确率、操作简易、成本适中的解决方案。在群体智能众创计算支撑平台中，开源深度学习平台是其典型的平台产品。

开源深度学习平台基于规模达到百万用户的群体智能众创社区，为各类开发人员提供高质量的群体智能服务，开发人员可根据自身行业的特点和场景需要，利用开源深度学习平台提供的开发工具、选择合适的任务、预训练模型和深度神经网络，导入数据进行训练并得出模型,最终实现部署。

如图6-4-2所示,全球权威咨询机构IDC发布2019年下半年报告《深度学习框架和平台市场份额》,全面解析了中国深度学习框架和平台市场的现状。报告显示,在中国深度学习平台市场,谷歌、Facebook、百度三强鼎立态势稳固,已占据接近80%的市场份额,其中百度的市场份额在2019年下半年里增长迅猛,占比提升了5.98%。AWS、微软等国外平台的份额下滑明显。

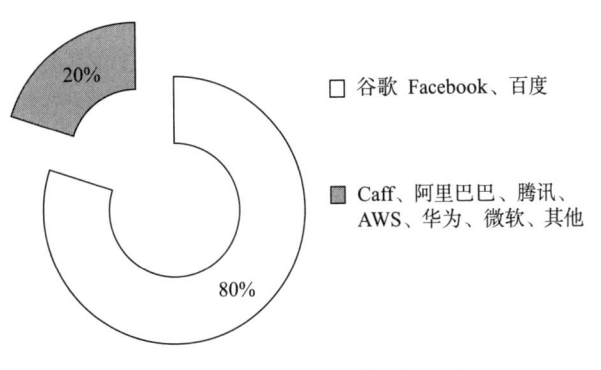

图6-4-2 中国深度学习框架和平台市场份额占比

如图6-4-3所示,经统计,群体智能众创计算支撑平台技术领域中,全球申请量排名前十位申请人的申请量总和占全部申请量的78%,在前十位申请人中,美国企业占4席,中国企业、高校和科研院所占6席,虽然总数上中国申请人占60%,但是从申请量来看,美国企业占据绝对优势。

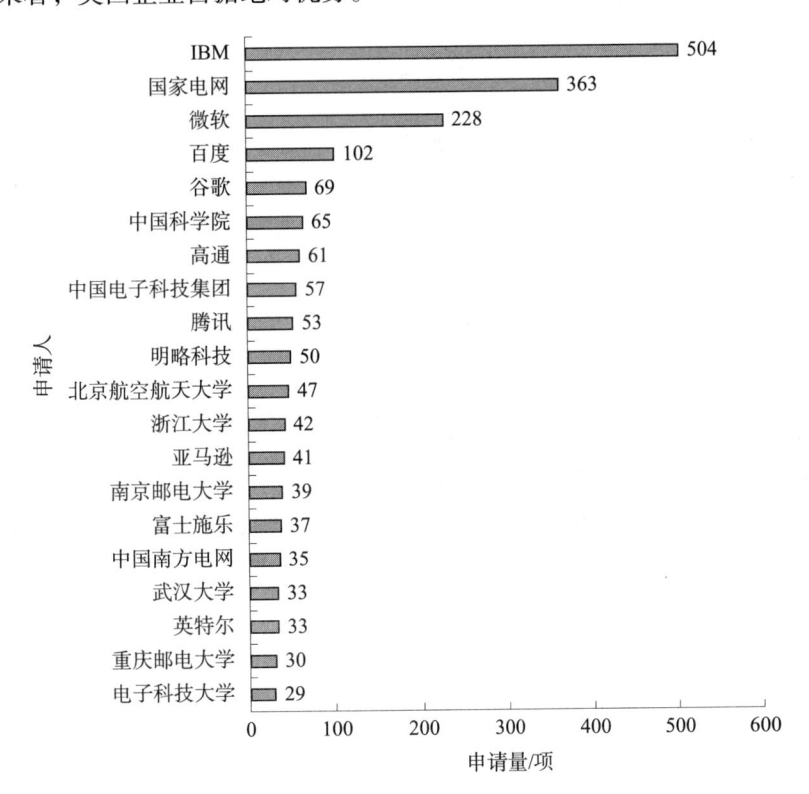

申请人	申请量/项
IBM	504
国家电网	363
微软	228
百度	102
谷歌	69
中国科学院	65
高通	61
中国电子科技集团	57
腾讯	53
明略科技	50
北京航空航天大学	47
浙江大学	42
亚马逊	41
南京邮电大学	39
富士施乐	37
中国南方电网	35
武汉大学	33
英特尔	33
重庆邮电大学	30
电子科技大学	29

图6-4-3 群体智能众创计算支撑平台技术全球主要专利申请人排名

为了对各创新主体进行进一步了解，分析该领域全球申请量排名前十位的申请人的技术布局情况，如图6-4-4所示。可以看到，对于群体智能社区和市场、群体智能数据服务以及群体智能知识服务这三个技术分支，各申请人均有布局，对于群体智能创新服务技术分支，国外企业均有布局，但是国内企业仅有腾讯一家企业进行布局。

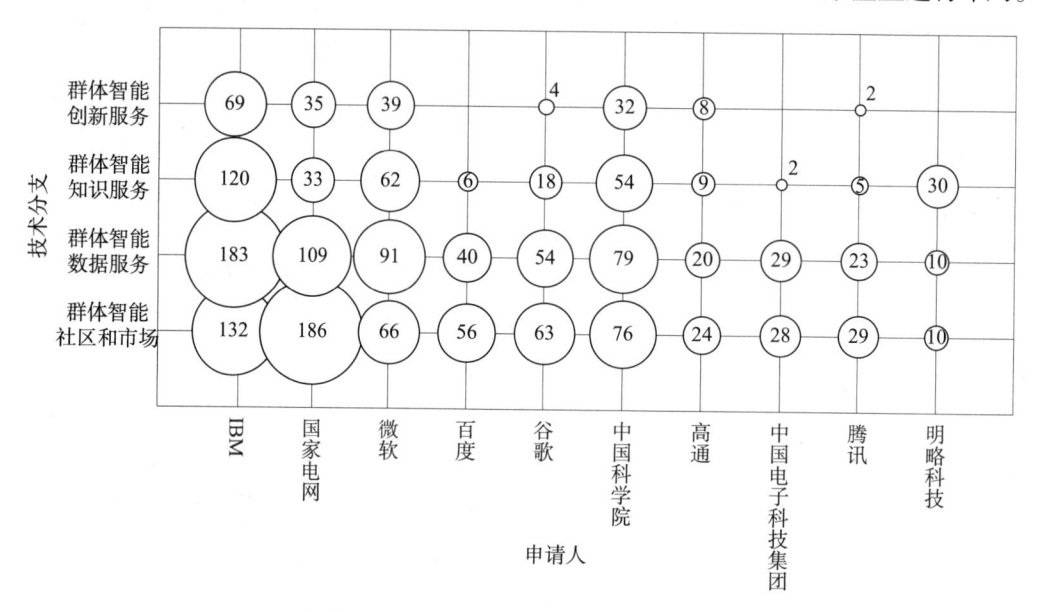

图6-4-4 在群体智能众创计算支撑平台中前十位申请人的技术分布情况

在群体智能众创计算支撑平台技术领域中，排名前十位申请人中的企业申请人大部分有自己成熟的平台产品。

谷歌TensorFlow：2015年11月10日，谷歌宣布推出全新的机器学习开源工具TensorFlow。TensorFlow应用于众多领域。由于谷歌在深度学习领域的巨大影响力和强大的推广能力，TensorFlow一经推出就获得了极大的关注，并迅速成为如今用户最多的深度学习框架。从GitHub上的数据也能看到，TensorFlow项目在所有的机器学习、深度学习项目中一直排名第一。

百度飞桨PaddlePaddle：百度于2016年开源的飞桨是我国最早一批开源深度学习框架。现在，飞桨已经发展成为技术领先、功能完备的产业级深度学习开源开放平台，集深度学习核心训练和推理框架、基础模型库、端到端开发套件和丰富的工具组件于一体。目前，飞桨累计有服务开发者230万名、企业9万家，基于飞桨开源深度学习平台产生了31万个模型。

微软DMTK：2015年，微软发布开源分布式机器学习工具包DMTK，其由一个服务于分布式机器学习的框架和一组分布式机器学习算法构成。DMTK包括三大组件：DMTK分布式机器学习框架、LightLDA、分布式词向量。

腾讯DI-X：腾讯于2017年发布了深度学习平台DI-X，其基于腾讯云的大数据存储与处理能力，为用户提供一站式的机器学习和深度学习服务。

6.4.2.2 重要创新主体专利布局情况

重要创新主体是通过市场占有因素和专利布局情况两个因素的结合筛选的，其中，市场份额能够体现该创新主体在产业内的实际地位，而特定领域的专利申请量能够反映创新主体的研发能力及其对该技术相关的市场判断。

结合市场份额、专利申请态势情况，对于群体智能众创计算支撑平台技术领域，确定在市场份额和专利申请均处于领域地位的 IBM、微软、百度、谷歌作为重要创新主体。

(1) IBM

IBM 的总公司在纽约州阿蒙克市，1911 年托马斯·沃森创立于美国，是全球最大的信息技术和业务解决方案公司，业务遍及 160 多个国家/地区。IBM 研究人员遍及全球，包括美国、印度、德国、以色列和其他一些国家/地区。IBM 总计获得超过 88000 项专利。IBM 2015 年在美国获得了 7355 项专利，虽然略低于 2014 年的 7534 项，但仍连续 23 年高居榜首。其 2016 年在美国获得的专利数量超过 7000 项，成为在美国获得专利数量最多的科技公司，从而实现 24 连冠。

经检索，IBM 在全球共申请了 525 项群体智能众创计算支撑平台技术相关专利，其中在中国共申请了 54 件群体智能众创计算支撑平台技术相关专利。本节对这些专利进行了全面的深入分析。

如图 6-4-5 所示，IBM 作为老牌的科技企业，早在 1990 年就涉足群体智能众创计算支撑平台技术领域，1990~2002 年，全球申请量一直低于 10 项，2003 年全球申请量开始波动上涨，2007 年之后其每年的群体智能众创计算支撑平台技术全球专利申请量基本都在 30 项以上，并于 2015 年达到峰值 51 件，2018 年以后其全球申请量下降，可能是由于申请还未公开，表明该公司在群体智能众创计算支撑平台领域保持了持续的研发投入，并在该领域具有雄厚的技术积累。

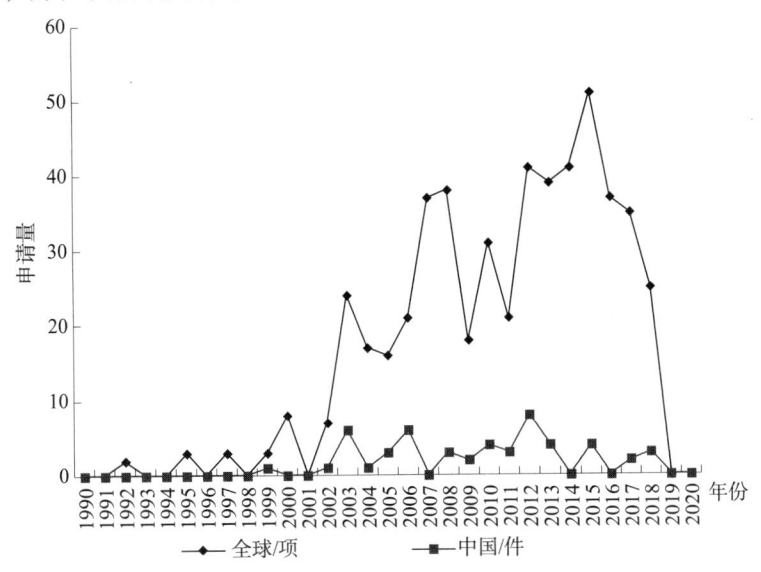

图 6-4-5 IBM 公司在群体智能众创计算支撑平台技术领域全球和中国专利申请态势

从图 6-4-6 可见，原创于美国的专利申请占到了 IBM 所有申请的 94%，这与该公司总部位于美国有关，其次，加拿大、欧洲和中国各占 2%、1% 和 1%，这与 IBM 在加拿大、欧洲和中国设置了研发中心有关。

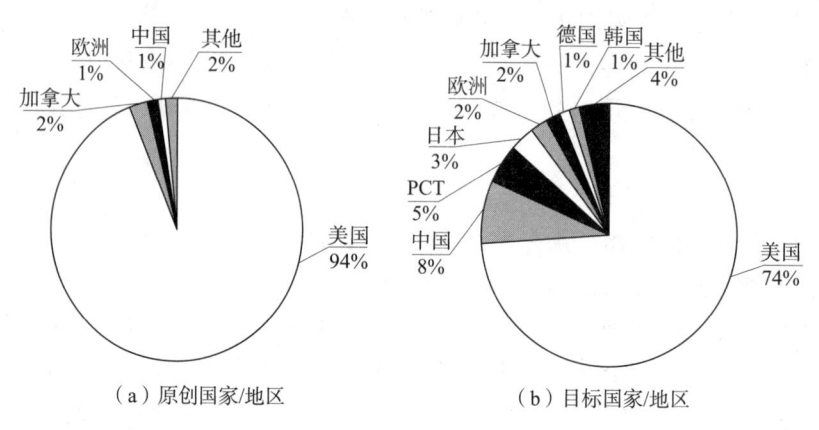

（a）原创国家/地区

（b）目标国家/地区

图 6-4-6　IBM 在群体智能众创计算支撑平台技术领域的
专利申请的原创国家/地区和目标国家/地区分布

IBM 的目标市场中，美国的申请量排在第一，除了美国之外，中国和国际局也居于前三位，表明该公司对中国市场十分重视，这与近年来中国的群体智能技术产业持续发展密不可分，吸引了 IBM 加大在中国的专利布局力度。

如图 6-4-7 所示，在中、美、欧、日、韩申请量方面，IBM 在其总部所在地美国的申请量最大，遥遥领先于其他国家/地区，中国次之，之后是日本、欧洲和韩国。从主要国家/地区申请量和授权量来看，IBM 在美国的授权率很高达到 69.4%，而在其他国家/地区的授权率相对较低，说明 IBM 的专利申请在其本国的认可度更高。

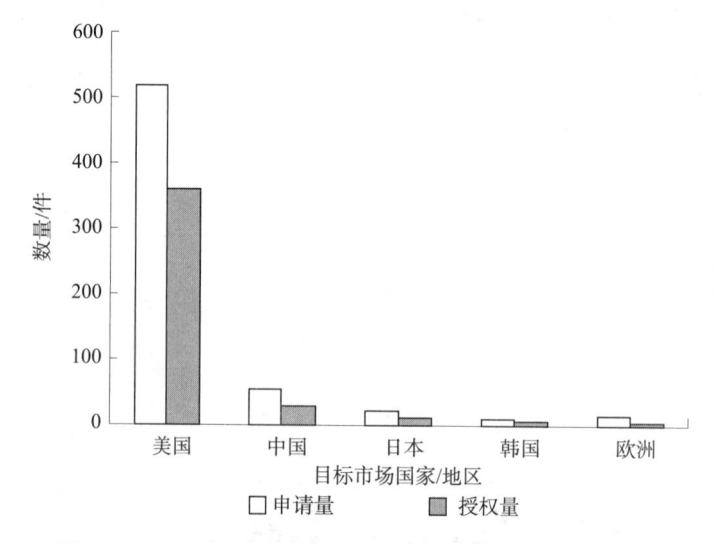

图 6-4-7　IBM 在群体智能众创计算支撑平台技术领域的
专利申请的目标市场申请量和授权量

如图 6-4-8 所示，IBM 在中国的专利申请中处于有效状态的专利申请占比达到 40%，28% 的专利申请被撤回，已经失效的专利占比达到 15%，表明该公司在该领域布局较早，而仅有 6% 的专利申请被驳回，说明其专利申请的质量较高。该公司处于公开或在审状态的专利占 11%，这说明 IBM 在该领域长期保持了活跃状态。

（2）谷歌

谷歌成立于 1998 年 9 月 4 日，被公认为全球最大的搜索引擎公司，是一家位于美国的跨国科技企业，业务包括互联网搜索、云计算、广告技术等，同时开发并提供大量基于互联网的产品与服务。自诞生于 Google X 实验室的谷歌大脑（Google Brain）曝光，且把这一研究成果转移到谷歌各产品线后，以人工智能驱动产品和服务备受关注，尤其谷歌大脑使得"机器"学会自动识别猫，成为国际深度学习领域广为人知的案例。至此谷歌在人工智能领域开始疯狂布局，先后收购了众多该领域的创新创业公司，包括被大众熟知的人工智能系统 AlphaGo 缔造者 DeepMind。2017 年谷歌宣布今后的策略将由"移动第一"转向"人工智能第一"。

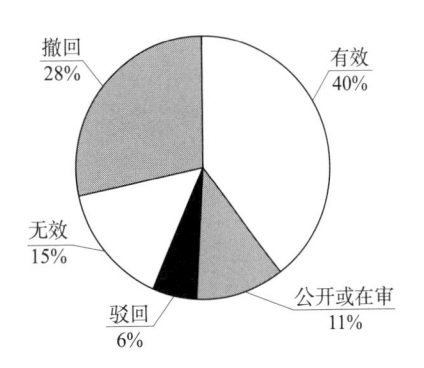

图 6-4-8　IBM 在群体智能众创计算支撑平台技术领域中国专利申请的法律状态

在群体智能众创计算支撑平台领域，谷歌在 2015 年发布了开源深度学习平台 TensorFlow 并宣布开源，之后 TensorFlow 成为开源社区 GitHub 上最受欢迎的机器学习工具，其在 GitHub 上的关注度远超过竞争对手产品的关注度，2020 年 5 月，其全球下载量突破 1 亿。《2018—2019 年中国开发者调查报告》中显示，TensorFlow 使用普及率达到 52%，是第二名的 2 倍之多。TensorFlow 已然成为人工智能开发者的首选。

经检索，谷歌在全球共申请了 139 项群体智能众创计算支撑平台相关专利，涵盖了群体智能众创计算支撑平台下的四个技术分支，下面将从申请态势、区域布局、法律状态等方面对这些专利进行分析。

从图 6-4-9 可见，谷歌早在 2004 年就开始布局群体智能众创计算支撑平台技术领域，并在 2006 年达到一个高峰，这可能与 2006 年谷歌开始在人工智能领域进行并购有关。2007~2008 年申请量出现下降，之后开始快速上涨，并于 2012 年达到峰值，这可能与 2011 年谷歌成立人工智能部门，加大在人工智能领域的投入有关。2013 年之后，谷歌的申请量持续下降，表明谷歌在群体智能众创计算支撑平台技术领域的专利布局意愿有所降低。

从图 6-4-10 可见，原创于美国的专利申请占到了谷歌所有申请的 92%，这与该公司总部位于美国有关，其次，PCT 和澳大利亚分别占 4%、2%，这与谷歌在澳大利亚设置了研发中心有关。

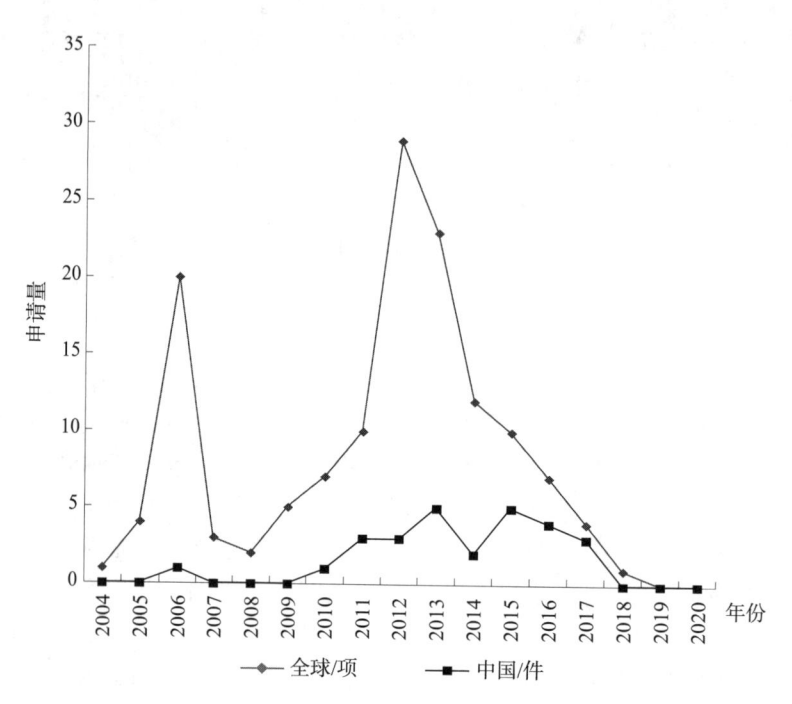

图6-4-9 谷歌在群体智能众创计算支撑平台技术领域的全球和中国专利申请态势

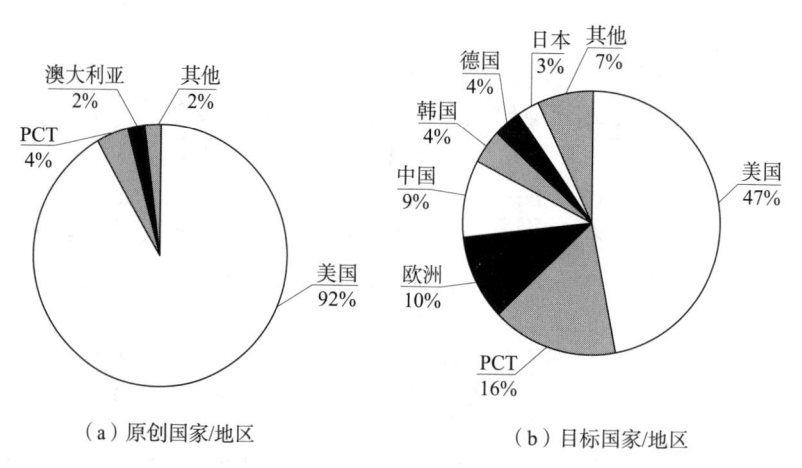

图6-4-10 谷歌在群体智能众创计算支撑平台技术领域的专利申请的原创国家/地区和目标国家/地区分布

(a) 原创国家/地区

(b) 目标国家/地区

谷歌的目标市场中，美国的申请量排在第一，除了美国之外，国际局和欧洲居于前三位，表明该公司对欧洲市场十分重视，亚洲国家中国和韩国排在第四和第五位，表明谷歌对亚洲市场的专利布局也较为重视。

如图6-4-11所示，在中、美、欧、日、韩申请量方面，谷歌在其总部所在地美国的申请量最大，欧洲次之，之后是中国、韩国和日本。从主要国家/地区申请量和授权量来看，谷歌在美国的授权率很高，而在中国和欧洲的授权率较低，说明谷歌的专利申请在其本国的认可度更高。

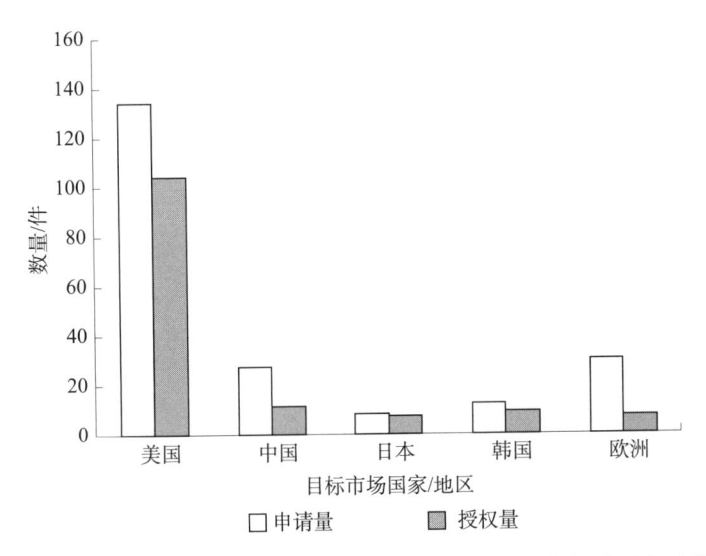

图 6-4-11 谷歌在群体智能众创计算支撑平台技术领域的专利申请的目标市场申请量和授权量

如图 6-4-12 所示，谷歌在中国的专利申请中处于有效状态的专利申请占比达到 55%，没有专利申请被驳回，说明其专利申请的质量较高。仅 35% 的专利申请处于公开或在审状态，这说明谷歌的很多专利申请是在早期提出的，近期活跃度较低。

（3）百度

百度是全球最大的中文搜索引擎，同时也是全球领先的人工智能平台型公司。百度在人工智能领域持续加大投入，根据《2020 人工智能中国专利技术分析报告》，

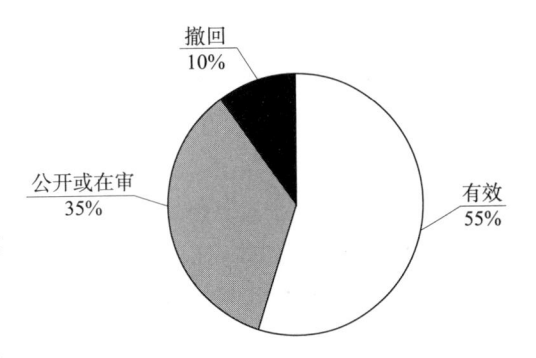

图 6-4-12 谷歌在群体智能众创计算支撑平台技术领域的中国专利申请的法律状态

2019 年中国人工智能专利申请量排名中，百度以 5712 件位列第一。

在群体智能众创计算支撑平台领域，百度推出了中国首个全面开源开放、功能完备的产业级深度学习平台百度飞桨（PaddlePaddle），百度飞桨集深度学习核心训练和推理框架、基础模型库、端到端开发套件和丰富的工具组件于一体。目前，飞桨累计拥有开发者 194 万，服务企业 8.4 万家，基于飞桨开源深度学习平台产生了 23 万个模型。飞桨助力开发者快速实现人工智能想法，快速上线人工智能业务，帮助越来越多的行业完成人工智能赋能，实现产业智能化升级。

经检索，百度在全球共申请了 100 项群体智能众创计算支撑平台相关专利，这 100 项申请全部原创于中国，因此百度在群体智能众创计算支撑平台技术领域的全球申请态势和中国专利申请态势一致。本节将对这些专利进行深入分析。

如图 6-4-13 所示，百度在群体智能众创计算支撑平台技术领域的全球专利布局始

于 2010 年，2010~2016 年申请量一直在低位缓慢上升，百度飞桨就诞生于这一时间，百度 2013 年开始开发飞桨，2016 年将其开源，从 2017 年开始，申请量开始快速上涨，这可能与 2017 年百度牵头筹建国内唯一的深度学习技术及应用国家工程实验室有关。

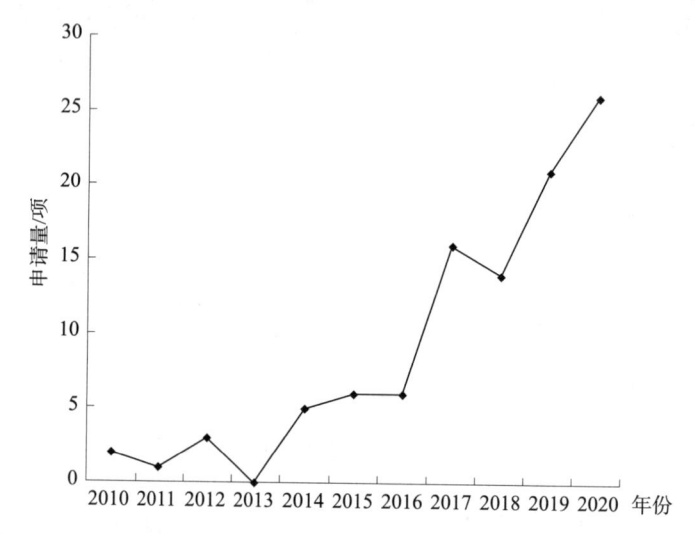

图 6-4-13　百度在群体智能众创计算支撑平台技术领域全球申请态势

如图 6-4-14 所示，百度原创于中国的专利申请占到了 100%，这与该公司总部位于中国有关，但也反映出该公司的海外研发活动并不活跃，百度的北美研发中心虽然也涉足了深度学习领域，但并没有进行原创专利申请。百度专利申请的目标市场中，中国、美国和 PCT 位列前三甲，其中以中国为目标国的专利申请达到了 86%，这表明该公司主要着眼于国内市场，而在传统的目标市场强国美国的专利布局仅有 7%，说明该公司在这一领域的全球专利布局还有待加强。

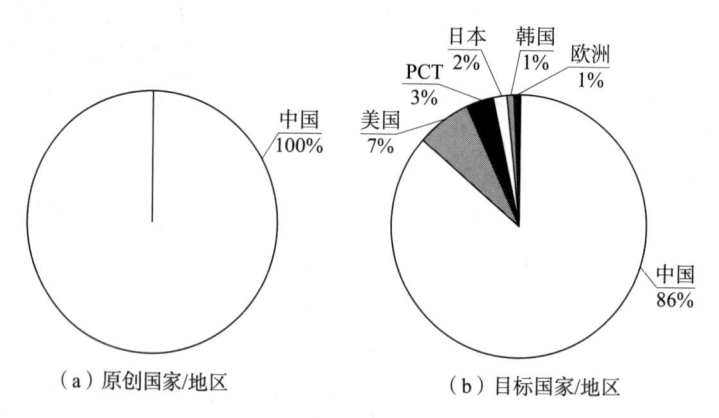

（a）原创国家/地区　　　　（b）目标国家/地区

图 6-4-14　百度在群体智能众创计算支撑平台技术领域的专利申请的原创国家/地区和目标国家/地区分布

如图 6-4-15 所示，在中、美、欧、日、韩申请量方面，百度在中国的申请量最大，美国次之，在日本、韩国和欧洲均有少量专利申请。从主要国家/地区申请量和授权量来

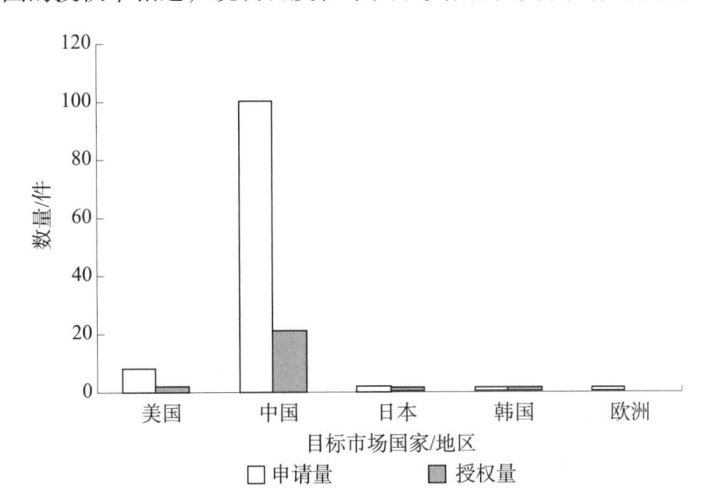

看，中国和美国的授权率相近，说明百度在中国和美国的专利申请的质量比较接近。

图 6-4-15 百度在群体智能众创计算支撑平台技术领域的专利申请的目标市场的申请量和授权量

如图 6-4-16 所示，百度在中国的专利申请中处于有效状态的专利申请仅占 22%，72% 的专利申请仍处于公开或在审状态，这说明很多专利申请是在近期提出的，还没有完成审查过程，该申请人在近期的活跃度较高。

（4）微软

微软始建于 1975 年，是一家美国跨国科技公司，也是世界个人计算机软件开发的先导。微软早在 1997 年就成立了微软剑桥研究院，1998 年成立了微软亚洲研究院，到目前为止，微软在全球有 7 个研究院，数以千计的顶级科学家、研究人员为计算机技术进行基础性研究，其中就包括了人工智能

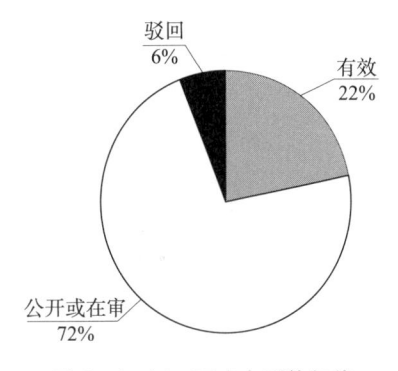

图 6-4-16 百度在群体智能众创计算支撑平台技术领域的中国专利申请的法律状态

领域的前沿研究。在群体智能众创计算支撑平台技术领域，微软近日宣布开源分布式机器学习工具包 DMTK，DMTK 能够在较小的集群上以较高的效率完成对大规模数据模型的训练任务，大大降低了基于大数据的机器学习门槛。

微软在全球共申请了 228 项群智众创计算支撑平台相关专利，涵盖了群体智能众创计算支撑平台下的四个技术分支，下面将从申请态势、区域布局、法律状态等方面对这些专利进行分析。

如图 6-4-17 所示，微软早在 1993 年就开始布局群体智能众创计算支撑平台领域，1993~2003 年，全球申请量一直处于低位。2004 年全球申请量开始快速上涨，并于 2006 年达到高峰，之后全球申请量一直处于高位，表明该公司在群体智能众创计算支撑平台领域进行了持续的研发投入。

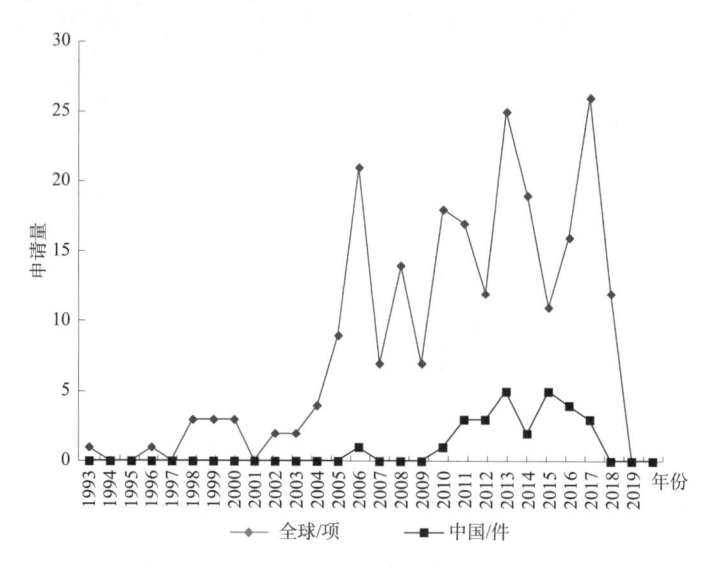

图6-4-17 微软在群体智能众创计算支撑平台技术领域的全球和中国专利申请态势

从图6-4-18可见,原创于美国的专利申请占到了微软所有申请的95%,这与该公司总部位于美国有关。其次,国际局和中国分别占到了3%和1%,这与微软在中国设置了亚洲研究院有关。

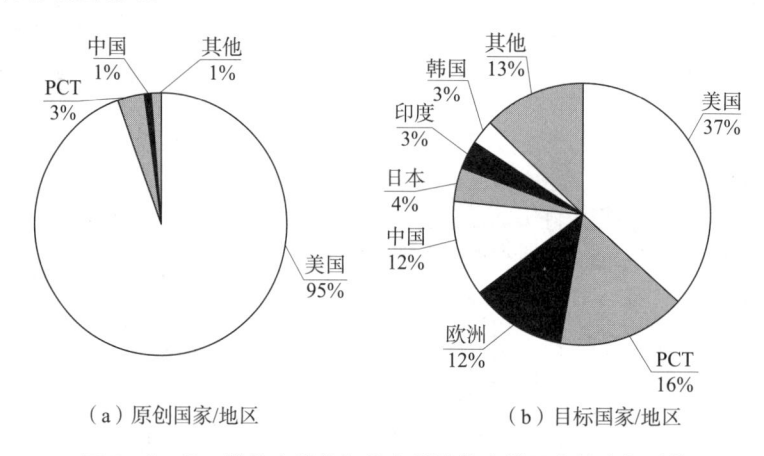

(a)原创国家/地区

(b)目标国家/地区

图6-4-18 微软在群体智能众创计算支撑平台技术领域的
专利申请的原创国家/地区和目标国家/地区分布

微软的目标市场中,美国的申请量排在第一,除了美国之外,国际局和欧洲居于前三位,表明该公司对欧洲市场十分重视。其在中国的申请量略低于欧洲,亚洲国家日本、印度和韩国排在第四至第六位,表明微软对亚洲市场的专利布局也很重视。

如图6-4-19所示,在中国、美国、欧洲、日本、韩国申请量方面,微软在其总部所在地美国的申请量最大,欧洲次之,之后是中国、韩国和日本。从主要国家/地区申请量和授权量来看,微软在美国的授权率最高,在欧洲的授权率最低,而在中国的授权率较低,说明微软的专利申请在其本国的认可度更高。

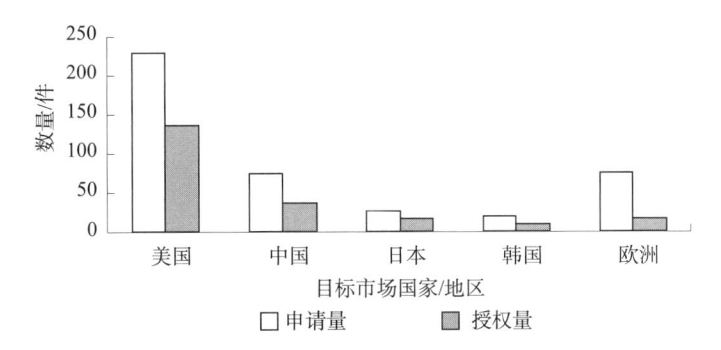

图 6-4-19 微软在群体智能众创计算支撑平台技术领域的专利申请的目标市场的申请量和授权量

如图 6-4-20 所示，微软在中国的专利申请中处于有效状态的专利申请占比达到 56%，撤回和无效的专利申请为 13% 和 9%，在已经审结的专利中有效专利占比较高，说明其专利申请的质量较高。仅 22% 的专利申请处于公开或在审状态，这说明微软布局该领域较早，并且在该领域保持活跃。

6.4.2.3 技术发展路线

（1）IBM

IBM 在群体智能众创计算支撑平台技术

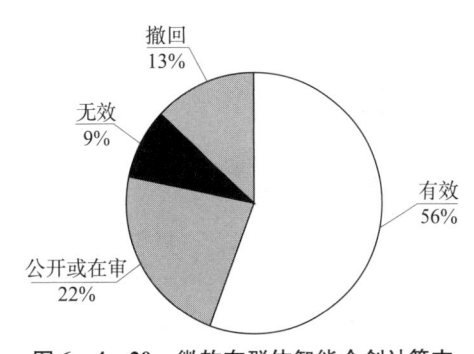

图 6-4-20 微软在群体智能众创计算支撑平台技术领域的中国专利申请的法律状态

领域的专利申请涉及群体智能社区和市场、群体智能数据服务、群体智能知识服务和群体智能创新服务四个四级分支，其中在群体智能数据服务领域与群体智能社区和市场领域最多，其次是群体智能知识服务领域，该公司在群体智能创新服务领域也有较多的专利布局，各个分支的专利布局相对较为均衡，参见图 6-4-21。

（2）谷歌

谷歌在群体智能众创计算支撑平台技术领域的专利申请涉及群体智能社区和市场、群体智能数据服务、群体智能知识服务和群体智能创新服务四个四级分支，其中在群体智能社区和市场领域的专利布局最多，其次是群体智能知识服务领域，该公司在群体智能数据服务领域和群体智能创新服务领域也有少量的专利布局，参见图 6-4-22。

（3）百度

百度在群体智能众创计算支撑平台技术领域的专利申请涉及群体智能社区和市场、群体智能数据服务和群智知识服务三个四级分支，其中在群体智能社区和市场领域的专利布局最多，其次是群体智能数据服务和群体智能知识服务领域，参见图 6-4-23。

（4）微软

微软在群体智能众创计算支撑平台技术领域的专利申请涉及群体智能社区和市场、群体智能数据服务、群体智能知识服务和群体智能创新服务四个四级分支，其中在群体智能知识服务领域与群体智能社区和市场领域最多，其次是群体智能数据领域，在群体智能创新服务领域专利最少，其在各个四级专利分支的布局较为均衡，参见图 6-4-24。

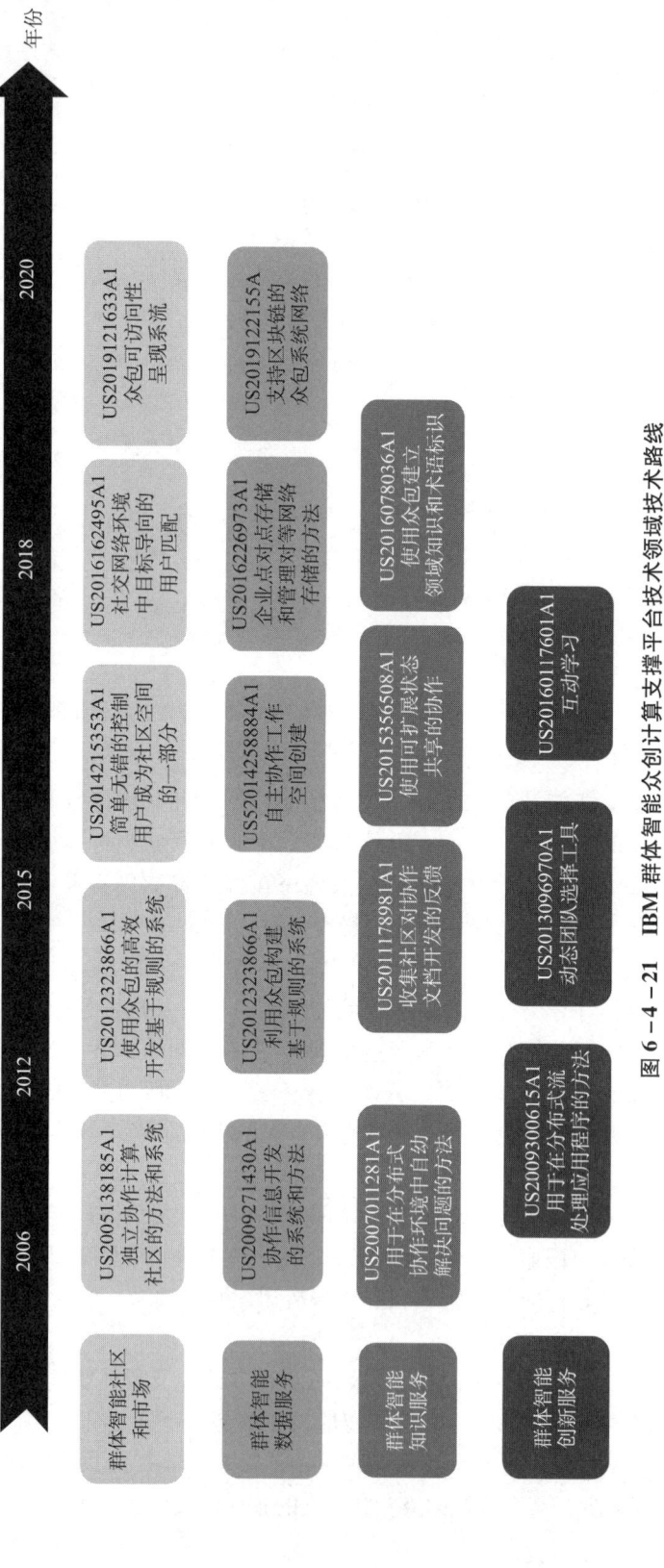

图 6-4-21 IBM 群体智能众创计算支撑平台技术领域技术路线

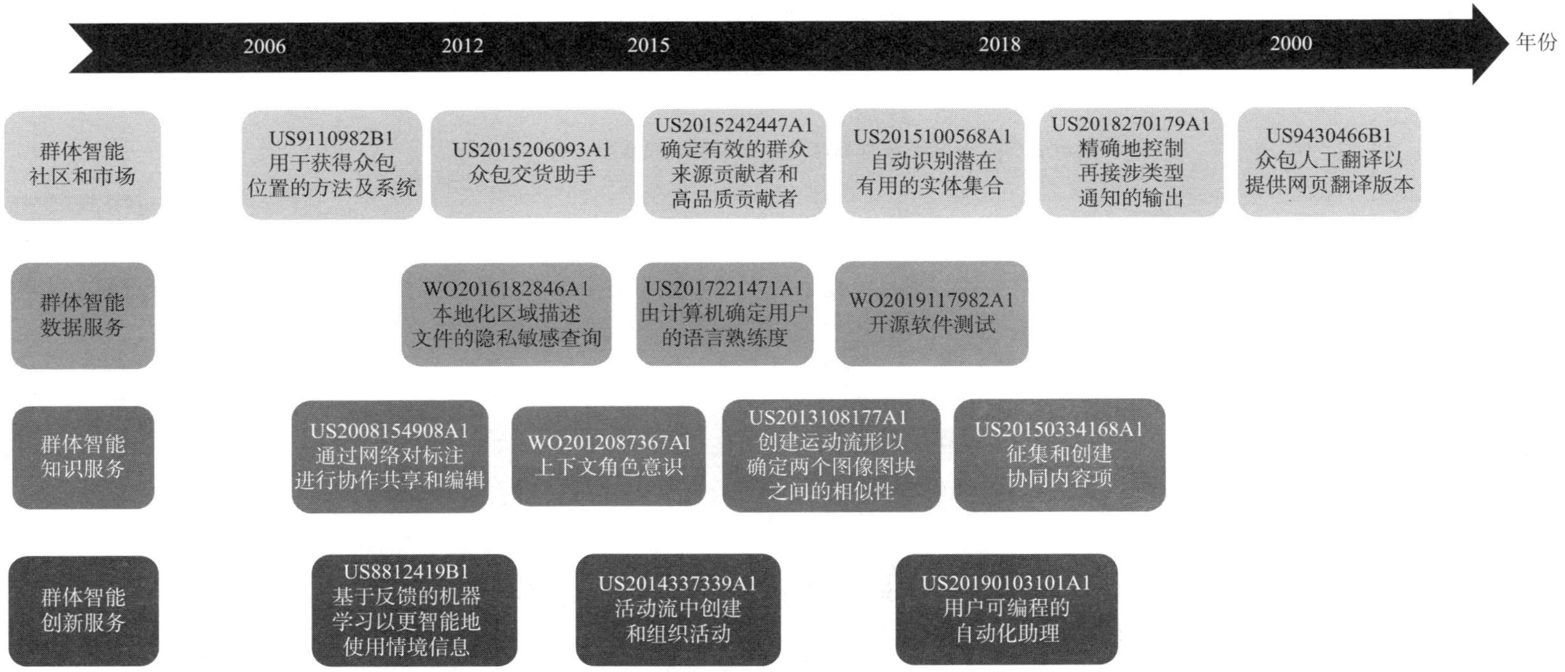

第 6 章 重点技术分支

图 6-4-22 谷歌群体智能众创计算支撑平台技术领域技术路线

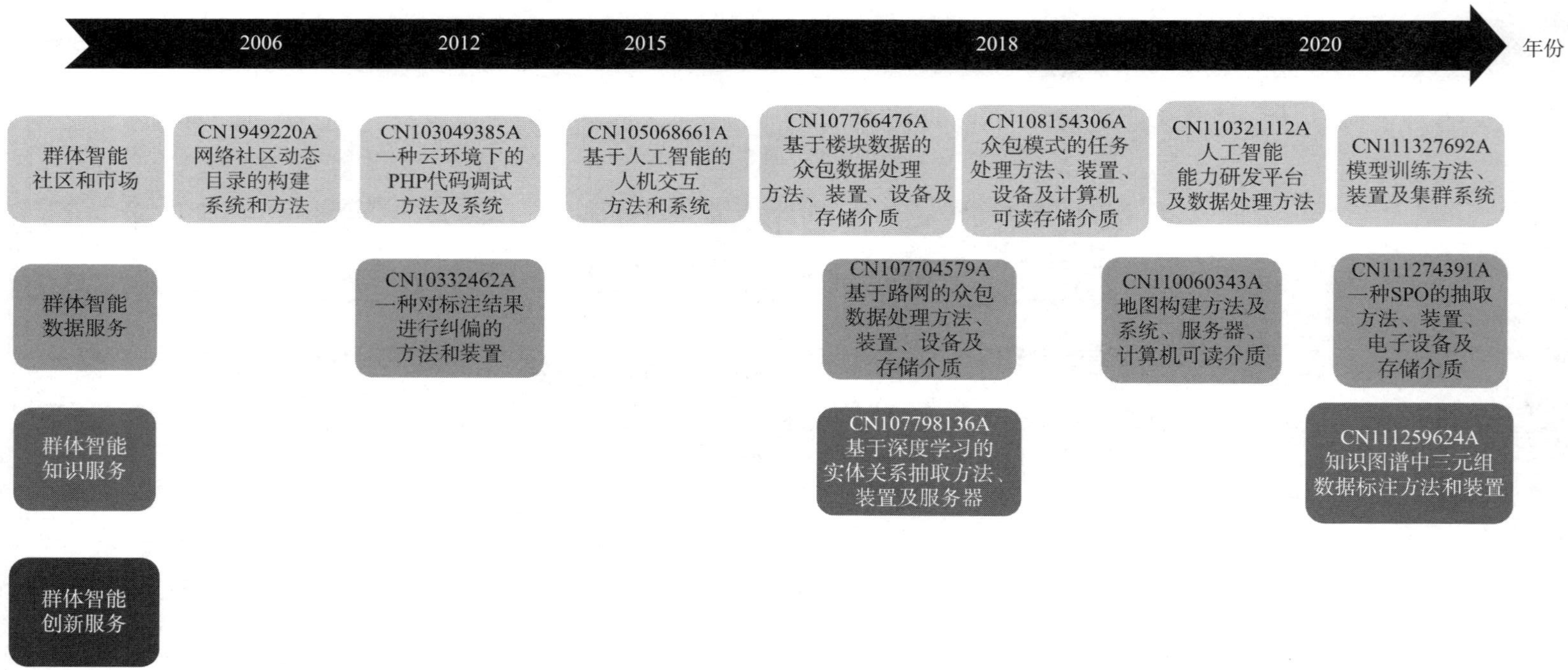

图 6-4-23 百度群体智能众创计算支撑平台技术领域技术路线

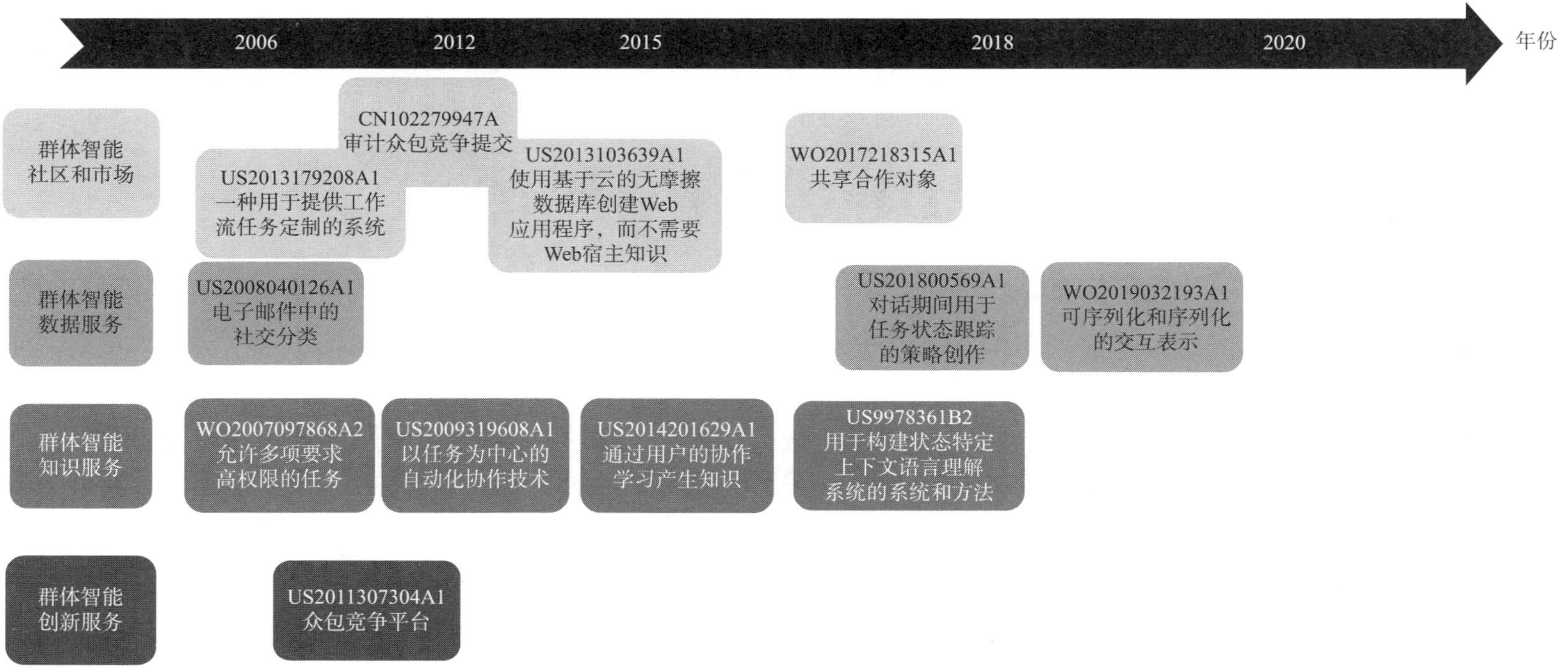

图 6-4-24 微软群体智能众创计算支撑平台技术领域技术路线

6.4.3 国内重要创新主体风险及预警

百度作为国内深度学习平台的领先企业，无论从专利申请角度，还是市场占有率角度，其在全球层面的竞争对手主要是IBM、谷歌和微软三家企业。

课题组从专利申请角度，通过专利攻防分析的手段对百度专利进行风险分析及预警。表6-4-1示出了百度分别与IBM、谷歌和微软三家企业的专利攻防数据。

表6-4-1 百度分别与IBM、谷歌和微软三家企业的专利攻防数据

	指标	百度 vs IBM		百度 vs 谷歌		百度 vs 微软	
		百度	IBM	百度	谷歌	百度	微软
领先	领先专利量/件	12	48	3	19	12	38
	领先率	0.35294	0.82759	0.15	0.95	0.4	0.77551
	引用数	31	48	7	237	36	435
	引用数均值	2.58333	10.22917	2.33333	12.47368	3	11.44737
	被引用数	83	1517	46	324	211	573
	被引用数均值	6.91667	31.60417	15.33333	17.05263	17.58333	15.07895
	同族数	11	151	3	495	20	148
	同族数均值	0.91667	3.14583	1	26.05263	1.66667	3.89474
	专利度	183	999	39	393	311	751
	专利度均值	15.25	20.8125	13	20.68421	25.91667	19.76316
	特征度	134	667	40	242	144	502
	特征度均值	11.16667	13.89583	13.33333	12.73684	12	13.21053
	有效专利量/件	7	28	3	16	8	21
	有效率	0.58333	0.58333	1	0.84211	0.66667	0.55263
	无效专利量/件	0	6	0	0	0	0
	无效率	0	0.125	0	0	0	0
滞后	滞后专利量/件	34	11	17	5	29	15
	滞后率	1	0.18966	0.85	0.25	0.96667	0.80612
	引用数	60	93	44	103	51	69
	引用数均值	1.76471	8.45455	2.58824	20.6	1.75862	4.6
	被引用数	225	29	176	119	217	100
	被引用数均值	6.61765	2.63636	10.35294	23.8	7.48276	6.66667
	同族数	21	25	13	435	22	22
	同族数均值	0.61765	2.27273	0.76471	87	0.75862	1.46667

续表

指标		百度 vs IBM		百度 vs 谷歌		百度 vs 微软	
		百度	IBM	百度	谷歌	百度	微软
滞后	专利度	687	185	409	105	609	287
	专利度均值	20.20588	16.81818	24.05882	21	21	19.13333
	特征度	405	155	181	45	353	274
	特征度均值	11.91177	14.09091	10.64706	9	12.17241	18.26667
	有效专利量/件	13	7	5	5	12	7
	有效率	0.38235	0.63636	0.29412	1	0.41379	0.46667
	无效专利量/件	0	0	0	0	0	0
	无效率	0	0	0	0	0	0

在群体智能众创支撑平台技术领域，百度在全球已经有102项的专利申请。通过对这些专利进行分析，课题组发现，百度有2项核心专利均有被IBM、谷歌和微软专利侵权的风险。这2项专利申请均已获得授权，其对应的可诉讼的专利如表6-4-2所示。

表6-4-2 百度可诉专利列表

百度专利		可诉专利	
公开号	专利名称	公开号	专利名称
CN1949220A（百度）	网络社区动态目录的构建系统和方法	US2010250513A1（谷歌）	Aggregating Context Data for Programmable Search Engines
		US2012278313A1（谷歌）	SCALABLE RENDERING OF LARGE SPATIAL DATABASES
		US2011055264A1（微软）	DATA MINING ORGANIZATION COMMUNICATIONS
		US2020160271A1（微软）	Collaboration Measurement and Database System
CN103324620A（百度）	一种对标注结果进行纠偏的方法和装置	US2012323866A1（IBM）	EFFICIENT DEVELOPMENT OF A RULE-BASED SYSTEM USING CROWD-SOURCING

续表

百度专利		可诉专利	
公开号	专利名称	公开号	专利名称
CN103324620A（百度）	一种对标注结果进行纠偏的方法和装置	US2015100568A1（谷歌）	AUTOMATIC DEFINITION OF ENTITY COLLECTIONSUS
		US2016034840A1（微软）	Adaptive Task Assignment Microsoft Corporation

相应地，百度有 11 项专利申请均存在被 IBM、谷歌和微软告侵权的风险，属于高风险专利。

课题组发现，在群体智能社区和市场、群体智能数据服务两个技术领域中，百度均有布局，并且保持着一定的竞争力；在群体智能知识服务技术领域中，百度布局稍晚，还需要加大在该领域的技术研发；在群体智能创新服务技术领域，百度没有核心专利，说明该领域百度的专利布局处于空白状态。

6.4.4 百度应对策略及启示

6.4.4.1 现状

（1）平台类产品技术布局不全面，全球专利布局全面

分析 IBM、谷歌、微软和百度的核心专利数量可知，百度只有 10 余件核心专利，主要分布于群体智能社区和市场、群体智能数据服务两个技术领域，群体智能知识服务技术领域的核心专利非常少，而群体智能创新服务技术领域则是空白。反观国外主要创新主体，IBM、谷歌和微软的核心专利数量将近 100 件，且在各个技术分支均有布局。

（2）申请人主体以高效和科研院所为主，公司专利申请少

从国内主要申请人专利态势分析，我国国有企业和科研院所在群体智能众创计算支撑平台方面拥有数量较多的专利申请，但没有相应的平台产品，因此，市场份额相对较低。而公司申请人中，百度、腾讯和明略科技的专利申请数量较低，在完成专利数量的赶超后，需要进一步提升技术创新的高度。

6.4.4.2 应对措施

（1）弥补技术空白点，注意侵权风险

虽然百度在全球的核心专利数量较少，但可以看出，其核心专利在竞争激烈的群体智能社区和市场、群体智能数据服务技术领域均有布局，由此可知，百度具有一定的创新力，抢占了全球的部分市场。并且，百度在这两个技术领域存在数量较多的高风险专利，可以看出，百度保持着较强劲的追赶势头。因此，百度应当在竞争激烈和原创领先的技术领域继续保持投入，提高研发水平，加大研发力度。

（2）适当考虑技术转让与合作

分析 IBM、谷歌和微软的专利申请，不难发现这些外国公司均有通过购买或技术转让等方式获得的有价值的核心专利。百度可以借鉴其经验，与国内人工智能新兴企业或高校、科研院所联合，收储核心专利，挖掘技术人才。

第 7 章　基于神经网络的专利价值评估模型

在市场经济条件下，专利不仅是授予专利权的发明创造，而且是一种具有使用价值和交换价值的非物质形态商品。作为无形商品，专利是有价值的，其价值体现在专利给专权利人带来的利益。[2]随着越来越多有价值的专利被商业化，专利交易和运营的市场逐渐成熟，对专利价值进行有效的评估也成为专利分析课题中一个重要的研究方向。

对专利价值进行有效的评估，不仅能够帮助申请人或专利权人正确认识所拥有专利的重要性，从而有效实施管理策略、加强专利保护，可以为企业开发新产品、开拓新市场、提高核心竞争力等提供战略性的规划指导，还可以为申请人或专利权人的专利投资、转让、许可、质押等专利资产运营行为提供有价值的参考，进一步促进专利的有效利用。

在课题研究中，通常需要对重点分支或者重点申请人的重要专利进行筛选。在之前的课题中用过的专利评估方法，如单因素排序法、综合评价法等，通常具有一定的局限性。虽然学术研究也会使用机器学习方法，但目前缺乏实际应用。专利评估的难点在于影响因素多、影响程度难以辨别、各因素之间存在复杂相关性，而通过调研发现 BP 神经网络在解决上述问题的时候具有一定的优势，所以本课题就采用了基于 BP 神经网络的专利价值评估方法，能够全面、客观、高效地对大数据量的专利进行价值评估。

在介绍本课题的评估模型之前，首先在 7.1 节中介绍了专利价值的相关概念和现有的评估方法，然后在 7.2 节中详细介绍了基于 BP 神经网络的专利价值评估模型的构建和训练方法，最后在 7.3 节中基于该模型进行了专利价值评估实践。

7.1　专利价值及其评估方法

7.1.1　专利价值的概念和特点

从经济学意义上讲，专利价值是指专利预期可以给其所有者或使用者带来的利益在现实市场条件下的表现。具体地，专利的价值可以从以下两个方面来体现。[4]

其一，从专利的自然属性方面来说，通过公开的专利技术可以研发出具有商业价值的专利产品，或者将专利作为一种无形资产进行抵押、转让、许可等各项经济活动。世界上很多著名的企业都非常重视自身的专利布局，其拥有专利的数量，特别是核心专利的数量，可以成为企业竞争实力的象征，为企业发展提供强大的动力和保障。

其二，从专利的社会价值方面来说，专利的价值推动着专利申请者朝着专利研发的方向加大科研的力度，不断创造出高价值的专利，进而进一步推动专利研发活动的发展。并且，随着技术的淘汰周期越来越短，企业要想在激烈的竞争中占据有利的地位，就必须不断进行专利技术的创新性研究，从而促进相关技术的发展。

专利价值具有时效性、不确定性和模糊性[2]的特点。时效性是指不同时期的专利价值是不一样的，如一旦专利权利终止或期限届满，那么专利权利的价值也会降低。并且，影响专利价值的因素有很多，如专利技术的先进度、成熟度、市场潜力、竞争性、实施许可量、剩余有效期等，这些因素随着时间的推移而不断变化，会导致专利价值处于不确定的状态。另外，专利价值还具有模糊性，因为很多影响因素基本很难精确地定量评估，从而无法对专利价值进行精确的度量。

7.1.2 专利价值的评估方法

目前专利价值评估的方法主要包括经济学方法、综合评价法以及一些新兴的评估方法。[3]

（1）经济学方法

早期的专利价值评估方法主要借用了资产评估中的成本法、收益法和市场法等传统经济学方法。这些传统经济学方法虽然能够比较充分地捕获市场信息，但是通常具有耗时、费力、主观性强的缺点。因此，在上述传统的专利价值评估模型的基础上，西方学者也提出了实物期权法，用于比较准确地评估专利资产价值。

基于成本法的专利价值评估是在现行的经济基础上，如果对专利技术重新研发或者向其他的企业或者个人或者组织购买相关专利或者相似专利技术所需要的成本，进而对专利技术进行价值测度的一种方法。[4]由于专利是一种无形资产，与现实中的实物资产存在一定程度上的差异，因此利用成本法进行专利价值评估时具有较大的局限性。

基于收益法的专利价值评估也是借鉴实物资产价值测算的一种专利价值测算方法，主要参考的价值是专利技术在未来发展中所带来的预期收益，同时将各种预期收益按照折现的方法进行现值的计算，最终确定专利技术当前的专利价值。[4]与成本法相比，基于收益法的专利价值评估方法能够比较全面地度量影响专利价值的多种因素，从而比较全面地反映专利技术的价值。但是，由于专利技术在发展过程中的不确定性因素较多，专利技术的预期收益难以确定，因此，基于收益法对专利价值进行评估的难度较大。

基于市场法对专利价值进行评估时，先通过市场调研收集市场中与待评估专利在技术上相似的已交易专利，然后利用收集到的已交易专利对待评估专利的价值进行评估。[4]即将已交易的专利在交易过程中实现的价值调整后作为待评估专利的价值。由于基于市场法的专利价值评估需要对市场进行调查研究，并且还需要在市场中的已交易成功的案例的基础上进行价值分析，因而得出的结果是比较接近现实情况和易于被公众接受的。不过，使用该方法的前提是在专利市场交易中存在一定数量的与待评估专利相似的交易专利，然而有时候在收集相关专利时存在一定困难。

在国际上首先使用实物期权法对专利价值进行评估的是美国金融学家 Black 和 Scholes，他们通过对金融领域内的不付红利股票的看涨期权运用公式的方式确定了其期权的价格。随着期权的发展，不连续型的期权定价也逐步地发展起来，促进了对不连续事件研究的发展。[4]期权定价模型通常分为布莱克－斯克尔斯（B－S）模型和二项式定价（B－M）模型。B－S 模型的研究者们认为，单一的专利价值会因为技术内容、研究范围、使用程度、科技含量等方面的不同而具有很大的差异，而专利群体中专利价值的变动符合布朗运动，所以基于布朗运动理论对专利价值进行评估。由于 B－S 模型需要设定很多严苛的假设条件，对期权定价的能力较差，因此在 B－S 模型的基础上产生了 B－M 模型。B－M 模型先对决策过程进行阶段性的划分，然后将确定研究期权最终的回报率与现实回报率相同的概率作为中性概率，将中性概率作为未来期权价值计算的权重值，最终根据模型计算出期权的实际现实价值。[4]虽然与收益法、成本法、市场法等传统的评估方法相比，实物期权法的评估结果更加准确、客观，但实物期权法存在公式复杂、参数估计具有主观性、假设条件限制等问题，限制了其在评估实践中的应用。

（2）综合评价法

综合评价法是一种较为常用的专利价值评估方法，该方法的关键在于构建专利价值评估指标体系。这种方法和理论主要是在以往的研究中，加入了人的主观判断因素，通过专家打分等形式，对模糊的没有办法进行定量化处理的定性化数据进行定量化，从而为专利价值的测算提供客观、有效的数据。在模糊评价模型中，最重要的是对定性变量的量化处理，通过对指标的量化处理，对所有的变量进行数理化的分析，最后得出研究所需的结果。

万小丽等[2]从技术、市场、权利三个维度建立了一个科学的专利价值评估指标体系，其中技术维度主要包括创新度、技术含量、成熟度、技术应用范围和可替代程度，市场维度主要包括专利技术的市场化能力、市场需求度、市场垄断程度、市场竞争能力、利润分成率和剩余经济寿命，权利维度主要包括专利独立性、专利保护范围、许可实施状况、专利族规模、剩余有效期、法律地位稳固程度。唐恒等[5]从法律价值、技术价值和经济价值三个维度构建专利质押贷款中的专利价值分析指标体系，其中法律维度的二级指标包括权利要求数、稳定性、可规避性、依赖性、专利侵权可判定性、专利到期时间长度、家族专利数、专利许可状态。

2012 年，原国家知识产权局专利管理司和中国技术交易所组织编写了《专利价值分析指标体系操作手册》[6]，该评价体系选取了法律、技术、经济等三个维度的 18 项指标评价专利价值度。其中，法律价值维度包括可规避性、专利侵权可判定性、多国申请、专利许可状态、稳定性、有效期和依赖性 7 项指标，技术价值维度包括行业发展趋势、适用范围、配套技术依存度、可替代性、先进性和成熟度 6 项指标，经济价值维度包括市场应用、市场规模前景、竞争情况、市场占有率和政策适应性 5 项指标。2015 年，中国技术交易所对专利价值度指标体系进行了全面修订[7]，修订后的专利价值度指标体系保留了法律、技术、经济三个维度，最终形成了包括技术领域发展趋势等13项二级指标和权利要求主题类型等43项三级指标，力图更加科学、缜密地进行专利价值分析与评估的规范操作。

（3）新兴方法

除了经济学方法和综合评价法外，随着专利评估方法的发展，也出现了一些新兴的专利评估方法，如机器学习法、引用网络法等。特别是随着机器学习以及大数据的发展，机器学习算法在专利技术价值评估的研究中有着越来越多的应用。赵蕴华等学者采用决策树、神经网络、支持向量机三种机器学习算法对专利评估指标进行选择。胡启超[4]采用BP神经网络程序对影响专利成交价格的指标数据进行模拟，得出专利价值评估的一般模型。这些新兴专利价值评估方法与传统评估方法相比，在科学性、可靠性、有效性等方面均有所提高，但由于相关研究尚浅，仍需要在评估实践中深入研究和论证。

7.1.3 基于神经网络的专利价值评估方法

7.1.3.1 神经网络基本原理

人工神经网络无须事先确定输入输出之间映射关系的数学方程，仅通过自身的训练，学习某种规则，在给定输入值时得到最接近期望输出值的结果。BP神经网络在1986年由Rumelhart和McClelland为首的科学家提出，是一种按误差反向传播（简称"误差反传"）训练的多层前馈网络，其基本思想是梯度下降法，利用梯度搜索技术，以期使网络的实际输出值和期望输出值的误差均方差为最小。BP神经网络是一个支持N对N的多点输入、多点输出的非线性程度非常高的映射，其基本结构图如图7-1-1所示。BP网络是在输入层与输出层之间增加一层或多层神经元，这些神经元称为隐单元，它们与外界没有直接的联系，但其状态的改变，能影响输入与输出之间的关系。

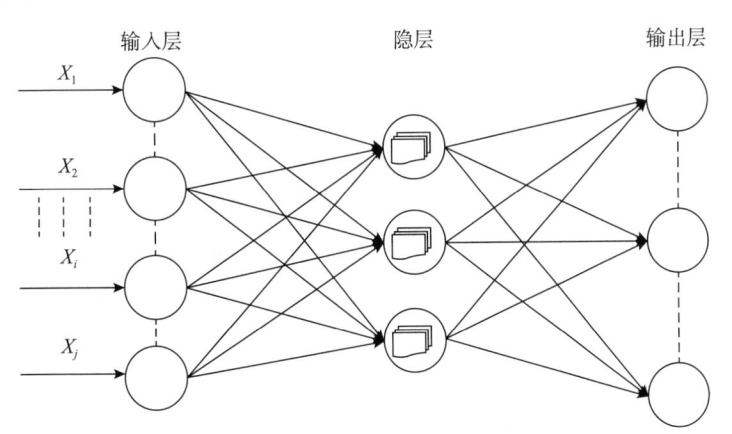

图7-1-1　BP神经网络基本结构[4]

基本BP算法包括信号的前向传播和误差的反向传播两个过程，即计算误差输出时按从输入到输出的方向进行，而调整权值和阈值则从输出到输入的方向进行。正向传播时，输入信号通过隐含层作用于输出节点，经过非线性变换，产生输出信号，若实际输出与期望输出不相符，则转入误差的反向传播过程。误差的反向传播是将输出误差通过隐含层向输入层逐层反传，并将误差分摊给各层所有单元，以从各层获得的误差信号作为调整各单元权值的依据。通过调整输入节点与隐层节点的联接强度和隐层节点与输出节点的联接强度以及阈值，使误差沿梯度方向下降，经过反复学习训练，确定与最小误差相对应的网络参数，训练即告停止。此时经过训练的神经网络即能对类似样本的输入信息，自行处理输出误差最小的经过非线形转换的信息。

BP 神经网络在理论研究和应用方面都已经比较成熟，其具有很强的非线性映射能力和柔性的网络结构，网络的中间层数、各层的神经元个数可根据具体情况任意设定，并且随着结构的差异其性能也有所不同。另外，神经网络模型还具有效率高、处理能力强、信息存储一体化的优点。

7.1.3.2 神经网络在专利价值模型训练中的优势

通过对专利价值的研究发现，专利价值存在众多的影响因素，并且各因素之间并不是独立的，存在多种复杂的相关性。在专利价值的决定因素中，各因素对于专利价值的影响程度是很难辨别的，对决定专利价值的因素体系的建立以及分析产生了很大的困难。

首先，专利技术的价值主要是靠专利技术的未来收益决定的，而对于未来的收益，在现实的度量中存在众多的不确定因素和相对较大的风险，并且对于未来的收益一般采用人们的心理预期收益来确定，这就又增加了专利技术价值评估的主观性与复杂性。众多的影响因素、因素间的相互相关性、预期风险的存在以及不确定性决定了专利技术的价值评估具有相当大的难度。另外，众多在现实生活中直接获取的反映影响因素的数据经常是不可导或不连续的，以往的分析模型都不能很好地解决这个问题。决定专利价值的因素随着经济的发展正在飞速扩张，传统的分析方法已经没有办法对专利价值进行系统可靠的分析，因此专利价值评估是一个非线性带有主观性的问题，需要具有更高智能的算法才能够解决这个高难度的问题。

专利价值决定因素的多维度、难测量、风险大、不确定性强等特点，导致在对专利价值的分析中，经济学方法或综合评价法都不能很好地满足度量的需要。神经网络是一种模拟人脑处理信息的方法，它在处理数据的同时不仅可以对信息进行简单的储存处理，同时还可以进行自主学习、判断、推广等，可以有效地确保处理数据的有效性。它在处理非线性的、多维度的、高难度的数据分析中具有绝对的优势，因此神经网络在专利价值评估中具有很强的适用性。在利用神经网络对复杂的专利信息进行分析处理时，可以从经济、法律和技术等多个角度进行分析。并且，即使数据之间有较大的依存度，神经网络模型都能找到合适的拟合函数使模型预测值接近真实值。

7.2 基于神经网络的专利价值评估模型

专利价值评估模型是通过专利价值影响因素的分析，总结其影响因素与专利价值之间的规律，进而对专利价值进行度量，以便专利权人有效开展专利转让、许可、质押、拍卖等活动。

7.2.1 专利价值模型评估指标

在设计评价指标体系时，应考虑评价指标能否全面充分反映针对所测对象的考察目标，指标之间是否有紧密的逻辑性，这也取决于考察目标与评价指标的来源之间的关系。由于专利的特殊性，专利价值受到多种因素的影响，因此指标体系应该建立在重要性和全面性原则的基础之上，从而使指标体系能够全面客观反映各个相关要素和各个相关环节之间的关联性。所谓构建专利价值评估指标体系的全面性主要体现在保证归类和划分专利价值影响因素时内容的充分性，不应有重要影响因素的遗漏。而重要性原则主要是指在选取指标过程中，保证选取的指标具有代表性，尽量避免重复设置多个独立指标。

保持结构的稳定性、坚持评估结果的可比性是构建专利价值评估指标体系的必要前提。指标体系各个指标的合理组合是建立在整个评估指标体系结构的稳定性的基础之上。有效性是指指标体系的设计力求层次简洁明了，所选指标数量适中，指标分布合理，量化方法简单可行，并且预期评估获得的结论可以比较准确地反映所测对象的实际情况。同时，设计指标体系应该保证有足够的资料信息作为支撑，一切应从当前的研究实际出发，确保当前的物力、人力以及量化方法能够满足各项指标的评估，并且应该明确指标的定义和评估标准，以确保指标信息的采集更加方便。

定量指标一般都较为具体，并且具有很好的直观性，通过实际的数值就可以计算，而且制定的评价标准也比较明确，通过简单的量化描述，就可以直接、清晰地表达评估结果。在目前，专利价值的评估往往需要考虑专利的本身属性、法律状况以及市场经济对该专利的影响情况等。但是，专利价值评估是一个复杂多维的系统，并不是所有能够反映专利价值的因素和指标都能够量化衡量，因此设计定性指标显得尤为重要。这些定性指标在信息的涵盖宽度和广度上，都要远远大于定量指标，也使得专利价值评估的评价结果更加具有向导性和综合性。

综上所述，通过分析影响专利价值评估的因素，可以看到这些因素具有全方位、多角度的特点，且各个因素之间有所关联。了解并掌握这些影响因素，有助于进一步了解专利的内涵和特征。在价值评估中，应该准确地分析专利的特征及其影响因素，并选取合适的方法进行专利评估，从而保证专利评估的科学性和真实性，并确保专利价值评估结论的客观公正性。

在综合考虑了专利价值的各影响因素之后，选取了专利度、独权度、特征度、同族数、同族国家数、被引用数、被引用公司数、非被自引用数、被引用国家数、转让、许可、诉讼、法律状态和专利类型等多个常规的专利因素评价指标，还增加了技术创新度和公开时长两个创新指标，构建专利评估模型的评价指标体系。其中，技术创新度是通过分析该专利与该专利申请前后语义相似专利的数量得到的，体现出该专利技术的创新程度的后续技术的追随程度。公开时长是指该专利距今公开的时间长度，该评价指标的引入可以降低引用信息的时间敏感性,以使近期公开的重要专利可以被有效地筛选出来。

7.2.2 基于 BP 神经网络的专利评估模型

基于 BP 神经网络的专利价值评估方法的基本原理是:首先假设成交专利与未成交专利的价值服从同一分布,成交专利价值是已知的,未成交专利价值是未知的;其次收集公开拍卖的专利成交价格数据,分析影响专利成交价格的相关因素,通过 BP 神经网络程序对成交专利价值的变动进行模拟,在此基础上确立样本中输入变量与输出结果之间的关系,得出专利价值评估的一般模型;最后将待评估的未成交专利因素变量代入到该程序中,就可以得到待评估专利的评估值。[4]

7.2.2.1 模型训练库的构建

为了构建训练库,从群体智能专利数据库中随机抽取了 1287 件专利作为专利样本训练集合。通过随机抽取的专利样本训练集合中,涵盖了不同等级水平的专利。另外,为了优化样本训练集合,还专门收集了部分优质专利,如金奖专利,加入样本训练集合中。并且,在将评价指标输入到模型训练之前还需要对评价指标进行量化的调整,根据预设的标准将定性的因素用量化的形式表达出来,如法律状态"有效"量化为 2、"撤回"量化为 0,其他法律状态量化为 1。

然后,通过调查问卷的方式请该领域专家对该样本训练集合中的专利进行客观的评估。在对专利价值进行评估时,不仅仅要考虑各因素对专利价值的影响,还应充分考虑技术方案本身的价值度。

7.2.2.2 基于 BP 神经网络模型的构建

BP 网络神经模型的构建可以包括确定网络层数、确定每层神经元个数、选择传递函数、选择训练函数等。在模型构建过程中,首先需确定网络层数和各层的节点数。对于三层的 BP 神经网络模型,第一层是输入层,第二层是隐含层,第三层是输出层。对于一个采用 N 个评价指标的模型,那么第一层输入节点数为 N 个,隐含层的节点数通常为 $2N+1$ 个。对于输出层的节点个数,由于在专利评估时针对一个专利给出一个评价分数,因此输出层节点数可以设置为 1。传递函数和训练函数的选择也对模型的训练结果有着比较重要的影响,可以根据实际应用选择合适的函数或者根据训练结果对函数进行调整。

7.2.2.3 基于 BP 神经网络模型的训练

如图 7-2-1 和图 7-2-2 所示,模型训练的具体过程包括获取专家标注的专利样本集合后,将样本集合随机分为两组,一组为训练数据库用于训练 BP 神经网络模型,另一组为测试数据库用于对初步训练好的 BP 神经网络模型进行测试。如果测试结果不满足预设要求,则进一步利用训练库对模型进行训练,或者调整合适的参数或函数,直到训练模型满足预设的迭代终止要求。

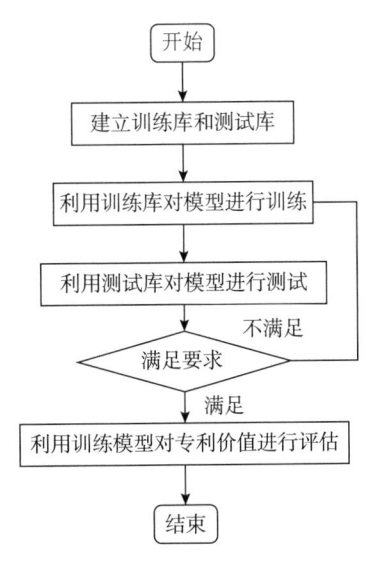

图 7-2-1　BP 神经网络模型训练

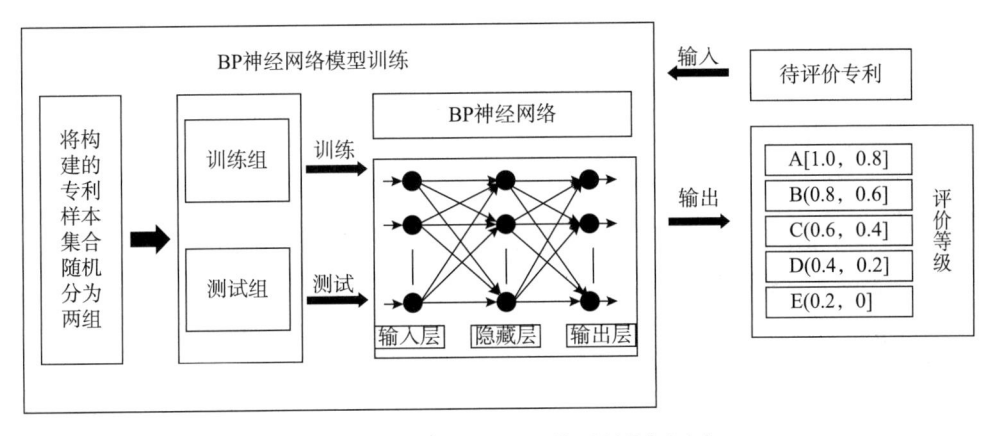

图 7-2-2　BP 神经网络模型训练与测试

如果模型测算出的误差不在误差允许的范围内，则信号将测算误差从输出层依次向隐含层、输入层传递，同时将每个误差分配给各个节点的神经元，以对权值和阈值进行必要的修改更新。网络的学习过程即对权值与阈值的修正过程，这个过程的主要任务就是通过对权值与阈值的修正，在误差允许的范围内，输出的信息与目标值无限接近。随着程序的迭代次数增加，训练数据的误差越来越小。当训练数据的平均误差小于预设值，如 1.0 时，则认为该 BP 神经网络模型满足预设要求，网络的训练工作完成。

7.3　基于 BP 神经网络模型的专利价值评估实践

BP 神经网络模型训练完成后，就可以利用该模型对输入的待评价模型的价值进行评估，得到对应的价值分数，从而完成对有价值专利的筛选。

基于BP神经网络模型对专利价值进行评估，主要优点之一是加快筛选速度，节约人力成本。例如，通过模型对IBM在群体智能支撑平台分支上的高价值专利进行筛选，可以将模型打分较高的专利筛选出来，以进行下一步的分析处理。由于IBM在群体智能支撑平台技术分支上申请量较大，通过人工筛选重要专利会浪费大量的时间，而通过模型筛选仅需要几秒钟，大大节约了人力成本。

另外，本章提出的基于BP神经网络的专利价值评估模型能够更精确地对高价值专利进行筛选。表7-3-1示出了通过训练好的模型对谷歌在群体智能支撑平台分支上的高价值专利的打分数据，按照模型打分结果由高到低进行了排序。在筛选的结果中，排名第一的CA2926423A1由于公开时长比较短而没有相关的引用数据，但是其其他指标数据比较优秀，特别是同族数体现出该专利申请人比较重视该专利技术的专利布局、价值度体现出该专利在技术方面的先进性和后续引导力，因而模型比较精准地打出了高分。因此，我们提出的基于神经网络的专利价值评估模型能够较好地减轻时间因素对引用数据造成的影响，能够比较精确地筛选出重点专利。

表7-3-1 谷歌在支撑平台分支的高价值专利筛选

公开号	专利权	独权数	特征数	同族国家数	被引用数	非被自引用数	被引用公司数	被引用国家数	转让	许可	诉讼	法律状态	专利类型	价值度1	价值度2	价值度3	公开时长/年	模型结果
CA2926423A1	20	3	16	135										29	33	33	2.584963	8.65532
US2009157608A1	21	4	15	21	3	55	7	48	8	3	1		1	4	26	30	3.584963	8.377176
WO2014026338	20	3	18	5	6	23	4	19	7	6	2	2	2	1	46	98	98	2.807355	8.237326
US2015330654A1	18	1	14	6	1	15		15	4	1							2.584963	7.561363
US2014280576A1	20	1	8	2	3	15	1	14	12	3	1				17	9	2.807355	7.301383
US8620857B1	25	1	14	1	1	1		1	1		1		1	41	99	99	2.807355	7.250937
IN267521B	30	5	10											42	111	111	2.584963	7.153945
CA2672757A1	30	5	10	32					2	2	2			41	112	112	3.70044	7.057087
US2013325846A1	21	1	9						1					32	49	49	2.807355	6.792529
US9697546B1	20	1	11	1					1	9	9		1	9	9	9	2	6.744517
WO2007084515	38	4	9	4					2	2	2		1	4	100	111	3.807355	5.421144
KR20180098654A	35	13	10	17									1		30	30	1.584963	5.289476
WO2018223152A1	20	3	20	3	1	1	1	1	1	2	2	2	1			1		4.721435
CN110785790A	20	3	22	3									1					3.508784
IN201847003659A	20	3	16														1.584963	3.445105
WO2017034824	20	3	16	7					2	2	2		1				2	2.753553
WO2015069414	24	3	8	7					2	2	2		1		9		2.584963	2.731564
WO2017105620	15	21	2														2	2.695768
WO2013181253	16	2	13	4					2	2	2		1				2.807355	2.691561
IN201847027507A	35	6	7						2	2	2						1.584963	2.661037

7.4 小　　结

本章针对各个传统专利价值评估方法的局限性，构建了一套基于专利内外部因素指标的专利价值评估指标体系，体系中考虑了法律、技术、经济等多个方面，并且利用真实的数据对优化的专利价值评估 BP 神经网络模型进行训练并检验，实现了专利价值评估的一体化，同时也验证了 BP 神经网络模型应用于专利价值评估中的可行性、准确性、稳定性、先进性和可靠性。通过对训练样本的一步一步优化，基于专利价值评估指标体系，形成了专利价值评估的 BP 神经网络模型。在对检验样本进行实证检验后，进一步证实了 BP 神经网络模型应用于专利价值评估的可靠性和优越性。

在专利价值评估模型中，BP 神经网络可以从多个维度的视角出发，对专利价值进行综合全面的评估，较传统市场法、模糊评价法、成本法而言具有更高的可操作性及客观性。因此，在专利价值评估过程中，相关技术人员可以依据 BP 神经网络理论及专利价值理论，搭建科学合理的专利价值评估指标体系及 BP 神经网络模型。通过针对神经网络模型测试集合的评估效果验证，进一步丰富了现有的专利价值评估体系，为专利价值评估工作效率及质量同步提升提供了依据。

第8章 主要结论及措施建议

8.1 概　　述

新一代人工智能定义下的群体智能，是基于互联网的组织结构下被激励进行计算任务的大量独立个体共同作用下所产生的超越个体智能局限性的智能形态。互联网技术的出现打破了物理时空对于大规模人类群体协同的限制，促进了基于互联网的人类群体的出现，利用互联网，任何地域分布的人类都能够组合成一个具有联系的组织群体。因而，面向人类群体的群体智能通常被称为 crowd intelligence 或 collective intelligence。互联网促使人类的信息的总量、信息传播的速度和广度都在飞速地增长，这构成了基于互联网的群体智能技术的基础。互联网的发展促成了基于网络的群体智能现象，其涉及的领域包括知识收集、文本识别、产品设计、科学研究和软件开发等。群体智能的基础理论包括群体智能的结构理论与组织方法、群体智能的激励机制和涌现原理、群体智能的学习理论与方法、群体智能的计算范式与模型等内容，以解决群体智能组织的有效性、群体智能涌现的不确定性、群体智能汇聚的质量保障、群体智能交互的可计算性等科学问题。基于互联网的群体智能理论和方法是新一代人工智能的核心研究领域之一，对人工智能的其他研究领域有着基础性和支撑性作用。

群体智能的关键性技术包括群体智能的主动感知与发现、知识获取与生成、协同与共享、评估与演化、人机整合与增强、自我维持与安全交互、服务体系架构以及移动群体智能的协同决策与控制等内容，以支撑形成群体智能数据－知识－决策自动化的完整技术链条。群体智能支撑平台包括群体智能众创计算支撑平台、科技众创服务系统、开放环境的群体智能决策系统、群体智能软件学习与创新系统、群体智能软件开发与验证自动化系统、群体智能共享经济服务系统等内容，打造面向科技创新的群体智能科技众创服务系统，推动群体智能服务平台在智能制造、智能城市、智能农业、智能医疗等重要领域广泛应用，形成群体智能驱动的创新应用系统和创新生态，占据全球价值链高端。

8.2 专利态势分析主要结论

（1）中国群体智能起步较晚，但增速领先全球

从群体智能技术主要国家/地区授权量态势可以看出，美国在群体智能技术领域的每年授权量从 1990 年开始缓慢增长，2009 年之后增长趋势明显，其领先地位愈加彰显。中国在群体智能领域虽然起步较晚，但从 2006 年开始每年的授权量稳步增长，授

权量仅次于美国，在五国/地区中位列第二。欧洲、日本和韩国在群体智能领域的发展相对缓慢，在授权高峰年份也没有超过 200 件。由此可以看出，未来在群体智能领域，很有可能主要是中美两方的对抗。

从群体智能技术主要国家/地区申请量和授权量的对比可以看出，中国的申请量位居第一，但是授权率不足美国授权量的一半。美国的申请量和授权率相对较高。欧洲、日本、韩国的申请量和授权量相比而言偏少，可以看出在群体智能领域，中国、美国基本是该领域技术发展驱动力的核心，日本、欧洲、韩国已经处于落后地位。

（2）中国原创专利数量全球第一，重要专利与美国同步增长

从群体智能技术全球原创国家/地区占比可以看出，中国原创技术占比达到47%，是全球第一大创新群体。这主要因为中国近年来对于人工智能领域的政策引导和产业规划，大量中国创新主体在该领域投入研发力量，特别是众多高校和科研院所在国家基金的支持下，在该领域开展了广泛的研究。占比34%的美国是另一个重要的创新驱动力，拥有如 IBM、微软、谷歌等全球重要的申请人，企业力量突出。日本、德国、韩国、欧洲分别位列第三至第六位。

群体智能技术的原创技术核心区域，美国作为技术长期的技术原创核心国家，保持了长期的创新活力。中国在 2004 年以后，随着经济的蓬勃发展，支撑了群体智能相关技术的快速发展，而随着 2017 年《新一代人工智能发展规划》的出台，中国在群体智能领域迎来新的爆发式增长。2009~2014 年，中国和美国分庭抗礼，之后中国逐渐超过美国。

通过对用模型筛选出的重要专利拥有量的分析，可以看出，基于长时间的发展和高层次人才优势，美国在三个技术分支长期处于领跑地位，掌握了大量重要专利技术。而中国重要技术的总量虽然与美国仍有差距，但我们欣喜地发现，基于新兴人才的成长，中国的重要专利拥有量从 2003 年左右开始实现了快速增长，在 2006 年超过了日本，并在 2014 年达到与美国同等水平，与美国保持同步增长。

（3）美国寡头初现，中国创新主体活跃度增加，个体实力差距明显

从重要技术的创新主体的竞争格局上看，过去 20 年，美国拥有 IBM、微软、谷歌等众多传统领先企业，活跃度持续较高，且经过长期的发展，重要技术逐渐向头部企业汇聚，行业寡头初现；日本企业发展前期强劲基础扎实，从 2005 年之后创新活跃度走弱，欧洲已跌出竞争行列。

IBM 的认知计算平台 Watson 作为其第四次转型的核心业务，汇聚了 IBM 在新一代人工智能领域的最新人工智能技术成果，其中广泛涉及了群体智能的感知、知识获取、评估、数据服务等重要技术的支撑。

对照 Watson 的技术结构与赋能行业可以发现，我国目前已发布的 15 个新一代人工智能开放创新平台，与 Watson 的技术、行业高度重合。

但进一步对比在群体智能方面的专利技术基础，中国的各创新平台全面落后，个体技术实力的巨大差距，仅通过各创新平台自身的技术发展已经很难在短期内弥补差距。

8.3 基础理论分支专利态势分析主要结论

（1）中国起步晚于全球，现呈中美两极态势

从群体智能基础理论授权情况可以看出，美国最早起步，而其他国家都维持了比较低水平的初步研究，直至 10 余年后，全球才开始对群体智能基础理论展开了更为全面的研究，在 2012 年左右达到顶峰，值得注意的是，欧洲、韩国和日本的申请量至此又开始逐渐萎缩，最终呈现出了中国、美国两家独大、其他国家近乎真空的态势。

（2）美国以企业为主要申请人，中国以高校为主要创新主体

从全球主要申请人分布可以看出，国外申请人以企业为主，国内申请人以中国高校和科研院所为主，其他国家进入前 20 的则仅有三星，并且看不到欧洲和日本的相关公司，与前面的欧、日、韩出现了较大的真空形成了互相印证。

具体从申请人角度，美国主要以互联网、计算机类的高科技公司为主，其中，有着企业界基础创新之父的 IBM 再次荣登榜首，而中国的高校中，北京航空航天大学、南京邮电大学、浙江大学等的高申请量与其在人工智能领域的深耕有着紧密的关系。

8.4 关键技术分支专利态势分析主要结论

（1）面向群体智能的协同与共享是新兴研发热点

最初处于高位的是面向群体智能的协同与共享、群体智能的知识获取和生成与多移动体群体智能协同控制这三个技术分支。其中面向群体智能的协同与共享分支在 2009~2011 年出现下降，随后迅速上升，该技术分支一直是关键技术部分的热点。群体智能的知识获取和生成在波动中呈现下降趋势，多移动体群体智能协同控制呈现出持续下降的趋势。群体智能的主动感知和发现虽然在初始时处于低位，但呈现出平稳的上升态势，可能会成为关键技术部分的新热点。其他技术分支持续处于低位。全球范围内的研发热点或将主要集中在面向群体智能的协同与共享以及群体智能的主动感知和发现这两个技术分支。

中国在关键技术领域起步略晚，起步时的技术布局与全球格局有较大差异，但是随着时间的推移，各技术分支的发展趋势与全球相似，面向群体智能的协同与共享在发展初期处于低位，迅猛上升后在 2009~2011 年出现下降，反弹后迅速上升，占比跃居第一。群体智能的知识获取和生成最开始占据高位，随后迅速下降。群体智能的主动感知和发现研究起步较早，随后下降，2006~2008 年降至最低点后又呈现出较好的上升态势。其他技术分支持续处于低位。

（2）中国创新主体相较美国创新主体海外布局意识弱

美、日、欧国外申请人均在全球范围内广泛布局，并拥有多项 PCT 申请，而中国申请人则多以本国为布局重点，仅有个别申请人有零星海外布局，海外布局意识弱。

从目标国家/地区来看，美国公司，例如 IBM、微软、英特尔等普遍更注重在中国的布局，随后是欧洲和日本，而谷歌则更注重在欧洲的布局。日本公司，如丰田、日产、本田，普遍更注重在美国的布局，随后是中国和欧洲。另外，英特尔和微软更注重PCT申请，采用以进入多个市场国家/地区为目标的专利布局策略。

8.5 支撑平台分支专利态势分析主要结论

（1）各技术分支全面迅猛发展

群智支撑平台包括群体智能众创计算支撑平台、科技众创服务系统、开放环境的群体智能决策系统、群体智能软件学习与创新系统、群体智能软件开发与验证自动生产系统以及群体智能共享经济服务系统。群体智能众创计算支撑平台、开放环境的群体智能决策系统最初均并不处于最高位，但近年来持续保持着增长的态势，说明该领域研发热情一直高涨。科技众创服务系统持续处于低位。群体智能软件学习与创新系统最初处于最高位，但后期申请动力不足，持续呈现下降态势。群体智能软件学习与创新系统、群体智能共享经济服务系统近些年呈现快速上升态势。

（2）中国创新主体相较美国创新主体海外布局意识弱

从全球主要申请人区域分布来看，各个申请人都是在本国/地区进行最多的专利申请。从目标市场来看，美国最受重视，然后是日本和中国。美国公司，例如 IBM 更注重在中国的布局，随后是 PCT 申请和日本；而微软、谷歌、英特尔则普遍更注重 PCT 申请，随后是中国和欧洲。国内申请人中，高校和科研院所更多是在国内申请专利，而国内企业基本都进行了 PCT 申请，并通过 PCT、《巴黎公约》等方式选择布局其他国家。

8.6 重要技术分支专利技术分析结论

（1）群体智能的基础理论

1）中国聚焦粒子群和衍生算法，美国聚焦蚁群优化算法

在群体智能基础理论中，群体优化算法是理论基础中的重要算法，而最早诞生的蚁群优化算法其实源于欧洲的 Marco Dorigo 教授，但在美国得以发扬，这与美国的良好学术氛围和广袤的市场有很大关系，而中国则在粒子群优化算法中进行了较为广泛的布局。综合来说，蚁群优化算法相对成熟，与其他仿生优化算法的最大区别是其采用了正反馈机制，模型对初始化参数的设置相对敏感，而粒子群算法仍然缺乏相对深刻的理论研究，数学基础相对薄弱，因此具有一定的完善和成熟空间。而对于其他算法，基本都是基于蚁群优化或粒子群优化算法的变形、衍生或新物种的仿生，其出现时间普遍在 2000 年后，各自拥有不同的适用领域，也存在较大的发展空间。但值得注意的是，美国在这些衍生算法的布局上基本处于低量，因此，其算法的实际意义和用处还有待研究。

2）高校在基础理论及其优化算法中需要寻找聚焦点

高校不论在基础理论分支，还是基础理论的重点算法中，大部分高校存在申请趋势不够健康、研究方向分散且重叠的问题。高校分散式的研究不易形成突出优势，并且在重复性研究中会浪费大量的研究资源。而美国在基础理论中，其申请人往往聚焦于某一技术点。

因此，可通过诸如组建群体智能基础理论研究协会、年度高峰论坛、群体智能人才库等手段，实现信息的沟通和互通有无，并在交流中创新；同时高校应该结合学校自身所在地域、自身特色来确定基础理论的研究方向，确定聚焦点。例如，浙江大学基于自身地理位置和学校自身优势，与阿里巴巴进行联合成立前沿技术联合研究中心（AZFT），同时联合建设的"阿里云-浙江大学工程师学院数字技术人才培训中心"也强化了人才的培养，以及在与其他合作企业中，例如化工企业中应用了蚁群优化算法和粒子群优化算法，实现了生产要素的优化，分工效率的提升，提高了经济效益，其基础理论实际应用不仅促进了经济的增长，又反哺了基础理论的进步，强化了基础理论中特定领域的优势，最终在全国高校中具有了一定的领先优势。

（2）群体智能的协同与共享

1）群体智能任务的匹配/协同推荐为研发热点

从各技术分支每三年的技术发展趋势可以看出，其中群体智能任务的匹配的占比在2006~2008年出现爆发式增长，随后持续处于高位，群体智能任务的协同推荐也呈现出逐步增长，预测未来一段时间，上述两个技术分支仍将是研究的热点，建议国内创新主体在该两个技术分支要特别的关注；群体智能资源的开放式共享以及群体智能任务的优化方法分别在2006~2008年、2003~2005年达到顶峰，随后均呈现占比的大幅度降低，可能是因为该技术已经发展的较为成熟，申请人布局已经很完善，因此研究热度呈下降趋势。

2）中国热点跟踪好，布局全面，重要专利价值分布与美国相似

通过对国内外主要申请人的技术布局分析发现：国内创新主体在该分支下，不仅热点跟踪较好，而且覆盖全面，基本没有缺位。

为了对比该分支下中美重要专利的专利价值，在中、美各筛选出400件重要专利，以创造力和追随度制作专利价值图谱。通过研究发现，中国重要专利创造力略低，而追随度较优，中、美重要专利整体价值分布相似，且都具有专利运营的意识，这表明中国重要专利在价值上也达到了可与美国相抗衡的水平。

3）中国创新主体以高校和科研院所为主，研究内容存在重叠

从全球前20主要申请人可以看出，美国申请人占据5席，以IBM、微软等企业为主。日本申请人占据3席，同样以企业为主。中国申请人占据12席，以北京航空航天大学、西北工业大学等高校和科研院所为主。

整理国内研究现状，发现国内高校和研究院所存在研究内容重叠现象，例如北京航空航天大学的主要竞争对手集中在西北工业大学、南京航空航天大学等高校，其中部分专利的相似度更是达到97%以上。

(3) 群体智能主动感知与发现

1) 群体行为的多层次感知是研发新热点

中国与全球发展趋势一致，群体行为的多层次感知是研发新热点。从群体智能主动感知与发现分支全球申请量和中国申请量的对比可以看出，全球的申请量在 2000 年后呈现快速增长趋势，中国相较全球申请量的增长趋势稍有滞后，但 2010 年后也开始快速增长，该技术分支整体热度属于快速增长的趋势。主动感知与发现这一三级分支共分为四个四级分支：复杂环境下群体行为信息的多层次感知、复杂感知任务中鲁棒群体智能信息感知技术、多层次任务适配和激励机制以及移动群体智能感知与社群群体智能感知融合增强。从各分支技术三年一周期的技术占比可以看出，复杂感知任务中鲁棒群体智能信息感知技术的技术占比从最初的高位逐渐下降，说明该分支技术日渐成熟，研究热度降低；复杂环境下群体行为信息的多层次感知占比逐年增长，说明该分支技术可能成为未来的研究热点；而多层次任务适配和激励机制和移动群体智能感知与社群群体智能感知融合增强这两个分支的占比比较稳定，热度不高。

2) 中国企业相较美国企业专利实力弱，国内高校和科研院所可作为支撑

中国企业专利实力弱于美国企业，高校和科研院所专利申请量可观。无论是从专利申请量还是从专利布局情况来看，中国企业的专利实力都弱于美国企业。美国企业例如 IBM 不仅专利申请量大，全球范围内专利布局广泛，而且针对企业相关技术领域开展了广泛的专利布局，研发和专利走在产品的前头，并积极在技术热点方向以及企业重点关注的技术方向上展开全面布局，从时间和技术两方面都抢占了先机。而中国企业专利申请量较小，专利申请、专利保护和专利布局的意识比较薄弱，没有在产品相应的领域进行全面布局，形成专利壁垒，以保障自己的权益。因此，从中国企业和美国企业的专利实力对比来看，中国企业凭借自己的力量很难与美国企业抗衡，需要寻找合适的合作对象组成技术联盟。而从全球主要申请人的分布来看，中国的高校和科研院所的专利申请量可观，不少高校和科研院所在全球申请人中排名比较靠前，在各个技术分支布局比较全面，恰恰可以作为企业的支撑，联合抗衡美国企业的专利封锁。

(4) 群体智能众创计算支撑平台

全球权威咨询机构 IDC 发布 2019 年下半年《深度学习框架和平台市场份额》报告显示，在中国深度学习平台市场，谷歌、Facebook、百度三强鼎立态势稳固，已占据接近 80% 的市场份额，其中百度的市场份额在过去半年里增长迅猛，占比提升了 5.98%。AWS、微软等国外平台的份额下滑明显。

百度在群体智能众创计算支撑平台技术领域的全球专利布局始于 2010 年，2010～2016 年申请量一直在低位缓慢上升，百度飞桨就诞生于这一期间，百度 2013 年开始开发飞桨，2016 年将其开源，从 2017 年开始申请量开始快速上涨，这可能与 2017 年百度牵头筹建国内唯一的深度学习技术及应用国家工程实验室有关。

8.7 面向行业的措施建议

（1）自主创新提升个体实力，科学引导寻找联盟助力对抗寡头

在中美竞争格局的影响下，中国创新主体在认识到与美国寡头企业之间的巨大差距的同时，要自主创新，提升个体实力；同时针对目前国内企业专利实力较弱的情况，可以尝试通过组建联盟的形式，充分挖掘中国高校和科研院所的技术基础，并通过联盟效果参数评估、联盟技术路线评估、联盟技术对抗评估多维度评价指标指导联盟组合筛选，助力企业发展以及对抗行业寡头。

（2）保持对群体智能的协同与共享等热点分支的研究力度，提前进行全面布局

通过分析结论可以看出，群体智能全球范围内的研发热点包括面向群体智能的协同与共享以及群体智能的主动感知和发现这两个技术分支。课题组认为中国应重点关注其中的重点关键技术，特别是其中的热点技术分支，重点突破这些关键技术中中国具有竞争实力的关键技术点，并提前布局。为此，课题组对关键技术分支中的关键技术点进行了梳理，在面向群体智能的协同与共享方面，其中群智任务的匹配、群智任务的协同推荐近期呈现出良好发展态势，预测未来一段时间，上述两个技术分支仍将是研究的热点。在群体智能的主动感知和发现方面，群体行为的多层次感知占比逐年增长，说明该分支技术可能成为未来的研究热点，建议国内创新主体对上述技术分支重点关注，并提前构建专利池，提升竞争力。

（3）群体智能协同与共享国内研究方向趋同度高，需增强互通

对国内申请量第一的北京航空航天大学的专利进行了攻防分析，北京航空航天大学的主要竞争对手都集中在西北工业大学、南京航空航天大学等高校，从分析结果来看，有些专利技术的相似度甚至达到了97%以上。结合分析发现，目前国内高校和科研院所在研究方向上趋同度较高，以北京航空航天大学、西北工业大学为代表，可以加强交流，促进研究。

（4）群体智能任务的匹配等技术中美高度竞争，未来发展需要以自主创新为主

对该分支下的重要专利进行了技术关联性分析，发现中美两国技术存在强关联性，特别是集中在群体智能任务的匹配，群体智能任务的协同推荐两个技术分支下，约90%的专利在技术上存在关联性。且其中中国拥有关联技术的前十位申请人中，有4位已经被美国列入"实体清单"，中国在协同与共享领域内专利申请数量的增加、专利价值和专利转化意识的提高以及在技术内容上与美国的强关联，使得中国在这个领域面临着美国的全面技术封锁，未来发展必须以自主创新为主。

（5）基于算法的任务调整技术初具布局意识，需重视专利价值，提升海外布局质量

选取群体智能任务的匹配这一研究热度持续高位的技术分支进行了中美技术功效分布对比，分析发现，基于算法的任务调整方面是中美两国的研究热点。

针对技术热点，我们发现中国申请人具有较好的以专利簇的形式进行专利布局的

意识，国内专利布局意识尚可。

但中国相关专利的维持年限和同族度都不及美国专利，同时，美国专利存在部分维持年限高、同族度也高的专利，但是中国的专利无论维持年限如何，同族数均较差。建议申请人对认为重要的专利，即维持年限较长的专利，在其周围展开技术布局时，也要考虑进行 PCT 申请，在更广的地域进行布局，提升海外专利布局意识，参与全球竞争。

（6）智能体通信技术较为薄弱，注重跟踪学习，周边布局，同时积极收储

选取群体智能任务的匹配这一研究热度持续高位的技术分支进行了中美两国技术功效分布对比发现，在智能体通信方面，中美两国均有投入，但美国在这个领域更具优势，中国在该领域存在较多技术薄弱点，例如提高灵活性、提高效率、提高稳定性等效果方面投入较少，并且通过申请趋势发现，美国持续在这些技术点上布局。

中国在智能体通信技术点上相较于美国较为薄弱，可以采用以下策略：

① 在美国的重要专利周边布局，抢占技术热点。

② 对美国及以外国家重要创新主体进行跟踪学习，对潜在技术输出方，与该技术相关的专利进行收储。

（7）华为与上海交通大学、中国科学院联盟发展群体智能主动感知与发现

针对国内企业专利实力较弱的情况，通过组建联盟的形式，助力企业发展。首先选择潜在的联盟对象，找到与 IBM 技术相近并且具有钳制它的专利的申请人，也就是要找技术相关且时间靠前的申请人，因此可以从攻防分析和专利引用文献跟踪这两个途径入手。攻防分析是以 IBM 该分支的专利为攻方，以除 IBM 以外的该分支其他专利为防方，在攻防结果中筛选相对于 IBM 领先或竞争关系的中国申请人。专利引用文献跟踪是从 IBM 该分支专利中所有引用专利中筛选排名靠前的中国申请人。通过攻防分析确定候选人为中国科学院和华为，通过专利引用文献跟踪得到一些申请人，再从中根据技术相关度筛选出了上海交通大学、中国科学院、华为、吉林大学、南京邮电大学这 5 个申请人。

由于攻防分析得到的结果并不能直接反映专利实力的强弱，因此我们需要想办法通过这些结果数据进行联盟效果的评估。首先，领先率、滞后率、原创率都很重要，IBM 领先率和原创率越低、滞后率越高，说明联盟的效果越好。因此，我们根据联盟和 IBM 的领先率、滞后率、原创率构建了专利实力得分 E。

$E =$（领先率$_{联盟}$ − 领先率$_{IBM}$）+（滞后率$_{IBM}$ − 滞后率$_{联盟}$）+（原创率$_{联盟}$ − 原创率$_{IBM}$）

同时，专利度均值和特征度均值在对抗中也很重要，在专利对抗中，专利度太低，特征度太高的专利价值是很低的，因此，在联盟结果评估中同时参考了这两个指标。

下面我们从技术上分析为什么这些联盟组合的效果更好。我们对 IBM 和华为、上海交通大学、中国科学院联盟的专利进行分析并得到一张总的技术路线图，其中深蓝色为 IBM、红色为联盟方。标记红色箭头和剪刀标志的部分代表通过联盟可以克制 IBM 相关技术，而红框圈出的表示联盟布局较多，与 IBM 相比占优，可以看出通过联盟可以在多层次任务适配和激励机制、复杂感知任务中鲁棒群体智能信息感知与移动群体

智能感知与社群群智感知融合增强上都对 IBM 的专利技术具有钳制作用。

接下来我们采用另一种方式－联盟攻防对抗树来进一步评估联盟的效果，对抗树不同分叉表示不同细分的技术，其中的颜色和技术路线图中的各分支颜色对应，而各分叉上的箭头方向代表时间的演变。可以看出，在行为感知的网络安全态势感知、鲁棒感知中的无线传感网以及移动感知中的交通感知与仿真中，联盟方的中国科学院、上海交通大学都分别存在着时间更早技术相关的专利，可以帮助华为对抗 IBM。当然，也有一些分支由于 IBM 布局较早没有办法找到克制专利。

8.8 小 结

群体智能作为基于互联网的组织结构下被激励进行计算任务的大量独立个体共同作用下所产生的超越个体智能局限性的智能形态，虽然中国的研究起步较晚，但近期创新活力领先，在全球范围内已经形成与美国的竞争态势。相较美国寡头企业在技术和市场方面的全面领先，中国的创新主体在一些技术点虽然已经形成突破，可以与之抗衡，但仍存在专利布局落后、全球竞争力仍有不足、核心技术仍存在空白的劣势，为了应对这种劣势，在坚持自主创新的同时，还可以通过组建专利联盟的方式，以企业作为技术产业化的核心，同时发挥高校和科研院所创新主体的技术优势，全面提高竞争力。

参考文献

[1] 中国人工智能2.0发展战略研究项目组. 中国人工智能2.0发展战略研究 [M]. 杭州：浙江工业大学出版社，2018.

[2] 万小丽，朱雪忠. 专利价值的评估指标体系及模糊综合评价 [J]. 科研管理，2008，29（2）：185－191.

[3] 刘伍堂，王晓冉，肖霖之，等. 基于大数据的专利价值评估研究 [J]. 无形资产评估，2020（7）：4－12.

[4] 胡启超. BP神经网络在专利价值评估中的应用研究 [D]. 哈尔滨：哈尔滨工业大学，2013.

[5] 唐恒，孔潆婕. 专利质押贷款中的专利价值分析指标体系的构建 [J]. 科学管理研究，2014（2）：105－108.

[6] 国家知识产权局专利管理司，中国技术交易所. 专利价值分析指标体系操作手册 [M]. 北京：知识产权出版社，2012.

[7] 中国技术交易所. 专利价值分析与评估体系规范研究 [M]. 北京：知识产权出版社，2015.

[8] 国务院. 新一代人工智能发展规划 [M]. 北京：人民出版社，2017.

[9] 李未，吴文峻. 群体智能：新一代人工智能的重要方向 [EB/OL]. (2017－08－23) [2021－03－31]. http://www.stdaily.com/index/kejixinwen/2017－08/03/content_564559.shtml.

图 索 引

图 1-1-1　人工智能发展历程　(1)
图 1-1-2　人工智能2.0研究内容概况　(4)
图 2-1-1　群体智能技术分解表　(37)
图 2-2-1　群体智能技术全球/中国专利申请态势　(38)
图 2-2-2　群体智能技术主要国家/地区专利授权态势　(39)
图 2-3-1　群体智能技术主要国家/地区专利申请量和授权量　(39)
图 2-4-1　群体智能技术全球主要申请人排名　(40)
图 2-4-2　群体智能技术中国专利申请主要申请人排名　(41)
图 2-5-1　群体智能技术全球目标市场占比　(42)
图 2-5-2　群体智能技术全球原创国/地区占比　(42)
图 2-6-1　群体智能技术全球/中国主要技术分支申请量　(42)
图 2-7-1　群体智能技术全球主要申请人布局国家/地区分布　(46)
图 2-7-2　群体智能技术中国专利主要申请人布局国家/地区分布　(47)
图 2-7-3　群体智能各技术分支全球主要申请人技术分布　(47)
图 2-7-4　群体智能各技术分支中国专利主要申请人技术分布　(48)
图 2-8-1　群体智能原创技术迁移情况　(49)
图 2-9-1　群体智能中美人才结构对比　(49)
图 2-9-2　中美人才4年内创新活力对比　(50)
图 2-10-1　各主要国家或地区群体智能重点专利拥有量　(50)
图 2-10-2　各主要国家或地区基础理论重点专利拥有量　(51)
图 2-10-3　各主要国家或地区关键技术重点专利拥有量　(51)
图 2-10-4　各主要国家或地区支撑平台重点专利拥有量　(51)
图 2-11-1　群体智能技术PCT申请趋势　(52)
图 2-11-2　群体智能技术的PCT申请平均权利要求项数　(52)
图 2-11-3　群体智能技术的PCT申请平均技术特征数　(53)
图 2-11-4　群体智能技术的PCT申请平均同族国家数　(53)
图 2-12-1　群体智能重要技术的创新主体的竞争格局迁移　(彩图1)
图 2-12-2　重要技术的创新主体数量迁移　(55)
图 2-13-1　群体智能全球创新主体申请量排名　(彩图2)
图 2-13-2　Watson与我国新一代人工智能开放创新平台的技术、行业对照　(彩图3)
图 3-1-1　基础理论技术全球/中国申请态势　(58)
图 3-1-2　基础理论技术主要国家/地区授权态势　(59)
图 3-1-3　基础理论主要国家/地区申请量和授权量　(59)
图 3-1-4　基础理论全球主要申请人排名　(60)
图 3-1-5　基础理论中国专利主要申请人排名　(61)
图 3-1-6　基础理论全球国家/地区目标市场占比　(62)
图 3-1-7　基础理论全球原创国家/地区占比

图索引

图 3-1-8　基础理论全球/中国主要技术分支申请量　(63)

图 3-1-9　基础理论全球主要申请人目标市场分布　(66)

图 3-1-10　基础理论中国专利主要申请人目标市场分布　(66)

图 3-1-11　基础理论全球主要申请人技术分布　(67)

图 3-1-12　基础理论中国专利主要申请人技术分布　(68)

图 3-2-1　结构理论与组织方法的全球/中国申请态势　(69)

图 3-2-2　结构理论与组织方法的主要国家/地区授权态势　(69)

图 3-2-3　结构理论与组织方法主要国家/地区申请量和授权量　(70)

图 3-2-4　结构理论与组织方法全球主要申请人排名　(71)

图 3-2-5　结构理论与组织方法中国专利主要申请人排名　(71)

图 3-2-6　结构理论与组织方法全球目标市场占比　(72)

图 3-2-7　结构理论与组织方法全球原创国家/地区占比　(72)

图 3-2-8　结构理论与组织方法全球主要申请人申请量地区分布　(75)

图 3-3-1　激励机制与涌现原理全球/中国申请态势　(76)

图 3-3-2　激励机制与涌现原理主要国家/地区授权态势　(76)

图 3-3-3　激励机制与涌现原理主要国家/地区申请量和授权量　(77)

图 3-3-4　激励机制与涌现原理全球主要申请人排名　(78)

图 3-3-5　激励机制与涌现原理中国专利主要申请人排名　(79)

图 3-3-6　激励机制与涌现原理全球目标市场占比　(79)

图 3-3-7　激励机制与涌现原理全球原创国家/地区占比　(80)

图 3-3-8　激励机制与涌现原理全球主要申请人申请量区域分布　(83)

图 3-4-1　群体智能学习理论与方法全球/中国申请态势　(84)

图 3-4-2　群体智能学习理论与方法主要国家/地区授权态势　(84)

图 3-4-3　群体智能学习理论与方法主要国家/地区申请量和授权量　(85)

图 3-4-4　群体智能学习理论与方法主要全球申请人排名　(86)

图 3-4-5　群体智能学习理论与方法中国专利主要申请人排名　(87)

图 3-4-6　群体智能学习理论与方法全球目标市场占比　(88)

图 3-4-7　群体智能学习理论与方法全球原创国家/地区占比　(88)

图 3-4-8　群体智能学习理论与方法全球主要申请人申请量区域分布　(91)

图 3-4-9　群体智能学习理论与方法中国主要申请人申请量区域分布　(91)

图 3-5-1　群体智能通用计算范式与模型全球/中国申请态势　(92)

图 3-5-2　群体智能通用计算范式与模型主要国家/地区授权态势　(93)

图 3-5-3　群体智能通用计算范式与模型技术主要国家/地区申请量和授权量　(93)

图 3-5-4　群体智能通用计算范式与模型全球主要申请人排名　(94)

图 3-5-5　群体智能通用计算范式与模型中国专利主要申请人排名　(95)

图 3-5-6　群体智能通用计算范式与模型技术目标市场国家/地区占比　(96)

图 3-5-7　群体智能通用计算范式与模型全球原创国家/地区占比　(96)

图 3-5-8　群体智能通用计算范式与模型全球主要申请人申请量区域分布　(99)

图 3-5-9　群体智能通用计算范式与模型中国主要申请人申请量区域分布　(100)

图 4-1-1　关键技术全球/中国申请态势　(101)

317

图 4-1-2 关键技术主要国家/地区授权态势（102）

图 4-1-3 关键技术主要国家/地区申请量和授权量（102）

图 4-1-4 关键技术全球主要申请人排名（103）

图 4-1-5 关键技术中国主要申请人排名（104）

图 4-1-6 关键技术全球目标市场占比（105）

图 4-1-7 关键技术全球原创国家/地区占比（105）

图 4-1-8 关键技术主要技术分支全球/中国申请量分布（106）

图 4-1-9 关键技术全球主要申请人布局国家/地区分布（109）

图 4-1-10 关键技术中国专利主要申请人布局国家/地区分布（110）

图 4-1-11 关键技术全球主要申请人技术分布（111）

图 4-1-12 关键技术中国专利主要申请人技术分布（112）

图 4-2-1 群体智能主动感知与发现全球/中国申请态势（113）

图 4-2-2 群体智能主动感知与发现主要国家/地区申请量和授权量（113）

图 4-2-3 群体智能主动感知与发现全球主要申请人排名（114）

图 4-2-4 群体智能主动感知与发现中国主要申请人排名（114）

图 4-2-5 群体智能主动感知与发现全球目标市场占比（115）

图 4-2-6 群体智能主动感知与发现全球原创国家/地区占比（115）

图 4-2-7 群体智能主动感知与发现全球主要申请人申请量区域分布（118）

图 4-2-8 群体智能主动感知与发现中国主要申请人申请量区域分布（118）

图 4-3-1 群体智能知识获取与生成全球/中国申请态势（119）

图 4-3-2 群体智能知识获取与生成主要国家/地区申请量和授权量（119）

图 4-3-3 群体智能知识获取与生成全球主要申请人排名（120）

图 4-3-4 群体智能主动感知与发现中国专利主要申请人排名（121）

图 4-3-5 群体智能知识获取与生成全球目标市场占比（122）

图 4-3-6 群体智能知识获取与生成全球原创国家/地区占比（122）

图 4-3-7 群体智能知识获取与生成全球主要申请人申请量区域分布（125）

图 4-3-8 群体智能知识获取与生成中国专利主要申请人申请量区域分布（125）

图 4-4-1 群体智能协同与共享全球/中国申请态势（126）

图 4-4-2 群体智能协同与共享主要国家/地区授权态势（127）

图 4-4-3 群体智能协同与共享主要国家/地区申请量和授权量（127）

图 4-4-4 群体智能协同与共享全球主要申请人排名（128）

图 4-4-5 群体智能协同与共享中国专利主要申请人排名（129）

图 4-4-6 群体智能协同与共享全球目标市场占比（130）

图 4-4-7 群体智能协同与共享全球原创国家/地区占比（130）

图 4-4-8 群体智能协同与共享全球主要申请人申请量国家/地区分布（133）

图 4-4-9 群体智能协同与共享中国专利主要申请人申请量国家/地区分布（133）

图 4-5-1 群体智能评估与演化全球/中国申请态势（134）

图 4-5-2 群体智能评估与演化主要国家/地区授权态势（134）

图 4-5-3 群体智能评估与演化主要国家/地区申请量和授权量（135）

图 4-5-4 群体智能协同与演化全球主要申请人排名（136）

图 4-5-5 群体智能评估与演化中国专利主要申请人排名（136）

图 4-5-6 群体智能协同与演进全球目标市场

图 索 引

占比 （137）
图 4-5-7 群体智能协同与演化全球原创国家/地区占比 （137）
图 4-5-8 群体智能协同与演化全球主要申请人申请量国家/地区分布 （140）
图 4-5-9 群体智能协同与演化中国专利主要申请人申请量国家/地区分布 （140）
图 4-6-1 群体智能空间的服务体系结构全球/中国申请态势 （141）
图 4-6-2 群体智能空间的服务体系结构主要国家/地区授权态势 （142）
图 4-6-3 群智空间的服务体系结构主要国家/地区申请量和授权量 （142）
图 4-6-4 群智空间的服务体系结构全球主要申请人排名 （143）
图 4-6-5 群体智能空间的服务体系结构中国专利主要申请人排名 （144）
图 4-6-6 群体智能空间的服务体系结构全球目标市场占比 （145）
图 4-6-7 群体智能空间的服务体系结构全球原创国家/地区占比 （145）
图 4-6-8 群体智能空间的服务体系结构全球主要申请人申请量国家/地区分布 （148）
图 4-6-9 群体智能空间的服务体系结构中国专利主要申请人申请量国家/地区分布 （148）
图 4-7-1 群体智能人机融合与增强全球/中国申请态势 （149）
图 4-7-2 群体智能人机融合与增强主要国家/地区申请量和授权量 （149）
图 4-7-3 群体智能人机融合与增强全球主要申请人排名 （150）
图 4-7-4 群体智能人机融合与增强中国专利主要申请人排名 （151）
图 4-7-5 群体智能人机融合与增强全球目标市场占比 （152）
图 4-7-6 群体智能人机融合与增强全球原创国家/地区占比 （152）
图 4-7-7 群体智能人机融合与增强全球主要申请人申请量国家/地区分布 （155）
图 4-7-8 群体智能人机融合与增强中国专利主要申请人申请量国家/地区分布 （155）
图 4-8-1 群体智能的自我维持和安全交互全球/中国申请趋势 （156）
图 4-8-2 群体智能的自我维持和安全交互主要国家/地区授权态势 （157）
图 4-8-3 群体智能的自我维持和安全交互主要国家/地区申请量和授权量 （157）
图 4-8-4 群体智能的自我维持和安全交互全球主要申请人排名 （158）
图 4-8-5 群体智能的自我维持和安全交互中国专利主要申请人排名 （159）
图 4-8-6 群体智能的自我维持和安全交互全球目标市场占比 （160）
图 4-8-7 群体智能的自我维持和安全交互全球原创国家/地区占比 （160）
图 4-8-8 群体智能的自我维持和安全交互全球主要申请人申请量国家/地区分布 （163）
图 4-8-9 群体智能的自我维持和安全交互中国专利主要申请人申请量国家/地区分布 （163）
图 4-9-1 多移动体群体智能协同控制全球/中国申请态势 （164）
图 4-9-2 多移动体群体智能协同控制主要国家/地区授权态势 （165）
图 4-9-3 多移动体群体智能协同控制主要国家/地区申请量和授权量 （165）
图 4-9-4 多移动体群体智能协同控制全球主要申请人排名 （166）
图 4-9-5 多移动体群体智能协同控制中国专利主要申请人排名 （167）
图 4-9-6 多移动体群体智能协同控制全球目标市场占比 （168）
图 4-9-7 多移动体群体智能协同控制全球原创国家/地区占比 （168）
图 4-9-8 多移动体群体智能协同控制全球主要申请人申请量国家/地区分布 （171）
图 4-9-9 多移动体群体智能协同控制中国专

319

图 5-1-1 群体智能支撑平台全球/中国申请态势 (172)
图 5-1-2 群体智能支撑平台主要国家/地区授权态势 (173)
图 5-1-3 群体智能支撑平台技术全球主要国家/地区专利申请量和授权量 (173)
图 5-1-4 群体智能支撑平台技术全球主要申请人排名 (174)
图 5-1-5 群体智能支撑平台技术中国专利主要申请人排名 (175)
图 5-1-6 群体智能支撑平台技术全球目标市场占比 (176)
图 5-1-7 群体智能支撑平台技术全球原创国家/地区占比 (176)
图 5-1-8 群体智能支撑平台技术全球/中国主要技术分支申请量 (176)
图 5-1-9 群体智能支撑平台技术全球主要申请人申请量国家/地区分布 (180)
图 5-1-10 群体智能支撑平台技术中国主要申请人申请量国家/地区分布 (180)
图 5-1-11 群体智能支撑平台技术全球主要申请人技术分布 (181)
图 5-1-12 群体智能支撑平台技术中国专利主要申请人技术分布 (181)
图 5-2-1 群体智能众创计算支撑平台全球/中国申请态势 (182)
图 5-2-2 群体智能众创计算支撑平台技术全球主要国家/地区授权态势 (182)
图 5-2-3 群体智能众创计算支撑平台全球主要国家/地区专利申请量和授权量 (183)
图 5-2-4 群体智能众创计算支撑平台技术全球主要申请人排名 (184)
图 5-2-5 群体智能众创计算支撑平台技术中国专利主要申请人排名 (184)
图 5-2-6 群体智能众创计算支撑平台全球专利原创国家/地区占比 (185)
图 5-2-7 群体智能众创计算支撑平台全球专利目标国家/地区占比 (185)
图 5-2-8 群体智能众创计算支撑平台全球主要申请人申请量国家/地区分布 (188)
图 5-2-9 群体智能众创计算支撑平台中国专利主要申请人申请量国家/地区分布 (188)
图 5-3-1 科技众创服务系统全球/中国申请态势 (189)
图 5-3-2 科技众创服务系统全球主要国家/地区专利授权态势 (189)
图 5-3-3 科技众创服务系统全球主要国家/地区专利申请量和授权量 (190)
图 5-3-4 科技众创服务系统技术全球主要申请人排名 (191)
图 5-3-5 科技众创服务系统技术中国专利主要申请人排名 (191)
图 5-3-6 科技众创服务系统全球专利目标国家/地区占比 (192)
图 5-3-7 科技众创服务系统全球专利原创国家/地区占比 (192)
图 5-3-8 科技众创服务系统全球主要申请人申请量国家/地区分布 (195)
图 5-3-9 科技众创服务系统中国主要申请人申请量国家/地区分布 (195)
图 5-4-1 开放环境的群体智能决策系统全球/中国申请态势 (196)
图 5-4-2 开放环境的群体智能决策系统全球主要国家/地区授权态势 (196)
图 5-4-3 开放环境的群体智能决策系统全球主要国家/地区专利申请量和授权量 (197)
图 5-4-4 开放环境的群体智能决策系统技术全球主要申请人排名 (198)
图 5-4-5 开放环境的群体智能决策系统技术中国专利主要申请人排名 (198)
图 5-4-6 开放环境的群体智能决策系统全球专利原创国家/地区占比 (199)
图 5-4-7 开放环境的群体智能决策系统全球专利目标国家/地区占比 (199)
图 5-4-8 开放环境的群体智能决策系统全球

		主要申请人申请量国家/地区分布（202）	图 5-6-8	群体智能软件开发与验证自动生产系统全球主要申请人申请量国家/地区分布（218）
图 5-4-9		开放环境的群体智能决策系统中国主要申请人申请量国家/地区分布（202）	图 5-6-9	群体智能软件开发与验证自动生产系统中国主要申请人申请量国家/地区分布（218）
图 5-5-1		群体智能软件学习与创新系统全球/中国申请态势（203）	图 5-7-1	群体智能共享经济服务系统全球/中国申请态势（219）
图 5-5-2		群体智能软件学习与创新系统主要国家/地区授权态势（203）	图 5-7-2	群体智能共享经济服务系统主要国家/地区授权态势（220）
图 5-5-3		群体智能软件学习与创新系统全球主要国家/地区专利申请量和授权量（204）	图 5-7-3	群体智能共享经济服务系统主要国家/地区专利申请量和授权量（220）
图 5-5-4		群体智能软件学习与创新系统全球主要申请人排名（205）	图 5-7-4	群体智能共享经济服务系统全球主要申请人排名（221）
图 5-5-5		群体智能软件学习与创新系统中国专利主要申请人排名（206）	图 5-7-5	群智共享经济服务系统中国主要申请人排名（222）
图 5-5-6		群体智能软件学习与创新系统全球目标市场占比（206）	图 5-7-6	群体智能共享经济服务系统全球目标市场占比（222）
图 5-5-7		群体智能软件学习与创新系统全球原创国家/地区占比（207）	图 5-7-7	群体智能共享经济服务系统全球原创国家/地区占比（222）
图 5-5-8		群体智能软件学习与创新系统全球主要申请人申请量国家/地区分布（210）	图 5-7-8	群体智能共享经济服务系统全球主要申请人申请量国家/地区分布（226）
图 5-5-9		群体智能软件学习与创新系统中国主要申请人申请量国家/地区分布（210）	图 5-7-9	群体智能共享经济服务系统中国主要申请人申请量国家/地区分布（226）
图 5-6-1		群体智能软件开发与验证自动生产系统全球/中国申请态势（211）	图 6-1-1	群体智能基础理论全球主要申请人排名（228）
图 5-6-2		群体智能软件开发与验证自动生产系统主要国家/地区授权态势（211）	图 6-1-2	基础理论中优化算法的发展历史（229）
图 5-6-3		群体智能软件开发与验证自动生产系统主要国家/地区专利申请量和授权量（212）	图 6-1-3	粒子群优化算法主要高校历年申请情况（232）
图 5-6-4		群体智能软件开发与验证自动生产系统全球主要申请人排名（213）	图 6-1-4	粒子群优化算法的高校专利申请质量（233）
图 5-6-5		群体智能软件开发与验证自动生产系统中国专利主要申请人排名（214）	图 6-1-5	蚁群优化算法主要高校历年申请情况（235）
图 5-6-6		群体智能软件开发与验证自动生产系统全球目标市场占比（215）	图 6-1-6	蚁群优化算法主要高校专利申请质量（236）
图 5-6-7		群体智能软件开发与验证自动生产系统全球原创国家/地区占比（215）	图 6-2-1	面向群体智能的协同与共享各技术分支占比走势（241）

图 6-2-2 面向群体智能的协同与共享技术五局 PCT 申请数量对比 （242）

图 6-2-3 面向群体智能的协同与共享技术五局 PCT 申请专利度对比 （243）

图 6-2-4 面向群体智能的协同与共享技术五局 PCT 申请同族度对比 （243）

图 6-2-5 面向群体智能的协同与共享技术五局 PCT 专利质量对比 （244）

图 6-2-6 面向群体智能的协同与共享技术五局 PCT 专利授权前后的专利度、特征度对比 （244）

图 6-2-7 面向群体智能的协同与共享技术全球主要申请人排名 （245）

图 6-2-8 面向群体智能的协同与共享技术重要申请人技术分布 （246）

图 6-2-9 美国对华管制政策梳理 （246）

图 6-2-10 IBM 面向群体智能的协同与共享技术发展路线 （247）

图 6-2-11 北京航空航天大学面向群体智能的协同与共享技术发展路线 （248）

图 6-2-12 西北工业大学面向群体智能的协同与共享技术发展路线 （249）

图 6-2-13 协同与共享技术各领域中国与美国存在竞争关系的专利数量 （250）

图 6-2-14 与美国具有技术相关性的专利申请人排名 （251）

图 6-2-15 群体智能任务的匹配分支功效矩阵 （彩图 4）

图 6-2-16 美国在群智任务的匹配领域的优势技术点专利申请趋势 （251）

图 6-2-17 日本在群体分析任务的匹配领域的专利申请量与授权量趋势 （252）

图 6-2-18 北京航空航天大学以专利簇形式进行专利布局 （253）

图 6-2-19 中美在群体智能任务的匹配领域重要专利的维持年限与同族度分析 （254）

图 6-2-20 中美重要专利价值图谱 （254）

图 6-2-21 中美重要专利中进行了运营的专利价值图谱 （254）

图 6-2-22 面向群体智能的协同与共享技术应用领域分布 （255）

图 6-2-23 中美无人机群功效分析 （彩图 5）

图 6-2-24 群体智能任务的匹配领域主要高校创新度 （256）

图 6-2-25 群体智能任务的协同推荐领域主要高校创新度 （257）

图 6-3-1 主动感知与发现中四级技术分支申请量占比情况 （258）

图 6-3-2 IBM 主动感知与发现技术分支的技术路线 （260）

图 6-3-3 中国科学院主动感知与发现技术分支的技术路线 （261）

图 6-3-4 主动感知与发现技术分支中国重点申请人 （262）

图 6-3-5 华为在主动感知与发现技术分支的技术路线 （263）

图 6-3-6 IBM 专利引用文献中比较靠前的标准申请人 （265）

图 6-3-7 上海交通大学主动发现与感知技术分支的技术路线 （272）

图 6-3-8 IBM 主动感知与发现技术分支专利联盟攻防对抗树 （273）

图 6-3-9 IBM 和联盟主动发现与感知技术分支技术路线对比 （彩图 6）

图 6-3-10 通用联盟对抗流程 （275）

图 6-4-1 群体智能众创计算支撑平台各技术分支申请占比趋势 （276）

图 6-4-2 中国深度学习框架和平台市场份额占比 （277）

图 6-4-3 群体智能众创计算支撑平台技术全球主要专利申请人排名 （277）

图 6-4-4 在群体智能众创计算支撑平台中前十位申请人的技术分布情况 （278）

图 6-4-5 IBM 公司在群体智能众创计算支撑平台技术领域全球和中国专利申请态势 （279）

图 6-4-6 IBM 在群体智能众创计算支撑平台技术领域的专利申请的原创国家/地区和目标国家/地区分布 （280）

图 6-4-7 IBM 在群体智能众创计算支撑平台技术领域的专利申请的目标市场申

请量和授权量 （280）
图 6-4-8 IBM 在群体智能众创计算支撑平台技术领域中国专利申请的法律状态 （281）
图 6-4-9 谷歌在群体智能众创计算支撑平台技术领域的全球和中国专利申请态势 （282）
图 6-4-10 谷歌在群体智能众创计算支撑平台技术领域的专利申请的原创国家/地区和目标国家/地区分布 （282）
图 6-4-11 谷歌在群体智能众创计算支撑平台技术领域的专利申请的目标市场申请量和授权量 （283）
图 6-4-12 谷歌在群体智能众创计算支撑平台技术领域的中国专利申请的法律状态 （283）
图 6-4-13 百度在群体智能众创计算支撑平台技术领域全球申请态势 （284）
图 6-4-14 百度在群体智能众创计算支撑平台技术领域的专利申请的原创国家/地区和目标国家/地区分布 （284）
图 6-4-15 百度在群体智能众创计算支撑平台技术领域的专利申请的目标市场的申请量和授权量 （285）
图 6-4-16 百度在群体智能众创计算支撑平台技术领域的中国专利申请的法律状态 （285）
图 6-4-17 微软在群体智能众创计算支撑平台技术领域的全球和中国专利申请态势 （286）
图 6-4-18 微软在群体智能众创计算支撑平台技术领域的专利申请的原创国家/地区和目标国家/地区分布 （286）
图 6-4-19 微软在群体智能众创计算支撑平台技术领域的专利申请的目标市场的申请量和授权量 （287）
图 6-4-20 微软在群体智能众创计算支撑平台技术领域的中国专利申请的法律状态 （287）
图 6-4-21 IBM 群体智能众创计算支撑平台技术领域技术路线 （288）
图 6-4-22 谷歌群体智能众创计算支撑平台技术领域技术路线 （289）
图 6-4-23 百度群体智能众创计算支撑平台技术领域技术路线 （290）
图 6-4-24 微软群体智能众创计算支撑平台技术领域技术路线 （291）
图 7-1-1 BP 神经网络基本结构 （299）
图 7-2-1 BP 神经网络模型训练 （303）
图 7-2-2 BP 神经网络模型训练与测试 （303）

表 索 引

表 1-1-1　申请人统一名称表（12~16）
表 1-2-1　群智算法发展现状（17）
表 2-1-1　群体智能领域专利申请数量（38）
表 2-7-1　群体智能技术全球主要申请人申请量年度分布（43~44）
表 2-7-2　群体智能技术中国专利主要申请人申请量年度分布（45）
表 2-11-1　群体智能技术美国海外布局（54）
表 2-11-2　群体智能技术中国海外布局（54）
表 2-13-1　Watson与我国新一代人工智能开放创新平台的群体智能技术申请量对比（56）
表 2-13-2　我国高校、科研院所和企业在群体智能技术中与Watson的技术对比（56~57）
表 3-1-1　基础理论全球主要申请人申请量年度分布（64）
表 3-1-2　基础理论中国专利主要申请人申请量年度分布（65）
表 3-2-1　结构理论与组织方法全球主要申请人申请量年度分布（73）
表 3-2-2　结构理论与组织方法中国专利主要申请人申请量年度分布（74）
表 3-3-1　激励机制与涌现原理全球主要申请人申请量年度分布（81）
表 3-3-2　激励机制与涌现原理中国主要申请人申请量年度分布（82）
表 3-4-1　群体智能学习理论与方法全球主要申请人申请量年度分布（89）
表 3-4-2　群体智能学习理论与方法中国主要申请人申请量年度分布（90）
表 3-5-1　群体智能通用计算范式与模型全球主要申请人申请量年度分布（97）
表 3-5-2　群体智能通用计算范式与模型中国主要申请人申请量年度分布（98）
表 4-1-1　关键技术全球主要申请人申请量年度分布（107）
表 4-1-2　关键技术中国主要申请人申请量年度分布（108）
表 4-2-1　群体智能主动感知与发现全球主要申请人申请量年度分布（116）
表 4-2-2　群体智能主动感知与发现中国主要申请人申请量年度分布（117）
表 4-3-1　群体智能知识获取与生成全球主要申请人申请量年度分布（123）
表 4-3-2　群体智能知识获取与生成中国主要申请人申请量年度分布（124）
表 4-4-1　群体智能协同与共享全球主要申请人申请量年度分布（131）
表 4-4-2　群体智能协同与共享中国主要申请人申请量年度分布（132）
表 4-5-1　群体智能协同与演化全球主要申请人申请量年度分布（138）
表 4-5-2　群体智能协同与演化中国主要申请人申请量年度分布（139）
表 4-6-1　群体智能空间的服务体系结构全球主要申请人申请量年度分布（146）
表 4-6-2　群体智能空间的服务体系结构中国主要申请人申请量年度分布（147）
表 4-7-1　群体智能人机融合与增强全球主要申请人申请量年度分布（153）
表 4-7-2　群体智能人机融合与增强中国主要申请人申请量年度分布（154）
表 4-8-1　群体智能的自我维持和安全交互全球主要申请人申请量年度分布（161）
表 4-8-2　群体智能的自我维持和安全交互中国主要申请人申请量年度分布（162）
表 4-9-1　多移动体群体智能协同控制全球主

	要申请人申请量年度分布 （169）			算法布局 （230）
表4-9-2	多移动体群体智能协同控制中国主要申请人申请量年度分布 （170）		表6-1-2	群体智能基础理论中国专利申请前10名高校 （231）
表5-1-1	群体智能支撑平台技术全球主要申请人申请量年度分布 （178）		表6-1-3	粒子群优化算法研究模式分析 （234）
表5-1-2	群体智能支撑平台技术中国主要申请人申请量年度分布 （179）		表6-1-4	粒子群优化算法研究模式分析 （234~235）
表5-2-1	群体智能众创计算支撑平台全球主要申请人申请量年度分布 （186）		表6-1-5	蚁群优化算法研究模式分析 （236~237）
表5-2-2	群体智能众创计算支撑平台中国主要申请人申请量年度分布 （187）		表6-1-6	蚁群优化算法高校整体情况 （237）
表5-3-1	科技众创服务系统全球主要申请人申请量年度分布 （193）		表6-2-1	中国技术薄弱点相关的美国重点专利 （252）
表5-3-2	科技众创服务系统中国主要申请人申请量年度分布 （194）		表6-2-2	建议收储的日本相关专利 （253）
表5-4-1	开放环境的群体智能决策系统全球主要申请人申请量年度分布 （200）		表6-2-3	美国无人机群项目 （255）
表5-4-2	开放环境的群体智能决策系统中国主要申请人申请量年度分布 （201）		表6-2-4	北京航空航天大学主要竞争对手 （256）
表5-5-1	群体智能软件学习与创新系统全球主要申请人申请量年度分布 （208）		表6-3-1	IBM与联盟各方中任一方的攻防分析结果 （266）
表5-5-2	群体智能软件学习与创新系统中国主要申请人申请量年度分布 （209）		表6-3-2	IBM与联盟各方中任两方的攻防分析结果 （267）
表5-6-1	群体智能软件开发与验证自动生产系统全球主要申请人申请量年度分布 （216）		表6-3-3	IBM与联盟各方中任三方的攻防分析结果 （268）
表5-6-2	群体智能软件开发与验证自动生产系统中国主要申请人申请量年度分布 （217）		表6-3-4	IBM与联盟各方中任四方的攻防分析结果 （269）
表5-7-1	群体智能共享经济服务系统全球主要申请人申请量年度分布 （224）		表6-3-5	IBM与联盟各方中任五方的攻防分析结果 （270）
表5-7-2	群体智能共享经济服务系统中国主要申请人申请量年度分布 （225）		表6-3-6	华为及各候选联盟与IBM进行攻防分析的专利实力得分E和专利度均值、特征均值 （271）
表6-1-1	全球前20申请人的群体智能优化		表6-4-1	百度分别与IBM、谷歌和微软三家企业的专利攻防数据 （292~293）
			表6-4-2	百度可诉专利列表 （293~294）
			表7-3-1	谷歌在支撑平台分支的高价值专利筛选 （304）

书 号	书 名	产 业 领 域	定价	条 码
9787513006910	产业专利分析报告（第1册）	薄膜太阳能电池 等离子体刻蚀机 生物芯片	50	
9787513007306	产业专利分析报告（第2册）	基因工程多肽药物 环保农业	36	
9787513010795	产业专利分析报告（第3册）	切削加工刀具 煤矿机械 燃煤锅炉燃烧设备	88	
9787513010788	产业专利分析报告（第4册）	有机发光二极管 光通信网络 通信用光器件	82	
9787513010771	产业专利分析报告（第5册）	智能手机 立体影像	42	
9787513010764	产业专利分析报告（第6册）	乳制品生物医用 天然多糖	42	
9787513017855	产业专利分析报告（第7册）	农业机械	66	
9787513017862	产业专利分析报告（第8册）	液体灌装机械	46	
9787513017879	产业专利分析报告（第9册）	汽车碰撞安全	46	
9787513017886	产业专利分析报告（第10册）	功率半导体器件	46	
9787513017893	产业专利分析报告（第11册）	短距离无线通信	54	
9787513017909	产业专利分析报告（第12册）	液晶显示	64	
9787513017916	产业专利分析报告（第13册）	智能电视	56	
9787513017923	产业专利分析报告（第14册）	高性能纤维	60	
9787513017930	产业专利分析报告（第15册）	高性能橡胶	46	
9787513017947	产业专利分析报告（第16册）	食用油脂	54	
9787513026314	产业专利分析报告（第17册）	燃气轮机	80	
9787513026321	产业专利分析报告（第18册）	增材制造	54	
9787513026338	产业专利分析报告（第19册）	工业机器人	98	
9787513026345	产业专利分析报告（第20册）	卫星导航终端	110	
9787513026352	产业专利分析报告（第21册）	LED照明	88	

书　号	书　　名	产 业 领 域	定价	条　码
9787513026369	产业专利分析报告（第22册）	浏览器	64	
9787513026376	产业专利分析报告（第23册）	电池	60	
9787513026383	产业专利分析报告（第24册）	物联网	70	
9787513026390	产业专利分析报告（第25册）	特种光学与电学玻璃	64	
9787513026406	产业专利分析报告（第26册）	氟化工	84	
9787513026413	产业专利分析报告（第27册）	通用名化学药	70	
9787513026420	产业专利分析报告（第28册）	抗体药物	66	
9787513033411	产业专利分析报告（第29册）	绿色建筑材料	120	
9787513033428	产业专利分析报告（第30册）	清洁油品	110	
9787513033435	产业专利分析报告（第31册）	移动互联网	176	
9787513033442	产业专利分析报告（第32册）	新型显示	140	
9787513033459	产业专利分析报告（第33册）	智能识别	186	
9787513033466	产业专利分析报告（第34册）	高端存储	110	
9787513033473	产业专利分析报告（第35册）	关键基础零部件	168	
9787513033480	产业专利分析报告（第36册）	抗肿瘤药物	170	
9787513033497	产业专利分析报告（第37册）	高性能膜材料	98	
9787513033503	产业专利分析报告（第38册）	新能源汽车	158	
9787513043083	产业专利分析报告（第39册）	风力发电机组	70	
9787513043069	产业专利分析报告（第40册）	高端通用芯片	68	
9787513042383	产业专利分析报告（第41册）	糖尿病药物	70	
9787513042871	产业专利分析报告（第42册）	高性能子午线轮胎	66	
9787513043038	产业专利分析报告（第43册）	碳纤维复合材料	60	
9787513042390	产业专利分析报告（第44册）	石墨烯电池	58	

书 号	书 名	产业领域	定价	条 码
9787513042277	产业专利分析报告（第45册）	高性能汽车涂料	70	9787513042277
9787513042949	产业专利分析报告（第46册）	新型传感器	78	9787513042949
9787513043045	产业专利分析报告（第47册）	基因测序技术	60	9787513043045
9787513042864	产业专利分析报告（第48册）	高速动车组和高铁安全监控技术	68	9787513042864
9787513049382	产业专利分析报告（第49册）	无人机	58	9787513049382
9787513049535	产业专利分析报告（第50册）	芯片先进制造工艺	68	9787513049535
9787513049108	产业专利分析报告（第51册）	虚拟现实与增强现实	68	9787513049108
9787513049023	产业专利分析报告（第52册）	肿瘤免疫疗法	48	9787513049023
9787513049443	产业专利分析报告（第53册）	现代煤化工	58	9787513049443
9787513049405	产业专利分析报告（第54册）	海水淡化	56	9787513049405
9787513049429	产业专利分析报告（第55册）	智能可穿戴设备	62	9787513049429
9787513049153	产业专利分析报告（第56册）	高端医疗影像设备	60	9787513049153
9787513049436	产业专利分析报告（第57册）	特种工程塑料	56	9787513049436
9787513049467	产业专利分析报告（第58册）	自动驾驶	52	9787513049467
9787513054775	产业专利分析报告（第59册）	食品安全检测	40	9787513054775
9787513056977	产业专利分析报告（第60册）	关节机器人	60	9787513056977
9787513054768	产业专利分析报告（第61册）	先进储能材料	60	9787513054768
9787513056632	产业专利分析报告（第62册）	全息技术	75	9787513056632
9787513056694	产业专利分析报告（第63册）	智能制造	60	9787513056694
9787513058261	产业专利分析报告（第64册）	波浪发电	80	9787513058261
9787513063463	产业专利分析报告（第65册）	新一代人工智能	110	9787513063463
9787513063272	产业专利分析报告（第66册）	区块链	80	9787513063272
9787513063302	产业专利分析报告（第67册）	第三代半导体	60	9787513063302

书 号	书 名	产 业 领 域	定价	条 码
9787513063470	产业专利分析报告（第68册）	人工智能关键技术	110	
9787513063425	产业专利分析报告（第69册）	高技术船舶	110	
9787513062381	产业专利分析报告（第70册）	空间机器人	80	
9787513069816	产业专利分析报告（第71册）	混合增强智能	138	
9787513069427	产业专利分析报告（第72册）	自主式水下滑翔机技术	88	
9787513069182	产业专利分析报告（第73册）	新型抗丙肝药物	98	
9787513069335	产业专利分析报告（第74册）	中药制药装备	60	
9787513069748	产业专利分析报告（第75册）	高性能碳化物先进陶瓷材料	88	
9787513069502	产业专利分析报告（第76册）	体外诊断技术	68	
9787513069229	产业专利分析报告（第77册）	智能网联汽车关键技术	78	
9787513069298	产业专利分析报告（第78册）	低轨卫星通信技术	70	
9787513076210	产业专利分析报告（第79册）	群体智能技术	99	
9787513076074	产业专利分析报告（第80册）	生活垃圾、医疗垃圾处理与利用	80	
9787513075992	产业专利分析报告（第81册）	应用于即时检测关键技术	80	
9787513075961	产业专利分析报告（第82册）	基因治疗药物	70	
9787513075817	产业专利分析报告（第83册）	高性能吸附分离树脂及应用	90	
9787513041539	专利分析可视化		68	
9787513016384	企业专利工作实务手册		68	
9787513057240	化学领域专利分析方法与应用		50	
9787513057493	专利分析数据处理实务手册		60	
9787513048712	专利申请人分析实务手册		68	
9787513072670	专利分析实务手册（第2版）		90	